UX DESIGN
COMMUNICATION 2

성공적인 UX 전략과
산출물을 위한 노하우

댄 브라운 지음 / 이지현, 이춘희 옮김

New Riders  위키북스

UX 디자인 커뮤니케이션 2

지은이 댄 브라운

옮긴이 이지현 · 이춘희

펴낸이 박찬규 | 엮은이 윤가희 | 표지디자인 Arowa & Arowana

펴낸곳 위키북스 | 주소 경기도 파주시 교하읍 문발리 파주출판도시 535-7 세종출판벤처타운 #311

전화 031-955-3658, 3659 | 팩스 031-955-3660

초판발행 2012년 04월 05일

ISBN 978-89-92939-55-3

등록번호 제406-2006-000036호 | 등록일자 2006년 05월 19일

홈페이지 wikibook.co.kr | 전자우편 wikibook@wikibook.co.kr

Communicating Design 2ED
Original English language edition published by New Riders
1249 Eighth Street, Berkeley, CA 94710
Copyright © 2011 by New Riders
Korean language edition copyright © 2012 by WIKIBOOKS
All rights reserved including by arrangement with the original publisher.

「이 도서의 국립중앙도서관 출판시도서목록 CIP는 e-CIP 홈페이지 | http://www.nl.go.kr/cip.php에서 이용하실 수 있습니다.
CIP제어번호: CIP2012001343」

UX 디자인
커뮤니케이션 2

•목 차•

01장   들어가면서

1부　UX 디자인 다이어그램

02장　다이어그램 기초

03장 　페르소나

04장　콘셉트 모델

05장 사이트맵

06장 플로차트

07장　와이어프레임

2부 UX 디자인 산출물

08장 산출물 기초

09장   디자인 브리프

10장   경쟁자 분석

11장   사용성 계획서

12장 사용성 보고서

나를 교육자적인 자질을 가진 커뮤니케이터로 키워 준

리차드와 조라,

2판이 1판보다 훨씬 좋다는 사실을 입증해 준

해리,

내가 무엇을 하든 더 잘하라고 격려해 주는

사라,

•옮긴이서문•

인터넷 업계에서 수년간 실무 경험을 하면서 문서 작업에 대해 큰 회의를 느꼈던 게 사실이다. 개념만 가득해서 실제로 일을 어떻게 하라는 것인지 전혀 알 수 없는 소위 '발표용' 문서이거나, 최소한의 방향성을 담은 문서조차 없이 나의 '감'으로 화면을 설계하기 일쑤였다. 이 책은 실무를 하면서 문서나 프로젝트에 부족하다고 느꼈던 부분에서 갈증을 풀어준다.

이 책을 읽으면 UX 프로젝트와 문서 작업에 대해 체계적으로 이해할 수 있다. 많은 경우 회사에서는 문서를 위한 문서를 만든다. 온갖 공을 들여 갖가지 개념을 담아보지만 실무와는 동떨어져서 발표 후에 바로 폐기되기 쉽다. 따라서 문서를 만드느라 긴 시간을 투자하고도 실무용 문서를 처음부터 다시 만든다. 아니면 구체적인 방향성 하나 없이 작업 후반에 개발자에게 작업을 맡기기 위해 화면 설계를 한다. 문제는 그러한 화면이 나오게 된 방향성과 논리적인 배경 없이 담당자의 생각만으로 문서가 만들어지기 때문에 화면을 다 만들어 놓고 나서 대량으로 수정하는 경우가 생길 수 있다는 것이다.

이 책은 문서 자체만을 위한 것이 아닌 UX 프로젝트가 진행되는 데에 꼭 필요한 생각이나 개념을 정리하고, 다음 단계의 입력 정보로 활용되는 결과물을 만들고, 중간중간의 의사결정 사항들을 다른 사람들과 협의하는 프로젝트 과정에서의 부산물로서의 문서를 다루고 있다. 큰 틀을 정하고(콘셉트 모델, 디자인 브리프), 경쟁자와 소비자를 분석하고(페르소나, 경쟁자 분석), 조사를 하고(사용성 계획서, 사용성 보고서), 디자인 방향성과 디테일을 논의하는(사이트맵, 플로차트, 와이어프레임) 일련의 논리적인 프로젝트 흐름 속에서, 뜬구름을 잡거나 너무 디테일하게 흐르지 않게 하려면 각각의 단계별로 어떤 문서가 나와야 하고, 어떤 내용이 담겨야 하며, 어떻게 문서를 활용해야 하는지에 대한 실용적인 팁을 아낌없이 준다. 이 책의 전체적인 내용을 훑어가다 보면 프로젝트의 흐름 속에서 단계별로 어떤 논의가 진행돼야 하는지, 단계별로 어떤 수준의 결과물이 나와야 하는지, 그때마다 어떻게 회의를 진행해야 하는지 등 전반적인 프로젝트의 흐름까지 이해할 수 있다. 따라서 전체 과정에 대한 이해 없이 초반에 뜬구름 잡는 탁상공론만 계속하다가 후반에 방향도 없이 휘몰아치게 화면만 그리는 현실을 극복하는 데에 도움을 줄 것이다.

 얼핏 보기에도 1판에 비해 체계가 탄탄해졌고, 수많은 일러스트레이션으로 내용이 보강되었다. 문서 정보도 시대의 흐름이 맞춰 업데이트되었다. 백문이 불여일견이다. 인터넷 실무를 하는 누구라도 당장 읽고 적용해 보기 바란다.

- 이지현, 이춘희

·저 자 소 개·

댄 브라운 (Dan M. Brown)

댄 브라운은 워싱턴 DC에 소재한 사용자 경험 컨설팅 회사 에잇셰이프스(EightShapes), LLC의 창립자이자 대표이다. 이 회사는 텔레커뮤니케이션, 미디어, 교육, 건강, 하이 테크 등 여러 분야의 클라이언트와 일했다. 댄은 1995년부터 정보 설계와 사용자 경험 디자인 일을 했다.

에잇 셰이프스 이전에는 우체국, 세계은행, 연방 통신 위원회, US 항공, 퍼스트USA, 파니 매와 같은 회사를 컨설팅했다. 2002년부터 2004년까지는 연방 직원으로 일하면서 교통 안전청의 콘텐츠 매니지먼트 프로그램을 담당했다. 그의 작업은 대중과 마주하는 사이트뿐만 아니라 인트라넷, 엑스트라넷 등 다양한 영역을 대상으로 정보 설계, 콘텐츠 전략, 인터랙션 디자인, 인터페이스 디자인과 같은 사용자 경험의 다양한 면모를 다룬다.

댄은 복잡하거나 추상적인 생각을 높은 수준의 시각적인 문서로 전달하는 그의 전문성을 바탕으로 'UX 디자인 커뮤니케이션'(NHN UX Lab 역, 위키북스, 2006)이라는 사용자 경험 산출물에 대한 책을 썼다. 아마존은 이 책을 "권위 있는", "실용적인, 사적인, 폭넓은", "컴퓨터 괴짜가 쓴 멋진 책"이라고 평했다. 그는 정보 설계에 대한 사이트인 온라인 저널, 박시즈 앤 애로우즈에서 파워포인트에서 홈 오디오 기계의 정보 설계까지 다양한 주제로 수십 개의 글을 기고했다.

댄은 사용자 경험에 대한 메이저 컨퍼런스인 IA 서밋, 인터랙션, 이벤트 어파트, 닐슨 노먼 그룹, 자레드 스풀의 웹 앱 서밋에서 많은 세미나와 워크숍을 주관했다. 최근에는 스쿨 오브 비쥬얼 아츠의 인터랙션 디자인 대학원에서 다이어그램으로 웹 사이트의 계획을 세우는 주제로 워크숍을 실시했다.

웹이 주류가 되기 훨씬 전 웨슬리안 대학에서 철학 학위를 받은 영향으로 그는 디자인 작업물에 플라톤을 자주 언급한다.

트위터로 댄을 팔로우할 수 있다(@brownorama).

UX 디자인 커뮤니케이션의 업데이트 정보를 보려면 @uxdeliverables를 팔로우하라.

• 추 천 의 글 •

몇 주 전 나는 클라이언트에게 전화 한 통을 받았다. 그 고객은 이전에 내가 참여했던 글로벌 프로
젝트 가운데 도저히 기한 내에 끝낼 수 없을 것 같았던 프로젝트에서 만든 "모범적인 문서"가 있으
면 달라고 부탁했다. 그런 문서가 있긴 했는데, 그 문서는 클라이언트나 프로젝트 팀을 위해 만든
문서가 아닌, 나 자신을 위해 만들었던 콘셉트 모델 다이어그램이었다. 그 문서는 정말 체계적이고
요청 사항과 실제 제작 사이의 빈틈을 메워주는 다이어그램이었다. 하지만 프로젝트 초반에 그 문
서를 공개했을 때는 사람들이 눈의 초점을 잃은 듯했다. 클라이언트는 이제 프로젝트에 초점이 필
요한 순간이니 그런 문서가 필요하다고 했다. 프로젝트 매니저는 내 책상 뒤 편에 포스터 크기의 그
문서를 보고 프로젝트에 필요한 바를 정확하게 집어내고 있다는 사실을 한눈에 알아챘다.

이것은 내가 댄 브라운의 작업물을 가지고 거의 지난 10년간 경험한 일이다. 그를 알아온 세월 동안
뭔가를 명확히 해야 할 필요가 있을 때마다 그는 언제나 정답을 제시했다. 그의 다이어그램이 뛰어
난 이유는 탁상공론이 아니고, 흐름이 매끄럽고 유연하다는 것이다. 더구나 댄은 방법론 회의론자
이며 관념주의자가 아니다.

1970년대 작품 중에 콘셉트와 제작을 분리하는 것으로 유명했던 솔 르윗(Sol LeWitt)이라는 예술가
는 작품의 방향을 일부러 모호하게 제시해 해석의 여지를 남겼다. 그는 작품 방향을 설명할 때 그
의 팀이나 화랑이 해석하게 했다. "수직선, 일직선이 아니고, 건드리지 않고, 균일하게 벽을 덮는"월
드로잉(Wall Drawing) #86의 한 그림을 설명할 때 그가 묘사한 방식이다. 어떻게 판단하느냐는 화
랑에 달려 있다. 두 화랑이 똑같이 생각하면 똑같은 것이고 다르게 생각하면 다른 것이다. 지침은
똑같았지만 받아들이는 사람에 따라 작품이 달라졌다.

UX 디자이너는 관련자에게 디자인 방향을 제시해야 한다. 이때 생각을 전달하고자 다이어그램을
그리기도 하고 산출물을 내기도 한다. 큰 회사나 팀의 일원이든 스카이프로 원격 통신하며 혼자 일
하는 프리랜서든 명료함은 태산처럼 중요하다. 도형을 명료하게 그려내는 댄의 자연스러운 접근 방
식은 조직의 규모와 상관없이 모든 웹 종사자에게 도움될 뿐더러 사용자 경험을 공부하는 학생에
게도 필수다. 교육자로서 나는 『UX 디자인 커뮤니케이션(원제: Communicating Design)』이 정리

가 잘 된 교재이자, 실무 지침서라고 생각한다. 이곳에서 제시한 디자인 시스템은 생각을 현실화하고 복잡한 것을 명료하게 만들어준다. 좋은 다이어그램은 우리가 성공적으로 커뮤니케이션하도록 돕는다.

문서 작업(도큐멘테이션)은 웹 UX에서 그다지 환영받는 말이 아니다. 모두가 문서의 가치를 인정하지만 아무도 이야기하고 싶어하지 않는다. 나는 2002년에 열린 인포메이션 아키텍트 콘퍼런스에서 댄의 다이어그램을 처음 봤고, 보는 순간 이거라고 생각했다. 댄은 문서를 두려워하지 않는다. 우리는 한 콘퍼런스에서 더 많은 사람이 그의 다이어그램을 접할 수 있게 박시즈 앤 애로우즈(Boxes and Arrows)라는 잡지에 댄이 작업한 결과를 싣기로 했다. 8년이 지난 지금 더 많은 사람이 2판을 읽고 싶어한다.

무엇을 디자인하느냐보다 어떻게 디자인하느냐가 더 중요할 때가 있다. 여러분은 그 "무엇"을 이미 알고 왔을 것이다. 이 책은 "어떻게"를 알려준다.

– 리즈 댄지코Liz Danzico

스쿨 오브 비주얼아츠

인터랙션 디자인 대학원, 학과장

2판 발행에 앞서

이 책은 한마디로 문서 작업에 대한 책이다. 벌써 지루해지는가?

프로젝트를 진행하면서 모이는 문서는 UX 디자인의 급소다. 책꽂이에 꽂아 뒀다가 다시 꺼내 보지 않는 일이 비일비재하다. 그 누구도 문서를 멋지게 생각하지 않는다.

하지만 웹과 관련된 일을 해본 사람이라면 문서 하나가 프로젝트를 성공이나 실패로 이끌 수 있다는 사실을 안다. 문서는 콘셉트를 정확히 포착하고 팀원들이 소통하게 도와 프로젝트가 물 흐르듯 흐르게 한다. 종종 산출물이라고도 하는 UX 문서는 끝날 것 같지 않은 프로젝트에서 진척 상황을 표시하는 이정표 역할을 한다. 또한 역사 기록과도 같아서 중간에 투입된 사람이라도 문서를 보면서 이전 팀이 내린 결정을 확인하고 상황을 파악할 수 있다.

문서는 한마디로 생각을 잡아내는 것이다. UX 업계에서 문서의 존재감은 미미하다. 하지만 본질적인 질문을 생각해 보자. 우리의 생각을 효과적으로 전달할 수 없다면 어떻게 그런 웹 사이트를 만들 수 있겠는가?

이 책은 산출물 계획하기, 회의나 프로젝트에서 문서 효과적으로 활용하기와 같은 문서 작업을 다룬다. 문서를 잘 만드는 비법을 비롯해 문서가 잘못된 건지 생각이 잘못된 건지를 변별하는 요령 같은 것도 귀띔한다.

이 책을 읽으면 좋은 사람

이 책은 UX 디자인 프로세스의 일환으로 산출물을 만들고, 산출물을 이용하고, 산출물을 승인하는 사람들을 위한 책이다.

- **산출물 제작**: 이 책은 UX 산출물을 처음 만드는 사람이나 몇 년 동안 만들어 본 사람에게 모두 도움될 것이다. 산출물 계획을 세우고 다른 사람 앞에서 발표하는 기법을 소개하는가 하면, 예를 들면 와이어프레임을 그려본 지 오래된 사람에게는 엄청난 양을 복습할 기회가 될 것이다.

- **산출물 활용**: 직접 사이트맵을 그리지는 않았지만 기존 사이트의 콘텐츠를 새로운 구조로 마이그레이션하기 위해 며칠, 몇 주 또는 몇 달간 컨설팅 업무를 맡은 사람일 수 있다. 아니면 와이어프레임에 적힌 대로 사이트가 작동하도록 코드를 작성하는 개발자일 수도 있다 . 아니면 개편 취지를 설득하려고 사투를 벌이는 클라이언트일 수도 있다. 이들이 빈틈없이 일을 했는지 확인하고 싶을 수도 있다. 이 책은 다른 UX 디자이너와의 대화에서 어떤 내용을 얻어야 하고, 그 대화를 어떻게 준비해야 하는지 알려줄 것이다.

- **산출물 승인**: 돈 문제가 결부되면 모든 것을 꼼꼼히 고려해야 한다. 문서 하나에도 클라이언트나 직속상관(돈을 쥐고 있는 사람)이 여러 명 걸려 있다..이들은 여러분이 돈을 가치 있게 쓰고 팀이 제대로 굴러갈지를 판단하면서 프로젝트의 진행을 좌우한다. 이 책은 여러분의 팀에서 만드는 산출물에 어떤 내용이 담길지를 알려준다.

"하지만 저는 산출물을 만들지 않습니다"

정말인가? 이메일을 써본 적도 없고 화이트보드에 뭔가를 그려본 적도 없단 말인가? 대충 스케치를 그려서 이에 대한 피드백을 받아본 적도 없는가? 모든 단계를 다뤘는지 확인하려고 다이어그램 소프트웨어에 플로차트를 그려본 적도 없단 말인가?

최종 결과물 외에는 어떤 것도 만들지 말자는 개발 방법론이 있기는 하다. 아니, 사람들은 그렇게 해석한다.

하지만 모든 방법론에는 드로잉, 스케치, 설명, 모델링하는 과정이 수반된다. 어떤 UX 디자인 프로세스건 문제를 해결하려면 그림이나 제품의 모형을 만들어야 한다고 주장한다. 훌륭한 UX 디자이너는 문제를 짚어내고, 요구사항과 제약을 (어느 정도의 범위까지 허용되는지) 이해하는 데 시간을 투자해야 한다.

여러 장으로 구성된 공식적인 산출물을 만들지는 않더라도 복잡한 생각을 전달하거나 UX 문제를 해결하거나 여러분의 접근 방식을 설명하는 일은 여전히 존재한다. 이 책의 다이어그램과 문서는 여러분이 그렇게 하는 데 도움될 것이다. 아울러 이러한 작업들을 화이트보드 앞에서 15분 정도 설명하는 경우부터 세부적인 내용까지 다루는 더 긴 회의에서 어떻게 다뤄야 하는지도 알려줄 것이다.

이 책에 담긴 내용

2판에서도 1판에서의 철학, 목표와 같다.

- **모든 산출물을 다루지 않는다.** 이 책은 UX 디자인 과정에서 만드는 가장 흔한 5가지 다이어그램을 비롯해 이 분야에 잠깐이라도 발을 담근다면 절대로 피할 수 없는 몇 가지 산출물을 다룬다. 이는 사용자 경험과 관련된 산출물로서 개체 관계 다이어그램(Entity Relationship Diagram)이나 UML(Unified Modeling Language) 다이어그램을 만드는 방법이 궁금하다면 다른 책을 찾아라. 이 책에서 언급하지 않은 사용자 경험 문서는 수도 없이 많다. 그 중에 대부분이 잘 쓰이지 않는 것이거나, 특허물이거나, 다른 곳에서 자세히 다루는 것이다.

- **어떤 방법론을 쓰든 상관하지 않는다.** 방법론은 왔다가 가지만 문서는 오래간다. 이 책의 중요한 전제 중 하나는 방법론과 상관없이 누구나 이 책을 볼 수 있어야 한다는 것이다. 하지만 방법론 특유의 타이밍이나 귀속조건 없이 문서를 논하기는 쉽지 않다. 따라서 나는 방법론과 관련해서 몇 가지 전제를 내리기도 할 것이다. 이런 전제가 책의 구조에 반영된 곳도 있지만 다른 방법론을 사용한다고 해서 이 책을 읽지 못할 일은 없을 것이다.

- **이것은 소프트웨어가 아닌 "방법"에 대한 책이다.** 이 책은 여러분이 더 나은 산출물을 만드는 데 도움될 것이다. 또한 클라이언트나 팀원들에게 산출물을 더 멋지게 보일 수 있게 도움을 줄 것이다. 또한 문서를 만들거나 공유하면서 발생할 만한 위험을 예측하는 데도 도움될 것이다. 하지만 산출물을 제작하는 소프트웨어에 대해서는 다루지 않는다. 사람마다 쓰는 프로그램이 다 다르다. 소프트웨어가 문서의 내용과 목표에 영향을 미쳐서는 안 된다.

- **이것은 요리책이다.** 각 장은 문서 하나를 만드는 요리법과 같다. 음식을 하다 보면 무엇이 필요하고 무엇이 필요하지 않은지 여러분만의 안목이 생긴다. 그럴 때마다 여백에 마음껏 메모하라. 한 문서에 적용된 기법이 다른 문서에도 적용되는 것을 발견할지도 모른다. 장마다 내용이 겹치지 않게 노력했지만 한 문서에 적용된 생각이 다른 장에 적용되는 경우도 발견할 것이다.

왜 2판을 봐야 하는가?

나를 믿어라. 난 매일 이 질문을 나 자신에게 던진다. 답변은 다음과 같다.

- **웹이 변했다.** 2005년의 웹보다 2010년의 웹이 훨씬 더 많은 일을 한다. 우리 삶에서 웹의 역할이 변했다. 웹에 접근하는 방법도 바뀌었다. 너무 퍼져 있어서 이제는 "채널" 정도라 할 수가 없고 너무 유동적이라 "매체 하나"라고 할 수도 없다. 다른 것이 없다 해도 새로운 관점, 새로운 기술, 새로운 웹의 역할을 더 담아야 할 필요가 생겼다.
- **웹 구축 방법론이 변했다.** 한동안 UX 디자인 프로세스가 침체한 듯 보였다. 하지만 지난 2년 동안 프로토타이핑, 협업 디자인, 스케칭에 대한 새로운 관심으로 UX 디자인이 활기를 띠고 있다. 모델링하기가 수월해졌고 반복 작업을 빠르게 할 수 있는 기술이 등장했다.
- **내가 변했다.** 다른 사람이 상관할 바는 아니지만 지난 5년간 UX 문서의 준비와 전달 방식에 대한 내 생각이 변했다. 웹과 UX 관행의 진화를 목격하면서, 그리고 일부 UX 디자이너와 서로의 문서와 문서에 사용한 기술을 가다듬으면서 UX 디자인과 관련한 내 생각을 평가하는 시간을 갖게 됐다. 나보다 이러한 문제에 대해 훨씬 깊이 고민하는 네이든 커티스(Nathan Curtis)라는 사람과 함께 일하는 엄청난 기회도 생겼다. 우리는 시각적인 스토리텔링을 중요하게 생각하는 사람들과 회사를 설립했고 그들에게서 매일 무언가를 배운다.

1판에서 바뀐 것들

그렇다면 무엇이 다른가?

구조

1판의 문제 중 하나는 모든 산출물이 동등하게 다뤄졌다는 것이다. 1판에서는 플로차트가 단일 산출물인 경쟁 분석과 비중이 같지만 현실은 이와 다르다. 많은 것을 포괄하는 문서는 다이어그램 하나를 그리는 것과 수준이 다르다. 다이어그램과 산출물 사이에는 끊임없는 밀고 당기기가 존재한다. 이 긴장으로 문서 작업이 어려워지기도 하지만, 덕분에 더 창조적인 작업물을 만들 수 있다. 개별적인 다이어그램과 여러 페이지짜리 문서 모두 이야기를 전해주지만 수행하는 방식이 다르다.

그 결과 나는 이 책을 두 부로 구성된 구조로 바꿨다.

- **디자인 다이어그램**에는 페르소나, 콘셉트 모델, 사이트맵, 플로차트, 와이어프레임이 들어간다. 이것들은 개별적이고 독립적인 다이어그램으로서 컨텍스트를 제공하는 문서를 수반해야 한다.

- **디자인 산출물**에는 디자인 브리프(새로 들어갔다!), 경쟁자 분석, 사용성 계획서, 사용성 보고서가 들어간다. 이것은 확장된 이야기를 다루는 여러 페이지짜리 문서로서 책 처음부터 다이어그램과 섞여서 들어간다. 다이어그램과 각 산출물의 토대를 잡기 위해 각 장은 "기초"를 설명하는 장으로 시작한다.

내용

나는 많은 장을 다시 썼는데 특히 다이어그램이 더 그렇다. 첫 판은 독자들이 UX 산출물을 준비할 수 있는 출발점을 제공했지만 좀 더 구체적으로 안내해야 할 부분이 있었다.

첫 판은 많은 웹 디자인, 인터랙션 디자인, 정보 설계 수업에서 채택됐다. 이런 환경에서 이 책을 한껏 더 활용할 수 있게 몇 장의 마지막 부분에 연습 문제를 실었다.

무엇이 빠졌는가

지난 책에서 콘텐츠 인벤토리와 화면 디자인 장을 뺐다.

- **콘텐츠 인벤토리**는 여전히 UX 디자이너에게 소중한 도구이고, 나는 콘텐츠 인벤토리가 UX 프로세스 일부가 돼야 한다고 믿는다. 최근 몇 년간 콘텐츠 전략이 새롭게 대두되면서 (다른 UX 노력처럼 콘텐츠 인벤토리도 오랫동안 제자리에 머물러 있었다) 많은 "콘텐츠 디자인" 도구나 기법이 공식화됐다. 하지만 첫 판 이후 콘텐츠 심사 일을 맡지 않아 내가 새롭게 덧붙일 말이 없었다.

- **화면 디자인**에 대해서도 다른 곳보다 조금이라도 낮거나 광범위하게 할 말이 없다. 시중에 웹 UX 디자인이나 이 주제에 대해 커뮤니케이션하는 방법을 다룬 훌륭한 책들이 많이 나와 있다.

무엇이 새로워졌는가

두 장을 누락했다고 이 책의 가치가 떨어졌다고 생각하지 않게 새로 추가된 부분도 설명하겠다.

- **기초를 다루는 새로운 장**: 첫 판에서 거슬렸던 부분 중 하나는 대부분의 이야기가 개별 산출물에 초점을 맞춰서 모든 문서를 포괄하는 부분이 없었다는 점이다. 책의 구조를 새롭게 바꾸면서 다이어그램과 산출물 기초에 관한 장을 추가했다.
- **디자인 브리프에 관한 새로운 장**: 첫 판에서 빼고 가장 후회했던 문서 중 하나가 디자인 브리프다. 이번에 바로 잡을 수 있게 되어 기쁘다.
- **더 많은 그림**: 첫 판이 출간되는 순간부터 그림이 적다는 게 실망스러웠다. 그림에 대한 책에 그림이 부족했던 것이다. 이번 판에서 이 점을 바로 잡으려고 노력했다.
- **전문가의 조언**: 여러 장에 현업 전문가들의 의견과 실제 사례를 담았다. 개별 다이어그램이나 산출물과 관련된 심화 주제가 있을 때는 가장자리에 질문을 던져 놓았다.

논조

나이가 들어서 그런 건지, UX 디자인에서 내 역할이 변해서인지 나는 "아군 vs. 적군"이라는 감정이 적은 편이다. 끊임없이 주변이 변화하는 조직(정부 기관이나 제조업자, 서비스업과 같은)의 UX 디자이너로 일하면서 그 디자이너 문화에 속해 있다고 느끼기는 어렵다. 이곳 워싱턴 DC 지역에서 몇 년간 일하면서 이곳의 웹 커뮤니티는 "웹 마스터"가 무엇을 만드는지도 모르는 조직 속의 외로운 늑대와 같은 상황을 연민하며 동지애를 키워왔다. 우리 모임은 지지자들의 만남이나 마찬가지다.

많은 것이 변했다.

웹이 우리 생활에 더욱 깊숙이 침투하고 모든 조직원이 웹 기획, 디자인, 제작, 유지 보수에서 일정 부분의 역할을 맡으면서 UX 디자이너의 중요성이 점점 커지고 있다. UX 디자이너에게는 웹이나 사용자 경험을 교육하는 것 외에도 새로운 과제가 있다. 모든 사람이 UX 디자인 프로세스에 일정 부분 기여하게 하는 것, 비전을 세워서 다른 사람에게도 이를 인식시켜 주는 것이 바로 그것이다.

그림과 말, 말과 그림

UX 디자인 커뮤니케이션이란 사용자 경험을 담고 있으면서 프로젝트 상황에서 도출한 비전을 바탕으로 말과 그림을 엮어 이야기를 만드는 것이라고 할 수 있다. UX 디자이너는 매일 새로운 도전 과제와 만난다(아니면 과제는 비슷하지만 상황이 극적으로 바뀌기도 한다). 그 과제를 떠올리며 말과 그림을 엮어 잠재적인 해결책을 내놓는다. 새로운 인터랙션을 도입하거나, 메인 페이지에 콘텐츠를 배치하거나, 사용자 리서치를 요약하거나, 복잡한 내비게이션 구조를 분석할 때 여지없이 펜을 집어 들고 그림과 글로 써내려 간다. 이 책에 다른 아무것도 없다 해도 이런 요소를 조합해 그러한 도전과제를 서술하는 방법 하나만은 분명히 제공할 것이다.

감사의 말

상투적인 말 좀 해야겠다. 2판은 생각했던 것보다 훨씬 야심 차게 진행됐다. 사람들이 얼마나 상투적인 말을 했을까는 충분히 짐작할 것이다. 다 맞는 말이다. 말할 필요도 없이 예측이 빗나갔고, 제발 그 말이 맞기를 바란다는 말밖에 할 수 없었다. 도와주는 분들 덕에 이 책이 탄생했다고 봐도 과언이 아니다. 각각이 한 명의 저자라고 해도 될 정도로 많은 지지와 융통성을 발휘해 주었다. 이들의 의견을 종합하니 성공적인 책으로 이끌 길이 보였다. 어딘가 샛길로 새는 것이 보인다면(우연이든 고의든) 순전히 내 책임이고 글 안에 모순이나 틀린 부분이 있어도 내 잘못이다. 뉴라이더 식구들은 오랜 시간 멋지게 응원해 줬다. 마이클 놀란(Michael Nolan)은 2판을 쓰라고 끈질기게 압박했다. 그의 인내에 참으로 감사하다. 낸시 데이비스(Nancy Davis)는 프로젝트 초반에 나한테 꼭 필요한 충고를 해줬는데, 그 현명한 자극을 고맙게 생각한다. 마가렛 앤더슨(Margaret Anderson)은 내 비전이 현실이 되게끔 편집팀을 이끌어 줬다. 내가 더 좋은 구조, 더 많은 실용적인 조언, 더 많은 그림을 이야기했을 때 그녀는 즉각 이해하고 이 책이 그 목표에 부합되게 이끌었다. 그녀의 참을성과 사려 깊은 일침이 없었다면 나는 아직 페르소나 장에서 사투를 벌이고 있었을 것이다. 트레이시 크룸(Tracey Croom)과 그레첸 딕스트라(Gretchen Dykstra)는 긴 과정 동안 긴요한 도움을 줬는데 특히 마지막 산통을 겪을 때 더욱 그랬다. 샤를렌 챨스윌(Charlene Charles-Will)은 디자인 팀을 이끌었는데 프로젝트 초반에 나눈 대화에서 이 책의 비주얼 경험이 어떻게 돼야 하는지 일깨워 주었다. 캐쓰린 커닝햄(Kathleen Cunningham)은 디자이너를 위한 책의 디자인이라는 어려운 직책을 맡았다. 작은 것까지 주의를 기울이며 조심스럽게 만져주니 나의 거친 비전이 부드러워졌고 콘텐츠 모델이 세상에 나오게 됐다.

지난 몇 년간의 경험이 없었다면 이 2판은 나올 수 없었을 것이다. 이런 경험의 상당 부분은 워크숍과 콘퍼런스에서 나눈 대화에서 비롯됐다. 내 경험을 공유하고 다른 사람의 경험에서 배울 기회를 준 행사 주최자들에게 감사한다. 제프리 젤드만(Jeffrey Zeldman)과 에릭 마이어(Eric Meyer)의 이벤트 어파트(Event Apart)는 업계의 촉망받는 인재들을 끌어들이는 행사. 이 곳에서 참가자와 이야기하는 것만으로도 문서 작업에 대한 내 시야가 트인다. 자레드 스풀(Jared Spool)의 웹 앱 서밋(Web App Summit)은 나에게 하루짜리 콘셉트 모델링 워크숍을 진행할 기회를 줬다. 도날드 노먼(Donald Norman)과 제이콥 닐슨(Jakob Nielsen)의 유저빌리티 위크(UsabilityWeek)에서 산출물 기초에 대한 생각을 정리할 수 있었다.

나는 IA 서밋이나 인터랙션과 같은 업계 콘퍼런스의 워크숍도 진행했다. 세션 참가자들은 업계의 리더로서 좋은 대화를 나누고, 자극을 받고, 치열한 현장의 이야기를 들려 준다. 멋진 생각과 경험을 공유하고 문서 작업에 관한 토론을 즐기던 많은 사람들에게 감사를 전한다.

1판에 대한 논평이 웹에 많이 올라와 있어서 최대한 많이 읽고 2판에서 그 의견을 반영하려고 노력했다. 그중에서도 몇 개의 친절한 트윗을 책 뒷 면에 실었다. 140자 글을 올릴 수 있게 트윗해 준 모든 사람에게 감사를 전하고 특히 트윗을 파헤칠 수 있게 도움을 준 @yoni (조나단 놀[Jonathan Knoll])에게 감사한다.

브루스 포크(Bruce Falk)는 1판을 읽고 솔직하고 사려 깊은 피드백을 줬다. 이 덕분에 나는 2판에 대해 많은 생각을 할 수 있었다.

2009년 내 친구 잭슨은 테크놀로지의 대가이자 만화 팬인 벤 스코필드(Ben Scofield)를 소개해 줬다. 바로 이어 그만큼 재능 있고 만화를 좋아하던 닉 플란트(Nick Plante)를 소개해 줬다. 벤과 닉, 그리고 나는 만화에 대해 멋진 대화를 나누다가 온라인 만화 경험을 바꿔 보기로 결심했다. 몇몇 신생 회사에서 우리보다 먼저 시도해 버렸지만, 이 브레인스토밍은 내가 경험한 것 중 가장 기억에 남는 창조적인 것이었다. 이 토론으로 4장의 콘셉트 모델 예시를 만들게 됐다. 이런(하지만 금세 끝나 버린) 노력에 나를 끼워준 이들에게 감사를 전한다.

토드 자키 워펠(Todd Zaki Warfel)과 윌 에반스(Will Evans)는 끊임없이 멋진 것을 만들어 무료로 사람들에게 제공한다. 그들의 사이트와 블로그는 UX 아이디어와 도구의 보물 창고다. 페르소나 장에서 그들의 작업물을 사용하게 허락해 준 그들에게 감사를 표한다.

타마라 애들린(Tamara Adlin), 스테판 앤더슨(Stephen Anderson), 다나 치즈넬(Dana Chisnell), 네이단 커티스(Nathan Curtis), 크리스 파히(Chris Fahey), 제임스 멜처(JamesMelzer), 스티브 멀더(Steve Mulder), 도나 스펜서(Donna Spencer) 그리고 러스 웅거(Russ Unger)는 이 책 가장자리에서 자신의 지혜를 나눠주었다. 그들의 생각을 들려 주고 내 상상 속의 이상한 포맷에 끼워 넣을 수 있게 허락해 준 데 감사한다. (플로차트에 대해 이메일로 대화를 나누다가 의도치 않게 아이디어를 제공해 준 크리스에게 특히 감사한다. 그가 그 대화의 일부를 재현할 수 있게 동의해 줬기에 이 모든 것을 시작할 수 있었다.)

리즈 댄지코(Liz Danzico)는 한 발은 현업에, 다른 한 발은 교직에 담고 있는 정보 설계의 최강자다. 그녀가 추천의 글을 써줘서 영광스럽기 그지없다. (책 표지에서 그녀의 이름을 확인할 때마다 아직도 믿어지지 않는다.) 오랜 세월 지속적으로 지지해 주고 2판의 분위기에 완벽하게 맞아떨어지는 글을 써 준 것에 감사해 마지않는다.

에잇 셰이프스(EightShapes)의 팀(제니퍼, 크리스, PJ, 존, 제임스, 딤플, 프랑스, 호세, 제이슨)은 너무 많이 변해서 알아채지 못할지도 모른다. 나는 항상 산만하다. 이 말은 낮이나 밤이나, 책이나 책이 아닌 것에나 언제나 신세를 진다는 의미다. 그들은 인내하면서 높은 품질의 작업물을 만들고, 에잇 셰이프스에 지대한 공헌을 한다. 그들은 매일 나에게 새로운 것을 알려준다. 그들이 내 동료라는 사실이 자랑스럽다.

네이단 커티스(Nathan Curtis)는 완벽한 비즈니스 파트너다. 이 프로젝트에 자리를(아마 영원히 갈 것 같다) 내줘서 고맙게 생각한다. 조언자, 비평가, 승리자, 친구로서의 역할에도 너무나 감사하게 생각한다.

장모님은 마감일 몇 주 전에 한참을 머물다 가셨다. 메를 홀덴(Merle Holden)은 나에게 평화의 화신 같은 분으로, 가족의 버팀목이자 혼란을 막아 주시는 분이다. 해리(Harry) 그리고 특히 사라(Sarah)에게는 아무리 감사해도 모자랄 것 같다.

01

들어가면서

UX 디자인은 소규모 활동으로 구성된 복잡한 프로세스다. 이러한 활동에는 듣기, 분석, 평가, 브레인스토밍, 통합, 실험, 합치기, 묘사, 토론, 탐험, 반응 등 수없이 많은 활동이 있다. 문서 작업은 이러한 활동에 속하지 않지만 어떤 활동을 하든 그 결과로 다이어그램이나 노트, 스케치, 목록, 인벤토리, 주석, 방대한 문서와 같은 작업물이 생긴다. 동시에 모든 과제에는 입력 정보가 있어야 하는데, 디자인 과정에서 만들어지는 이런 작업물은 다음 프로세스의 연료가 된다. 과제의 성공은 이 연료의 품질과 직결되며, 결과물의 품질로 측정된다.

UX 디자이너는 와이어프레임이나 플로차트(두 가지 전형적인 UX 문서)를 만드는 사람이 아니다. UX 디자이너의 역할은 웹 사이트를 디자인하는 것이다. 다이어그램은 그러한 목표를 달성하는 데 도움되는 유용한 도구일 뿐이다. 더 유용한 도구가 있다면 기꺼이 버려야 한다. 중요한 것은 와이어프레임 (또는 다른 UX 다이어그램)은 과제의 산출물이지, 제품이나 목표가 아니라는 것이다.

나는 이런 이유로 UX 문서를 촉매제나 부산물이라고 생각한다. 촉매제는 화학 작용을 촉진시키는 물질이고, 부산물은 어떤 반응의 중심이거나, 가장 중요한 것이 아닌 부가적으로 생기는 물질이다. UX 문서는 창의적인 생각이나 커뮤니케이션을 촉진시켜 프로세스가 원활히 진행되게 한다. 또한 그 프로세스의 결과물이다. 문서는 여러 가지 방식으로 UX 프로세스에 공헌하지만 문서를 만드는 궁극적인 이유는 다음과 같은 3가지다.

- **비전의 일관성**: 디자인이 깊숙한 곳까지 들어가거나 세밀한 사용자 경험을 다루다 보면 프로젝트의 끈을 놓치기 쉽다. 가장 하위 단의 디자인(모호한 기능, 일어날 것 같진 않지만 충분히 일어날 가능성 있는 사용자 시나리오 등)에 이르면 전체 비전을 간과하기 쉽다. 사용자들은 일관되게 웹 사이트를 이용하므로 좋은 디자인에는 일관성이 있어야 한다. 모든 주제가 통합된, 비전이 담긴 문서는 사람들이 프로젝트를 잘 끌고 갈 수 있게 길을 알려준다. 또한 새로운 아이디어를 전개할 때 비전에서 벗어나지 않게 도와준다.

- **인사이트**: 아이디어를 그림으로 그리다 보면 다르게 보이기 시작한다. 어도비 일러스트레이터든, 화이트보드에 그리는 스케치든 그림을 그리는 작은 행위로 뭔가에 반응하고, 평가하고, 확장하는 기회를 얻을 수 있다.

- **추적 가능성과 책임 소재 파악**: 출력하지 않더라도 문서를 한번 만들어 두면 발자취가 생긴다. 프로젝트 진행 과정에서 내린 의사결정을 모아 놓으면 전체 프로젝트의 기록이 된다. 중요한 결정을 어디에서 내렸고 누가 그 결정을 내렸는지도 파악할 수 있다. 프로젝트 후반으로 갈수록 자신이 어떤 결정을 왜 내렸는지 기억나지 않을 때가 있다. 가령 무슨 이유로 이 버튼을 이렇게 배치하고 레이아웃을 범상치 않게 디자인했을까? 문서 기록이 있으면 어떤 결정에 깔린 근거를 확인할 수 있다.

격식 있는 문서는 나쁜가?

문서를 위한 문서는 나쁘다. 체크리스트 항목에 불과한 문서는 나쁘다. 목적 없이, 분명한 역할 없이 만들어진 문서는 나쁘다. 이때 "나쁘다"는 말은 시간 낭비라는 말이다.

　그러나 화이트보드에 그린 스케치나 사용성 연구로 얻은 인사이트 목록, 콘텐츠 체계를 잡으려고 벽에 붙인 포스트잇에 지나지 않더라도 문서는 생기기 마련이다. 다시 말해 창조적인 작업에는 반드시 작업물이 나온다는 말이다. UX 디자이너가 결정해야 할 사항은 작업물의 격식(즉, 작업물의 짜임새를 치밀하고 세련되게 하며, 경영진에게 제출할 정도로 공식적인 역할을 하게 만드는)을 어느 정도로 차릴 것이냐다. 격식의 정도는 필요에 따라 결정한다. 격식을 갖춘 산출물을 만드는 이유는 다음과 같다.

- 프로젝트 팀이 분산된 경우 문서에 격식이 있어야 시간과 장소를 넘나들며 커뮤니케이션을 촉진할 수 있다.

- 창작 부서와 사업 부서가 분리된 경우(예: 클라이언트사에 컨설턴트가 상주하는 경우) 계약의 일부로서, 또는 임무를 잘 이행하고 있는지 확인하는 문서가 필요하다.

- 프로젝트 기간이 길면 격식을 차린 문서로 의사결정을 오래 보존할 수 있다.

문서에 격식을 갖추려면 시간이 걸린다(도구를 얼마나 잘 쓰느냐에 따라 걸리는 시간은 사람마다 천차만별이다). 시간을 투자할 가치가 있느냐는 프로젝트 팀이 결정할 문제다. 모든 팀에는 자원(인력, 1일 근로 시간, 예산 등)이 한정돼 있어서 어떤 부분에 더 주의를 기울여야 할지 정해야 한다. 특히 여러 일을 동시에 맡을 때 더욱 그렇다.

문서의 격식을 지나치게 강조하면 문제가 생길 수 있다. 즉, 목표를 얼마나 잘 쫓아가는지는 잊고 다이어그램을 그리는 데만 막대한 시간과 에너지를 쏟게 된다. 나는 여러 사용자 경험 커뮤니티에서 문서에 격분하는 이유 중 하나가 이것 때문이라 생각한다. 방대한 문서 작업을(또는 어떤 문서 작업도) 반대하며 나온 방법론도 있다. 이럴 때 우리는 문서의 목표를 다시 한번 생각해 봐야 한다. 모든 도구가 그렇듯이 문서 또한 잘못 사용될 수 있다. 가장 잘못된 사용은 문서를 위한 문서를 만드는 것, 그리고 프로젝트나 팀, 또는 최종 결과물에 기여하는 바가 확실하지 않은 문서를 만드는 것이다.

전체 이야기: 산출물

이 책에서는 "산출물"이라는 용어를 완전히 독립적인 문서를 가리킬 때 사용하겠다. 프로젝트를 전혀 모르는 사람에게 산출물을 주더라도 산출물에는 전체 상황을 이해할 수 있을 정도로 충분한 이야기가 담겨 있다. 프로젝트 상황이 담긴 산출물이라면 생각에 대한 논리적 근거가 있어야 하고, 이러한 생각이 어떻게 다음 활동으로 이어지는지 보여줘야 한다. 산출물은 큰 프로젝트라는 상황 속에 생각들을 배치하며 이야기를 전개해 나간다.

산출물은 이 책의 2부에서 자세히 설명한다. 2부는 UX 문서의 근본을 짚어주는 "산출물 기초"라는 장으로 시작한다. 여기에는 4개의 장이 있어 각기 다른 4가지 산출물을 살펴보고, 각 문서가 지닌 도전 과제들도 짚어 보겠다(표 1.1).

2부의 장들에서 산출물에 대해 설명하겠다.

장	논의 대상	이 산출물의 역할
9	디자인 브리프	프로젝트 성격을 정하고 문제, 목표, 방향을 규명
10	경쟁자 분석	해당 UX 문제를 해결하는 다른 접근 방식 분석
11	사용성 계획	사용성 테스트 틀 잡기
12	사용성 보고서	사용성 테스트에서 발견한 내용을 정리한 보고서

표 1.1   UX 디자인 프로세스의 전형적인 4가지 산출물

이야기의 한 부분: 다이어그램

다이어그램은 생각과 시사점을 그린 것이다. 그러나 그 자체만 보면 프로젝트의 상황을 알 수 없다. 다이어그램은 이야기의 한 장면, 또는 삽화와 같다. 즉, 다이어그램은 그 자체로도 충분히 즐겁고 무언가를 환기시켜 주지만 상황은 볼 수 없다. 좋은 이야기에 주제를 내포하는 여러 장면이 있는 것처럼 산출물은 이러한 작업물로 구성된다.

이 책에서는 표 1.2에 나열돼 있는 5개의 다이어그램을 다룬다.

장	논의 대상	다이어그램의 역할	
3	페르소나	타겟 고객 묘사	
4	콘셉트 모델	사이트의 정보 영역에 대한 이해 촉진	
5	사이트맵	사이트의 기반 콘셉트를 구조화	
6	플로차트	과제가 완료되기까지의 과정을 묘사	
7	와이어프레임	구조, 행동, 개별 웹 페이지나 템플릿의 콘텐츠 또는 페이지 비율을 보여줌	

표 1.2   이 책의 1부에서 다룰 5개의 다이어그램

나는 실무를 하면서 작업물이 산출물에서 분리된다는 사실을 어렴풋이 깨달았다. 그러나 이 차이를 명확히 규정해 준 사람은 다름 아닌 나의 에잇셰이프스(EightShapes) 동료인 네이단 커티스다. UX 문서를 만들다 보면 산출물 작업과 다이어그램 작업을 번갈아 하게 된다. 이때 작업물이 들어간 산출물의 일부를 수정하라는 피드백을 받기도 하고 작업물 자체를 수정하라는 피드백을 받기도 한다.

산출물에는 프로젝트의 목표나, 이전 산출물의 요약이나, UX 프로세스에서 어떤 단계의 산출물인지와 같은 내용이 담기며, 작업물과는 독립적으로 움직인다. 세부사항을 설명하거나 근거를 제시하거나, 다른 작업물과의 연관 관계를 보여줄 때는 작업물과 산출물의 내용이 직접적으로 연결되기도 한다.

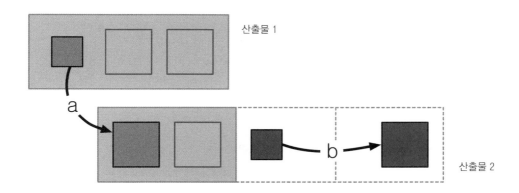

그림 1-1 산출물과 다이어그램의 관계. 다이어그램은 산출물 속에 끼어 들어가서 상황을 보여주거나, 요점을 제시하거나, 연속성을 보여줄 때 닻과 같은 역할을 한다. 다이어그램은 산출물 속에 들어가 홀로 발전하기도 하고 (a), 산출물이 발전하면서 다이어그램도 함께 발전하기도 한다(b).

다이어그램과 산출물을 만드는 도구

이 책은 도구에 연연하지 않는다. 다시 말해, 여기서 언급한 작업물이나 산출물을 만들 때 어떤 도구를 쓰든 상관하지 않는다는 뜻이다. 분명 여러분이 나에게 물어볼 테니 요즘 내가 쓰는 프로그램을 말하자면 옴니그룹의 옴니그래플, 어도비 인디자인, 애플의 키노트, 애플의 프리뷰(PDF를 보거나 주석을 적을 때 쓰는)가 있다. UX 작업을 할 때 나는 주로 이러한 프로그램을 사용한다.

어떤 도구를 사용하느냐와 관계없이 이 책에서는 다음과 같은 사항을 전제로 한다.

- **산출물에서 다이어그램을 분리할 수 있다.** 어도비 인디자인은 한 파일에 다른 파일을 임베드시킬 수 있어서 이런 작업에 안성맞춤이다. 파일에 링크가 계속 걸려 있어서 임베드된 파일이 바뀌면 해당 파일을 포함한 파일도 함께 업데이트된다. 그렇다고 꼭 어도비 인디자인을 이용하라는 건 아니다. 다이어그램을 그릴 때는 마이크로소프트 비지오를, 산출물을 그릴 때는 마이크로소프트 워드(또는 파워포인트)를 써도 무방하다.

- **여러 장의 문서를 만들 수 있다.** 산출물을 만든다는 건 작업물이 주요 등장 인물이 되는 이야기를 만드는 것이다. 문서가 여러 장이면 더 폭넓은 이야기를 담을 수 있다.
- **노드-링크 다이어그램을 비교적 쉽게 만들 수 있다.** 이 책에서 언급한 7가지 작업물 가운데 3가지가 노드-링크 다이어그램(도형과 선으로 이어지는)이다. 노드-링크 다이어그램은 웹 사이트의 기반 구조를 설명하는 최적의 형식이다.

도구에 대한 이야기를 하나 더 하자면 누가(여러분의 돈줄을 쥐고 있는 사람이 아니라면) UX 디자인에 "딱 맞는" 도구라고 추천해도 흘려들어라. UX 디자이너는 자신의 생각을 전달할 책임이 있다. 자신의 상황에 맞는 적합한 도구를 찾아 안팎으로 배워라. UX 디자인에 도구를 이용하더라도 도구와 사랑에 빠질 필요는 없다. 지조는 배우자에게만 지켜라. 도전 과제가 바뀌고, 사용하던 도구가 여러분의 생각을 표현하기에 부적절하다는 생각이 들면 즉시 그 도구를 버리고 새 도구의 사용법을 익혀라.

그림 1-2   어디를 가든 노트를 챙기자

산출물과 UX 디자인 프로세스

UX 디자인의 방법론은 이론적 배경, 활동, 전체적인 접근 방식, 프로세스에 따라 다양하다. 프로 세스는 문서와 밀접한 관계가 있어서 때로는 단계별 산출물을 방법론을 구분하는 기준이 되기도 한다. 하지만 내 경험에 따르면 몇 가지 기본 문서는 여러 방법론에서 공통적으로 사용하며, 다른 여러 프로젝트 팀에서도 현재 사용 중인 방법론과 관계없이 기본 문서를 중요하게 생각한다.

이 책에서는 3가지 활동을 기본으로 삼는다. 정말 독특한 활동이 아니라면 대부분의 방법론에 이 세 가지 활동이 변형되어 포함된다.

- **도메인 이해**: 때때로 콘텐츠나 기능이 생소한 웹 사이트를 디자인해야 할 때가 있다. 예를 들어, 의료 종사자를 위한 웹 애플리케이션은 대부분의 UX 디자이너에게 생소한 분야다. "도메인"이란 특정 영역에 대한 꼼꼼하지는 않지만 폭넓은 정보를 말한다. 모든 도메인에는 기초적인 지식 말고도 그곳에서만 쓰는 전문 용어, 타겟 고객을 지칭하는 단어, 콘텐츠의 독특한 관계, 필수적이거나 그다지 필수적이지 않은 기능, 이 분야를 다른 분야와 구분 짓 는 여러 가지 속성이 있다. UX 디자이너라면 최대한 빨리 도메인 지식을 충분히 파악해서 자신의 UX 전문성을 여기에 내재된 도전 과제를 해결하는 데 활용해야 한다. 내 말의 요지 는 산출물이 이 과정에 도움이 된다는 것이다.

- **문제 규명**: 대부분의 방법론에는 웹 사이트에 필요한 바가 무엇인지 모르면 웹 사이트를 만 들 수 없다는 전제가 깔려 있다. UX 디자이너와 개발자들은 이런 요구사항을 파악해야 하 는데, 이러한 행위를 "요구사항" 규명이라고 한다. 요구사항은 시스템에서 반드시 해야 하는 일을 진술한 것이다. 요구사항을 규명하는 방법은 방법론마다 다르다. 어떤 방법론은 요구 사항 수집을 가장 중요한 활동으로 여기고, 어떤 방법론에서는 중요하게 여기지 않는다. 요 구사항을 문서화하는 과정도 방법론에 따라 현격히 다르다. 방대한 양의 스프레드시트를 만들기도 하고, 막대 도형으로 그림을 그리기도 하며, 세 문장의 "이야기"로 표현하기도 한 다. 이 모든 것의 궁극적인 목표는 여러분이 해결해야 할 문제를 규명하는 데 있다. 여러분 은 문제를 해결하기 전에 문제를 완벽히 규명해야 한다고 주장하는 방법론을 쓸 수도 있고 문제를 풀기 전까지는 절대로 그 문제가 무엇인지 알 수 없다고 주장하는 방법론을 쓸 수도 있다. 이 책에서는 여러분에게 필요한 바를 알아내기 위해 아주 조금의 시간이라도 클라이 언트의 견해를 듣고 고객을 조사하는 데 투자한다고 가정했다.

- **문제 해결**: 문제를 파악하면 그 문제를 해결할 방법을 찾는다. 나는 해결책이 사업적인 요구와 타겟 고객의 요구를 충족하는 웹 사이트라고 가정했다. 요구사항 수집과 마찬가지로 이 활동도 방법론마다 다르다. 빨리 사이트를 개설해 놓고 조금씩 테스트하자는 방법론도 있고, 더 오랜 주기로 디자인하면서 주기적으로 테스트하자는 방법론도 있으며, 프로토타입을 만들어서 오랜 시간 동안 가다듬자는 방법론도 있다. 이 책에서는 최종 제품의 외형과 작동 방식에 대한 방향을 잡을 때 UX 문서(와이어프레임이나 플로차트 같은)를 활용한다고 가정한다.

이 모든 활동이 모여서 "UX 디자인"을 구성한다. 정도의 차이는 있지만 사람들은 모든 활동에서 작업물이나 산출물을 이용한다. 특정 활동에 더 적절한 작업물이 있는 건 사실이지만 어떤 활동에 꼭 어떤 문서를 이용해야 하는 것은 아니다.

알맞은 산출물 선택하기

모든 웹 프로젝트에서 이 책에 나온 산출물을 다 만들어야 할까? 한마디로 말하면 "아니오"다.

이 책에서는 전형적인 UX 작업물을 비롯해 이것을 산출물 속에서 의미 있게 조합하는 기술을 다룬다. 아울러 사이트맵이 다양한 와이어프레임 간의 관계를 보여주는 것처럼 한 작업물이 어떻게 다른 작업물과 연결되는지에 대해서도 살핀다.

이 책에서는 여러분이 이러한 작업물이 나오는 활동을 계획했고, 단지 문서를 만들기 위해서가 아니라 프로젝트에 꼭 필요해서 선택한 것이라고 가정한다(표 1.3). 이 부분은 반복할 만한 가치가 있다. 특정 산출물을 만들기 위한 활동이 아닌, 목표에 근접하게 해주는 활동을 선택하라.

각 장에서는 해당 작업물이 만들어지는 환경을 명시적으로 제시한다. 아울러 이러한 문서를 주로 만드는 활동도 기술한다. 프로젝트 계획에 그러한 활동은 없는데 특정 산출물은 꼭 만들라고 적혀 있다면 그 계획을 다시 한번 살펴볼 필요가 있다.

작업물의 적합성을 판단하기에 가장 좋은 시점은 프로젝트 계획을 세울 때다. "와이어프레임 단계"(여러분은 이 말에 몸서리쳐야 한다)라고 해놓고, 어느 순간 "내가 왜 와이어프레임을 그리고 있지?"라고 묻고 싶지는 않을 것이다.

바람직한	바람직하지 않은
우리는 이 단계에서 결제 과정에 초점을 맞추겠습니다. 화면이 변화하는 모습을 보여 주기 위해 와이어프레임을 만들 생각입니다.	요구사항을 정리하고 나서 와이어프레임으로 넘어갈 것입니다.
이 프로젝트에서는 타겟 고객에 대해 잘 알아야 합니다. 그래서 사용자 리서치를 잘 요약해서 설명하는 페르소나를 만들 것입니다.	이것은 페르소나를 만드는 프로젝트입니다.
사이트 구조의 초안을 잡고 나면 화면 디자인으로 넘어갈 것입니다. 이 구조를 가다듬는 데 3주가 필요합니다.	사이트맵을 그리는 데 3주가 소요될 예정입니다.

표 1.3 UX 프로세스에서의 산출물 포지셔닝. UX 디자인은 와이어프레임이나 플로차트를 만드는 활동이 아니라 웹 사이트를 만드는 활동이다.

산출물과 프로젝트 팀

방법론을 떠나 프로젝트 팀에는 암묵적인 규칙이 있다. 이것을 프로젝트 문화라고 한다. 이러한 프로젝트 문화에는 회의 참석이 얼마나 중요한지, 팀원 간 커뮤니케이션이 어떻게 이뤄지는지, 문서가 조직에서 어떤 역할을 하는지 등이 있다. 팀원 간의 역학 관계 때문에 문서 작업에 흥미로운 도전과제가 생겨나기도 한다("흥미롭다"가 여기에 가장 적합한 표현이다).

여러분이 만나는 사람들

이 책에서는 "프로젝트 팀"이라는 단어를 자주 언급한다. "프로젝트 팀"은 의사결정권자, UX 디자이너, 프로젝트 매니저, 개발자 등 프로젝트에 직접적으로 관련된 사람들을 말한다. 예를 들어 회사에 회계 담당자가 있더라도 이 사람이 "프로젝트 팀원"의 역할은 하지 않을 것이다.

- **UX 디자이너 또는 UX 디자인팀**: 비주얼 디자이너, 인터랙션 디자이너, 정보 설계자, 콘텐츠 전략가라고 불리는 사람들로서, 이 서사극의 주인공이다. 이들은 이 책에서 기술하는 산출물을 만들고 수정하는 데 가장 큰 역할을 한다.

- **프로젝트 참가자**: 프로젝트에 참여하는 다른 사람들을 가리키며, 디자이너는 아니지만 프로젝트 진행에 관련된 비중 있는 역할을 한다. 여기서 언급하는 모든 사람들을 총체적으로 일컫는 단어이기도 하다.

- **프로젝트 매니저**: 프로젝트 팀의 중심 인물로 이 공연을 이끌어 가는 사람이다. 프로젝트 매니저가 하는 일은 회사마다 다르지만 대부분 매일 클라이언트와 접촉하고, UX 디자인 활동을 이끈다.

- **분야 전문가**: 디자인이나 구현에서 특정한 분야를 "소유한" 사람이다. 프로젝트 팀에 5명의 UX 디자이너가 있어도 "크리에이티브 전문가"는 한 명일 수 있다. 이 책에서는 UX 디자인과 관련한 의사결정을 할 때 이 사람들이 책임을 진다고 가정했다.

- **클라이언트**: 자금을 제공하는 회사. 한 명이나 그 이상의 이해관계자로 구성된다.

- **이해관계자(제품 매니저나 도메인 전문가 같은)**: 프로젝트 성공에 지대한 관심을 보이는 사람들이다. 클라이언트 측에서 프로젝트를 관할하는 사람일 수도 있고, 사이트의 사용자일 수도 있고, 이 도메인에 지식이 풍부한 사람일 수도 있다.

- **개발자, 엔지니어, 품질 검수자**: 디자인한 것을 개발하고 테스트하는 사람이다. 한마디로 여러분의 주고객이다. 이들에게 완성된 디자인을 주지는 못하더라도 각각의 프로세스나 문서에서 이들에게 적합한 정보를 제공해야 한다. 나는 UX 작업을 할 때 항상 이들이 업무를 용이하게 할 수 있는 방법을 생각한다.

한 사람이 여러 역할을 맡을 수 있을까? 물론이다. 한 사람이 이 모든 일을 다 할 수 있을까? 그렇다. 하지만 그 사람은 아주아주 외로울 테고 바쁘기도 할 것이다.

팀의 역학 관계

이 책은 순진하게도 좋은 프로젝트 팀은 협동과 합의에 기초한다고 가정한다. 모든 사람이 프로젝트에 가치 있는 공헌을 하고 싶어하고, 모두가 주인 의식을 가지고 임할 때 프로젝트가 더 잘 굴러간다. 물론 이런 접근 방식에는 잠재적인 위험도 있다. 즉, 주인 의식이 자존심으로 번지거나 의사결정이 오래 걸리거나, 그룹 단위의 혁신이 일어나지 않는다. 프로젝트를 성공으로 이끌려면 이런 위험을 완화할 조치가 필요하다.

좋은 UX 디자이너는 다음과 같은 사항을 관찰하면서 프로젝트 팀의 역학 관계를 배운다(다년간의 경험에서 비롯된 저자의 의견).

- **협업**: 어떤 팀은 좀더 협동이 용이한 구조를 띠기도 한다. 이러한 팀은 상위 기획을 내거나 구체적인 아이디어를 낼 때 항상 함께하며 끊임없이 피드백을 주고받는다. 자주 만나진 않지만 만날 때마다 격식을 갖추는 팀도 있다.

- **투명성**: 프로젝트 팀이 자신의 취약점을 얼마나 노출하는가? 어떤 UX 팀은 작업중인 것, 대충 그린 스케치, 완전히 구체화되지 않은 생각도 팀원들끼리나 다른 프로젝트 팀과 기꺼이 공유한다. 어떤 팀은 좀더 "블랙박스"식으로 접근한다. 내용이 완전히 갖춰지기 전까지는 자신들이 무슨 일을 하는지 알리지 않는다.

- **계층 간 차이**: AMC의 매드 맨(Mad Men)을 보면 직장 내 위계 질서를 알 수 있다. 여기에는 영국 봉건시대 때처럼 조직된 1960년대 광고 업계가 나온다. 위계 질서가 엄격한 곳은 산출물이 "나가기"(프로젝트 이해관계자에게 보내기) 전에 엄격한 논평 및 승인 절차를 거친다. 위계가 느슨한 어떤 극단적인 경우에는 산출물(대략의 생각)을 확인하는 사람조차 없다.

- **리더십의 강력함**: UX 팀의 리더는 많은 일을 한다. 좋은 리더는 비전을 세우고 잘 지킨다. 그들의 비평은 의미가 있고 실행과 연결된다. 현 상태에서 멋진 결과를 끌어내려면 어떻게 해야 하는지 잘 안다. 강력한 리더(이런 일을 잘 하는 사람)는 문서의 역할도 잘 안다. 그들은 산출물이 어떻게 비전을 뒷받침하고 목표를 향해 가려면 어떻게 끌고 가야 하는지 잘 안다.

- **클라이언트를 존중하는 마음**: UX 팀에게 클라이언트는 불편하지만 아주 중요한 존재다. 여러분은 UX 디자인을 잘 알지만, 클라이언트는 비즈니스를 잘 안다. 프로젝트에는 이 두 가지가 모두 필요하다. 나는 종종 어떤 팀이 마음에 들지 않는 클라이언트의 험담을 늘어 놓는다는 오싹한 이야기를 듣곤 한다.

- **사용자를 존중하는 마음**: 사용자 중심의 철학을 지닌 우리 같은 사람들은 우리가 디자인하는 제품이나 웹 사이트를 사람들이 어떻게 활용하는지 알려고 부단히 노력한다. 그러나 사용자를 이해하려는 노력이 자동으로 존중하는 마음으로 이어지지는 않는다. 디자인 과정에서 UX 팀과 클라이언트는 종종 사용자를 일반화시킨다. 이는 사용자를 무능하고 무지하게 보는 시각으로서 사용자를 존중하는 마음을 없애는 지름길이다.

- **갈등 대처 전략**: 프로젝트 팀은 갈등을 해결하기 위해 나름의 접근을 한다. 갈등 해소 전략을 제대로 갖추지 않은 팀은 고도의 협업을 할 수가 없다. 이 또한 문서의 역할을 바꿔 놓는다.

이러한 역학 관계는 여러분이 문서를 준비하고, 만드는 단계를 정하며, 보여주는 방법을 생각할 때 지대한 영향을 끼친다. 이 주제만으로도 책 한 권을 쓸 정도지만 지금은 아래 내용을 살펴보면서 역학 관계에 토대를 둔 문서의 접근 방향을 생각해 보자.

- 문서의 역할을 분명히 정하기
- 비전과 UX 디자인 원칙 세우기
- 프로젝트 계획에 동의하기
- 프로젝트의 기본 원칙 정하기

 팁

골라서 싸워라

나는 비즈니스 현장에서 이 기술을 배웠지만 부모의 입장에서 갈고 닦았다. 아이들은 엄청 고집을 피우는 시기를 겪는다. 이 시기에는 자신이 가장 좋아하는 것을 부모가 해주고 있다는 사실을 알고 있을 때도 절대로 긍정적으로 반응하지 않는다. ("글쎄, 나는 아이스크림이 먹고 싶지 않다니까!" 우리 집에서도 이 단계를 심각하게 거쳤다.)

아무리 잘 굴러가는 프로젝트에도 갈등이 있게 마련이다. UX 디자인 콘셉트의 핵심을 지키고 싶다면 타협은 불가피하다. 이때가 "골라서 싸우기" 전략을 쓸 때다. 모든 대결에서 이기려고 하면 결코 웹 사이트를 완성할 수 없다.

정치 헤쳐 나가기

정치는 이성의 목소리를 짓누르고 임의적인 의사결정을 낳기 때문에 올바른 UX 디자인을 방해한다. UX가 정치에 휘둘리면 사용자의 요구와 상관없는 의사결정을 내리게 된다.

개성이 강하거나 리더십을 지닌 사람이 큰 힘을 발휘한다고 해서 꼭 UX 디자인이 망가지는 건 아니다. 외부의 요구를 완전히 숙지하고 일관된 비전을 따르며, 논리적 근거가 충분한 의사결정을 하는 사람이라면 충분히 성공할 수 있다. 하지만 함께 일하기는 어렵다.

클라이언트 관계

클라이언트란 제품에 필요한 요구를 뽑아내고 그러한 요구를 채우기 위해 노력하는 사람 또는 그룹을 일컫는다. 클라이언트는 여러분, 즉 UX 디자이너에게 이러한 요구를 수행하는 웹 사이트를 만들어 달라고 도움을 청했다. 이들은 제품에 책임을 지고, 자금을 댄다. 웹 사이트의 논리를 책임 지고 다른 곳의 협조를 이끌어 내고, 실행을 돕는다. 이들은 폭넓은 관점과(제품이 속한 논리적, 사업적, 재정적 생태계) 협소한 관점(자신의 사업과 제품, 다른 관계는 고려하지 않음)을 동시에 지니고 있다.

이 책에서는 UX 디자이너처럼 같은 입장에서 일하는 사람과 이처럼 다른 입장에서 일하는 사람을 함께 다룬다. 모름지기 좋은 문서란 입장이 다른 수많은 사람들에게 추상적인 내용(사이트 UX 디자인)을 잘 전달해야 한다. 좋은 작업물은 다른 팀원들이 각자의 입장에서 산출물을 평가할 수 있게 다양한 가치관을 담아내야 한다.

UX 팀과 클라이언트의 관계는 아주 중요하고 산출물에 커다란 영향을 끼친다. 앞에서 언급한 역학 관계처럼 UX 디자이너와 클라이언트의 관계도 정도별로 측량해야 한다(표 1.4).

"내부자"는 어떤가?

여기에 나오는 내용은 외부 컨설턴트로 경험하면서 얻은 내 생각을 적은 것이다. 나는 여러 내부 UX 팀과 함께 일하면서 전체 조직과 내부 UX 팀과의 통합 정도를 측정하는 저울이 대개 비슷하다는 사실을 알게 됐다. 회사 운영과 관련된 모든 부분이 UX 팀과 조심스럽게 결부돼 있거나, 아니면 완전히 분리돼서 "웹 사이트" 외에는 아무 일도 하지 않는 곳도 있다.

외부 컨설팅 조직과 마찬가지로 내부 UX 팀에도 목표가 있어야 한다. 즉, 어떤 관계를 맺어야 UX 디자인이 성공할 수 있을까? 이 목표를 마음속에 두고 문서의 방향을 그러한 관계를 만들어 가는 것으로 잡을 수 있다.

묘사 vs. 실행

UX 문서나 작업물은 "실제 제품"을 반영해야 하는가? 와이어프레임의 선 두께나 페르소나의 서체를 살짝 바꾼다고 프로젝트가 굴러가는가? 엄청난 양의 화면 디자인에 격식을 갖추거나, 페르소나에 대한 멋진 파워포인트를 만들면 UX 비전에 영향을 끼치는가?

문서는 UX 프로세스에서 분리된 것처럼 느껴질 수 있다. 다이어그램은 그 자체로도 충분히 추상적인 생각들을 다시 추상화한 것이다. 제품 화면에 바로 반영되지 않는 것을 묘사할 때는 (예를 들면, 사이트맵이나 바탕에 깔린 전제를 그림으로 표현하는 것) 문서가 더 동떨어져 보인다. 나는 모든 프로젝트에서 최소한 한 번쯤은 책상에서 멀리 떨어져 큰 소리로 자문한다. "내가 지금 뭘 하는 거지? (지하 작업실이 큰 소리로 자문하기에 가장 좋다. 인기 없는 장르의 음악을 듣는 것도 좋다.)

이렇게 질문하는 시간은 아주 유용하다. 현 상태를 객관적으로 볼 수 있고, 더욱 훌륭한 디자인을 내는 데 도움이 된다. 한 발 뒤로 물러서서 의심의 눈초리로 문서를 바라보면 내가 기울인 노력이 과연 가치 있는 것인지, 내가 UX 디자인을 제대로 하고 있는지 생각하게 된다. 이때 나는 최소한 3가지를 본다.

- **산출물에서 뽑아낼 수 있는 실제 가치와 산출물에 들이는 노력이 비례하는가?** 한 번의 회의에서 그 회의가 남은 프로젝트에 계속 돈을 투자할지 결정하는 것이 아니라면 잠깐 보여질 문서에 오랜 시간을 투자하는 것은 가치가 없다. 앞으로 몇 달간의 UX 프로세스를 알려주는 문서를 하루 아침에 만들었더라도 단계를 제대로 잡아낼지 모른다. 하지만 이것이 그 가치와 비례하는가?

- **UX 문제를 해결하는 것보다 문서를 만드는 과정 자체를 즐기는가?** 나는 다이어그램 그리기를 좋아한다. 스스로 말을 하는 다이어그램을 만드는 게 좋다. 다이어그램 그리기를 너무 좋아하는 나머지 때로는 내가 왜 만드는지 잊을 때가 있다. 기쁨은 문제를 해결하면서 느껴야 한다. 내가 지금 중심을 잃고 있다면 내 노동력을 다른 곳에 써야 마땅하다.

- **최종 제품을 더 잘 반영하려면 어떻게 해야 할까?** 내가 항상 쓴다는 이유로 한 가지 소프트웨어만 고집하다 보면 콘셉트를 더 잘 보여주는 다른 도구를 간과하기 쉽다. 종이 프로토타입이나 애니메이션을 사용한 파워포인트 슬라이드는 덜 세련될지 모르지만 UX 아이디어는 더 잘 표현해 줄지 모른다.

이제 본격적으로 들어가기 전에 철학적인 것 한 가지만 더 짚어 보자. UX 방법론에 대해 들끓는 논란거리를 단 하나의 주제로 간추리면 이 정도가 될 것이다. UX 디자이너로서 우리는 실제 제품과 가깝게 만드는 데 힘을 쏟아야 한다. 우리는 상상과 실제 구축 사이를 어렵지 않게 넘나드는 장인이 되어야 한다. 제품, 생산 과정, 요구가 바뀌면 계획하는 사람과 실행하는 사람 사이에 불균형이 생긴다. 실제 제품에 가까워지려는 우리의 노력은 UX 프로세스, 기법, 방법론, 도구, 커뮤니케이션 메커니즘을 되짚어 보게 할 것이다.

참여 형태	특징	이 경우 산출물의 특징
완전하게 참여	이 경우 여러분의 팀과 클라이언트 팀은 별 차이가 없다. 회사의 다른 사람이 여러분을 보면 외부 파견자라는 사실을 모를 수도 있다.	조직의 문서 기준을 엄격히 따라야 한다. 이 문서에 회사 브랜드가 들어간다.
협력 팀	여러분은 클라이언트 팀을 도와주지만 별도의 이메일 계정(예를 들면)을 가질 것이다. 조직 내 상호작용은 클라이언트가 주로 맡지만 클라이언트의 이해관계자와 함께 여러분도 회의에 참여하게 될 것이다.	클라이언트사의 브랜드가 들어가지는 않지만 당신이 저자라는 점이 기록된다.
동료	클라이언트와 여러분은 디자인에 대한 비평을 주고받으며 동료처럼 지낼 것이다. 그렇지만 여러분을 내부 고객과 접촉하게 하지는 않을 것이다.	회사의 브랜드가 들어가고, 여러분의 이름이 저자로 기록된다. 이런 문서는 독립적이다. 여러분은 특정 종류의 불만 끄면 되기 때문에 프로젝트 전체를 다룰 필요는 없다.
컨설턴트	여러분의 전문성을 활용하고자 클라이언트가 여러분을 불렀지만 문서는 내부적으로 만들어진다. 여러분의 전문 지식이 들어가야 하고, 한두 개 정도의 다이어그램을 그릴 것이다.	여러분이 다른 산출물에서 공헌자 이상의 역할을 했다거나 클라이언트가 만든 문서에 여러분이 만든 작업물이 들어갔다는 것이 보이지 않을 수 있다.
제작 담당	여러분의 역할은 긴 제작 주기 중 일정 기간 동안 여러분의 자산을 제공하는 것이다.	특정 문서를 벗어나면 여러분이 어떤 자산을 제공한다는 사실이 나타나지 않을 수 있다.

표 1.4 클라이언트 팀과 여러분의 관계는 UX 프로세스와 산출물에 영향을 끼친다.

이제 여러분은 몇 개의 다이어그램과 그것을 하나의 이야기로 엮는 방법에 대해 읽게 될 것이다. 그 자체로도 작은 프로젝트라 할 수 있는 작업물 만들기는 최종 제품에서 이끌어내야 한다. 그러나 최종 제품에는 어떤 작업물이 제품의 개념 잡기, 디자인, 실행에 도움됐다는 사실이 언급되지 않을 수 있다. 그러므로 제품이나 제작하는 사람들의 니즈를 더 잘 충족시킬 수 있게 더 해석되고, 논의되고, 가다듬고, 진화해야 한다. 여기에 제시된 요리법은 시작점이자 지침이다. 여러분의 니즈, 상황, 경험에 따라 얼마든지 모양을 가다듬을 수 있다.

Communicating UX DESIGN

1부

UX 디자인 다이어그램

02

다이어그램 기초

Diagram (명사)

추상적이거나 복잡한 생각을 보여주는 그림. 대개 웹 사이트 사용자 경험의 일부나 UX 상의 문제점을 보여준다.

먼저 기초를 다지고자 UX 다이어그램에 관한 몇 가지 전제를 살펴보자. UX 프로세스에서 흔히 만들어지는 세 가지 작업물인 페르소나, 사이트맵, 와이어프레임은 서로 다르게 보여도 준비하고, 만들고, 논의하는 과정에는 공통점이 많다.

이 책의 전반부에서는 다이어그램을 그리는 방법을 설명하고, 이 장에서는 다이어그램을 그리는 이론적 기초와 여러 가지 가정을 살펴보겠다.

UX 다이어그램 해부

다음 다섯 개의 장에서는 각 작업물을 동일한 방법으로 소개하겠다. 각 다이어그램은 개념적으로 3개의 계층으로 나뉘는데 그렇다고 산출물에서도 계층이 분리된다는 의미는 아니다. 이는 각 문서에서 특정 정보가 얼마나 중요한지를 보여주는 비유이다.

계층 1: 필수 요소

이 계층은 다이어그램에서 가장 중요한 요소가 있는 핵심 계층인데, 이 요소 중 하나라도 없으면 그 작업물은 완전하다고 할 수 없다. 예를 들어 사이트맵, 웹 사이트 구조에서 첫 번째 계층의 필수 요소는 페이지 또는 템플릿이다. 이 요소 없이는 사이트맵을 만들 수 없다(좀더 실질적으로 생각해 보자. 여러분이 산출물을 고려하고 있다면 처음부터 철저히 준비해야 한다).

계층 2: 세부적으로 가다듬기

기본 틀에 살을 붙이면서 작업물을 세부적으로 다듬는다. 두 번째 계층은 필수 요소는 아니지만, 있으면 의미가 명확해지거나 프로젝트에 필요한 세부 사항을 제공한다. 두 번째 계층이 없다고 작업물이 잘못되는 것은 아니지만 의미가 다소 불충분해진다. 사이트맵을 만들면서 이미 존재하는 페이지나 템플릿을 새로 만들 페이지나 템플릿과 구분한다면 이것은 두 번째 계층의 요소다. 두 번째 계층에서 모든 요소를 다 언급할 필요는 없다.

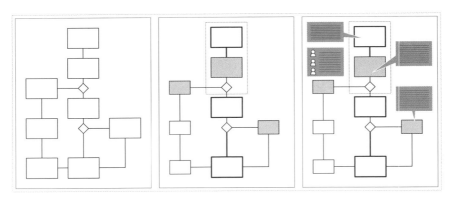

그림 2-1 UX 작업물의 계층은 여기서 말하는 것처럼 눈에 보이지 않는다. 실제 작업물에서는 정보의 계층이 확연히 보이지 않는다. 다이어그램을 여러 가지 정보로 지나치게 꾸미지 마라. 문서에 정보가 많으면 핵심이 흐려지기 쉽다.

계층 3: 상황과 연결 관계

세 번째 계층에 담기는 정보는 문서마다 다르지만, 대개 그 문서가 놓인 상황이나 프로젝트의 다른 측면과의 연결 관계를 보여준다. 예를 들면 사이트맵에서는 페이지의 개설 일자를 적거나, 콘텐츠 전략이 필요한 페이지를 강조하는 것이 있다.

왜 계층이 필요한가?

문서를 많이 만들어 보지 않은 사람들은 다이어그램에 가능한 한 많은 정보를 담으려 한다. 이는 바람직하지 않으므로 계층적인 접근 방식을 권장한다. 작업물을 어떻게 만들지 잘 모르겠다면 첫 번째 계층에만 초점을 맞춰라. 여기에 필수 정보가 모두 있다. 다이어그램 그리기에 익숙해지면 두 번째 계층을 한두 개씩 추가하라. 여러분만의 문서 스타일이 생기면 어떤 정보를 꼭 넣어야 할지 감이 생기고 클라이언트나 팀원들의 피드백도 솔직하고 담백해진다.

　1부에 포함된 "~해부하기"에서는 다이어그램에 필요한 요소를 자세히 다루겠다.

UX 작업물 만들기

웹 디자인 초창기부터 그림은 디자인 팀이 추상적인 생각을 문서화할 때 쓰는 가장 좋은 방법이다. 다이어그램을 만드는 UX 활동은 다양하지만 만드는 과정은 대개 비슷하다. 페르소나를 만들 때는 제일 먼저 사이트 타겟 고객의 정보를 수집한다. 반면 와이어프레임을 만드는 UX 활동은 이와 다르다. 하지만 생각을 종이에 그릴 때는 두 경우 모두 유사한 과정을 거친다.

　1부에 포함된 "~만들기"에서는 특정 다이어그램에 일반적인 절차를 적용하는 모습을 보여준다. 이는 "먼저 직사각형을 그리세요"보다는 "종이에 그리기 전에 이것을 생각하십시오"에 가깝다. 상황에 따라서 일을 잘 진척시키기 위한 자잘한 충고도 곁들일 것이다.

기초적인 의사결정

다이어그램의 목표, 다이어그램의 역할, 타겟 고객에 대해 시간을 들여 생각하면 작업의 효율성이 높아진다. 상황을 알면 어디에 집중해야 할지 알 수 있다. 내가 이용하는 다른 방법에는 다이어그램에 포함하고 싶은 모든 콘텐츠를 적는 방법이 있다.

목표

모든 작업물에는 목표가 필요하다. 궁극적으로 다이어그램이 산출물에 들어가 그 문서의 목표를 뒷받침하겠지만 개별적인 다이어그램에도 목표가 필요하다. 그래야 핵심에만 집중하고 무작정 바빠지는 상황을 피할 수 있다. 1장 "왜 UX 커뮤니케이션을 해야 하는가"에서 UX 작업물을 만드는 1차적인 이유를 살펴봤다. 그보다 더 구체적인 목표는 다음과 같다. 더 자세한 사항은 본론에서 살펴보자.

- **현 상태 파악**: 웹 사이트(또는 다른 UX 문제점)의 현재 모습과 작동 방식 보여주기.

- **UX 문제점 규명하기**: 디자인을 어떻게 변경해야 할지 설명하는 진술문. UX 문제를 표현하는 방식에는 사용자 니즈로 설명하기, 현재 디자인에서 부족한 점 제시하기, 어떤 중요한 부분이 어떻게 잘못됐는지 보여주기 등 다양한 방법이 있다.

- **UX 아이디어 제시하기**: 콘셉트 제시 및 문제 해결을 위한 접근법으로서 해결책의 종류에 따라 더 표현을 잘할 수 있는 작업물이 있다.

시기

이 책에서는 UX 작업물 제작 시기에 대해 몇 가지 전제한다. 각 장은 어느 정도 시간 순서로 정리했지만 이것이 정해진 절차이거나 최선의 실행 방식은 아니다. 대부분 내 프로젝트에서 해온 방식을 보여주는 데 불과하다.

이 말은 산출물은 UX 활동의 결과라는 말이기도 하다. 프로젝트 계획에는 산출물이 아닌 과제를 명시해야 한다. "결제 프로세스 디자인"이지 "와이어프레임 그리기"가 아니다. 프로젝트 계획이란 프로젝트의 목표를 달성하기 위해 사람들이 해야 할 일이고, 산출물은 이런 일을 하는 과정에서 생기는 부산물이다.

목표 달성에 필요한 과제를 정하고 이에 맞는 산출물을 정하라. 과제에 귀속조건("사용자에 대해 더 많이 알지 않고는 요구사항을 뽑아낼 수 없다"와 같은)이 있다면 그 기준을 충족하는 산출물과 형식이어야 한다.

고객

작업물을 누구에게 이야기하느냐에 따라 내용을 조금씩 조정해야 한다. 대개 산출물의 독자는 역할로 나눈다. 개발자와 시스템 엔지니어에게 필요한 정보와 UX 디자이너나 프로젝트 매니저, 비즈니스 이해관계자에게 필요한 정보는 다르다.

하지만 훌륭한 작업물은 단순히 독자의 역할 이상을 보여준다. 프로젝트 팀을 잘 알면 그들에게 가장 가치 있는 작업물을 만들 수 있다. 어떤 요소를 빼거나 넣을지도 알 수 있다. 고려할 만한 속성은 다음과 같다. 여러분의 프로젝트 팀은 어떤가?

- 세부사항 중심인가, 큰 그림 중심인가?

- 추상적인가, 구체적인가?

- 계획을 신중하게 짜는가, 바로 뛰어 드는가?

- 글 중심인가, 그림 중심인가?

콘텐츠

아쉽게도 다이어그램에 들어가는 내용은 프로젝트의 요구에 따라 달라지므로 이 책에서는 다이어그램에 어떤 내용을 넣어야 한다고 정확히 언급하지 않는다.

대신 각 장에서는 다이어그램에 들어갈 만한 콘텐츠의 예시를 보여준다. 예를 들어, 사이트맵 장에서는 사이트맵이 "회사소개" 같은 특정 페이지나 "제품 템플릿"과 같은 템플릿을 보여줘야 한다고 적었다. 하지만 페이지나 템플릿의 종류는 여러분과 프로젝트 팀에 따라 달라지므로 어떤 페이지나 템플릿이라고 찍어서 제시하지는 않는다.

작업물에 들어갈 내용을 결정할 때는 다음과 같은 사항을 생각해야 한다.

- **구체화**: 사이트의 모든 부분을 얼마나 구체적으로 다룰 것인가?

- **분석**: 여러분이 가진 정보를 면밀히 관찰하면서 무엇을 배웠는가?

- **프로젝트 현안**: 이 순간 UX 디자인 프로세스에 가장 도움이 되는 것은 무엇인가? 무엇이 프로젝트를 진전시키는가?

콘텐츠에 대한 시사점 없이 웹 사이트를 만들 수 없는 것처럼 정확한 데이터 없이 다이어그램 계획을 짤 수는 없다. 여러분이 담고 싶은 콘텐츠를 적으며 시작해 볼 수 있다. 이를 구체적인 예시로 확장하면 훨씬 좋다.

팁 그리고 한 단계 끌어올리기

1부의 각 장에서는 다이어그램을 만들 때의 팁을 비롯해 곧잘 빠지는 함정에 처하지 않는 방법을 제시하겠다. 이 장에서는 내가 다이어그램을 만들 때 쓰는 일반적인 프로세스를 적었는데, 이것을 이 책에서 제시하는 모든 문서 작업의 출발점으로 보면 된다. 1부에서 제시하는 팁과 기술은 여러분이 이와 유사한 프로세스를 사용한다고 가정했다.

 사례

페르소나 계획 세우기

사용자 리서치를 수행하고 나면 여러분은 사이트의 타겟 고객에 대해 많이 알게 될 것이다. 그들이 좋아하는 주말 활동과 아이스크림 향을 알게 될 테고 인터넷 이용 패턴과 사용하는 첨단 기기(전화기, 컴퓨터, 핸드폰, 셋톱박스 등)에 대해서도 감을 잡을 것이다.

- **구체화**: 추상적인 페르소나는 인간적인 면모 없이 행위의 특성만 모아놓은 것이다. 구체적인 페르소나는 실제 인물과 별 차이가 없다. 여러분은 이 중간으로 가기로 했다. 여러분은 어떤 사용자 그룹이 여러분의 사이트에서 수행하는 역할에 대해 어떤 이야기를 할 것인가?

- **분석**: 데이터를 면밀히 분석해서 사람들이 수행하는 역할을 4가지로 나누고, 역할별 시사점도 얻었다. 데이터를 보면서 각 역할을 구분하는 다른 아이디어도 떠올랐다.

- **프로젝트 현안**: 이 페르소나의 목적은 "UX 문제 규명하기"이므로 UX 디자이너들이 콘셉트에 집중하고, 중요한 것을 선별하고, 콘셉트를 입증할 수 있게 요구사항별로 페르소나를 구분하려 한다. 향후의 리서치에 대비해 미결 현안을 중심으로 정리할 수도 있지만 이것은 다음 기회에 이용해 보기로 했다.

다이어그램을 만드는 대략의 절차

1. **목록 만들기**: 넣고 싶은 정보를 모두 적는다. "페이지 유형" 등의 상위 카테고리에서 세부 카테고리("제품 페이지, 갤러리 페이지, 제품 토론 페이지, 제품 상세 내역 페이지" 등)로 점점 구체화한다.

2. **스케치**: 가능한 한 많은 요소를 펜과 종이로 스케치한다. 이 스케치의 목적은 세부 항목을 다 적는 것이 아니라 논리적인 틀을 세우는 데 있다.

3. **일찍 공유하기**: 동료에게 스케치를 보여주고 피드백을 받는다. 이때 자존심은 잠시 버려라. 좋은 동료라면 사적인 감정을 배제하고 평가해 줄 것이다. 다른 사람의 시선이 있어야 여러분이 명료하게 메시지를 전달하는지 확인할 수 있으므로 이 피드백은 이후 작업에도 도움이 된다.

4. **반복**: 스케치는 한 번으로 충분하지 않다. 소프트웨어로 그리기 전에 한 번 더 스케치하고 빠진 것이 없는지 확인하라.

5. **다른 접근법 알아보기**: 나는 다른 접근 방식을 고려하는 것을 프로세스에 정례화했다. 초기 개념이 탄탄하게 자리 잡을 때까지 몇 번의 반복 작업을 거쳤다면 잠시 그것을 치워 두고 문제를 다르게 바라본다. 그중 한 가지 방법은 초창기에 내린 전제를 다시 머릿속에 떠올리는 것이다. 예를 들어, 사이트 타겟 고객을 묘사할 때 두 가지 속성을 이용했다고 해보자. 다른 접근법을 찾아볼 때는 이와 다른 두 가지 속성을 고르거나, 라이프 사이클과 같은 사용자 그룹 간의 관계를 다르게 만들어 본다. 두 번째 안이 덜 좋을 수도 있지만 더 좋으면 그것으로 해라! 이렇게 하다 보면 첫 번째 안을 어떻게 가다듬을지 아이디어가 떠오른다.

6. **이리저리 옮겨 보기**: 다이어그램의 기본적인 형태를 그리고 나면 요소를 이리 저리 옮겨 본다. 플로차트, 사이트맵, 노드와 링크 타입의 다이어그램인 콘셉트 모델에서는 작은 차이로 새로운 인사이트가 떠오를 수 있으므로 이런 시도가 특히 유용하다.

7. **군데군데 색상 넣기**: 몇 개의 장에서 다이어그램에 색상을 넣는 방법을 알아보겠다. 색상은 차이를 극명하게 드러낸다. 빨간색과 파란색이 함께 있으면 대조되어 독자의 시선을 사로잡는다. 이것은 차이를 보여주는 고난도의 기술로서 매우 조심스럽게 써야 한다. 확신이 서지 않으면 회색을 여러 농도로 이용하라.

8. **시각 언어 규칙 정하기**: 시각 언어를 가다듬어라. 시각 언어란 요소를 설명할 때 쓰는 도형이나 규칙을 말한다. 이 시점에서 여러분은 여러분이 사용한 시각 언어가 괜찮은지 느낌이 온다. 예를 들어, 다이어그램에 내용이 너무 많아 읽기 어렵다거나, 다이어그램이 일관된 이야기를 들려주지 못하면 시각 언어를 가다듬어 핵심 메시지를 더 명료하게 전달할 수 있다. 또한, 별 의미가 없거나 흐름에 도움을 주지 않는 시각 소음 등의 넘쳐 흐르는 시각 정보도 잘라낼 수 있다

9. **이전 문서 다시 보기**: 요구사항이나 사용자 조사 보고서와 같은 이전 문서를 토대로 그린 다이어그램이라면 세부 항목을 모두 다루는지 다른 사람과 함께 확인하라. 토대가 되는 문서와 여러분이 그린 다이어그램을 비교하면 중요 요소가 빠지지 않았는지 알 수 있다. 이전 문서는 팀원의 대리인 역할을 한다. 사람들이 프로젝트를 이해하는 방식이 이전 산출물에 담겨 있으므로 이들이 던질 질문이나 피드백도 여기에서 뽑아낼 수 있다.

10. **이름 달기**: 다이어그램 요소가 알아서 메시지를 전할 것이라고 가정하지 마라. 특히 초안이라면 독자가 자신의 생각과 똑같이 그림을 본다고 가정하기보다는 차라리 이름을 과하게 다는 편이 낫다. 색상이나 선의 두께에는 지나친 것이 있으나, 이름은 아무리 달아도 지나치지 않는다. 나는 2년 전쯤 한 콘셉트 모델에서 콘셉트와 콘셉트 사이를 잇는 연결선에 이름을 제대로 달지 않아서 "내가 왜 이 두 개를 연결했지?"라고 생각한 적이 있다.

 팁

초안으로 피드백 뽑아내기

동료들은 초안에 피드백을 잘 주지 않는다. 대화를 잘 이끌어 가려면 다음과 같은 구체적인 질문을 해본다.

- 지금까지 이 다이어그램의 핵심 메시지가 무엇이라고 생각하시나요?

- 어떤 정보가 누락된 것 같습니까?

- 당신이 이 다이어그램을 그린다면 어떻게 그렸을까요?

- 나는 X(다른 종류의 데이터나 콘텐츠)와 엮을 생각입니다. 괜찮을까요? 당신이라면 어떻게 하시겠습니까?

- (클라이언트를 잘 아는 사람이라면) 제인이 어떤 반응을 보일까요? 제인이 보고 싶어하는 내용은 무엇일까요?

다이어그램을 그릴 때 흔히 빠지는 함정

"페르소나 만들기"나 각 장의 "~만들기"에서는 다이어그램을 그리는 기량을 한 단계 끌어 올리는 아이디어로 마무리한다. 이런 기량을 다루면서 특정 다이어그램에서 저지르기 쉬운 실수도 언급하는데, 그 실수의 원인은 대부분 아래와 같다.

- **계획 부족**: 앞에서 언급한 "기초 의사결정"을 어느 정도 정해 두지 않으면 다이어그램이 중심에서 벗어난다. 시간이 5분 밖에 없어도 계획을 세워야 중심을 잡고, 다이어그램에 필요한 의사결정을 내릴 수 있다. 계획을 짜면 목표를 세우고, 스케줄을 고려하며, 타겟 고객을 떠올릴 수 있다. 그 외에 어떤 콘텐츠가 들어가고 빠져야 하는지, 어떤 부분이 시각적으로 두드러지고 어떤 부분이 배경에 묻혀야 하는지, 언제 그 다이어그램을 공유할지, 누가 초안에 좋은 의견을 줄 지도 생각할 수 있다.

- **이야기 부재**: 이것은 "자만심"을 공손하게 말한 것이다. 이야기가 빠진 다이어그램은 다이어그램 혼자서 알아서 살라는 것과 다름없다. 문서에서 벗어나 매우 특별하고 극단적인 상황에 다이어그램이 있다고 상상해 보라. 모든 다이어그램은 상황, 자세한 설명, 의사결정, 근거가 함께 보여져야 한다.

- **지나치게 많은 정보**: 다이어그램에 들어가는 정보를 가지치기하지 않으면 과도한 이미지가 핵심을 덮어버릴 수 있다. 너무 많은 색상, 너무 굵은 선 두께, 너무 다양한 도형은 지나치게 정보가 많다는 증거다. 메시지가 잘 전달되지 않으면 초점을 유지하기 위해 요점을 몇 개를 빼라.

UX 커뮤니케이션의 도전 과제

여기에 나온 모든 팁을 따른다고 UX 커뮤니케이션의 어려움이 해결되지는 않는다. 종이에 생각을 표현하는 일은 어려운데, 특히 신규 매체는 더 어렵다. 건축 같은 다른 디자인 분야는 오랜 시간에 걸쳐 콘셉트 표현 기술을 갈고닦았지만 실제 업무에서는 여전히 어려움에 부딪힌다. 무용처럼 생각을 문서화하는 관례가 없는 창조 분야도 있다. 나는 우리 업계의 접근 방식에 감사한다. 필요하면 다른 사람의 문서를 빌리거나 갖다 쓰면 되지만 따를 만한 기존 모델이 없을 때는 새로운 방식을 생각해내면 된다. 하지만 문서 작업을 특히 더 어렵게 하는 매체 특유의 어려움도 있다.

이 장의 앞 부분에서 도전 과제인 산출물에 포함해야 할 목표나 콘텐츠의 범위 정하기를 잠시 언급한 바 있다. 여기서 말하는 도전 과제는 좀더 광범위한 문제로서, 무엇을 넣고 뺄지 범위를 정하는 일이라고 규정할 수 있다.

현재 vs. 미래 vs. 궁극적으로

요즘 내가 하는 일은 기존 웹 사이트나 응용프로그램을 개선하는 일이다. 처음부터 새로 만드는 일은 거의 없고, 있다 해도 이미 출시된 경쟁 제품보다 좋게 만드는 일이다.

이런 상황에서는 제품이 앞으로 갖춰야 할 모습 대비 현재의 모습을 얼마나 보여줄지 지속적으로 결정해야 한다. 어떤 프로젝트에서는 처음에 이상형을 그려 놓고 실행 가능성이나 제약 사항을 고려하면서 "조금씩 줄여"나가기도 한다.

도전 과제가 어려워질수록 좌절과 환희 사이를 오가게 된다. 이때 답을 찾을 부분은 종이에 어떤 내용을 담아야 하느냐다. 이를 해결하는 두 가지 방법은 다음과 같다.

- **진척도**: 프로젝트 전체 기간 중 한 시점의 모습을 보여줘야 한다면 제품의 진척도를 보여주는 연속적인 그림을 그려볼 수 있다. 이런 접근 방식은 상황을 설정하기가 좋고, 연속되는 UX 활동 중 한 부분에 초점을 맞출 수 있다.

- **이미지 규칙**: 좀더 지속적으로 필요할 때는 여러분이 만드는 모든 작업물의 특정 단계에 동일한 이미지 규칙을 적용한다. 예를 들어 현 상태에서 벗어나면 회색 선을 이용하고, 새로운 콘셉트가 나올 때는 좀더 어두운 색을 이용한다.

상세도과 복잡도

UX 디자이너마다 세부 사항에 대한 집중력이 다르다. 어떤 디자이너는 큰 그림에 강해 방향을 잡고 몇 개의 화면을 그려서 이 일을 추진한다. 어떤 사람은 모든 인터랙션, 업무 규칙, 시나리오에서 발생할 법한 자잘한 디자인 과제를 떠올리며 깊은 곳을 파헤친다. UX 디자이너가 만드는 문서는 자신의 재능에 비례한다.

- 세부 항목이 충분하지 않은 문서는 실행 시 제 기량을 발휘하지 못하거나 콘셉트가 일으
킬 수 있는 위험을 제대로 담지 못한다. 보통 문제가 생기면 콘텐츠 방향, 행위 묘사, 상태
변화, 디스플레이 조건, 시나리오와 같이 작은 부분에서 문제가 발생한다.

- 세부 항목이 잘 담긴 문서는 전체 콘셉트를 파악하는 단계에서는 부적절할 수 있다. 이런
문서는 깊은 기능을 파헤치느라 이야기의 끈이 느슨할 수 있다. 이 경우에는 문서의 버전 관
리가 어려우므로 세심하게 관리해야 한다.

이런 문제를 해결할 방법으로 UX팀을 세부사항을 잘 그리는 인력과 큰 그림을 잘 그리는 인력
으로 나눌 수 있다. 프로젝트 초반에 큰 그림 인력을 투입하다가 콘셉트가 잡히면 디테일 인력의 투
입을 늘린다. 이 전략을 쓸 때는 다음과 같은 상황을 생각해야 한다.

- 세부사항을 잘 그리는 인력이 프로젝트 초반에 참가하면 실행할 때의 위험을 예견할 수
있다.

- 큰 그림을 잘 그리는 인력이 프로젝트 후반에 참가하면 콘셉트를 더 잘 지킬 수 있다.

- 두 그룹 모두 같은 문서 작업에 투입될 수 있지만 이 둘 모두의 니즈를 만족하는 구조가 나
올 수 있게 처음부터 협업해야 한다.

제품과 콘텍스트

경험은 혼란스러운 단어다. 많은 사람이 이 분야에 발을 담궈 보는데, 어떤 사람은 이 분야의 일을
정확히 알고, 어떤 사람은 너무 크게 생각("나는 컴퓨터 화면을 그리는 일을 해요")한다. 이 일에 새
로운 이름을 붙이는 사람도 있다("우리는 인터랙티브 제품이 아닌 서비스를 디자인합니다"). 여러
분이 무엇을 하는지 알고 기쁜 마음으로 한다 해도 경계가 불분명한 순간이 찾아온다. 아마 이런
생각들이 떠오를 것이다.

- 이 프로세스에 "오프라인" 단계를 포함해야 하나?

- 왜 사용자들은 온라인 셀프 서비스 프로그램과 콜 센터에서 같은 경험을 할 수 없지?

- 왜 비일관적이고, 불완전하고, 부정확한 데이터로 응용프로그램을 디자인해야 하지? 그 데이터를 깨끗이 비우고 하면 안 되나?

- 어떻게 하면 타겟 고객과 제품이 일차원적인 관계를 맺을 수 있을까?

- 왜 왕은 아무 옷도 걸치지 않았을까?

음, 마지막 질문은 아닐지도 모른다. 하지만 오늘날 UX 디자이너로 일하다 보면 종종 벌거벗은 임금님 이야기 속 소년의 처지에 놓이곤 한다. 웹 사이트를 만들다 보면 회사의 취약점이 노출된다. 사용자 중심의 철학으로 사이트를 만드는 사람은 사용자와 회사가 인터랙션하는 모든 방법에 일단 회의적인 시각을 드리워야 한다.

UX 커뮤니케이션에서 여러분이 영향을 끼칠 수 있는 부분과 없는 부분의 경계를 지키기란 매우 어렵다. 주변 상황이 안 좋아도 산출물에는 제품의 디자인이 잘 담겨야 한다. 클라이언트의 잘못을 일일이 지적하지 않으면서 UX 디자인의 모델은 훌륭해야 한다.

이 선을 잘 지키려면 다음과 같은 접근 방식을 생각해 본다.

- 프로젝트를 시작하면서부터 사람들과 이 과제를 헤쳐갈 방법을 논의한다. 프로젝트의 속성상 발생할 수밖에 없는 위험을 감지했다면 이해 관계자에게 제기하라. 예를 들면 여러분은 웹 사이트만 구축하는데 사용자들은 여러 요소를 드나들며 경험해야 한다고 해보자. 이들에게 여러분이 이 문제를 어떻게 해결하기를 바라는지 물어라. 그리고 다음의 글머리 기호에서 제시한 방식으로 접근하라.

- 여러분의 다이어그램에 이 위험 요소를 부각시킨다. 웹 사이트에만 초점을 맞추고, 다른 경험 분야는 건드리지 않기로 했다면 이를 산출물에 명시한다. 다른 사용자 경험을 다루지는 않는다고 기재한 경우라도 (a) 어떤 부분이 웹과 겹치는지, (b) 그로써 수반되는 위험은 무엇인지도 함께 적어야 한다.

UX 디자인 프레젠테이션하기

아무리 멋진 플로차트나 상세한 사용성 레포트도 프로젝트에서 벗어나면 의미가 없으므로 각 장의 나머지 절반은 UX 다이어그램을 활용하는 방법을 다루겠다.

"~다이어그램의 활용"에서는 대부분 UX 작업물에 대한 논의를 촉진하는 방법을 소개한다. UX 문제에 대한 논의를 활발히 불러일으키고, 앞으로 발생할 문제를 부각시키거나, 해결책을 찾으려고 사람들을 불러 모으는 일이야말로 모든 다이어그램의 궁극적인 목표다. 물론 해결책은 머리를 맞대야 나오는 것이지만 다이어그램이 그 대화를 이끌어 줄 것이다.

논의를 준비하는 과정을 최소화하기 위해 이 책에는 이런 논의를 위한 간단한 틀을 제시하며, 작업물에 대한 모든 회의에 같은 구조를 적용한다. 이 장에서는 개략적인 내용만 제시하고, 다이어그램별 구체적인 적용 방식은 각 장에서 논의하겠다.

훌륭한 회의를 진행하는 데 자부심을 느껴라. 이것은 문서를 잘 만드는 일보다 더 중요하다. 사람들이 회의를 마치고 일어나면서 "좋은 회의였어"라고 말할 때의 기쁨을 떠올려 보라. 회의는 일찍 끝났고, 여러분에게는 진전이 있다. 이 두 가지가 회의를 통해 얻어야 할 모든 것이다. 이 이상 더 무엇을 하려고 노력하지 마라.

UX 디자인 토론의 기본 방식

방법은 간단하다. 회의 주관자는 농담꾼이 아닌, 기자가 돼야 한다. 기사에서는 가장 중요한 내용이 앞에 오고 중요도가 낮은 내용은 뒤에 온다. 조금 극단적이지만 회의의 제1법칙은 '10분 후에 자리를 뜨더라도 요점을 모두 알 수 있어야 한다'다.

농담은 결정적인 순간을 위해 아껴 둬라. UX 디자이너는 자신들의 노력으로 얼마나 대단한 성과를 거뒀는지 보여주기 위해 농담을 하고 싶어한다. 적절한 농담을 던진 후 얻는 만족감을 생각하면 프레젠테이션에서 농담을 활용하고 싶어하지만 비즈니스 세계에 농담이 차지할 자리는 없다. 회의가 10분 만에 끝나더라도 "한 남자와 말하는 개가 음식점에 들어갔다"라는 농담이 들어갈 자리가 있을까?

이제부터 소개하는 회의의 요리법에서 1단계와 2단계는 중요한 정보가 올라갈 무대를 준비하는 단계다. "결정적인 순간"은 3단계인데, 사정이 있다면 바로 3단계로 넘어가고 1, 2단계의 정보를 끼워 넣기도 한다. 여기서 하려는 이야기는 3단계를 거치고 나면 핵심 주제가 모두 전달돼 있어야 하고, 가능하면 논의까지 돼 있어야 한다는 것이다.

1. 콘텍스트를 조성하라

회의를 시작할 때는 프로젝트의 현재 진행 시점을 알려줘야 한다. 특정 항목을 깊이 파는 대화에서는 프로젝트의 끈을 놓치기 쉽다. 회의를 시작할 때 대략의 상황을 간단히 알려줘야 참가자가 현재 진행 시점을 알 수 있다. 이 회의가 사이트맵 리뷰 회의라면 다음과 같이 이야기할 수 있다.

> 예, 지난주에 콘텐츠 인벤토리 작업을 완료했습니다. 지난 주에 훑어 본 요점 기억나시죠?
> 그 회의 이후 콘텐츠 분석을 완료하고 사이트 구조를 그렸습니다. 오늘 논의의 주제이기도
> 합니다. 이 구조는 초안이고, 앞으로 몇 주에 걸쳐 가다듬을 예정입니다. 이 사이트맵으로
> 다음 와이어프레임 단계에서 디자인해야 하는 템플릿 종류도 결정할 것입니다.

콘텍스트를 조성할 때는 이렇게 한다.

- **회의 목표를 정하라**: 사람들은 문서만 가져오면 자동으로 회의 주제나 목적이 정해진다고 생각하지만 그 회의는 문서 리뷰에 불과하다. 가장 쉽게 회의 목표를 보여주는 방법은 질문 목록이다. 그러나 여러분의 일이 질문 목록으로 끝나서는 안 된다. 여러분은 사람들을 모아 이슈를 던지고, 논의가 계속되게 하는 좋은 방법을 찾아야 한다. 이 책에서 소개하는 산출물은 생각을 전달하는 도구이자 논의의 수단이지 목표 그 자체가 아니다. 따라서 문서가 아닌 문서 안의 내용에 초점을 맞춰야 한다.

- **핵심 논란거리를 전달하라**: UX 디자인과 관련된 질문에 대답하는 자리라도 조직별로 논란이 되는 주제를 이해관계자에게 보여줄 수 있다. 이면에 깔린 이야기를 참석자에게 비밀로 할 필요는 없지만 서로의 입장이 다르다고 향해 가는 목표가 다르지는 않다는 점을 참석자에게 주지시켜야 한다.

- **UX 문제점 그리고/또는 UX 원칙을 상기시켜라**: 잠시 시간을 내서 프로젝트 목표인 UX 문제점을 다시 한번 언급하라. UX 활동을 이끄는 특정한 원칙이 있다면 이것도 언급하라. 그러면 사람들은 그 활동이 언제 시작하고 언제 끝나는지 더 잘 이해하게 된다.

- **사용자를 회의에 끌어들여라**: 작업물마다 사용자를 활용하는 방식이 다르다. 사용자와는 거리가 먼 문서를 논의하는 자리라도 타겟 고객의 특성을 이야기해야 한다. 여러분이 이야기할 내용과 고객에 대해 아는 내용의 연결 고리를 만들어라.

2. 이미지 규칙을 설명하라

작업물에 본격적으로 들어가기 전에 참석자가 앞으로 어떤 내용을 볼지 알린다. 작업물을 대략적으로 소개하라. 특히, 예를 들면 UX 디자인의 다양한 측면에 어떤 도형을 썼는지 설명한다. 문서를 다 훑어 볼 필요는 없지만 도형의 의미, 그룹화 기준, 중요한 의미를 지닌 다른 요소와 같은 주요 콘셉트나 이미지 규칙은 짚어줘야 한다.

여러분의 문서에 도형의 의미를 보여주는 설명 상자가 있다면 그 상자를 이용해도 된다. 흔히 좋은 다이어그램에는 기호 설명표가 필요 없다고 하지만 솔직히 누가 그런 말을 하는지 모르겠다. 분명 그 사람은 사이트맵, 플로차트, 콘셉트 모델 등을 회의에서 발표해 본 사람이 아닌 것만은 확실하다.

3. 중대 의사결정 사항을 강조하라

"중대 의사결정 사항"이란 UX 작업에서 중요한 주제를 의미한다. 중대한 의사결정으로는 다음과 같은 사항이 있다.

- 화면 디자인의 방향
- 사용자 조사에서 얻은 주요 사항
- 사이트맵의 근간이 되는 구조
- 플로차트에서 3~4개의 주요 화면

이 주제를 결정할 때 이런 질문을 던져라. "참석자가 회의를 떠날 때 꼭 기억해야 하는 한 가지는 무엇인가?"

핵심 주제를 정하는 기준은 다음과 같다.

- 여러분이 디자인하거나 발견한 것 가운데 가장 놀라운 것은 무엇인가?

- 무엇이 현재의 사이트를 가장 급격하게 변화시키는가?

- 가장 중대한 UX 도전 과제는 무엇인가?

- 사용자들이 무엇에 가장 관심이 있는가?

- 이후의 의사결정을 이끌어 낼 만한 것은 무엇인가?

리트머스 테스트

중대 의사결정 사항

다이어그램의 효율성을 확인하는 방법으로 여러분이 이야기하고자 하는 내용과 다이어그램에 그린 내용을 비교할 수 있다. 다음과 같은 사항을 자문해보자. 이 다이어그램은 핵심 메시지가 잘 담겨 있는가? 핵심 메시지 가운데 묻혀 버렸거나 배경에 묻힌 메시지는 없는가?

여러분이 생각하는 핵심 주제를 몇 개의 글머리 기호로 정리하고 회의에서 여기에 중심을 둔다. 그러면 핵심 주제가 아닌 논의는 이 목록에 들어가지 않으므로 다른 길로 새거나 방해되는 논의를 금세 알아차릴 수 있다. 이후에 논의될 세부 사항도 이 핵심 메시지에서 뻗어 나가게 한다.

4. 논리적 근거와 한계를 제시하라

중대 의사결정 사항을 논의했다면 이제 이 핵심을 바탕으로 세부 사항으로 넘어갈 차례다. 큰 줄기를 위한 콘텍스트를 조성했듯이 작은 줄기에도 콘텍스트가 필요한데, 그 형태는 바로 한계점이다. 세부적인 의사결정이 내려질 상황을 설명함으로써 프로젝트의 경계선이 어디인지를 일깨워준다.

UX 프로젝트에는 언제나 한계가 존재한다. 프로젝트에 따라 한계가 더 많을 수도 있고, 더 적을 수도 있다.

- **사용자 리서치**: 사용자 중심 철학을 가진 UX 디자이너는 사용자 리서치를 무엇보다 중요하게 생각한다. 사용자 리서치는 사용자가 제품에 대해 원하는 바를 보여준다. UX 아이디어를 낼 때 우리는 그 아이디어를 사용자가 원하는지 살펴봐야 한다. 사용자가 원하지 않는가? 그럼 그 아이디어는 버려라.

- **프로젝트 목표**: 요즘 나는 비즈니스 목표를 충족하는 웹 사이트를 디자인하고 있다. 다른 한계를 감안하면 그 목표를 이루기 어려울 때도 있지만 그것이 내가 일하는 그 조직에서는 자연스러운 일이다. 프로젝트는 큰 기계의 부속과 같다. 부속이나 기계에 따라 부속이 잘못됐을 때 전체가 잘못되기도 하고, 그렇지 않기도 한다. 이와는 무관하게 목표가 추상적이거나 요구사항이 구체적이지 않아 한계가 제대로 정해지지 않을 때도 있다.

- **프로젝트 변수**: 인정하고 싶지 않지만 UX 프로세스에는 외부의 (무작위적인) 압력이 존재한다. 제일 명시적인 예가 마감일이다. 이 때문에 콘셉트를 세우고 디자인을 가다듬는 활동의 범위가 축소될 수 있다. 확연히 드러나지는 않지만 이해관계자의 입김이나 다른 팀과의 역학 관계가 변수로 작용하기도 한다.

- **기술적 실행 가능성**: 개발자들은 "우리는 뭐든지 할 수 있다"라고 이야기하지만 현실에서 웹 사이트는 기존 시스템 위에 구축된다. 이것은 아이디어들이 잘 구현될 수 있게 기존 시스템을 손봐야 한다는 의미다. 개발자들의 이 격언에는 암묵적인 의미가 들어 있다. "우리는 시간과 예산만 충분하다면 뭐든지 할 수 있다".

- **운영상의 실행 가능성**: 아이디어를 생각하면서 기술적인 부분을 고려하듯이 조직적인 부분도 고려해야 한다. 고객 관리부터 콘텐츠 업데이트까지 모든 부분에서 협조가 필요하다. 다른 부서와 유기적으로 협력하지 않으면 현실화되지 못하는 아이디어도 있다. 아이디어를 지켜 내려면 제품이 완성되기까지의 과정에서 도움을 받아야 할 조직을 잘 알아야 한다.

- **산업계 기준**: "모범 사례"라고 알려진 이 기준들은 오랜 시간을 단련하며 만들어진다. 이것은 다른 웹 사이트에도 광범위하게 적용되고, 업계의 기본 조건처럼 여겨지므로 여러분의 아이디어를 구현하는 기준이 되기도 한다.

- **회사의 기준**: 그 회사에만 적용되는 기준을 세우는 것은 힘들지만 장점도 많다. UX 디자이너의 관점에서 보면 이 기준은 문제 해결의 출발점이다. 회사의 기준을 UX 프로세스에 녹여라. 그렇지만 잘못하면 제약만 만들고 창의력을 죽일 수 있다(조직에서 UX 디자인의 기준을 세우는 방법을 알고 싶다면 네이단 커티스의 책, 모듈화된 웹 디자인(Modular Web Design)을 참고하라).

- **UX 원칙**: 좋은 팀은 그들이 추구하는 바를 한 단어 또는 몇 개의 글머리 기호 목록으로 표현한다. 이 방향은 구체적이어야 한다. "사용하기 쉬운 사이트"는 원칙이 될 수 없다. 이것은 모든 프로젝트에 공통적인 원칙이므로 특정 프로젝트의 목표로 정하기에는 너무 광범위하다. UX 원칙은 구체적이며 프로젝트 상황을 반영해야 하고 의사결정의 근거가 돼야 한다.

UX 원칙이란 한마디로 모든 한계를 모아 놓은 모음과 같다. 한계를 추리는 과정에서 UX 원칙이 나온다.

이런 한계점은 의사결정의 근거가 되기도 한다. 선택의 기준이 생겨 여러분이 생각할 수 있는 디자인 범위에 한계를 그어준다.

이 과정에서 여러분이 직면할 한 가지 어려운 시기는 기존에 확고하게 자리 잡힌 생각을 뒤집는 논리를 제공해야 할 때다. 이런 예로 다음과 같은 것이 있다.

- 오랫동안 사용한 마케팅 세그멘테이션[1] 모델에 반대되는 사용자에 대한 새로운 관점

- 내부 프로세스와 일치하지 않는 새로운 흐름

- 현재 사이트에 있는 콘텐츠를 **빼야** 하는 새로운 틀

이것은 파도를 거슬러 헤엄치는 행위로 끈질기게 UX 디자이너의 참을성을 테스트한다. 이 문제를 마법처럼 없애는 방법은 없다. 이런 대화에서는 다음과 같은 준비를 한다.

- 왜 이런 접근이 필요한지 3가지 이유 준비하기

- 예상되는 반론의 목록을 만들고 답변 준비하기

---

1 (옮긴이) 세그멘테이션(segmentation): 경제나 마케팅에서 많이 사용하는 용어로, 동일한 제품이나 서비스를 구매하게 하는 한 가지 이상의 공통된 특징을 가진 집단, 또는 그러한 집단을 분류하는 행위를 의미한다.

- 프로젝트 팀과 친숙한 동료 그리고 친숙하지 않은 동료와 함께 역할극 해보기

- 이 접근 방식으로 야기될 수 있는 잠재적 위험 생각하기

- 다른 접근 방식으로 야기될 수 있는 잠재적 위험 생각하기

논리적인 근거와 한계점을 논의해야 하는 이유가 아직도 명료하지 않다면 이 주제를 다뤄야 회의 결과가 더 생산적이라는 사실 하나만 기억하기 바란다. 그 결과는 다음과 같다.

- 프로젝트 팀에 무엇이 가장 중요한지 알 수 있다.

- 의사결정을 확신할 수 있다.

- 프로젝트의 한계를 명확히 인식할 수 있다.

- UX 아이디어를 빈틈없이 다듬을 수 있다.

 팁

질문할 시간

회의 중간 중간 질문이 없는지 확인하라. 이것은 단계 전환 시점에 특히 더 중요하다. 회의 마지막에 공식적인 질문 시간이 있더라도 각 소주제를 이해하지 못하면 다음 이야기를 성공적으로 이어갈 수 없다. "중대한 의사결정 강조"와 "논리적 근거와 한계점 제공" 사이는 불확실한 부분을 짚기에 가장 이상적인 시점이다.

5. 세부 사항을 전개하라

이제 세부 사항을 논의할 분위기가 무르익었다. 이 부분은 각 장에서 구체적으로 다루게 될 곳이다. 작업물별로 세부 사항은 천지 차이다. 이때 한 가지 어려운 점은 세부 사항을 전개하는 방식이다. 나는 1999년 에드워드 터프티(Edward Tufte)가 온종일 진행한 워크숍에서 배운 방식을 가장 좋아한다.

구체적인-일반적인-구체적인(Particular-General-Particular, PGP): 3단계에서 나온 주요 논란거리를 대변하는 항목을 골라라. 주제 하나나 메시지 하나가 모여 "일반적인" 것을 구성한다. 이 주

제를 언급하는 세부 사항을 지적하고, 그 주제를 다시 반복한 후 이 주제에 해당하는 두 번째 항목으로 넘어간다. 플로차트 장에 있는 기부 흐름을 사용해 PGP 모델을 아래와 같이 전개할 수 있다.

> 돈과 시간을 기부할 때 사용자는 자신들이 좋아하고 참여할 수 있는 활동을 고르는 두 번째 흐름을 타게 됩니다. 이러한 두 번째 흐름이 생긴 이유는 다양한 형태의 기부가 가능하고 금전적으로 기부하기가 쉬운 기부 프로그램을 만들기 위해서입니다. 또 다른 예로 물품 기부가 있는데, 원하는 물품과 배송 정보를 입력할 때도 이 두 번째 흐름을 타게 됩니다.

두 번째로 어려운 점은 세부 사항을 결정하는 일이다. 대부분의 산출물은 30분에서 60분에 상당하는 회의 분량을 담고 있다. 다행히도 정규적으로 120분씩 회의에 참가할 수 있는 팀은 거의 없다. 세 번째 핵심 메시지 단계에서 여러분의 안내에 따라 상세 항목을 결정하겠지만 이것만으로는 충분하지 않다. 모든 세부 사항은 3단계에서 언급한 원칙을 뒷받침해야 한다. 세부 사항을 결정할 때는 다음과 같은 점을 고려한다.

- 사용자 니즈를 반영하는가
- 현재의 사이트에서 현격하게 달라지는가
- 프로젝트에 치명적인 위험을 부르는가
- 프로젝트 팀의 추가적인 도움이 필요한가

 팁

화이트보드 활용

화이트보드를 이용한 회의의 접근법에는 목적에 따라 두 가지 방법이 있다. 첫 번째는 새로운 아이디어를 소개하면서 화이트보드에 다이어그램을 조금씩 그리는 방법이다. 즉, 말을 하고 그림을 그리면서 다이어그램을 설명한다. 이 방법의 장점은 그림의 한 부분에 초점을 맞출 수 있고 복잡한 개념을 풀어서 설명할 수 있다는 점이다.

아이디어를 내는 브레인스토밍 회의에서는 다이어그램을 간단한 시작점으로 활용할 수 있다. 화이트보드에 다이어그램을 붙이고 참가자에게 살을 붙이게 한다. 다른 브레인스토밍 회의와 마찬가지로 중심을 잃지 않는 것이 중요하다. 여러분이 할 일은 사람들을 참가시키고, 광범위하더라도 사람들이 아이디어를 내게 하고, 스스로 아이디어도 채워 넣는 것이다. 창의성을 훼손하지 않으면서 중심을 지키기 위해 시작하기 전에 한두 가지 목표를 화이트보드에 적어 놓는다.

6. 함축된 의미를 논의하라

UX 디자이너는 자신들의 아이디어가 불러올 수 있는 위험을 예견해야 한다. 이는 아이디어를 검열하라는 말이 아니라 특정 아이디어가 야기할 수 있는 문제를 상세하게 예측해야 한다는 의미다. 아이디어에 함축된 의미는 보통 다음 3가지 범주에 해당한다.

- **UX 디자인**: 하나의 UX 아이디어는 다른 UX 과제로 이어진다. 6개의 데스크톱 응용프로그램을 하나의 웹 기반 프로그램으로 통합하려면 수도 없는 과제들을 해결해야 한다. UX 디자이너는 이런 문제를 예측하고 여기에 투입되는 노력을 계산해야 한다.

- **기술적인 측면**: 건축 도면의 선이 현실에서 벽인 것처럼 사이트맵이나 와이어프레임의 선은 코드가 된다. 다른 분야보다 구현하기가 쉬운 점도 있지만 UX 디자이너는 실행 과정에서 생길 수 있는 다른 위험도 예측하고 열거해야 한다.

- **운영의 측면**: 웹 사이트는 홀로 설 수 없다. 규모에 따라 10명에서 10,000명의 인원이 콘텐츠 만들기, 페이지 업데이트하기, 거래 처리하기 등의 사이트 운영에 매달린다. UX 디자이너가 이들이 투입해야 하는 노력까지 예측할 필요는 없지만 어떤 부서가 새로운 콘셉트를 받쳐주지 못하는지는 다른 사람들에게 알려야 한다.

앞의 5단계처럼 함축된 의미 또한 다이어그램의 종류나 프로젝트의 요구에 따라 달라진다.

7. 피드백을 들어라

대화에서 아이디어에 관한 대화에 참가자를 끌어들이는 방법으로는 마지막까지 기다리기, 중간중간 질문하기, 회의 중에 브레인스토밍 시간 따로 잡기 세 가지가 있다.

피드백 방식	회의 진행 방식	주의할 점
마지막에 피드백 듣기	사람들이 참여할 수 있게 회의 주제 반복하기	사람들은 좀이 쑤신다. 여러분이 아무리 노력해도 사람들은 한숨 돌릴 거리를 찾고 있을지 모른다.
중간에 피드백 듣기	피드백이 필요한 주제 범위 정해주기	이야기만 길어지고 중요한 의사결정은 내리지 못할 수 있다. 이것도 가치 있을 수 있지만 시간을 너무 끌면 생산적인 논의가 가능한 다른 주제를 다루지 못할 수 있다.
브레인스토밍 시간 가지기	논의가 필요한 핵심 질문과 함께 브레인스토밍 범위 제시하기	흐름을 놓칠 수 있다. 브레인스토밍이 잘 안 될 수 있다. 시간을 채울 수 있는 정도보다 더 많이 준비해야 예기치 않은 주제가 튀어나왔을 때도 원활하게 이끌 수 있다.

표 2.1   피드백 받는 방식: 피드백 받을 시기, 준비 방법, 주의할 점.

위에서 제시한 방법에 따라 회의 진행이 바뀔 수는 있지만 의도가 훼손되면 안 된다. 형태가 대화든 토론이든, Q&A식 강의든 의미 있는 피드백을 받아야 한다는 목적은 모두 같다.

이 세 가지가 모두 같은 원칙을 따르더라도 여러분에게는 피드백이 필요한 구체적인 부분이나 질문이 있을 것이다. 전체 그림에 대한 견해가 필요하더라도 "어떻게 생각하십니까?"처럼 물으면 의미 있는 대답을 들을 수 없다. 회의 계획을 세울 때 여러분에게 필요한 내용을 아래와 같이 나눠라.

작업물의 요소: 참가자들이 작업물의 요소 하나하나에 집중하게 하라. 그 요소는 와이어프레임의 헤더 부분처럼 그림의 한 구역이 될 수도 있고, 사이트맵에서 템플릿을 나타내는 모든 접점처럼 유사한 대상물이 될 수도 있다.

질문: 도움이 필요한 요소가 결정되면 질문 목록을 만들어라. 유형은 다음과 같다. 아래의 유형에서 도출된 질문과 각 작업물에 특화된 질문을 각 장에서 제시할 것이다. 아래로 갈수록 답변이 어려워진다.

- **이것이 맞는가?** 한마디로 아이디어가 요구사항을 충족시키는지 물어 본다. 선택권을 여러개 주고 참가자들에게 선택권에 대해 논의하게 한다.

- **무엇이 빠졌는가?** 사이트맵에 모든 콘텐츠가, 와이어프레임에 모든 기능이 들어가기를 바라는 만큼 항상 무언가 빠뜨린다. 따라서 작업물에 빠진 요소가 없는지 물어야 한다. "빠진 것이 없나요?"라는 일반적인 질문도 좋지만 이 정도로는 충분하지 않다. "이 사이트맵에 들어가야 할 다른 콘텐츠가 있을까요?"처럼 구체적으로 물어라.

- **이것은 무엇을 의미하는가?** UX 콘셉트는 다른 팀 업무에 영향을 끼친다. 누군가의 코딩이 어려워지고, 누군가는 콘텐츠를 다시 써야 한다. 특정 콘셉트가 다른 사람에게 어떤 영향을 미칠 것인가를 생각하라.

피드백에 대해 마지막으로 전할 말은 작업물에 대한 피드백이 아니라 작업물에 담긴 생각에 대해 피드백을 들어야 한다는 점이다. 사이트맵을 완벽하게 그리면 좋겠지만 그림이 아무리 멋져도 그 안의 구조가 엉성하면 아무에게도 도움되지 않는다.

8. 리뷰의 틀을 제시하라

이 시점쯤 되면 회의에서 모든 피드백을 녹음하고 사람들에게 과제도 할당했을 것이다. 이 녹음 내용으로 회의의 가치를 측정할 수 있다. 대화의 양은 중요하지 않다. 대화의 실행 가능성, 프로젝트의 진척 정도, 할당된 과제의 명료성, 주제를 포괄한 정도로 회의를 평가하라.

필요한 만큼 다 논의하지 못했을 때처럼 틈이 보이면 숙제를 내라. 문서가 너무 방대해서 한 번의 회의로 리뷰가 불가능할 때 오프라인 리뷰가 필수다. 이 경우 7단계(피드백 듣기)에서 언급한 내용을 토대로 여러분에게 필요한 정보 모델을 만들어라. 문서에 담긴 모든 내용에 대해 이야기를 들으려 하지 말고 피드백의 예시를 제공하라.

기록한 내용과 과제를 되짚어주면서 리뷰의 틀도 상기시킨다. 다이어그램이나 산출물 서너 가지에 초점을 맞추게 하고 각각에 대해 한두 개의 질문을 한다. 기한을 확실하게 정하고 만약 기한 내에 피드백을 받지 못하면 어떤 일이 벌어지는지 대략의 일정을 알려라.

 팁

문서를 공개하는 시기

산출물 워크숍에서 자주 받는 질문 중 하나는 "문서를 언제 공개해야 하나요?"다. 대미를 장식하려고 마지막까지 다이어그램을 아껴 두는 UX 디자이너들도 있고 '우와!'하는 감탄사를 바라며 바로 그 자리에서 공개하려는 사람도 있다.

나는 보통 회의 전에 문서를 보낸다. 참가자들이 미리 검토를 하고 질문을 준비할 시간을 주려는 것이다. '와'하는 반응은 없겠지만 회의를 생산적으로 진행할 수 있다. 그리고 사람들은 깜짝 놀라게 하는 요소를 그리 좋아하지 않는다. 표 2.2를 보자.

문서 제시 시점	명심할 점	주의할 점	
당장 보여주기	처음 보는 문서라면 이제부터 천천히 다이어그램을 보겠다고 말하라. 두 번째나 세 번째 보는 문서라도 1단계(콘텍스트 조성)를 건너뛰지 마라. 지난번 이후 조금이라도 변했을 수 있다.	참석자들은 어쨌든 의견을 쏟아낼 것이다. 성급하게 대응하지 마라. 의견은 고맙지만, 모두 같은 입장에서 문서를 볼 수 있게 약간의 상황 설명을 하겠다고 말해라.	
3단계까지 아껴두기	문서에 사용된 이미지 규칙을 이해할 수 있게 2단계에서 발췌본이나 샘플 이미지를 보여주어라.	문서를 당장 보여 주지 않으면 짜증 내거나 지루해 할 수 있다.	
회의 전에 보내기	앞표지를 만들어 사람들이 문서에서 반드시 봐야 할 항목을 적는다. 사람들이 회의에서 어떤 이야기가 오갈지 예측할 수 있게 회의 주제도 함께 적는다.	회의 전에 보내도 준비를 안 하고 오는 사람이 있다. 문서를 미리 보냈다고 모두가 다 자세히 읽고 오는 것은 아니다. 따라서 문서를 먼저 보냈다는 이유로 문서를 훑어볼 때 중요한 부분을 빼놓으면 안 된다.	

표 2.2   문서 공개 시점과 고려해야 할 몇 가지 사항.

기본 회의 진행 방식 적용

지금까지 UX 작업물 회의의 기본 진행 방식을 알아봤다. 물론 이것은 하나의 틀일 뿐이고 여러분의 상황에 맞게 얼마든지 변형할 수 있다. 필요에 따라 틀을 조정하는 몇 가지 방법은 다음과 같다.

- **강조**: 회의 진행에서 강조란 특정 영역에 할당하는 시간을 의미한다. 회의 참석자가 다이어그램의 포맷을 잘 알거나 작업에 참가했다면 이런 부분은 서둘러 진행하고 이론적 근거, 세부 사항, 피드백에 더 많은 시간을 배정한다.

- **순서**: 회의 진행에서 가장 중요한 부분을 먼저 다루고 이전의 토론에서 다음 논의를 끝내는 등 회의 순서를 이렇게 잡는 데는 나름의 이유가 있지만 약간은 융통성을 발휘해도 좋다. 예를 들어, 세부 디자인 단계에서는 콘텍스트 조성과 이론적 근거를 묶을 수 있다. 사람들이 산출물을 잘 알고 있다면 시작할 때 "리뷰의 틀"을 보여줘서 여러분이 회의 중과 회의 후에 무엇을 원하는지 알려줘라.

- **없애기 또는 줄이기**: 이 접근법은 핵심 메시지를 결정하고 가다듬는 충분한 시간을 확보하면서 최대한 중복이 없게 만들어졌다. 그렇지만 회의 시간이 생각보다 짧다면 중요한 아이디어에만 집중해야 한다. 다음 논의 주제는 이전 논의를 토대로 정해지므로 어떤 부분을 빼라고 제안하기는 어렵다. 나는 한 부분을 완전히 빼는 것은 반대하고 대신 중요하지 않은 부분은 깊이 들어가지 않고 한두 문장 정도로 간략히 끝내라고 권하고 싶다.

어려움 헤쳐나가기

아무리 회의 계획을 잘 짜도 큰 줄기를 놓치거나 목표에서 멀어지는 일이 생긴다. UX 회의 진행한 다는 것은 대화의 방향을 확고히 지켜주는 것을 의미한다. 회의에서 발생할 수 있는 어려움은 다음 과 같다.

논점 이탈

회의가 이상한 주제로 흘러갈지도 모른다. UX와 관련이 없거나 회의의 목표와는 상관없는 곳으로 빠질 때는 이런 방법을 쓸 수 있다.

- 회의를 시작할 때 토론의 주제나 목표를 화이트보드에 적어라. 주제가 이탈될 때마다 주제 를 가리켜서 논의가 잘못 흐르고 있다고 가리킨다.

- 더 샛길로 빠지기 전에 대화에 끼어들어서 관련 없는 주제를 자르고 그것을 공식적으로 기 록해 둔다. 그러면 참가자들은 그 주제를 어딘가에서 들어본 것처럼 느낄 것이다. 이런 것은 회의록에 잘 기록해 뒀다가 다음 UX 활동에서 후속 조치를 한다.

- 빗나간 주제가 어느 정도 흘러가게 둬라. 회의 목표와는 무관할지 모르지만 때로는 빗나간 주제도 적절하거나 중요할 때가 있다. 나는 이 주제가 중간에 끊길 만큼 사소하지 않다는 판 단이 서면 잠시 그 대화가 진행되도록 둔다. 하지만 누구는 그 주제에 관심이 있는데 누구는 시간 낭비라고 생각하는 듯하다면 대화 중간에 끼어들어서 "지금 이 이야기를 나눠도 좋다 고 생각하십니까?"라고 물어 이 이야기를 나누고 싶어하는지 의사를 묻는다.

지나치게 세부 항목에 집착하기

주제가 빗나가지는 않았어도 세세한 것에 지나치게 집착하는 것도 비생산적이다. 이 역시 빗나간 주제처럼 방향을 잡아주거나 기록해 두거나, 그냥 진행되게 놔둔다. 빗나간 주제는 대개 UX 실무 와 무관할 때가 많지만 세세한 주제는 항상 그렇지만은 않다. 이때 두 가지 대안은 세부 사항을 다 루는 별도의 회의 또는 현재 회의를 확장하는 회의를 열거나 세부사항에 대해 할 말이 있으면 이메 일 같은 대체 방식으로 알려달라고 부탁하는 방법이 있다.

사소한 것에 집착할 수밖에 없을 때도 있다. 때로는 결론에 도달하려면 회의실의 핵심 인사들과 모든 페이지의 모든 주석을 짚어봐야 할 수도 있다. 여러분의 팀이 이 방법을 끔찍이 싫어한다면 문서는 자세히 읽고 의견은 전자적인 방식으로 받을 수도 있다.

도움되지 않는 피드백

참가자가 유용한 피드백을 많이 주지 않았다면 진행자가 자기 일을 제대로 하지 않았다는 의미다. 양질의 피드백을 받지 못하는 데는 여러 가지 이유가 있다. 대화의 가치를 끌어올리려면 진행자는 다음과 같은 일을 해야 한다.

- 흐름 명확하게 짚어주기
- 좋은 질문 던지기
- 피드백 받지 못한 부분 파고들기
- 논쟁 거리 던져주기

후속 작업의 부재

이것은 회의 중에는 감지할 수 없지만 아무리 생산적인 회의라도 그 가치를 떨어뜨릴 수 있는 문제다. 후속 작업이 일어나지 않으면 회의의 가치가 사라진다. 회의에서 프로젝트를 진전시키려면 다음과 같이 한다.

- **실행 항목 정하기**: 사람들이 대화 중에 한 약속을 모두 적는다. 업무에 영향을 끼치는 다른 사람에게 과제가 있을 때 과제가 늦어지면 여러분의 작업도 늦어질 수 있다는 점을 분명히 밝힌다.
- **피드백을 참가자들에게 다시 짚어 주어라**: 사람들의 피드백을 다시 한번 언급함으로써 여러분이 그들의 생각을 이해했다는 것을 보여라.
- **수정안을 최대한 빨리 보내라**: 이것은 여러분과 프로젝트팀의 일이지만 나는 수정안을 빨리 보낼수록 더 진전이 있다는 사실을 경험했다.

잘못된 담당자 초대

최소한의 인원만 회의에 불러라. 기여할 바가 없거나 대화를 이탈시키는 사람만큼 회의를 망치는 것도 없다. 회의에 사람이 너무 많으면 중심에서 벗어나거나 주제를 가지고 왈가왈부하기 쉽다. 사람이 너무 많으면 다루기도 어렵고 목표를 향해 가기도 어렵다. 솔직히 생각해 보면 여러분이 이런 사람일 때도 있다. 내가 물을 흐리고 있다고 생각되면 이때는 회의 기록만 보내달라하고 기꺼이 회의를 다른 사람에게 넘겨주고 나와라.

처음 보는 참석자

새로운 프로젝트팀이나 클라이언트처럼 만난 적이 없는 회의 참석자들과 처음 대화를 나누면 대화가 잘 풀리지 않을 수 있다. 팀이나 개개인의 스타일을 잘 모르면 회의 계획을 잘 세우기 어렵다. 어떤 주제로 빗나갈지, 비평의 강도가 어떨지 예측하기 어렵다. 얼마나 편안하게 피드백을 주는지도, 언제 어떻게 개입해야 할지도 알기 어렵다. 나라면 초반에 긴장을 깨는 방법이나 다른 사람 알기 게임을 소개하는 다른 책이나 웹 사이트를 알려주겠다. 이런 것도 프로젝트를 부드럽게 이끌 수 있는 좋은 방법이지만 나는 다른 팀원을 회의에 데려오는 방법을 쓴다. 이들은 회의에도 참석하지만 주로 다른 참석자를 관찰하면서 비공식적으로 메모를 기록한다. 이후 서로의 관찰 내용을 비교하면서 다음 회의 전략을 세운다. 내가 겪은 두 가지 예를 들려주겠다.

- **어색한 침묵**: 어느 날 우리는 참석자 누구도 의견을 내려 하지 않는다는 사실을 깨달았다. 작업에 대해 질문하면 고개만 끄덕일 뿐 누구도 말을 하지 않았다. 결국 우리는 두 개의 다른 사업 부서를 한 팀으로 묶어서 서로 정보 노출을 꺼린다는 사실을 알아냈다. 그래서 우리는 오프라인으로 피드백을 달라고 해서 내용을 취합했다.
- **준비 부족**: 회의 하루 전에 문서를 보냈지만 읽을 시간이 없어서 사람들이 피드백을 줄 수 없었던 회의가 있었다. 우리는 결국 짧은 회의를 두 번 열었다. 하나는 문서를 살펴보는 회의였고 하나는 피드백을 받는 회의였다.

자존심 개입

다른 모든 위험 요소를 감당할 수 있다 해도 솔직히 여러분이 회의의 가장 큰 걸림돌일 수 있다. 회의를 진행하려면 여러분이 가진 권한을 포기하고 다른 사람에게 넘겨줘야 한다.

UX 디자인을 하려면 자신을 버리고 다른 사람을 불러들여서 그들이 목소리를 내고 가치 있는 기여를 할 수 있게 해야 한다.

버릴 것	끌어 안을 것	
모든 의사결정을 자신이 내리겠다는 마음 모든 의견을 평가하겠다는 생각(특히 브레인스토밍 회의에서) 특정 디자인 콘셉트나 그 콘셉트를 설명하기 위해 만든 문서에 대한 애착. 피드백을 사적으로 받아들여서는 안 된다.	모든 사람이 의견을 개진하게 했다는 만족감 회의에서의 토론 내용을 실행 가능하게 만들기 불분명한 피드백이 명료해지게끔 도와주기	

표 2.3 UX 디자인 회의에서 버릴 것과 안을 것. 자존심은 문 앞에 두고 와라, 여러분이 가지고 올 것은 따로 있다.

 팁

불만 토로하기

회의 주제가 정해지면 참석자의 다양한 처지를 곰곰이 생각하라. 그들의 처지를 생각하면서 회의 메시지와 주제를 가다듬어야 한다. 예를 들어, 다소 정치적인 프로젝트라면 각자가 더 중요하게 생각하는 콘텐츠나 기능이 있다. 그들은 마음속에 담긴 이야기를 털어버리기 위해 회의에 들어온다. 여러분의 말을 경청하거나 회의에 참여하지 않고 그 주제만 떠올리고 있을지 모른다.

이런 상황을 다스리는 한 가지 방법은 회의가 시작될 때 이런 생각을 털어놓게 하는 방법이다. 이들은 생각만큼 배타적이지 않다. 모두를 배려하는 계획을 세우면 불필요한 논의를 사전에 피할 수 있고, 억눌린 마음을 발산시켜 줬으므로 여러분도 목적한 바를 이룰 수 있다.

0

 팁

가상 회의

내 클라이언트 중에는 온라인 협업을 편안해 하는 사람이 많다. 심지어 나와 가까운 거리에 있는 사람조차도 그렇다. 나는 꽤 자주 온라인으로 문서 작업에 대해 토론한다. 비록 얼굴을 맞대지는 못해도 장점이 많다.

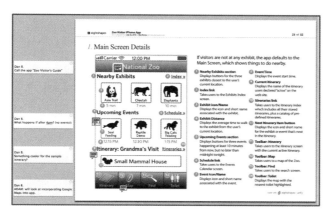

그림 2-2 원격 소프트웨어 사용하기 함께 앉아 회의하는 듯한 느낌을 주는 소프트웨어를 이용하라. 회의 참가자가 의견을 내면 나는 내장된 메모 프로그램으로 산출물에 주석을 단다. 화면을 공유하므로 피드백을 듣고 있음을 다른 사람들에게 보여줄 수 있다.

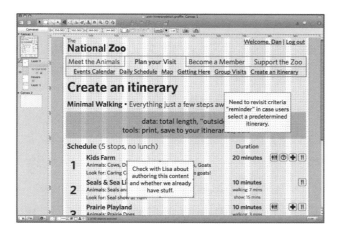

그림 2-3 즉시 주석 달기 응답을 듣는 즉시 와이어프레임 파일에 반영한다. 그들의 피드백을 듣고 있다고 보여줄 수 있을 뿐더러 의견을 바로 적용할 수도 있다. 와이어프레임이나 다이어그램을 바로 수정할 수 없다면 그 위치에 응답을 적는다.

너무 많은 회의

모든 사람이 바쁘다. 따라서 사람을 불러 모을 때 이유가 충분한지 생각해야 한다. 회의 주제를 대충 잡아서 회의에서 할 이야기가 있는지 오프라인으로 묻고 그 대답을 취합해 이메일로 보내라. 회의 주제를 이메일로 보내서 "이것에 대해 논의할 필요가 있을까요?"에 대한 답을 듣는 방법도 괜찮다.

물론 이메일에 치이지 않는 사람도 없기는 하다.

회의 전 회의

내가 "회의 전 회의"라는 용어를 사용한 것을 인정한다. 솔직히 이 말을 쓸 때마다 뭔가 개운치 않다. 그렇지만 너무 크고 중요해서 좀 더 꼼꼼히 계획을 세워야 하는 회의가 있다. 특히 상부의 이해관계자와 함께하는 회의에서는 회의 전 회의가 최선이다. 한 시간 가량의 회의에서 새로운 콘셉트나 주제 제시하는 것은 컨퍼런스에서 발표하는 것과 비슷하다. 물론 참석자가 더 적고 카페트가 더 좋긴 하겠지만 이야기를 조리 있게 전달해야 하고 참석자들이 가치를 느끼려면 엄청난 준비가 필요하다는 점이 비슷하다. 회의 전 회의에서 다룰 주제는 다음과 같다.

- **목표**: 모든 사람이 회의에서 얻고자 하는 내용에 동의했는지 확인하기
- **콘텐츠 우선순위**: 제일 먼저 다룰 주제와 시간이 초과했을 때 빼도 되는 주제 정하기
- **시간 배분**: 주제 하나당 얼마의 시간을 할당할지 결정하기
- **잠재 위험 요소**: 예상할 수 있는 샛길, 비판, 방해에 대처할 수 있게 약간의 역할극 해보기

축하

이제 기초 훈련이 끝났다. 이 장의 내용이 추상적으로 느껴졌다면 구체적인 작업물, 다이어그램, 산출물, 문서를 다루지 않았기 때문일 것이다. 이 장에서는 이후 다섯 개의 장에서 더 깊이 확장하고 가다듬을 수 있게 기초를 세웠다. 2부, 'UX 디자인 산출물'에서는 이 다이어그램을 큰 문서 안에서 활용하는 방법을 다루겠다.

이 장에서는 실제 산출물 작업에 쓸 수 있는 유용하고 실용적인 기법을 다뤘다. 이는 마치 음악가에게는 악보와 같고 요리사에게는 칼 놀림과도 같다. 효율적이면서도 힘을 덜 들이고 UX 산출물을 만들고 싶다면 반드시 내재화해야 하는 기술이다.

◆ 연습 문제 ◆

1. 이 책에서는 내가 업무에서 매일 사용하는 5가지 다이어그램을 다루고 있다. 하지만 이것이 UX 디자인 프로세스에서 만드는 작업물은 이것 말고도 많다. 이 책에서 다루지 않은 다이어그램을 찾아보고 층을 나눌 수 있는지 보라. UX 디자인과 상관없어도 된다. 그 다이어그램의 핵심은 무엇인가? 없어져도 핵심에 영향을 주지 않는 부분은 어디인가?

2. 이 장에서 소개하는 회의의 틀은 모든 UX 산출물 회의에 적용할 수 있다. 여러분의 포트폴리오에서 작업물 하나를 꺼내서 이 틀에 맞게 회의 주제를 정하라. 회의 참석자도 상상해야 한다. 회사 내부 프로젝트인가? 아직 콘셉트를 본 적이 없는 상부 관계자에게 발표하는 자리인가? 그 주제를 동료나 스터디그룹 구성원과 검토하고 그 다이어그램의 이야기가 더 잘 드러나는 다른 구조가 없는지 찾아 보라.

3. 포트폴리오에서 다이어그램 하나를 꺼내서 그것을 그릴 때 사용했던 프로세스를 떠올려 보라. 언제 다른 사람을 불렀고, 어떤 시점에 작업물을 수정했는가? 그때 밟았던 단계를 적어 보라. 이것을 이 장의 'UX 작업물 만들기'에서 소개한 프로세스와 비교해 보라. 어떤 부분이 여러분과 다른가? 여러분의 프로세스에서 바꿀 부분은 무엇인가? 품질을 떨어뜨리지 않으면서 간소화할 수 있는 부분은 어디인가?

03

페르소나

Personas(명사)

시스템이 의도하는 사용자의 모습을 그린 것으로 진짜 사람처럼 그려지기도 한다. 모든 프로젝트에는 다양한 고객 유형을 대변하는 하나 이상의 페르소나가 있으며, 사용자 프로파일, 사용자 역할 정의, 고객 프로파일이라고도 한다.

페르소나 한눈에 보기

사용자에 대해 의미 있게 논의하고 싶다면 페르소나를 고려하라. 페르소나는 UX 프로젝트에서 타겟 고객을 실용적으로 묘사하는 틀이다. 이는 고객에게 생명을 불어넣어 프로젝트를 진행하는 동안 사용자의 목소리를 내준다.

목적-왜 페르소나를 만드는가

페르소나는 고객을 가장 잘 대변해 주는 기능과 콘텐츠를 선별하는 데 도움을 준다. 리서치를 요약해 주고, 사용자 요구사항의 틀을 잡아 준다. 페르소나는 프로젝트에 깊숙이 들어가기 전에 이용하며 목적은 다음과 같다.

- 회사가 타겟 고객에 대해 이해하는 바를 정리함으로써 UX 디자인을 강력히 이끌 수 있다.
- 구현하고자 하는 수많은 기능의 선별 기준이 된다.

고객-누가 페르소나를 이용하는가?

이해관계자가 페르소나 제작에 관여하기도 하고, 엔지니어들이 작업하면서 배경 정보로 활용하기도 하지만, 페르소나는 궁극적으로 UX 디자인과 관련된 결정 사항을 알려주고, 그 결정을 이끌어 주므로 주로 UX 팀이 이용한다고 할 수 있다.

규모-일의 규모가 얼마나 큰가?

페르소나 자체로도 프로젝트가 될 수 있고 어떤 경우에는 계속되는 사용자 조사를 정리할 목적으로 페르소나 프로젝트를 지속적으로 진행하기도 한다. 반면 UX 프로세스에 도움을 주기 위해 브레인스토밍 회의에서 몇 가지 역할을 정하는 정도로 끝나기도 한다. 페르소나의 전체적인 규모는 다음 네 가지에 따라 달라진다.

- **활동**: 페르소나에 들어갈 정보를 얻기 위해 어떤 단계를 거칠 것인가?
- **상세함**: 페르소나 하나에 얼마나 많은 정보를 넣을 것인가?
- **범위**: 이 페르소나는 사이트의 어떤 부분을 대변하는가? 사이트 한 부분? 아니면 사이트 전체?
- **이해관계자**: 얼마나 많은 사람이 페르소나 제작에 관여하고 싶어하는가? 이해관계자가 많을수록 제작 과정이 복잡해진다.

콘텍스트-페르소나는 UX 프로세스 어디에 들어가는가?

페르소나는 요구사항을 알려 주고 콘텍스트를 제공하며 해결해야 할 과제를 잡아 주므로 보통 상세 디자인으로 들어가기 전에 준비한다.

페르소나는 사이트의 타겟 사용자를 묘사한다. 페르소나로 고객이 웹 사이트를 어떻게 이용하고, 무엇을 기대하는지 알 수 있다. 페르소나는 목표, 시나리오, 과제 등과 같이 UX 디자인에 직접적인 영향을 끼치는 고객 정보를 얻기 위해 많은 사람이 활용하고 있다.

페르소나를 잘 만들면 모두가 행복해진다. 페르소나는 효과적이고 현실적으로 사용자 요구를 보여주고, 고객에 대해 이야기할 수 있는 공통의 언어를 제공한다. 페르소나가 있으면 "나는 우리 사용자가 이럴 것 같다"라거나, "우리 엄마가 고객이라면 이렇게 할 것 같다"라고 이야기할 일이 없다. 잘 만든 페르소나는 고객의 다각적인 측면을 보여주므로 UX 디자인의 효율성도 측정할 수 있다. 또한 이해관계자와 타겟 고객의 기질에 대해 합의하는 기준이 되기도 한다.

레이첼 베리 · 신규 온라인 뱅킹 고객
오래된 고객, 최근 온라인 뱅킹 시작

"고객 서비스를 요청하면
얼마나 기다려야 응답을
들을 수 있나요?"

행동

한 브랜드	▼ 충성도	여러 브랜드
한 채널	장소 ▼	여러 채널
적음	▼ 활동	많음
한 계좌	▼ 범위	여러 계좌
한 사용자	▼ 협업	여러 사용자

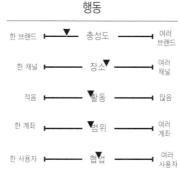

시나리오

• 문제 해결
레이첼은 정기적인 공과금을 자동 이체 신청했다. 레이첼은 지난달 전기 요금이 연체됐다는 통보를 받았다. 온라인 뱅킹에 들어가 보니 이체가 완료돼 있었다. 그래서 고객 서비스 신청 양식에 처리 번호를 적어 문의하고, 전기 회사에도 문의했다. 레이첼은 하루 안에 답변을 받고 싶어한다.

• 금융 사기 보고
레이첼은 이 은행의 예금 계좌, MMA, 신용카드를 가지고 있다. 레이첼은 신용카드 명세서에서 의심스러운 내역을 발견했다. 온라인뱅킹으로 들어가 사용 내역 하나가 의심스러우니 그 부분을 결제하지 않겠다는 내용의 문의를 했다. 레이첼은 온라인에서 이 두 가지를 한 번에 해결하고 싶다. 지금은 잘못된 사용 내역에 대한 은행의 응답을 기다리고 있다.

• 계좌 관리
레이첼은 올해 보너스를 받아서 단기간 CD(양도성 예금 증서, 단기성 이자 지급 예금 계좌)에 예치하고 싶다. CD 개설과 현 계좌에 있는 자금을 CD로 이체하는 두 가지 일을 모두 온라인으로 해결하길 원한다.

• (역주) 개인용 회계 프로그램

목표

• 돈과 개인 정보의 철저한 보안
• 스스로 자금 관리
• 관련 제품 탐색, 특히 은퇴와 대학 학자금 준비용
• 거래 확인과 취소
• 다른 계정으로 자금 이체
• 공과금 납부

근심거리

• "내 돈으로 이렇게 해도 될까?"
• 고객 서비스를 요청하면 얼마나 기다려야 응답을 들을 수 있을까?"
• "계좌에 문제가 생기면 쉽게 취소할 수 있을까?"
• "새 수취인과 자동 이체를 어떻게 설정할까?"
• "웹 사이트에서 수표 결제를 취소할 수 있을까?"
• "새 계좌는 어떻게 개설할까?"
• "정기적으로 퀴큰Quicken* 에 내려 받을 수 있을까? 링크가 제대로 작동하는지는 어떻게 확인할 수 있을까?"

배경

레이첼은 30대 초반의 기혼 여성으로 얼마 전 아이를 낳았다. 지금은 육아 휴직 중이고, 휴직 기간에 재무를 "질서 정연하게" 관리하고자 한다. 오랜 시간 집에서 많은 일을 해야 하므로 노트북으로 재무 관리를 할 수 있는 온라인 뱅킹을 써보기로 했다.

그림 3-1 상당히 자세한 페르소나

페르소나는 하늘에서 갑자기 뚝 떨어지지 않는다. 페르소나는 사용자 조사의 산출물이고, 복잡도나 상세도는 활용 가능한 정보의 규모에 따라 달라진다. 조사 기법은 설문 조사, 시장 조사, 인터뷰, 민속지학 기법(ethnographic methods) 등으로 다양하다. 조사 기법에 대한 책이나 기사는 많으므로 이 책에서는 사용자에 대한 정보를 뽑아서 효과적으로 전달하는 방법에 초점을 맞추겠다.

업계에서 통용되는 공통된 페르소나 포맷은 없다. 전문가마다 접근 방식도 천차만별이다. 어떤 접근법을 선택하든 페르소나에는 반드시 사용자가 필요로 하는 것과 사용자가 기대하는 것 두 가지가 들어가야 한다.

페르소나 소개

페르소나는 특정 사용자 그룹에 공통적으로 나타나는 모습을 모아 놓은 허구의 인물이다. 여기에는 그들의 전형적인 행동, 목표, 여러분이 작업하는 제품에 바라는 점을 기술한다. 페르소나는 몇 개의 글머리 기호 목록 또는 몇 단락의 이야기로 표현하기도 한다. 도형을 이용해 이들의 요구나 행위가 어떤 범위에 속하는지, 한 페르소나가 그 도형의 어느 부분에 위치하는지 보여주기도 한다.

자세한 페르소나는 리서치 데이터를 기반으로 합성해 실제 살아 있는 사람처럼 자세히 그 제품의 사용자를 그린다. 반면 사용자 유형만 간략히 그리기도 한다. 이 장에서는 페르소나를 만드는 다양한 접근 방식과 프로젝트에 맞게 조정하는 방법을 소개하겠다.

페르소나는 몇 년 전 웹 디자인 업계에 소개된 후 열띤 주제가 되었다. 여러분이 특정 방법론이나 적용법에 동의하든 동의하지 않든 온라인에서는 그 방법론에서 도출된 사례를 수도 없이 찾을 수 있다.

페르소나는 특징이 있는 그룹을 보여준다. 이 그룹을 어떻게 뽑느냐가 페르소나에 대한 수많은 책에서 다루는 주제다. 일반적으로 페르소나는 다음 세 가지 중 하나의 과정으로 만들어진다.

- **데이터 중심적**: 데이터를 심층 분석해 패턴이 보이면 이 패턴으로 그룹을 만든다. 핵심 데이터 항목으로 각 그룹을 변별한다.
- **조직적**: 조직에서 타겟 고객을 거론하는 방식과 일관되게 그룹을 만든다. 이 그룹이 현재 프로젝트의 목표와 부합하는지 꼭 확인해야 한다.
- **단계별**: 고객의 생명주기에 따라 페르소나의 역할을 나눈다. 각 단계에서 가장 중심이 되는 과제로 페르소나를 구성한다.

극복 과제

UX 디자인을 위해 사용자를 연구하다 보면 수많은 논란과 장애에 부딪힌다. 사용자를 요약 정리하는 것은 간단해 보이지만 실제로 많은 어려움이 따른다. 허구의 인물을 만드는 자체는 어렵지 않지만 정확하게 아는 정보만 추리기는 간단하지 않다.

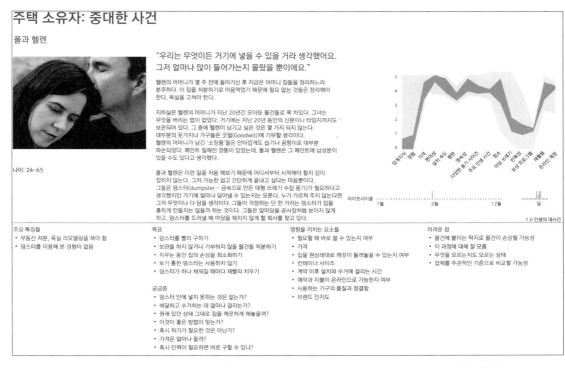

주택 소유자: 중대한 사건

폴과 헬렌

"우리는 무엇이든 거기에 넣을 수 있을 거라 생각했어요. 그저 얼마나 많이 들어가는지 몰랐을 뿐이에요."

헬렌의 어머니가 몇 주 전에 돌아가신 후 지금은 어머니 짐들을 정리하느라 분주하다. 이 집을 처분하기로 마음먹었기 때문에 필요 없는 것들은 정리해야 한다. 욕실도 고쳐야 한다.

지하실은 헬렌의 어머니가 지난 20년간 모아둔 물건들로 꽉 차 있다. 그녀는 무엇을 버리는 법이 없었다. 거기에는 지난 20년 동안의 신문이나 타임지까지도 보관되어 있다. 그 중에 헬렌이 남기고 싶은 것은 몇 가지 되지 않는다. 대부분의 옷가지나 가구들은 굿윌(Goodwill)에 기부할 생각이다. 헬렌의 어머니가 남긴 '소장품'들은 안타깝게도 습기나 곰팡이로 대부분 파손되었다. 페인트 칠해진 깡통이 있었는데, 폴과 헬렌은 그 페인트에 납성분이 있을 수도 있다고 생각했다.

폴과 헬렌은 이런 일을 처음 해보기 때문에 어디서부터 시작해야 할지 감이 잡히지 않는다. 그저 가능한 쉽고 간단하게 끝내고 싶다는 마음뿐이다. 그들은 덤스터(dumpster - 금속으로 만든 대형 쓰레기 수집 용기)가 필요하다고 생각했지만 거기에 얼마나 담아낼 수 있는지는 모른다. 누가 가르쳐 주지 않는다면 그저 무엇이나 다 담을 생각한다. 그들이 걱정하는 단 한 가지는 덤스터가 집을 흉하게 만들지는 않을까 하는 것이다. 그들은 앞마당을 공사장처럼 보이지 않게 하고, 덤스터를 드러낼 때 마당을 해치지 않게 할 회사를 찾고 있다.

나이: 24~65

라이프사이클 1월 2월 12월 달

1.0 인생의 대사건

주요 특징들
• 부동산 처분, 욕실 리모델링을 해야 함
• 덤스터를 이용해 본 경험이 없음

목표
• 덤스터를 빨리 구하기
• 보관을 하지 않거나 기부하지 않을 물건을 처분하기
• 치우는 동안 집의 손상을 최소화하기
• 보기 흉한 덤스터는 사용하지 않기
• 덤스터가 하나 채워질 때마다 재빨리 치우기

궁금증
• 덤스터 안에 넣지 못하는 것은 없는가?
• 배달하고 수거하는 데 얼마나 걸리는가?
• 원래 있던 상태 그대로 집을 깨끗하게 해놓을까?
• 이것이 좋은 방법이 맞는가?
• 혹시 허가가 필요한 것은 아닌가?
• 가격은 얼마나 들까?
• 혹시 인력이 필요하면 바로 구할 수 있나?

영향을 끼치는 요소들
• 필요할 때 바로 쓸 수 있는지 여부
• 가격
• 집을 원상태대로 깨끗이 돌려놓을 수 있는지 여부
• 컨테이너 사이즈
• 계약 이후 설치와 수거에 걸리는 시간
• 예약과 지불이 온라인으로 가능한지 여부
• 사용하는 기구의 품질과 청결함
• 브랜드 인지도

어려운 점
• 물건에 붙이는 딱지로 물건이 손상될 가능성
• 이 과정에 대해 잘 모름
• 무엇을 모르는지도 모르는 상태
• 업체를 주관적인 기준으로 비교할 가능성

그림 3-2 토드 자키 워펠(Todd ZakiWarfel)의 페르소나 양식. 오랜 기간 가다듬어진 페르소나 양식이다. 정량적인 척도와 인물화된 묘사가 조화를 이뤄서 UX 디자인에 튼튼한 토대가 된다. 이 템플릿의 원본은 http://zakiwarfel.com/archives/persona-templates/에서 볼 수 있다.

• **불완전한 정보**: 페르소나는 타겟 고객을 집약적으로 보여준다. 여러분은 다양한 출처를 통해 고객을 이해하는 데 때로는 기초 정보를 충분히 확보하지 못할 때도 있다. 이런 문제를 해결하는 두 가지 전략은 정보를 찾거나, 정보가 부족하다는 사실을 보여줄 목적으로 페르소나를 만드는 것이다.

• **오래된 고객 정보**: 페르소나를 만들 때 흔히 부딪히는 어려움 중 하나는 오랜 기간 공식적인 고객 문서 없이 사업을 성공적으로 이끌어 온 회사를 상대하는 것이다. 이 중에는 비공식적으로 고객 그룹을 나누는 회사도 있지만 아마 여러분의 업무에는 도움되지 않을 것이다. 이럴 때는 고객을 나누는 새로운 방법을 교육하는 일까지 페르소나 업무에 포함해야 한다.

- **실행 가능성**: 제작과 직접적인 관련이 없는 여느 작업물과 마찬가지로 UX 디자인에 페르소나가 꼭 필요하다고 설득하기는 어렵다. 결국 책장에 머무르다 끝나는 경우도 많다. UX 도구로 활용하기 위해 페르소나를 만든다면 페르소나가 UX 프로세스에 기여해야 한다. 이를 가능하게 하는 포맷은 그리 어렵지 않다. 그 한 가지 방법은 배경을 줄이고, 좀 더 행동 위주로 만드는 것이다. 핵심만 담아도 가치의 훼손 없이 중심을 지킬 수 있다.

 쉬어가는 이야기

페르소나와 리서치

페르소나가 성공하려면 관찰, 인터뷰, 포커스 그룹, 사용성 테스트, 설문조사와 같이 실제 사용자를 대상으로 한 조사에서 정보를 도출해야 한다. 기초 조사를 적게 할수록 다른 출처에서 정보를 더 많이 끌어와야 한다.

그러나 방대한(또는 아무런) 사용자 조사를 하지 않았다고 반드시 실패하는 것은 아니다. 다이어그램의 실행 가능성과 얼마나 유용한 정보를 포함했는가가 더 중요하다. 어떤 팀은 고객에 대해 서로 알고 있는 정보만으로 페르소나를 만들 수도 있고, 어떤 회사는 CEO가 고객에 대해 확고한 비전이 있어 사용자가 기업 문화 속에 내재화됐을 수도 있다. 정보의 출처보다는 사용자에 대한 공유된 지식이 페르소나 성공을 이끄는 결정적인 원인이다.

　궁극적으로 페르소나는 UX 디자인 도구다. 영감, 참고, 변수, 한계가 모두 이 하나에 들어간다. 페르소나 역시 다른 작업물과 마찬가지로 프로젝트를 진전시키고, 프로젝트 멤버가 의사소통할 수 있게 도와야 한다. UX 디자이너에게 페르소나는 프로젝트 기간 내내 사용자의 목소리를 대변해주는 존재다. 이 모든 도전의 근원지는 사용자와 함께하지 못하는 데 있다. UX 팀이 사용자를 대변하고, 페르소나가 끊임없이 사용자를 상기시킨다. 작업물 하나가 한 상황에서 그 인물의 미묘한 느낌까지 다 전달하지는 못하지만 페르소나를 마음에 분명하게 그린 사람은 그 미묘함을 느낄 수 있다. 올바른 방향으로 가고 있는지 이따금 확인하기 위해 페르소나 같은 문서가 필요하다.

페르소나 해부

페르소나를 만들 때는 페르소나 하나에 얼마나 많은 정보를 넣을지 결정해야 한다. 여기에는 세 가지 계층이 있다. 가장 기본적인 페르소나는 첫 번째 계층만, 고도화된 페르소나는 세 계층을 모두 담고 있다.

계층 1: 요구사항 정의	계층 2: 관계 전개	계층 3: 인간화
이름 핵심 차별화 요소 묘사 척도 목표 & 동기 출처	근심거리 시나리오 인용문	개인적인 배경 정보 사진 시스템 특징 인구 통계 정보 기술 활용도

표 3.1   페르소나 요소. 세 계층으로 나눌 수 있다. 첫 번째 계층만으로도 페르소나를 만들 수 있다. 다른 계층의 자료를 덧붙이면 페르소나에 활기가 생기지만 추가적인 정보 수집이 필요하다.

계층 1: 요구사항 정의

데이터가 많이 들어간 페르소나도 있지만 아래의 기본 요소만으로도 페르소나를 실무에서 활용할 수 있다. 이것은 사용자 요구사항의 틀이 되는 요소다.

이름

페르소나는 사람을 요약한 것이다. 사람에게 이름이 있듯이 프로젝트 멤버와 페르소나를 편하게 부를 수단이 필요하다는 이유뿐이라 해도 페르소나에는 반드시 이름이 필요하다.

- **실제 이름**: 전화번호부에서 볼 수 있을 법한 실제 이름은 페르소나를 선명하고 현실감 있게 해준다. 진짜 이름이 있으면 추상적이던 대화가 구체적으로 변한다.

- **역할이나 목적 중심의 이름**: 이런 이름은 중요한 이슈인 목표, 동기, 요구에 집중시켜준다. 어떤 이름이든 짧고 쉽고 잘 구분 할 수 있어야 한다. "배우는 사람", "비정기적인 고객", "걱정 많은 사람", "복수 계좌 소유자", "경쟁력 있는 조사원" 등도 마찬가지다. 이런 이름은 목표나 지향점을 즉각 떠올려 주므로 특정 사용자 그룹이 왜 이곳에 오는지 보여준다.

실제 이름과 역할 중심의 이름이 상호 배타적인 것은 아니다. 두 가지를 결합해도 좋다.

페르소나를 제작하는 프로세스를 이름에 반영하기도 한다.

- **데이터 중심**: 데이터의 핵심 사항을 페르소나의 이름에 반영한다.
- **조직적**: 최근에 회사에서 사용했던 이름과 같은 이름을 사용한다
- **단계별**: 생명주기별로 핵심 과제를 반영하는 이름을 이용한다.

핵심 차별화 요소

이 사용자 그룹은 다른 그룹과 왜 다른가? 이 페르소나가 왜 특별한지 한두 문장으로 요약해서 제시하라.

그림 3.1의 페르소나는 은행과 은행 상품에 익숙하지만 최근에야 온라인 뱅킹을 시작했다는 차별점이 있다.

묘사 척도

결국, 여러분이 전달할 내용은 사용자들이 무엇을 알고, 어떤 행동을 할 것이며, 무엇을 달성하고 싶어하는가다. 나는 공식적으로 페르소나를 만들지 않아도 사용자의 특징이 필요할 때는 이 척도를 그린다.

척도란 이 사람의 어떤 측면으로 인해 이 사람이 선택할 것 같은 범위를 보여주는 눈금이다. 사용자 그룹을 눈금으로 보여주면 각 페르소나를 쉽게 비교할 수 있다. 어떤 척도가 이 그룹을 대변하지 못하는지도 알 수 있다. 척도에는 다음과 같은 것이 있다.

- **지식**: 이 사용자가 연관 분야의 어떤 측면에 대해 얼마나 많이 아는가?
- **과제**: 사용자가 선택할 만한 활동의 범위. 수량이나 양극단의 척도로 보여진다.
- **관심사항**: 연관 분야의 다양한 측면에 대해 사용자가 집중하는 정도.
- **특징**: 사용자가 특정 행위를 하는 정도. 과제와 다르게 이러한 행위는 수동적인 것으로, 의식적으로 결정하거나 달성하지 않는다.

적다/많다 척도만 있는 건 아니다. 나는 온라인 게임 사이트의 척도로 "플랫폼"을 넣은 적이 있다. 이런 척도는 이 자체로 답이 나온다. "사람들이 어디에서 게임을 즐기나?"라는 질문에 어떤 페르소나는 온라인을, 어떤 페르소나는 다양한 플랫폼을 이용한다.

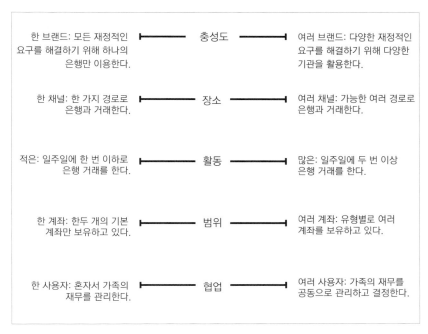

그림 3-3   행동을 묘사하는 척도

 대안

척도만 제시하기

나는 언제나 사용자를 묘사하는 이야기에 많은 공을 들였다. 인터랙션 디자이너로서 사용자들의 인지적인 부분을 이해하려면 그들의 머릿속에 들어갔다 와야 한다. 인구 통계학적 정보나, 가정 환경, 다른 인간적인 특징에 대해서는 그다지 중요성을 느끼지 못했다.

그래서 최근에 실시한 사용자 프로젝트에서 이야기를 만들지 않고 행동 척도에만 초점을 맞춘 적이 있다. 산출물은 이전처럼 "신규 고객 사라" 또는 "노련한 온라인 은행원 해리"와 같은 새로운 인물로 가득 차지 않았다. 대신 데이터를 분석해 행동, 지식, 환경, 근심의 척도만 만들어 보여줬다.

목표 & 동기

페르소나 작업물에는 그 페르소나가 시스템에서 달성해야 할 목표가 들어가야 한다. 목표는 대개 사용자가 시스템과 소통하면서 얻고 싶어하는 것이지만, 회사나 일상 생활에서 일반적으로 얻고 싶어하는 것도 들어간다. 예를 들면 은행 웹 사이트를 이용하는 사람의 목표는 다음과 같다.

- 대출 상품 비교
- 계좌 신청

목적어-동사가 결합된 것을 보면 목표도 묘사 척도처럼 문장에 행동과 그 행동에 필요한 정보가 들어가야 한다. 이런 표현은 기능과 바로 연결되므로 시스템과 결부시키기도 쉽다.

출처

좋은 페르소나는 타겟 고객을 잘 아는 데서 시작한다. 이를 위해 지속적으로 사용자 조사를 하기도 하지만 많은 회사에서는 한정된 자료로 페르소나를 만든다.

페르소나를 조사 자료처럼 대하라. 내부 브레인스토밍이나 CEO나 마케팅 임원의 의견일지라도 반드시 주석과 같은 것으로 데이터의 출처를 밝혀야 한다.

계층 2: 관계 전개

기본이 잡혔다면 페르소나와 웹 사이트의 관계 정보를 추가해 보자.

근심거리: 사용자가 신경 쓰는 것은 무엇인가

웹 사이트와 사용자의 다양한 관계 중에는 사이트의 경험에 영향을 끼치는 근심거리가 있다. 고객의 경험은 그 사이트를 한번 이용하는 것 이상이다. 근심은 여러 방법으로 보여줄 수 있으며 이것들은 상호 배타적이지 않다.

여기에는 특정한 기능이나 콘텐츠가 아닌 경험 그 자체의 특성을 기재한다. 특성의 예로는 다음과 같은 것이 있다.

- 사생활 보호 민감도
- 당면 과제에 대한 집중도
- 신뢰할 만한 사람이 반대편 끝에 있다는 사실이 의미하는 바

페르소나에는 사용자 입장에서의 질문도 들어간다. 이것은 웹 사이트를 사용하기 전, 웹 사이트를 사용하는 동안, 웹 사이트를 사용한 후에 생각하는 것으로 질문의 예는 다음과 같다.

- 계좌 정보를 업데이트하는 가장 쉬운 방법은 무엇인가요?
- 방금 대출금의 일부를 갚았습니다. 제대로 입금했는지 어떻게 확인하나요?
- 고객 이메일을 보내면 얼마나 빨리 응답을 들을 수 있나요?
- 내가 온라인에서 무엇을 하는지 지점 사람들도 즉시 확인할 수 있나요?

페르소나에는 웹 사이트나 전반적인 생활에서 겪는 문제점이 들어가기도 한다. 이는 사람들이 가장 어려움을 겪는 부분이다. 아마 어떤 경험을 할 준비가 되지 않았을 수도, 시스템이 쉽게 사용할 수 없게 설계돼 있을 수도(더 가능성이 큼) 있다. 이런 어려움은 다음과 같이 보인다. 이때 인용문이 아주 유용하다.

- **다른 기관의 계좌 정보 불러오기**: "이들은 내 담보 대출 기관에서 제공하는 정보를 불러오게 하지 않을 거야."
- **문제가 생겼을 때 어떤 일을 할지 인식하기**: "음. 전기 회사에서 내 돈을 못 받았다는데… 은행과 어떻게 연락을 취해야 할지 모르겠어."
- **고객 이메일의 행방 찾기**: "3일 전에 메시지를 보냈는데 도대체 어디로 간 거야?"

사용자가 제기한 진짜 인용문이 담기면 관계자들이 피하고 싶어하는 이슈와 정면으로 맞닥뜨릴 수 있다. 비판과 근심은 많은 사람에게 상처를 줄 수 있는데, 출처를 에둘러 표현하면 불편한 마음이 줄어들고, 관계자들은 이에 대해 솔직한 대화를 나눌 수 있다.

시나리오와 환경

시나리오는 웹 사이트와 사용자의 상호작용을 현실처럼 그리는 것이다. 사람들이 시스템 밖에서 이 시스템을 어떻게 이용하는지 그래서 고객이 생활 속에서 이 시스템을 어떻게 이용하는지 이해한다.

시나리오는 사람들이 사이트에 어떤 정보를 갖고 오는지 보여주기도 한다. 모든 시나리오가 그렇지는 않지만, 예를 들면 비행 상태를 확인하러 온 사용자는 항공기 번호를 알아야 한다. 이를 통해 사람들이 내려야 하는 판단의 종류와 사용자가 기대하는 결과물을 이해할 수 있다.

이 과정에서 사람들이 시스템에서 얻은 정보를 어떻게 이용하는지 간과하기 쉽다. 시스템 입장에서는 "정보를 뱉어내면 임무 완료"인 듯하지만 현실에서는 그렇지 않다. 이 정보는 다른 판단의 근거가 된다. 예를 들면 "비행이 지연되면 갈아타는 비행기를 놓친다"라거나, "수하물이 아직 실리지 않았으니 서비스 센터에 전화해야겠다"처럼 이어져야 한다.

시나리오에는 최소한 다음의 다섯 가지 요소가 들어가야 한다.

- **콘텍스트**: 시나리오의 시작점. 이 시나리오를 부른 사용자의 위치나 상황을 보여줌
- **계기**: 시나리오가 생기게 된 사건
- **행위**: 시나리오에서 사용자가 한 일
- **입력 정보**: 시나리오가 완성되기 위해 사용자가 반드시 가지고 있어야 할 정보
- **기대 사항**: 사용자의 욕구가 충족되려면 상황이 어떻게 변해야 하는가

시나리오에서는 극단적인 상황을 보여주기도 한다.

> 멜리사가 밖에서 쇼핑하는데 카드 결제가 거부됐다. 왜 카드가 거부됐는지 확인하려고 집에 돌아오자마자 신용카드 뒷면에 적힌 고객 서비스 URL로 들어갔다. 멜리사는 자신의 계좌로 접근하는 안내문이 있어서 그것을 따라가면 결제 거부 이유를 바로 확인할 수 있기를 기대했다.

시나리오는 특정 사용자에게만 일어날 법한 상황을 보여주기도 한다.

> 중소기업을 운영하는 네이단은 기업용 당좌 예금과 보통 예금을 개설한 은행에서 봉급을 지급하려 한다. 그는 은행의 중소기업 담당자에게 봉급 지급에 대한 이메일을 보냈고, 빨리 방법을 안내받기를 기다리고 있다.

마지막으로 시나리오는 특정 사용자 그룹에게만 일어나는 상황을 보여주기도 한다.

> 사라는 대학 신입생이고 태어나서 처음으로 예금 계좌를 개설하려고 한다. 주민등록번호 외에 다른 어떤 정보가 필요한지 잘 모른다. 내일 은행에 가서 자신이 어떤 예금 계좌를 만들고 싶은지 상담할 예정이다.

페르소나에는 하나 이상의 시나리오가 들어가야 한다는 점을 명심해야 한다.

인용문

사용자의 말을 인용하면 여러 가지 개인 정보로 산만해지는 일 없이 인간적인 느낌을 줄 수 있다. 좋은 인용문은 사용자가 웹 사이트와 어떤 관계를 맺고 있는지 떠올려 준다. 조사에 기반을 두었음을 알리기 위해 참가자의 실제 증언을 인용해도 좋다.

인용문의 예시는 다음과 같다.

- "온라인에서 은행 상품 등을 열람하는 것은 좋은데 거래는 직접 가서 하고 싶습니다."
- "예금 계좌 고르기는 치약 고르기처럼 복잡하고 종류가 많은 것 같습니다. 마트에서 치약 진열대를 본 적이 있으시죠?"

계층 3: 인간화

처음 두 계층에 모든 핵심 정보와 사용자 묘사 정보가 들어가지만 아래의 항목을 추가하면 고객을 더 선명하게 인물화할 수 있다. 이전에 페르소나를 본 적 없는 사람이라면 이런 요소가 있어야 페르소나를 한층 더 수월하게 받아들일 수 있다.

개인적인 배경 정보

개인적인 배경 정보가 있으면 인물이 풍성해지고 이해관계자나 UX 디자이너들이 페르소나를 더 쉽게 활용할 수 있다. 이런 정보는 "일생의 어느 하루" 또는 당면한 과제와의 관계를 보여 준다. 예를 들어, 앞에서 살펴본 사라는 기존에 돈을 관리해 본 적 없고, 사라의 부모님도 돈이나 자금 관리에 대해 잘 가르쳐 주지 않았다는 개인적인 배경이 있다.

여기에서는 몇 개의 요구 목록으로 된 페르소나를 실재의 인물(사실은 허구지만) 기록으로 변모시켜 사용자의 이야기를 들려준다. 그렇지만 정보가 너무 많으면 산만해진다.

사진

페르소나에서 사진은 아이스크림의 체리와 같다. 개인적인 배경 정보처럼 사진이 들어가면 그 페르소나는 익명의 개별 단체에서 특정한 요구가 있는 사람으로 변모한다. 사진은 그 페르소나를 대표하는 것으로, 그 페르소나를 쉽게 떠올리게 해준다.

반면 사진 때문에 문제가 생기기도 한다. 예를 들어, 조사 때 만난 실재 사용자의 사진을 썼다가 법적 문제에 휘말리기도 한다. 다른 사람의 사진을 이용할 때는 사전에 당사자의 허락을 꼭 받아야 한다. 물론 이런 목적으로 사진을 제공하는 사이트도 많다. 구글 이미지 검색에서 "얼굴 사진"을 입력하면 많은 사진을 찾을 수 있다.

시스템 특징

시스템 특징이란 페르소나의 동기를 사이트의 콘텐츠에 적용하는 것을 말한다. 이미 이 사이트에 어떤 기능이나 콘텐츠를 넣을지 대략의 감이 생겼다면 어떤 기능이나 요소가 사용자 요구를 해결해 주는지 매치해 본다.

이 과정에서 사용자 요구에 맞지 않는 기능이 눈에 들어오기도 하는데, 이것은 시스템에서 이 기능을 제거하기에 좋은 명분이 된다.

이렇게 필요한 기능을 나열하다 보면 사용자가 필요로 하나 시스템이 뒷받침하지 못하는 부분도 찾아낼 수 있다. 따라서 고객이 필요로 하는 모든 것을 제공하려면 어떤 부분에 더 투자해야 하는지 파악할 수 있다.

인구 통계 정보

마케팅 세그먼트나 인구 통계 자료와 같은 과거의 데이터에서는 사용자 전체의 카테고리나 세부 사항을 잡아줘야 했다. 예를 들어 페르소나별 연령 범위를 보자.

페르소나에 인구 통계 정보를 넣는 것은 장르를 혼합하는 것과 같다. 페르소나는 구체적이든 추상적이든 한 사용자 그룹의 요구를 가장 잘 대변하는 한 사용자의 모습을 요약한 것이다. 페르소나는 "35세~50세의 여성"이 아닌"35세 여성"이라고 작성한다. 페르소나의 목적은 나이, 성별, 인종, 수입 등으로 구분되는 그룹의 경향을 보여주는 것이 아니라 이 그룹의 욕구나 목표를 대변하는 한 인물의 행동을 묘사하는 것이다.

기술 활용도

초창기 페르소나 제작자는 이 짤막한 정보를 좋아했는데, 이것의 진짜 가치는 함축된 의미에 있다. 사용자의 기술 활용에서 중요한 것은 실제 요구다. 예를 들어 이전에 웹에서 구매해 본 적이 없다는 내용은 UX 팀에 도움이 되지 않는다. 반면 온라인에서 정보를 입력하기가 께름칙해서 오프라인에서 쇼핑하고 있다면 이는 UX 디자인에 큰 영향을 미친다.

페르소나 만들기

페르소나 문서에서 가장 어려운 부분(언제나 정보가 너무 많거나 너무 적다)은 UX 팀이 유용하게 활용할 수 있는 정보의 포맷을 만드는 것이다.

 팁

기존에 쓰는 명칭

회사에 사용자를 지칭하는 용어가 이미 존재할 때가 있다. 보통 이런 용어는 시장 조사에서 나오는데, 사람들의 행위나 과제에 따라 구분한 것이 아니므로 UX 도구로는 큰 의미가 없다. 그러나 사람들이 기존에 이해하던 방식으로 페르소나를 이해시킬 생각이라면 기존에 쓰던 명칭을 그대로 쓰기도 한다.

페르소나를 위한 기초 의사결정

프로젝트와 마찬가지로 페르소나 또한 용도가 명확하지 않으면 궤도에서 벗어날 수 있다. 누가, 언제, 어디서, 어떻게 페르소나를 이용할지 알아야 중심을 잃지 않을 수 있다.

목표: 페르소나의 역할

이미 사용자 조사를 했거나, 하려고 하거나, 아니면 기존의 데이터를 활용하는 모든 경우에 페르소나를 만드는 이유가 있어야 한다. 이유가 분명해야 정보 수집을 할 때 필요한 부분에만 집중할 수 있고, 페르소나에 들어갈 정보와 뺄 정보를 알 수 있다. 페르소나를 만드는 이유에는 다음의 세 가지가 있다.

- **요구사항의 틀 잡기**: 시스템의 관점과 언어로 정리한 요구사항이 있다면 사용자 관점으로 고쳐야 한다. 요구사항은 사용자 조사에서 나오지만(추후 UX 인사이트로 변환될), 궁극적으로 이것으로 UX 활동의 틀을 만들 수 있다.

- **UX 디자인의 유효성 입증**: UX 디자인에 대한 의사결정이 얼마나 유효한지 보기 위해 페르소나를 만들기도 한다. 이 경우 페르소나는 "이 디자인은 사용자 요구를 얼마나 충족시켜 주는가?"와 같은 질문에 답을 준다.

- **조사 가설 세우기**: 최근에 한 사용자 조사 프로젝트에서 이야깃거리를 만들고, 테스트의 기초 자료로 쓰기 위해 페르소나를 만든 적이 있다. 내부의 브레인스토밍을 통해 페르소나를 만드는 과정에서 타겟 고객에 대한 질문이 도출됐는데, 이것으로 리서치 주제를 잡을 수 있었다. 이어지는 조사에서 우리는 이 모델의 유효성을 입증하는 데이터를 모았다.

일정: 언제 페르소나를 제작하는가

페르소나는 프로젝트 초반에 만드는 게 이상적이다. 페르소나는 프로젝트 요구사항을 정리하는 문서를 보완해 주기도 하고, 필요할 때는 단독적으로 사용하기도 한다.

내가 그동안 참여한 사용자 조사 프로젝트의 대부분은 페르소나 제작으로 끝이 났다. 페르소나가 적용될 제품에 대해 전반적인 지식을 가지게 됐다고 UX 프로젝트의 준비가 끝난 건 아니다. 페르소나를 만들어야 하는 상황은 다음의 두 가지가 있다.

- **페르소나 단독 프로젝트**: 단독 프로젝트이므로 페르소나를 만드는 데 쓸 수 있는 자금과 긴 일정을 확보했을 것이다. 이런 프로젝트는 미래의 다양한 UX 활동에 쓸 도구를 만드는 것이므로 특정 문제에 국한되지 않은 페르소나를 만들어야 한다는 점이 어렵다.

- **UX 프로젝트의 전조**(precursor): 특정 프로젝트와 결합할 때는 긍정적이거나 부정적인 제약이 생긴다. 예산이 한정적이라 분석에 장애가 생겨 페르소나 제작에서 타협할 부분이 생긴다. 반면 해결해야 하는 UX 과제가 명시적이므로 의도한 결과를 낼 수 있다는 장점이 있다.

프로젝트가 시작되는 시점에는 아래와 같은 두 가지 상황이 있다.

- **이미 존재하는 웹사이트**: 더 흔한 상황으로 시스템에서 가용할 수 있는 콘텐츠와 기능 목록이 정리돼 있다. 이 목록을 만든 이유는 기존의 사이트를 개편하는 경우나, 이해관계자들이 원하는 기능이 있기 때문이다. 페르소나에 이런 기능을 포함해서 이 콘텍스트로 페르소나를 제작한다.

- **새로운 웹사이트**: 자주 일어나는 상황은 아니지만 무에서 유를 창조해야 하므로 어떤 기능을 포함할지 아직 서투르게만 생각해 놓았을 것이다. 이런 상황에서는 리서치에서 보고 배운 내용(다양한 시나리오에서 무엇이 사용자를 자극하는지)을 정리하는 일밖에 할 수 없으므로 페르소나 디자인에도 영향을 준다.

고객: 누가 페르소나를 볼 것인가

프로젝트에서 누가 페르소나를 이용하는지도 생각해야 한다. 페르소나는 많은 사람의 요구사항을 담았으므로 모든 프로젝트 참가자가 자신들의 관심사가 언급됐는지 본다. 이런 이유로 고객에 따라 페르소나 포맷이 크게 달라지지는 않지만 누군가에게 더 필요한 항목이 있는 것은 사실이다.

대안

질문으로 페르소나 틀 잡기

10년 넘게 UX 디자이너들이 페르소나를 이용했지만 아직도 많은 클라이언트, 고객, 이해관계자에게 페르소나는 비교적 새로운 개념이다. 이럴 때 실재 인물과 같이 상세한 페르소나를 도입하자고 하면 저항에 부딪힐 수 있다. 페르소나를 잘 알지 못하는 사람은 그 가치를 모르므로 방어적으로 돌변한다. 클라이언트 대부분이 자신을 고객전문가라고 생각한다는 점도 한 가지 이유다.

다른 사람이 페르소나의 가치를 느끼게 하려고 페르소나를 사용자 요구가 아닌 질문 목록으로 보여주기도 한다. 이로써 관련자들이 고객에 대해 이해하는 내용을 확인할 수 있다. 사용자 경험에 대한 질문을 보면서 종종 사람들은 고객에 대해 아무것도 모른다는 사실을 깨닫는다. 예를 들어 "사용자에게 제품 요약 정보가 더 중요한가요, 기술 사양 정보가 더 중요한가요?"와 같은 질문이 그렇다.

사용자들의 경험에 대해 언급해 달라는 질문은 더욱 노골적이다. 예를 들어 "당신은 물건을 살때 어떤 정보를 살펴보시나요?"와 같은 질문이 있다.

이런 두 가지 유형의 질문은 내부 관계자들이 아닌 사용자들이 디자인과 관련해 어떤 의사결정을 내리는지 보여준다.

전문가에게 묻기

DB: 페르소나 제작에 앞서 반드시 필요한 것은 무엇입니까?

TA: 아마 당신은 이 질문에 "데이터"라고 답할 것입니다. 놀랍게도 데이터는 답이 아닙니다! 페르소나를 만들기 전에는 "측정 가능한 비즈니스 목표는 무엇인가?"에 대한 답이 꼭 필요합니다. 실무팀이 떠받드는 분명한 비즈니스 목표가 없으면 페르소나는 반드시 실패합니다. 사실 목표는 필요한 정도가 아닌 "목표가 없으면 시작할 생각도 하지 마라"는 규칙이 있을 정도입니다.

타마라 애들린
애들린社의 **사장 및 창립자**

이것은 가장 기본이 되는 질문과 일맥상통합니다. 그런 질문으로는 "당신은 왜 이 사업을 시작했습니까? 누군가 어떤 집단의 요구를 만족시켜 줄 생각이 있었습니다. 그 생각이 무엇이었습니까? 그리고 그 생각은 누구를 만족시키기 위한 것이었습니까?" 등이 있습니다. 이 질문을 던졌을 때 모든 사람이 동의하는 확실한 답변이 있다면 어떤 페르소나를 만들어도 목표를 달성할 수 있습니다. 모든 사람을 같은 입장에서 같은 언어로 이야기하게 해주기 때문입니다.

다른 사람이 문서를 담당한다면 목표에 대해서 합의된 내용을 기록하고, 명사로 구성된 표준화된 용어집을 만드십시오. 새 용어집의 중요한 부분으로 페르소나가 기록될 것입니다. 인터랙션 디자인은 페르소나를 위해 동사로 된 경험을 만들어 내는 것입니다.

그럼 데이터는 어떨까요? 데이터는 페르소나에 가장 중요한 것이 아닙니다. 이미 많은 회사가 수많은 데이터에 허우적댑니다. 처음부터 더 많이 모을 필요가 없습니다. 대신 제품의 UX 디자인에 영향을 끼치는 모든 가정을 모아 정리하십시오. 모든 사람이 회사의 혼란스러움을 보게 한 후, 그것을 명료하게 잡아 주는 페르소나를 만드십시오. 그리고 아래와 같은 문서를 만드십시오.

- (일단 문제 하나가 해결되고 나면 모두가 잊어버리므로) 명료함이 부족한 부분을 모든 사람에게 상기시키기
- 페르소나에 들어간 핵심 정보 전달하기
- 사업 목표로 돌아가 페르소나와 페르소나의 우선 사항 묶어주기
- 비즈니스 목표가 경영진에서 나온 것임을 상기시키기
- 페르소나가 사업 목표를 어떻게 달성시켜 주는지 알려주기
- 페르소나에 들어간 내용 중 당신이 구현할 것을 알려주기 (당신은 다른 사람은 주지 않는 어떤 것을 각 페르소나에게 제공하는가? 왜 그것을 신경 써야 하는가?)

고도화된 페르소나를 위한 팁

타겟 고객을 대변하는 몇 장의 종이로 끝내도 되지만 여러분의 조사 내용에는 공유하고 싶은 세부 사항이 분명히 더 있을 것이다. 타겟과 전체 비즈니스가 어떻게 연결되는지 또는 페르소나들이 어떻게 연결되는지 분석했을 수도 있다. 페르소나에 세부사항을 더하면 그 자체에 핵심 정보가 모두 담긴 패키지가 된다.

페르소나 개요 만들기

페르소나가 어떤 부서의 고객을 대변하고 있다면 그 관계자들은 첫 번째 페르소나부터 깊이 들어가고 싶어할 것이다. 이들을 업무에 익숙해지게 하려면 상위 레벨에서 페르소나의 전체 개요를 보여준다.

그림 3-4　**한 페이지짜리 페르소나.**　개요 타겟이 어떤 사용자를 포괄하는지 잘 보여준다. 사용자 니즈에 대한 프리젠테이션을 시작할 때 이런 자료가 유용하다.

이 개요는 다음과 같은 정보를 포함한다.

- 이름과 역할

- 사진

- 민감한 인용문

- 최우선 순위(이 사용자의 주요 근심 거리나 니즈 또는 가장 중요한 과제)

- 내부 세그멘테이션 용어와 비교(이해관계자들이 기존의 단어와 맞춰볼 수 있게)

아래의 내용을 참고하면 페르소나 개요 페이지를 위한 효과적인 다이어그램을 그릴 수 있다.

페르소나 간의 관계 서술

어떤 세그멘테이션 모델은 페르소나끼리 특별한 관계를 맺기도 하는데 이해관계자에게 이런 내용을 알려야 한다.

- **점진적 관계**: 신규 고객에서 능숙한 고객까지 사용자가 점진적으로 발전하고 사이트는 이들을 단계별로 다르게 취급해야 한다. 이런 관계를 페르소나에 반영할 수도 있고, 개요 페이지에 반영할 수도 있다.

예비 온라인 사용자　　　신규 사용자　　　정기적인 사용자　　　고급 사용자　　　아주 특별한 사용자

그림 3-5　　어떤 사람이 웹 사이트와 맺고 있는 관계를 페르소나가 전환하는 모습으로 보여줄 수 있다.

- **수직적인 관계**: 어떤 페르소나는 "부모" 페르소나가 있을 수 있다. 예를 들면 신규 고객을 최초 고객과 온라인 신규 고객으로 나눈다. 이런 관계는 니즈는 같으나 두 그룹 간 시나리오가 현저히 다를 때 쓰인다.

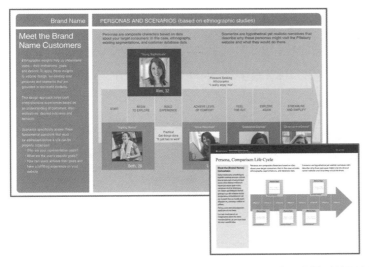

그림 3-6　　고도화된 타임라인 생명주기의 변화에 따라 사용자와 웹 사이트의 상호작용이 어떻게 변하는지 보여준다. 윌 에반스 제공(http://semanticfoundry.com). 에잇셰이프스유니파이용 버전이고, 템플릿은 우리 회사에서 만들었다. http://unify.eightshapes.com에서 더 볼 수 있다.

그렇지만 페르소나를 생소해하는 이해관계자는 이런 관계도를 인정하지 않을 수도 있다. 세부사항을 추가하고 데이터를 넣었다고 해서 "그래서 뭐?"라는 물음에 답을 주지는 않는다.

페르소나끼리 비교하기

페르소나는 서로 어떻게 연결되는지 보다 어떻게 다른지가 더 중요하다. 페르소나의 유사점과 차이점은 요구사항의 우선 순위를 정하는 데 유용하다.

니즈, 관심사, 과제의 차이 보여주기: 니즈나 관심을 (기능적 요구사항, 시스템 특징, 또는 추상적인 UX 원칙들) 어떻게 보여주건 이를 페르소나 비교에 활용할 수 있다.

표로 어떤 페르소나에 어떤 니즈가 있는지 비교하기도 한다. 그림 3.7은 페르소나에 어떤 니즈가 있는지를 네/아니오로 간단히 체크할 수 있는 표다.

	예비 사용자	신규 사용자	정기적인 사용자
높은 응답률	N/A	✓	✓
상황 속에서 도와주기	N/A	✓	
프로모션 지침	✓	✓	
신제품 프로모션	✓	✓	✓
푸쉬 알림	N/A		✓

그림 3-7　간단한 니즈 비교표. 어떤 페르소나에 어떤 니즈가 있는지 여부를 보여준다.

좀 더 세밀한 범위로 비교해야 한다거나 UX 원칙을 비교하는 경우라면 표에서도 이런 세밀함을 표현할 수 있다. 그림 3.8의 표에서는 페르소나별 상대적 수치와 과제의 중요도를 보여주는 도구를 이용한다.

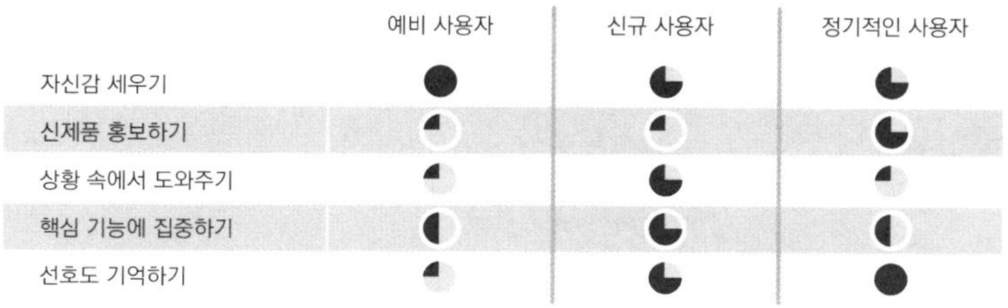

	예비 사용자	신규 사용자	정기적인 사용자
자신감 세우기	●	◕	◕
신제품 홍보하기	◔	◔	◕
상황 속에서 도와주기	◔	◕	◔
핵심 기능에 집중하기	◑	◕	◑
선호도 기억하기	◔	◕	●

그림 3-8　페르소나별로 UX 원칙 비교하기. 이 표에서는 우선 사항이 어디에 있는지를 보여주기 위해 회색 파이 조각으로 된 원을 이용했다. 1/4, 1/2, 3/4, 전체 원을 하비 볼(HarveyBalls)이라고 한다. 내가 만든 것은 아니다.

유사점과 차이점을 보여주는 표에서 다양한 기호를 이용하거나 색상이나 가치를 바꿔서 추가적인 데이터를 잘 설명할 수 있다.

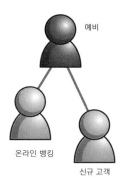

그림 3-9 페르소나 아이콘을 직접 연결해 페르소나의 수직적 관계를 보여주기도 한다.

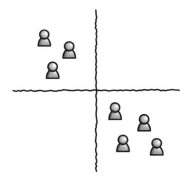

그림 3-10 **그래프 사분면 이용.** 페르소나가 두 개의 사분면에만 배치될 때가 있다. 이것은 한 가지 비교 항목에만 국한됐거나, 이것 말고 다른 방법을 이용해야 한다는 점을 시사한다.

- **콘텐츠나 기능의 가용성:** 사이트에 어떤 페르소나의 니즈를 충족시켜 줄 수 있는 정보나 기능이 존재하는지 보여주기도 한다. 회사가 전혀 충족시켜줄 수 없는 니즈일 때도 있다. 두 개의 페르소나에 공통된 니즈가 있지만 오직 한 그룹만 도와줄 수 있는 때도 있다.

- **사용자 조사의 기회:** 어떤 사용자 그룹이 특정한 성향이 있는지 잘 모르겠다면 표에 "추측"이라고 기재해 추후의 조사 가능성을 열어둔다.

- **두 개의 측면 고르기:** 2×2 그래프에서 두 가지 측면으로 두 페르소나를 비교할 수 있다. 적절한 변수를 고르는 것이 핵심이므로 세심한 주의를 기울여야 한다.

- **진짜 범위 확보하기**: 척도에는 단순 네/아니오가 아닌 범위가 있어야 한다. 예를 들면 "사용 빈도"는 "언제나"와 "전혀 하지 않음" 사이에 여러 기준이 있으므로 좋은 척도에 해당한다. 반면 "사용자 유형"의 한쪽 끝에는 "집", 다른 쪽 끝에 "직장"을 놓는 건 어떤 중간 가치도 보여주지 못하므로 좋은 척도가 아니다.

- **독립성**: 변수가 독립적이지 않다면 두 가지 현상 이상을 보여주지 못한다. 다시 말해 모든 사용자가 대각선 반대편에만 놓여 있다면 이것은 한 가지 변수에서만 차이를 보이는 것이다. 예를 들어 "금융 관심도"와 "상호작용의 복잡성"이라는 변수가 있는데, 금융에 관심이 적은 사람들은 온라인 뱅킹에서 복잡한 상호작용을 취하지 않는다고 해보자. 이 경우 사용자는 한 가지 변수의 양 끝에만 놓이게 된다.

- **UX 디자이너에게 의미 있는**: 마지막으로 척도는 이 정보를 활용할 디자이너에게 유용해야 한다. 은행 업무를 보는 장소(온라인, ATM, 전화, 은행원)는 흥미롭지만 온라인 뱅킹의 디자이너와는 관련 있는 변수라고 할 수 없다.

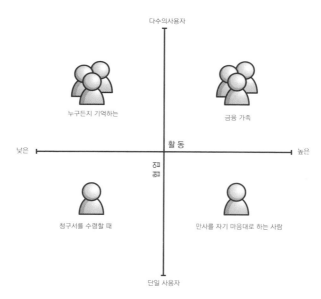

그림 3-11 2×2 그래프로 페르소나를 비교 두 개의 핵심축에서 차이를 볼 수 있다. 이런 그림은 그 안에 담긴 세밀함까지 보여주지는 못하지만 타겟 고객들의 주요 관심사는 확인해 줄 수 있다.

이런 비교법은 페르소나를 굵은 붓으로 붓질하는 것과 같다. 그림 3.7과 3.9 표에서 이용한 비교법과 다르게 2×2 그래프에는 상세함이 결여돼 있다. 하지만 이를 통해 사용자들이 근본적으로 어떻게 다른지를 이해관계자나 UX 디자이너에게 보여줄 수 있다.

멘탈 모델 보여주기

멘탈 모델은 아래 두 가지 중 하나다.

- 일반적으로 멘탈 모델은 이 분야의 콘텐츠나 구조와 관련해 사용자가 인식하는 분야를 의미한다. "계좌에 대한 온라인 뱅킹 센터의 멘탈 모델은..."과 같이 말할 수 있다. 이때는 4장에 나오는 콘셉 모델을 페르소나에 끼워서 보여준다.

- 최근 멘탈 모델은 인디 영(Indi Young)의 책(멘탈 모델: UX 전략을 인간의 행위와 일치시키기Mental Models: AligningDesign Strategy with Human Behavior)에서 제시한 다이어그램을 의미한다. 이 기법으로 사용자 과제, 활동, 콘텐츠, 기능, 다른 서비스에 대한 기대 사항을 비교할 수 있다.

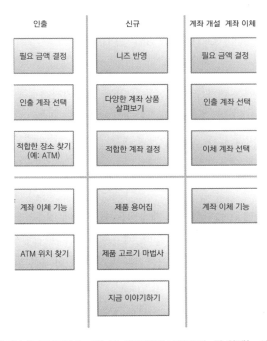

그림 3-12 멘탈 모델 사용자 니즈를 콘텐츠, 기능과 연결해서 보여준다. 선 위에는 사용자 니즈를 과제별로, 선 아래에는 선 위에 나온 니즈를 충족하는 콘텐츠와 기능을 제시한다.

사용자 중심 디자인의 목표는 사용자의 멘탈 모델과 일치하는 시스템을 만드는 것이다. 멘탈 모델과 페르소나를 엮으면 그 방식이 어떻든 간에 UX 디자이너가 정말 중요한 것에만 집중할 수 있게 도와주는 강력한 도구가 된다.

페르소나 기량 끌어올리기

페르소나는 사람의 탈을 쓰고 상상력을 자극한다. 사용자 조사나 다른 출처에서 나온 데이터를 분석하다 보면 인사이트가 많이 떠오르지만 동시에 함정도 도사리고 있다. 사용자에 대해 단편 소설을 쓰는 건 재미있지만 '유용한 UX 디자인 도구'라는 목표가 훼손되기도 한다. 다음은 엉뚱한 곳으로 빠지지 않는 몇 가지 방법이다.

실행 가능한 정보와 엮기

페르소나는 UX 프로세스에서 얼마나 유용하게 쓰였느냐에 따라 가치가 결정된다. 페르소나를 만든 열정은 와이어프레임과 프로토타입 단계에 들어서면 쇠퇴하기 쉽다. 하지만 사용자를 이해하려는 욕구는 절대로 줄어들어서는 안 된다. 정말 생각지도 못한 곳에서 사용자에 대한 오해가 발생한다.

UX 프로세스의 막바지에는 페르소나를 반드시 옆에 두고 의사결정을 해야 한다. 그래야 이 시기에 흔히 생기는 임의적이거나 어둠 속에서 게슴츠레한 모습으로 찍은 사진 같은 것을 막을 수 있다.

(슬프게도 페르소나를 너무 쉽게 잊지만) 이런 이유로 사용자 조사가 완료된 후에도 페르소나를 잊으면 안 된다. 페르소나가 선반 위에 황량하게 놓이지 않게 하려면 몇 가지 할 일이 있다.

- **다른 산출물에 카메오 출연시키기**: 계속되는 산출물에 페르소나를 끼워 넣어 페르소나가 어떻게 UX 결정을 이끌었는지 보여준다. 예를 들어 사이트맵에서 어떤 카테고리가 사용자 그룹의 특정 니즈를 어떻게 충족시키는지를 보여준다. 와이어프레임에서는 페르소나의 얼굴 사진을 한 구역에 붙이고, 이 유형의 인물은 이 영역에서 어떻게 반응할지 보여준다.

- **포스터 만들기**: 재치 있는 UX 전문가들은 페르소나를 큰 포스터로 인쇄해서 사무실 벽 여기저기에 붙인다. 만약 프로젝트 팀이 이 방법으로 사용자를 최우선에 둘 수 있다면 킨코스에서 돈을 들여 멋지게 인쇄해 압정으로 고정하라. 포스터 디자인은 보고서 디자인과 다르다. 표준 종이 크기의 한 페이지짜리 포스터를 얼핏 보더라도 핵심 요소가 다 보여야 한다.

- **트레이딩 카드 만들기**: 대체 방법으로 포스터보다 좀 더 비싸지만 페르소나별로 트레이딩 카드를 만들기도 한다. 포스터와 마찬가지로 트레이딩 카드 한 장에 페르소나의 핵심이 다 들어가게 한다. 모든 프로젝트 멤버에게 카드를 나눠주고, 브레인스토밍 시간에 들고 오게 한다.

그림 3-13 페르소나용 트레이딩 카드. 브레인스토밍 회의에서 유용하게 쓸 수 있고(참가자 전원이 카드를 소지해야 한다), 벽에 걸어도 된다.

출처 언급

이것은 방법론적인 위험을 드러낼 수 있지만 기초 자료 없이 페르소나를 만들 수는 없으므로 어느 정도 논의가 필요하다. 출처가 명시된 산출물이 더 공신력 있고, 프로젝트 팀도 페르소나가 어디서 나왔는지 알아야 가치를 더 인정한다.

대안

조사를 못 한다고요? 문제 없습니다!

사용자 조사가 반드시 필요하다고 믿더라도 시간이나 예산 때문에 못 하는 경우가 많다. 인정하고 싶지 않지만 이런 일은 자주 일어난다. 스스로 조사를 하지 못하더라도 제3자가 실시한 조사로 페르소나를 만들 수 있다. 단 이 경우에는 불완전한 정보로 분석했다는 점을 명시해야 한다. 조사가 필요하다는 사실을 알릴 용도로 페르소나를 만들기도 한다.

현실을 정확하게 보여주기

인정하기 싫지만, 페르소나가 고객을 정확히 반영하지 못할 때도 있다. 이것은 바로 위에서 제기한 그림을 그릴 만한 충분한 데이터가 없는 것과 같은 방법론적인 문제이거나, 결과 제시 방식이 사용자를 제대로 보여주지 못하는 문서상의 문제일 수 있다.

문서의 측면에서 너무 추상적으로 가다 보면 현실감이 떨어진다. 조사 결과를 지나치게 포장해서 사용자 행동, 목표, 니즈의 미묘함이 보이지 않는 것이다. 이런 문제 때문에 나는 인물이 아닌 행동의 범위에 초점을 맞춘 페르소나를 만들게 됐고, 이런 현상은 산업계에서도 나타났다. 페르소나의 이름부터 지으면 스스로 이야기하는 페르소나가 아닌, 만들어진 역할에 조사 결과만 끼운 페르소나가 되기 쉽다.

페르소나 간결하게 유지하기

배경 이야기, 사진, 실제 이름은 다 좋은데 페르소나를 목적에서 멀어지게 할 수 있다. 사용자 니즈나 동기도 보여주지 못하고 프로젝트팀에 필요한 정보도 주지 않는 세부사항에 지나치게 집중하지 않게 주의해야 한다. 페르소나에 인구 통계 자료를 추가할 때는 주의를 기울이고 이 부분을 얼마나 넣을지도 결정하라.

페르소나 프레젠테이션

페르소나는 사람을 요약한 것이지만, 사람은 사람이다. 여러분은 파티 주최자고, 페르소나는 손님이다. 여러분의 특별 손님인 이해관계자에게 이들을 소개하라. 이들을 어디서 봤고, 어떤 공통점이 있는지를 알려라(물론 페르소나를 초대한 것은 특별 손님이지만 말이다).

사용자는 이해관계자의 목표에 부응하는 목표를 가질 것이다. 얼핏 보기에는 관심사가 다양해 보이지만 어떤 공통점이 있는지 파티 주최자로서 설명한다.

회의 목표 정하기

내가 프로젝트 팀과 페르소나에 대해 이야기하는 대부분은 페르소나를 정확히 알려주기 위해서다. "완벽한" 페르소나가 우리 앞에 있어도 이것은 부분적인 그림일 뿐이고, 프로젝트 멤버들은 분명히 많은 걸 묻고 싶을 것이다.

페르소나는 UX 프로세스의 도구지만 이 자체에 대해서는 많이 이야기하지 않는다. 하지만 이후 UX 리뷰에서 중요한 역할을 수행해야 하므로 UX 디자인을 페르소나라는 상황에서 어떻게 이야기할지에 대해 논의를 나누기도 한다.

그 외에 페르소나 제작에 들어가기 전에 페르소나를 만들자는 생각을 설득하기 위해 논의를 나누기도 한다. 특히 이전에 페르소나를 만들어 본 적이 없거나, 사용자 조사를 해 본 적이 없는 프로젝트 팀이라면 미리 확신을 심어 줘야 한다.

페르소나를 명확히 하는 논의

팀원이나 이해관계자가 이런 회의에 참석하면 질문을 하고, 페르소나에 반영해야 할 정보를 제공한다. 이 회의는 페르소나의 초안을 만들고 나서 연다. 페르소나를 소개하면서 다뤄야 할 주제로는 다음 3가지가 있다.

- **회사 자료 분명히 하기**: 사용자에 대해 이전에 한 조사나 인사이트로 페르소나를 만들 때가 있다. 좋을 수도 나쁠 수도 있는데, 이 경우 관련자는 사용자에 대한 준전문가일 것이다. 여러분은 회사 자료를 제대로 활용했음을 피드백 시간에 확인받아야 한다. 추가 조사가 필요하다면 회사 자료에 빈틈이 있음을 이 자리에서 강조한다.

- **조사의 해석**: 조사에 참여하지 않은 이해관계자나 팀원은 피드백하지 않는 게 좋다. 여러분이 시행한 조사와는 무관한 제안을 하며 페르소나를 바꾸라고 밀어붙이는 사람도 있을 수 있고, 여러분과 다르게 데이터를 해석하면서 여러분의 결론에 의문을 던지는 사람도 있을 수 있다.

- **우선 순위 정하기**: 사용자 조사는 사용자 니즈에 대한 인사이트를 주지만 운영과 관련된 우선순위는 사업 부서에서 정한다. 사용자에게 중요하다고 사업팀에게도 중요한 건 아니다. 좋은 제품은 사업 부서와 사용자 사이에서 균형을 잘 잡는다. 이 말은 페르소나와 사용자 니즈의 우선순위를 정할 때 프로젝트 범위가 줄어들더라도 사용자 니즈가 따라 줄지 않게 여러분이 그들을 대변해야 한다는 의미다.

전문가에게 묻기

DB: 어떻게 하면 훌륭한 페르소나를 만들 수 있나요?

TA: 페르소나는 고객이 할 만한 질문과 고객의 니즈를 분명히 보여줘야 합니다. 이것이 고객과 여러분의 웹 사이트가 나누는 "대화"의 제1요소입니다. 한 웹 사이트에 양말을 사러 갔는데 "샹들리에 특가!"나 "강아지도 있습니다!"라고 부르짖는 화면을 본 적이 있을 것입니다. 페르소나는 우리가 정말 멋지다고 생각하거나 우리 회사나 제품에 중요한 것을 외치기 전에 고객의 소리에 귀 기울이라고 말해줍니다.

타마라 애들린
애들린社 사장 및 창립자

페르소나 문서에는 다음과 같은 내용이 필요합니다.

- 기억하기 쉽고, 입에 착 달라붙으면서, 특징을 보여주는 이름(쇼핑객 윤희, 마당발 철수)

- 인용문(페르소나의 입장을 정리하는 문장, "나는 제일 좋은 조건을 제시하는 곳을 찾아 샅샅이 뒤집니다")

- 사업적인 우선사항(경영진의!)

- 간략한 설명(이 사람이 누구인지 보여주는 2–3개의 짧은 단락)

- 페르소나가 그들의 용어로 하는 질문·이들이 이해할 만한 이 질문에 대한 답

- 페르소나는 미처 생각하지 못했지만 우리가 제공해 줄 수 있는 "그건 그렇고" 진술

  예를 들면 양말을 보러 온 사람이 멋진 플립플랍(flip-flop)에도 관심이 있다고 생각한다면

  페르소나의 질문: 양말 있습니까?

  우리의 대답: 네! 여기 양말 있습니다. 이 양말 정말 좋아요.

  "그건 그렇고" 진술: 이 양말 정말 좋아요. 그런데 계속 양말을 사면 돈이 너무 많이 들지 않을까요? 여기 평생 가는 플립플랍이 있습니다. 다시는 양말을 살 필요가 없어요! 한번 와서 보세요!

  경험을 디자인하기 전에 이런 대화를 생각하는 게 얼마나 도움되는지 알면 깜짝 놀랄 것입니다.

사용자 조사나 정보 수집은 주관적이거나 주관적으로 보이므로 의견이 분분할 것이다. 어떤 사람은 한 부분에 대한 해석이 왜 "잘못됐는지"를 따진다. 페르소나와 이런 회의를 잘 진행하려면 다음과 같은 내용을 전달해야 한다.

- **페르소나에 UX 디자인과 관련된 정보만 담아라**: 온갖 장식이 화려한 "금송아지" 페르소나를 보여주고 싶을지도 모른다. 그러나 진행자로서 대화가 궤도에서 벗어나지 않게 잡아줘야 한다. 좋아하는 고객 그룹에 대해 이야기하기는 재미있겠지만 여러분은 UX 디자인을 위한 도구를 만들고 있다는 사실을 잊어서는 안 된다.

- **합의는 금과옥조**: 페르소나는 사용자를 이해하고 UX 디자인을 이끄는 기초이므로 이 지식을 프로젝트 팀에 내재화해야 한다. 하지만 프로젝트 팀이 동의하지 않으면 내재화되지 않는다. 이를 해결할 방법은 여러 가지가 있지만 나는 사람들이 동의하지 않으면 그 부분은 빼라고 제안하기도 하고 주관식 질문으로 남겨 두라고 하기도 한다. 아무리 좋은 제약이나 요구사항도 맞다고 생각되지 않으면 무슨 소용인가?

UX 리뷰에서의 페르소나

좋은 페르소나는 프로젝트 기간 내내 등장하면서 중심을 잡아주고, 궤도에서 이탈하지 않게 도와준다. 프로젝트 팀은 리뷰 회의에서 가장 최근에 구현된 디자인을 보게 된다. 페르소나는 이런 회의에서 근거 없는 요소는 버리게 만들고, 의사결정은 정당화한다. 뒤의 "페르소나 이용과 적용"에서 UX 문서와 페르소나를 엮는 방법에 대해 이야기하겠지만 산출물에 명시적으로 언급하지 않아도 항상 옆에 두고 참고해야 한다.

UX 리뷰를 하면서 페르소나에 대해 반드시 제기할 부분은 다음과 같다.

- **사용자의 핵심 요구사항**: 페르소나는 몇 개의 요구사항을 제기하면서 UX 디자인을 이끈다. 어떤 중요한 요구사항이 페르소나에서 나왔고, 이것이 어떻게 다른 좋은 아이디어를 불렀는지 이해관계자에게 전하라. UX 리뷰는 주제를 잡는 데 페르소나가 어떻게 도움을 줬고, 그 주제가 어떻게 전체 디자인에 퍼지는지 보여주는 것을 의미한다.

- **UX 의사결정의 판단 기준**: 큰 그림 외에 다른 것을 끄집어낼 수는 없지만 가끔 UX 요소와 이에 영감을 준 페르소나 사이에 분명한 연결 고리가 존재할 때가 있다. 이런 구체적인 연결 고리가 있다면 반드시 지적하라.

- **무엇이 변했나**: 계속되는 사용자 테스트와 조사로 페르소나가 조금씩 바뀔 수 있다. 페르소나가 새롭게 바뀔 때마다 무엇이 변했는지 알려라. 하지만 이것 때문에 회의가 딴 길로 새어서는 안 된다.

페르소나 제작 설득하기

이해관계자가 페르소나의 가치에 확신이 들지 않으면 페르소나 제작에 힘을 쏟지 않는다. 페르소나를 설득할 때는 이 생각을 보기 좋게 보여줘야 한다. 이해관계자들이 세운 변수에 맞춰 이 도구를 손봐야 할지도 모른다. 나는 페르소나의 잠재력을 말하는 자리에서 다음과 같은 내용에 초점을 맞춘다.

- **사용자 니즈가 UX 디자인을 이끕니다**: 원트 매거진 WantMagazine (wantmag.com) 창간호 인터뷰에서 어댑티브패쓰 회장 피터메르홀츠(Peter Merholz)는 이렇게 말했다. "우리가 만들 수 없는 것이 있다면 그것은 니즈다." UX 디자이너도 사람들이 원하는 바를 정확히 알지 못한다. UX 디자인은 허공에서 나올 수 없고, 잘 정의된 한계가 있어야 위대한 디자인이 탄생한다고 설득해야 한다. 사용자 니즈의 이해야말로 가장 이상적인 한계점이다.

- **사용자에 대한 세부사항이 더 필요합니다**: 타겟 고객에 대해 기존에 조사한 자료들은 보통 고객을 크게, 인구 통계학적 관점에서 묘사하고 있을 것이다. 그러나 정말 필요한 건 사용자의 행위를 묘사하는 자료다.

- **우리에게 필요한 정보가 보이지 않습니다**: 기존의 자료가 포커스 그룹이나 설문조사에서 나왔다면 사람들이 웹 사이트나 제품을 어떻게 이용하는지 묻지 않았을 것이다. 전형적인 시장 조사는 사용자들이 어떻게 행동하는지가 아닌, 무엇을 원하는지 밝힌다.

- **우리는 조사를 위한 조사를 하지 않습니다**: 조사나 페르소나를 준비하는 이유는 UX 프로젝트에 기여하기 위해서다. 특정한 제품이나 사이트의 상황을 벗어난 것은 페르소나에 아무 의미가 없다.

- **맛보기 페르소나**: 아직 확신이 없는 이해관계자에게는 맛보기 페르소나를 보여준다. 나는 서비스 응답원이나 시장 조사자와 같이 팀에서 가장 사용자를 잘 아는 한두 명을 찾아 인터뷰한다. 그리고 이를 기반으로 여러분이 기대하는 결과물의 예시를 제시한다.

이런 설득의 자리에서 서로 다른 참가자들이 바라는 것은 다 다르다.

비즈니스 이해관계자	페르소나를 만드는 데 드는 시간이나 자원이 투자할 가치가 있는지를 보고 싶어한다. 페르소나가 그들의 비즈니스 상황에 처해 있는 고객을 대변해야 한다.
UX 디자이너	나중에 페르소나의 요소를 되짚었을 때 UX 의사결정을 내릴 수 있을 정도의 판단 기준이 되는지 확인하고 싶어한다.
개발자	페르소나의 니즈나 요구사항이 현실적으로 개발 가능한지 보고 싶어한다.

표 3.2   서로 다른 참여자가 페르소나에 바라는 점.   서로 다른 참여자에게 페르소나 제작을 승낙받으려면 페르소나의 가치를 다양한 측면에서 전달해야 한다.

기본 회의 틀 적용하기

1장에서 소개한 회의 기본 구조를 페르소나 논의에도 적용할 수 있다.

페르소나는 회사에 미치는 중요도, 가치, 위험 등의 순서에 따라 소개할 수 있다. 아니면 관련 그룹끼리 페르소나를 묶어서 보여주는 "가족 유사성(family resemblance)" 형태도 있다'. 마지막으로 페르소나의 제작 단계를 소개하면서 페르소나 제작 과정을 시간순으로 보여주기도 한다. 표 3.3 에서는 올바른 순서를 정하는 몇 가지 방법을 제시한다.

이럴 때는	이렇게 하라	
사용자 니즈를 시스템 요구사항으로 변환할 때 사용자 관점에서 UX 목표의 유효성을 확인할 때	중요한 순서대로 페르소나를 하나하나 소개하라. 페르소나의 우선순위를 정하게 된 기준을 설명하라.	
페르소나끼리 중복될 수도 있는 부분을 살펴볼 때	사용자 행동 범위를 제시한 후 페르소나가 그 니즈의 어떤 부분에 해당하는지 보여줘라.	
페르소나를 어떻게 만들었는지 설명할 때	처음에는 발견한 내용을 상위 레벨로 요약해서 보여 주고, 이후 페르소나에 데이터가 수집된 과정을 소개하라.	

표 3.3   페르소나 소개 방법 페르소나를 순서대로 소개하라.   하지만 순서는 여러분이 결정해야 한다.

1. 콘텍스트를 조성하라

회의를 시작하면서 페르소나가 UX 프로세스에서 어떤 역할을 할지 설명하라. 사용자 조사나 분석 결과에 대해 이야기할 게 두세 가지밖에 없다 해도 이런 노력이 추후 어떤 결과를 불러올지 상기시 키는 것으로 콘텍스트를 조성하라.

그리고 나서 페르소나 제작에 활용한 정보의 출처를 언급한다.

- **공식적인 조사**라면 사용한 방법론, 기법, 참가자 수, 분석에서 여러분의 위치를 대강 설명 한다.
- **비공식적인 조사**라면 여러분이 수행한 활동과 광범위한 사용자 조사를 실행하지 못한 이 유를 설명하라.
- **2차 조사** 또는 **사용자 대변인 인터뷰**라면 당신이 열람한 출처 목록 또는 여러분이 이야기 나눈 사람을 알려준다.

2. 이미지 규칙을 설명하라

아마 페르소나에 복잡한 이미지나 미묘한 요소가 들어갈 일은 거의 없지만 페르소나에 들어가는 주요 정보 영역을 전체적으로 훑어주면 좋다. 페르소나의 행위를 이미지로 보여준다면 이 이미지 를 설명한다.

3. 중대 의사결정 사항을 강조하라

페르소나 자체로는 UX와 관련된 의사결정이 없다. 그렇지만 전체 세그멘테이션 모델을 떠올리며 "페르소나를 왜 이렇게 나눴는가?"에 대한 답을 생각해 보라. 역할을 나누는 3가지 방식(데이터 중 심적인, 조직적인, 단계별)을 떠올리며 대화를 이끌어 나간다.

이런 종류의 대화에는 전체 페르소나의 관계를 보여주는 그림을 이용하기도 한다.

4. 논리적 근거와 한계를 제시하라

필요하다면 페르소나 디자인에 활용한 조사 방법론을 거론하라. 조사 기법은 페르소나에 논리적 근거를 제공하지만 다음과 같은 주의사항도 있다.

- **방법론에 너무 많은 시간을 할애하지 마라**: 여러분이 조사 계획이나 실행을 아무리 자랑스럽게 생각해도 사람들은 빨리 끝내기를 바란다. 알맹이는 조사 방법론이 아니다. 참가자들이 결론을 이해하는 틀 정도로만 이해할 수 있게 방법론은 살짝만 다뤄라.
- **근거의 근거를 대야 할지 모른다**: 조사 방법을 기술하다 보면 방법론적인 공격을 받기도 한다. "조사"라고 부르는 일을 했다는 이유만으로 여러분에게 모든 변수를 다룰 시간이나 자원이 있다고 오인하기도 한다.
- **사용자 조사는 불완전한 과학이라는 점을 인지시켜라**: 나는 언제나 조사란 UX 디자인의 도구에 불과하다는 점을 분명히 전한다. 페르소나의 주된 목적은 나와 UX 디자이너가 사용자의 입장이 될 수 있게 도와주는 것이다. 내가 그들의 생활을 다 이해할 필요는 없고, 때때로 좋은 인용문 하나가 사용자를 이해하는 촉매제가 되기도 한다.

5. 세부 사항을 전개하라

1번부터 4번까지 시간을 많이 들이지 않았다면 잘한 것이다. 지금부터 본격적으로 시간이 드는 작업이기 때문이다. 다음에 나오는 "페르소나 묘사 방법"에서는 페르소나를 묘사하는 방식에 대해 상세하게 다룬다. 이때의 어려움은 30분에 많은 이야기를 다 해야 한다는 점이다. 이 시간의 틀을 짜는 방법에는 두 가지가 있다.

- **중요도 순**: 여러분이 정한 페르소나 우선순위의 기준을 밝혀라. 가장 중요한 것부터 시작하고 뒤로 갈수록 시간을 적게 들인다. 우선순위의 기준에 대해서는 피드백 시간에 의견을 듣는다. 이 방법은 서로 관련이 없는 페르소나가 4개 이상일 때 사용하면 좋다.
- **가족 유사성**: 페르소나를 개별적으로 소개하는 대신 페르소나의 특징을 중심으로 논의를 구성한다. 모든 속성을 끄집어내 소개한 후, 한 페르소나가 다른 페르소나와 어떻게 다른지 설명하라. 그리고 그 "가족"을 가장 잘 대변하는 페르소나로 자세히 설명한다.

만약 페르소나가 개개인이 아닌 행동 모델로 만들어졌다면 척도를 소개하고, 양극단치와 그 척도에서 많은 사용자가 위치한 곳을 알려 준다.

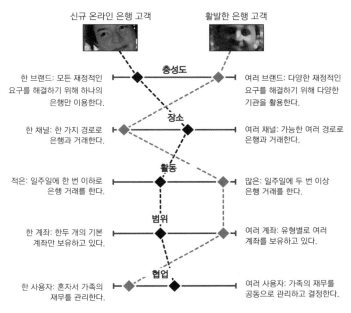

그림 3-14 모든 척도를 연결시키면 한 사용자 그룹이 행위 모델의 어디에 위치하는지 보여줄 수 있다.

6. 함축된 의미를 논의하라

이제 본격적인 작업으로 들어갈 시점이다. 페르소나를 보면서 제품 디자인을 어떻게 해야 할지 감이 올 것이다. 회의의 이 시점에는 UX 디자인과 관련된 결론을 소개한다. 아마 다음과 같은 내용이 나올 것이다.

- **공통된 요구사항 또는 UX 원칙**: 사용자 니즈를 분석해 보면 UX 실행에 필요한 기초적인 요구사항이 나온다. 이는 광범위할 수도, 협소할 수도 있다. 예를 들어 광범위한 요구사항은 "사용자는 두 가지 주요 과제를 수행하기 위해 이 사이트에 온다"와 같고, 협소한 요구사항은 "모든 제품 페이지 상단에서 세 가지 주요 혜택을 반드시 강조해야 한다"와 같다.

- **모순 상황**: 다른 그룹과 모순되는 요구를 하는 페르소나가 있을 수 있다. 한 페르소나는 중요하게 생각하지 않는데 다른 페르소나는 중요하게 생각하는 것이다. 분석 과정에서 이런 모순을 확인했다면 이를 지적하고, 이것이 UX 프로세스에 어떤 문제를 불러올지 알린다.

- **생각지 못한 기회**: 페르소나를 분석하다 보면 이해관계자들이 미처 생각지 못한 시사점을 얻기도 한다. 쉽게 말해 제품에 대한 아이디어가 생긴다는 말이다.

7. 피드백을 들어라

UX 작업물에 대한 어떤 회의가 그렇듯이 페르소나 회의에서도 좋은 피드백이 필요하다. 여러분이 필요로 하는 피드백의 범위와(피드백 대상) 형태를 정하라. 페르소나와 관련된 피드백의 범위는 다음과 같다.

- **세그멘테이션 모델**: "지금까지 이야기 나눈 내용을 토대로 고객을 나눌 방법은 없을까요?"라고 묻는다.

- **우선 순위 변경**: "나는 사업 목표와 얼마나 근접한가에 따라 페르소나의 순위를 정했습니다. 여러분이라면 어떻게 순서를 정하시겠습니까?"

- **행위 척도**: "우리는 분석할 때 세 가지 주요 행위 또는 속성인 충성도, 집중력, 협업 정도에 초점을 맞췄습니다. 이 외에 중요하다고 생각하는 행위가 있습니까?"

- **묘사 요소**: 페르소나의 속성을 UX 프로세스에 미치는 영향과 연결하여 설명하라. "페르소나의 사진과 자전적인 정보들은 페르소나를 살아 있는 인물처럼 보이게 하지만 이를 명확히 하면 UX 활동에도 도움이 됩니다."

8. 리뷰의 틀을 제시하라

실무에 도움을 주는 회의가 되려면 피드백이 필요한 부분을 구체적으로 정해야 한다. 피드백 단계까지 모든 주제를 다루지 못했다면 회의가 끝나기 전에 남은 주제를 알려준다.

좀 더 구체적으로 다음의 두 질문을 리뷰의 틀로 제시하고 숙제를 내준다.

- **당신이 우리 사용자에게 무언가 물을 수 있다면 무엇을 묻겠습니까?** 이 질문에 대한 답을 보면 이 페르소나들이 팀원들의 머릿속에서 사용자를 명료하게 떠올려 주는지 판단할 수 있다.

- **UX에서 가장 풀기 어려운 문제는 무엇입니까?** 이 질문의 답으로 페르소나가 그 도전에 길을 제시해 주는지를 판단할 수 있다.

(물론 페르소나를 만들기 전이나 조사 방향을 잡을 때도 이 질문을 던져야 한다.)

페르소나 묘사 방법

회의를 어떻게 진행하든 어떤 시점에는 페르소나를 공개해야 한다. 페르소나를 묘사하는 방식은 페르소나의 본질에 따라 달라진다. 완전한 형태를 갖춘 페르소나라면 상세한 배경을 가진 인물처럼 대하고, 역할로 된 페르소나라면 간단한 이야기로 충분하다.

인물로서의 페르소나

표 3.4는 페르소나를 묘사하는 간단한 틀을 보여준다.

특징	묘사	예시
이름 그리고/또는 역할	페르소나를 지칭할 때 사용하는 단어	"이 페르소나는 사라입니다. 우리의 '신규 고객' 그룹을 대변합니다."
주 근심거리와 목표	이 사이트와 관련하여 페르소나가 가장 중요하게 생각하는 한 문장	"다른 금융 사이트 사용자처럼 사라도 사생활과 보안이 가장 큰 걱정입니다. 하지만 더 큰 장애물은 현재 이용 중인 다른 금융사 정보를 이전하는 일입니다."
출처	이 정보를 어디에서 얻었는지를 보여주는 두 문장. 조사 자료라면 이때 사용한 기법과 사용자를 이해할 수 있게 도와준 사람들을 구체적으로 알려준다.	"이 정보의 상당 부분은 현재 이 사이트를 이용하지 않는 사람을 대상으로 실시한 설문조사에서 나왔습니다. 이 설문조사는 1,500명이 참가했고 그 중 절반이 이 페르소나에 해당합니다. 좀 더 인간처럼 보이려고 약간 꾸몄습니다.

특징	묘사	예시	
배경 이야기	주변 상황이나 인구 통계학적 정보를 약간 제공해 주면 좋다.	"사라는 30대 중반이며 가족이 있고 웹에 익숙합니다. "신규 고객"이지만 몇 년 동안 가계를 도맡아 왔습니다. 사라는 이 은행의 온라인 서비스에 대해 좋은 평을 듣고 이 은행을 고려하게 됐습니다."	
가장 중요한 세 가지 특징 또는 시나리오	페르소나 산출물에서 끌어내라. 필요하면 자세하게 설명한다.	[이 부분은 길어질 것이다. 계층 1, 2에 예시가 있다.]	
다른 페르소나와의 비교	이 페르소나가 다른 페르소나와 다른 특징이나 시나리오를 비교한다. 이 비교를 통해 이 페르소나가 왜 중요한지를 보여줄 수 있다.	"사라는 일반적인 '온라인 신규 고객'과는 다릅니다. 사라와 같은 신규 고객은 이 은행의 기존 고객이지만 이 곳의 온라인 서비스는 아직 이용해 보지 않은 고객입니다. 방금 설명한 '온라인 기능 둘러보기' 시나리오는 두 그룹 모두에게 해당하지만 사라는 좀더 고급 기능을 원합니다."	
주 근심거리 반복	발표를 마무리하면서 페르소나의 주요 근심거리를 반복하고 이 페르소나에서 얻을 수 있는 것을 강조한다.	"사라에 대해 기억할 것은 '신규 고객'이지만 온라인 서비스를 처음 이용하는 사람은 아니라는 점입니다. 오히려 온라인 뱅킹에 경험이 많다고 볼 수 있습니다."	
질문?	참가자들에게 질문을 받는다.	"사라에 대해 더 이야기 할 것이 있나요?"	

표 3.4 인물로서의 페르소나

특징으로서의 페르소나

최근에는 예전만큼 사용자 요구사항을 의인화하지 않는다. 따라서 페르소나를 보여주는 방법도 바뀌어야 한다. 페르소나를 하나하나 다루는 대신 그 타겟에게 나타나는 행동의 범위나 특징을 뽑아 제시한다. 이때에는 행동의 범위를 여섯 가지 정도 뽑되 이 안에 페르소나의 특징이 반영돼야 한다. 표 3.5에 각 범위를 제시하는 틀이 담겨 있다.

이 틀은 "가족 유사성"의 틀에서 이용하기 좋다. 양 극단이나 중간 가치가 아닌 다양한 강도를 보여줄 수 있다. 척도별 차이를 "원 그래프"로 보여준다면 꽉 찬 원을 보이는 사람은 1/4 크기의 원을 차지한 사람과 비교해 어떤 특징이 있는지 설명할 수 있다.

특징	묘사	예시
이름	그 척도를 지칭하는 용어	"당신의 고객을 구분하는 한 가지 방법은 충성도입니다."
묘사	행동을 설명하는 문장	"충성도란 사용자들이 선택한 금융 사이트에 공헌하는 정도를 말합니다."
양극단	이 행동의 극단은 어떤 모습일지 설명하는 짧은 문장	"한쪽 끝에는 사이트 하나에서 모든 은행 업무를 처리하는 사람이 있고, 다른 끝에는 여러 사이트를 이용하는 사람이 있습니다. 이렇게 분산하는 데는 여러 가지 이유가 있습니다."
중간 가치의 예시	극단의 행동이 아닌 2~3가지의 중간적인 행동을 뽑아서 알려주기	"'한 사이트'에 가까운 사람은 대부분의 거래를 주거래 은행에서 하지만 비정기적으로 신용 카드나 투자 사이트 같은 곳을 방문합니다. 자주 가는 사이트가 두 군데(예금과 투자 사이트라고 합시다) 있고, 필요하다면 다른 사이트를 몇 군데 이용하기도 합니다."
연관성	이 척도에서 이 사이트가 "공략할 부분"이 어디인지 강조한다. 그 전략을 어떻게 세울지도 설명하라.	"우리는 웹 친화적인 사람을 공략할 것입니다. 이들은 몇 개의 온라인 금융 도구를 이용하면서 이 도구를 당신의 사이트와 어떻게 연결시킬지 고민합니다. 우리는 이미 한 개 이상의 도구를 사용하는 이 쪽 끝 부분에 집중할 것입니다."

표 3.5 특징으로서의 페르소나

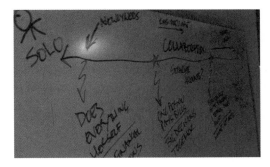

그림 3-15 특징을 화이트보드에 적기. 양극단치와 중간치를 강조하면서 더욱 멋지게 설명할 수 있고, 예시도 충분히 보여줄 수 있다.

 팁

UX 시사점 분리시키기

페르소나 항목을 그대로 UX 시사점으로 옮기기 쉽다("신규 고객들은 X 기능을 중요하다고 생각하니 이를 메인 페이지에서 강조합시다"). 페르소나와 디자인 논의는 분리해야 하지만 피할 수 없다면 경계를 확실히 둬라. 그래야 실제 제작에서 문제가 되는 의사결정을 내리지 않을 수 있다. 또한 사용자의 바람을 의미 있는 요구사항으로 바꿔야 한다. 예를 들면 "X는 우선순위가 높은 기능이므로 메인 페이지에 확 띄게 보여야 한다."와 같이 바꿀 수 있다.

초보의 실수를 피하자

무언가 잘못됐다고 느끼는 순간에는 그 위험을 없애기 어렵다. 회의를 진행하기 전에 회의에서 얻어야 할 것과 목표 달성을 가로막는 함정을 분명히 인식해야 한다. 이 섹션에서는 회의 중에 흔히 빠질 수 있는 함정에 대해 설명하겠다.

페르소나가 UX 디자인에 미치는 영향

우리 모두 이런 경험이 있을 것이다. 여러분은 열심히 설명하는데 참석자들은 반응이 없다. 질문도 없고, 피드백도 없다. 이런 문제에 부딪히면 이렇게 하자.

- 페르소나는 최종 제품뿐만 아니라 프로젝트 진행에도 잠재적인 영향을 끼친다는 점을 분명히 밝혀라.

- 페르소나를 바탕으로 내릴 수 있는 UX 의사결정의 예시를 제공하라. 특히 페르소나가 제대로 갖춰지지 않았을 때 방향 잡기가 얼마나 어려워지는지 강조하라.

- 사용자 니즈가 어떻게 실제 의사결정으로 연결되는지 보여줘라. 잘못된 사례를 들려주는 것도 유용하다. 사용자에 대한 방향이 없어서 사이트가 안 좋아진 사례를 제시한다.

페르소나는 UX 디자인 도구다

페르소나를 만들면서 사진이나 사용자 이야기 같은 세부항목에 지나치게 신경 쓰는 팀이 있다. 나이/인종/성별/가정사에 너무 시간을 쏟다 보면 페르소나를 그 그룹의 누구에게도 적용할 수 있다는 생각을 놓치게 된다. 그리고 제작에 도움을 주기 위해서 결과물을 어떻게 활용할지, 각 상황에 어떤 항목을 적용해야 할지 알아야 한다는 것도 놓치기 쉽다.

주제가 빗나갔다면 관련 있는 시나리오로 가다듬는 기회로 활용하자. 불필요한 세부사항을 뒤로하고 큰 영향력을 끼칠 만한 것을 앞으로 꺼내 대화의 방향을 돌린다. 나는 참석자들이 이 제품에 중요하다고 생각하는 것을 뽑아내게 함으로써 대화를 잠시 중단시킨다. 이들은 UX 디자인의 도구라는 점에 페르소나의 초점을 맞춰야 함을 이 순간에 깨닫는다.

리서치 활용

페르소나의 목적은 "나는 사용자가 …을 원한다고 생각합니다"나 "나는 사용자가 …하기를 바랍니다"로 시작하는 대화를 없애는 것이다. 이를 피하는 방법 중 하나는 회의 전에 리서치 결과를 배포하는 것이다. 그러면 참석자들은 페르소나가 리서치 데이터를 보기 좋게 포장한 것임을 알게 된다. 이때 방법론이나 분석 프로세스를 깊이 다뤄서는 안 된다. 조사 기법과 결론을 요약하는 정도로 페르소나 대화를 시작한다.

방법론에 대한 비판 예측

이 책이 사용자 조사 방법론이나 기법에 대한 책은 아니지만 좋은 포맷의 페르소나는 타겟 고객을 선명하게 그려주므로 이에 대한 질문이 생길 수 있다. 타겟의 본질에 대해 조금이라도 달리 생각하는 이해관계자가 있다면 그들은 제일 먼저 방법론을 의심한다. 조사 결과에 불만이 있는 건 아니지만 이 과정에 함께 참여하지 않은 사람도 접근 방식의 타당성을 의심할 수 있다. 이것은 짜증 나지만 중요한 질문이다. 이때 설명을 잘하면 페르소나가 더욱 적합성을 인정받는다.

회의 전에 예상 질문을 준비하듯 이때도 예상 비평을 생각하고 답변을 준비한다. 흔히 받는 비판은 다음과 같다.

- 사용자 수
- 조사 사용자의 유형
- 리쿠르팅
- 조사 부족
- 데이터 수집 기법

회사 문화 바꾸기

웹 사이트 디자인과 무관한 기존의 사고나 세그멘테이션 방식으로 사용자에 대해 이야기하려는 이해관계자가 있다(예를 들면 사용자를 국외, 국내 소비자로 구분하는 것). 이런 위험을 줄이는 방법은 다음과 같다.

- 이 회의의 목적을 상기시킨다. 페르소나는 사용자에 대해 친근하게 이야기할 수 있는 수단 이라는 점을 알린다.

- 페르소나는 시스템 디자인에 영향을 미치는 사용자의 요구사항을 대변하는 수단이라는 점을 강조하라. 다른 업무에 도움을 주고 있는 기존 세그멘테이션 모델을 반대하는 것이 아님을 분명히 밝혀라.

- 새로운 모델의 세그멘테이션에서 사용하는 용어 중 기존의 모델과 공통되는 부분이 있다면 함께 언급함으로써 새 모델을 점진적으로 받아들이게 하라.

페르소나 이용과 적용

페르소나는 사용자 니즈를 파악하기는 훌륭한 도구지만 그 자체로는 큰 의미가 없다. UX 프로세스에 페르소나를 끼워 넣는 것이 궁극적으로 가야 할 방향이다.

페르소나는 다음과 같은 업무의 수단이 된다.

- **우선 순위 정하기**: 어떤 기능과 콘텐츠가 가장 중요한가
- **유효성 판단**: 어떤 기능을 추가할지 말지
- **완전성 평가**: 빠진 것은 없는가

페르소나는 개념이자 요약이다. 이것은 모든 사용자 그룹이나 모든 시스템 요구사항을 포괄하지 않는다. 이것은 사용자의 니즈에 대한 편견을 부를 수도 있는 고객 세그멘테이션 모델에 기초한다. 잘 만들어진 페르소나는 사용자들의 실제 니즈를 떠올리며 이야기를 나누게 하는 언어가 되기도 하고, 프로젝트 기간 중에 요구사항을 확인하고, 간접적으로 사용자를 참가시키는 틀이 되기도 한다.

전문가에게 물어보기

DB: 무엇이 페르소나를 탄탄하게 만들어 주나요?

SM: 한마디로 페르소나는 기억에 남고 실행에 도움을 줘야 좋은 역할을 한다고 할 수 있습니다.

**스티브 멀더
이소바 부사장
경험 전략가**

그럼 어떻게 해야 사람들의 마음에 생생하게 떠오르는, 기억에 남는 페르소나를 만들 수 있을까요?

- 반드시 리서치에 근거를 두십시오. 회사의 모든 사람은 페르소나가 실제 고객을 대변한다는 것에 확신해야 합니다.

- 페르소나에 이름, 사진, 성격과 감정 등이 있는 실제 사람의 모습을 주십시오.

- 창의적인 방법으로 페르소나를 소개하십시오: 카드 묶음, 하루 동안 찍은 비디오, 역할극, 포스터, 페르소나가 보내는 이메일, 페르소나용 페이스북 계정 등. 오래 기억에 남게 깜짝 놀래켜 주십시오.

그럼 어떻게 하면 실행에 도움을 줄까요? 그러니까 어떻게 해야 페르소나를 지속적으로 의사결정의 근거로 활용할 수 있을까요?

- 페르소나별 주요 목표를 문서화하여 페르소나가 이 사이트에서 하려는 일을 모든 사람에게 알려 주십시오.

- 페르소나로 미래의 시나리오나 고객의 여행기를 만들어 이 페르소나가 이 브랜드와 어떻게 상호 소통할지 보여 주십시오.

- 새 기능 요약, 요구사항 문서, 기능 스펙, 리서치 리쿠르팅과 같은 일상적인 의사결정의 도구로 페르소나를 활용하십시오.

마지막 항목은 프로젝트 관련자가 일상적인 업무에서 페르소나를 항상 떠올리고 있어야 한다는 가장 어렵고도 중요한 것입니다. 고객 중심적인 사고를 항상 하지 않으면 사람들은 너무 쉽게 기존 사고의 틀로 돌아가고 맙니다.

페르소나와 문서 디자인

페르소나 문서는 전략 문서처럼 UX 디자인과 관련된 의사결정에 근거를 제공하는 도구다. 페르소나가 있으면 아만다 또는 새 종업원처럼 한 이름에 속한 여러 가지 요구사항을 떠올릴 수 있다. 페르소나를 프로젝트 기간 내내 이용했다면 한마디 설명 없이 이름만 언급해도 그들의 니즈와 시나리오를 즉각 떠올릴 수 있다.

특정한 의사결정이 어떤 사용자의 니즈를 반영했는지 보여주기 위해 여러 산출물에 페르소나 이름을 언급하기도 한다. 그러나 이렇게 UX 요소 주변에 직접 이름을 적지 않더라도(페르소나가 팀에 내재화됐다면 그럴 필요가 없다) 그 사용자의 니즈를 의사결정의 근거로 활용했음을 얼마든지 과시할 수 있다.

페르소나와 UX 디자인 프로세스

페르소나가 없으면 사용자가 원하는 것을 보여주는 공통의 언어가 없는 셈이다. 종종 사람들은 어떤 주제에 대해 "사용자들은 …을 정말 보고 싶어한다"거나 "사용자들에게는 이 콘텐츠가 더 중요하다"와 같이 확인되지 않은 생각을 UX 디자인과 결부시켜 생각한다. "사용자들은 가격으로 구매 결정을 내리므로 가격 정보가 가장 중요하다"거나 "우리 사용자들은 개인 정보 보호를 중시하므로 비밀번호 요구 기준을 까다롭게 만들어야 한다"와 같이 상식 수준의 이야기만 나누기도 한다. 페르소나가 없으면 "우리 엄마가 이 사이트에 와서 이 용어를 보면 하나도 이해하지 못할 거예요"라는 말을 자주 들을 것이다.

아마 프로젝트 멤버 모두가 동의하지는 않을 것이다. 더 심각한 경우에는 반대할 이유가 없어서 모두가 동의할 것이다. 비슷비슷한 생각으로 서로 논쟁을 벌이는 사태도 쉽게 예상 가능하다. 이런 대화는 목표 없이 흘러간다. 결국 아무것도 없이 만든 디자인보다 나을 게 없는 디자인이 나온다.

페르소나는 사용자를 진짜 사람으로 만들어 준다

페르소나를 제작은 최종 사용자와 그들의 요구사항을 보여주는 공통의 언어를 만드는 것이다. 페르소나는 빠져나갈 구실도 만들어 준다. 어떤 팀원이 사용자에 대해 추측하기 시작하면 즉시 대화를 중단하고 페르소나를 가리킨 후에 그 페르소나에 초점을 맞춰 대화를 재개한다.

페르소나는 UX 활동이 중심에서 벗어나지 않게 도와준다

사용자 니즈를 무의미하게 부르짖다 계속 수정만 하게 될 수 있다. 사용자 니즈와 무관한 기능을 개발하다 일정이 지연되기도 하며 불필요하게 타협해야 하는 상황도 생긴다. 페르소나를 참고하면 이런 위험을 미리 방지할 수 있다.

다이어그램	페르소나 활용 방법
콘셉트 모델 (4장)	콘셉트 모델은 시스템의 토대가 되는 콘셉트를 명시한 문서이므로 페르소나가 명시적으로 보이지는 않는다. 하지만 반대로 사용자의 모든 니즈가 잘 반영됐는지 확인하는 데 페르소나를 활용할 수 있다. 콘셉 모델 근처에 페르소나를 끼워 넣어서 사이트 기반 구조와 사용자 니즈의 관계를 부각시켜 보여준다.
사이트맵 (5장)	정보구조의 다양한 영역이 어떻게 다양한 사용자 그룹의 요구를 충족시켜 주는지 보여준다. 이 외에도 페르소나의 이름 대신 니즈를 기재해서 사용자 니즈와 정보 영역의 상관관계를 제시하기도 한다.
플로차트 (6장)	사이트맵처럼 플로차트에서도 사용자 니즈를 해결하기 위해 어떤 구조적 결정을 내리게 됐는지 보여준다. 사용자들이 프로세스를 거치면서 어떻게 변하는지도 보여줄 수 있다.
와이어프레임 (7장)	사용자 입장에 설 수 있게 페르소나의 도움을 받고, 이 사용자의 입장에서 화면에 반응해 본다. 페르소나의 사진이나 아바타에 대화 풍선을 넣어서 사용자 그룹이 어떤 반응을 보이는지, 콘텐츠의 우선순위에 대해 어떻게 생각하는지 보여준다.

표 3.6 다이어그램별 페르소나 활용법. 페르소나는 UX 디자인 프로세스에서 해설자의 역할을 한다. 페르소나를 다이어그램과 다양하게 결합해라.

페르소나는 사용자 중심 주의를 회사에 내재화한다

모든 비즈니스에 페르소나를 결부시켜 생각하는 회사의 이야기를 종종 듣는다. 모든 도구가 그렇듯이, 페르소나를 만들고 사용하는 것은 회사의 의지와 사용자 니즈를 담은 무언가를 만들어 내는 능력에 달려 있다. 기업인들은 고객 지식에 갈증을 느낀다. 페르소나는 이런 지식을 제공하고, 고객에 대해 이야기하는 틀을 만들어 준다.

페르소나의 궁극적인 목적은 UX 디자인에 대한 의사결정을 내릴 수 있게 도와주는 데 있다. 페르소나는 사용자 관찰을 양분으로 그 관찰을 의미 있게 구조화한 것이다. 이와 같은 데이터의 구조화 방식을 "페르소나"라고 부르는 것과 관계 없이 이런 틀이 없다면 아무리 관찰을 많이 한들 의미가 없다. 어떤 행동이 특정 부류의 사용자에게 한정된 것인지, 어떤 부류에게 다른 부류보다 덜 중요한 건지, 또는 넘겨 짚은 것인지 아닌지를 판단할 수 없다.

이런 틀은 우선순위를 확인시켜 주므로 의사결정을 촉진한다. 틀 없이 제약만 한다면 의사결정 과정과 결부하기도 어렵고, 가치 있는 디자인을 만들어주지 못하므로 묵살되기 쉽다.

◈ 연습 문제 ◈

1. 여러분이 일상적으로 하는 활동에 대해 세 가지 시나리오를 만들어라. 좋아하는 취미나 일상의 과제를 택하면 된다. 시나리오마다 콘텍스트, 계기, 행위, 입력 정보, 기대 사항을 기재하고 이 항목 중 제대로 기술할 수 없는 부분이 있다면 그 부분에 주목하라.

2. 각 시나리오에 해당하는 페르소나를 만들어라. 일단 시나리오별 핵심 행위를 시작으로 다른 것을 덧붙인다. 계층 1과 2에서 몇 가지 요소를 골라 살을 붙여라. 이것은 UX 디자이너가 이 시나리오에 해당하는 사용자 그룹을 돕기 위해 만드는 것이라는 사실을 명심하라. 그리고 페르소나에 이 활동과 관련된 이름을 부여해라.

3. 같은 활동을 하지만 보여지는 행위는 다른 페르소나를 생각해 보라. 이 페르소나에게도 (a) 활동과 관련이 있고, (b) 첫 번째 페르소나의 이름과 대조되는 이름을 지어라. 원한다면 이 페르소나도 살을 붙인다.

4. PewInternet.org는 온라인 행동을 연구하는 비영리 연구 단체다. 이 웹사이트에서 연구물 하나를 골라 고객이 제공한 연구 자료라고 생각하고 페르소나의 기초 자료로 이용하라. 이 자료를 요약하는 것이 이번 페르소나의 목표다. 이 자료에 담긴 행동의 범위에 주목하라. 페르소나 몇 개를 만들고, 특징적인 행동을 생각하라. 이 자료만의 분위기를 시각적으로 반영할 방법도 생각하라. 흥미로운 데이터 항목이 있다면 강조하고, 만약 주제에 대한 인용문이 있다면 인용문도 넣어라(이 자료에서 어떤 방식으로 고객을 나눴다면 다른 가능한 세그멘테이션 모델이 있는지도 탐색하라).

5. 93페이지에서 언급한 예상되는 방법론적인 비판거리를 적어 보라. 이 비판에 대응하려면 페르소나를 어떻게 바꾸는 것이 좋을까?

04

콘셉트 모델

Concept Model (명사)

추상적인 개념의 관계를 보여주는 그림. 웹 사이트의 다양한 측면
을 설명하기 위해 다양한 상황에서 콘셉트 모델링 기법을 적용한
다. 콘셉트 지도, 친화도 다이어그램이라고도 한다.

콘셉트 모델 한눈에 보기

콘셉트 모델은 구조를 묘사하는 그림으로 하나하나의 개념이 어떻게 연결되는지 보여준다. 콘셉트 모델은 특정한 관계나 개념을 전제로 하지 않고, UX 디자인 과정의 산출물로서 사이트에 보여야 하는 여러 정보를 담고 있다.

목적-왜 콘셉트 모델을 만드는가?

콘셉트 모델을 만드는 단 하나의 이유는 '사이트에 들어가는 다양한 정보를 이해하기 위해서'다. 콘셉트 모델은 페이지 템플릿이 어떻게 링크되는지 알려줌으로써 페이지 디자인에 무엇이 필요한지 알려준다. 콘셉트 모델을 잘 그려 놓으면 어떤 부분을 언제 만들지 계획을 세우는 데도 활용할 수 있다.

고객-누가 이용하는가?

콘셉트 모델은 혼자 사용한다. 콘셉트 모델은 여러분의 작업을 촉진하는 문서로서 모든 작업물 중에서 가장 이기적이고 내성적이며 자아도취적이다.

규모-일의 규모가 얼마나 큰가?

오랜 시간을 들이기도 하고 아주 적게 들이기도 하므로 얼마나 걸린다고 단정할 수는 없다. 이때 들어가는 시간은 그림 그리는 시간이 아닌 사이트의 구성 정보를 분석하는 데 걸리는 시간이다.

콘텍스트-UX 디자인 프로세스의 어디에 들어가는가?

콘셉트 모델은 UX 문제의 틀을 잡는 수단이므로 프로젝트 초기에 만든다. 물론 프로젝트 후반으로 갈수록 더 심도 있게 구조를 분석해 놓을 걸 하는 생각이 든다. 이 문서는 프로젝트를 진행하는 동안 그 시점에 진행하는 작업의 콘텍스트가 되어준다.

포맷-어떻게 생겼나?

핵심만 말하면 콘셉트 모델은 선으로 이어진 여러 개의 원이다. 너무 간단해서 다양한 콘셉트와의 관계를 강조하려고 꾸미기도 한다.

UX 작업물은 커뮤니케이션을 도와줄 뿐만 아니라 UX 디자이너들이 어려운 문제를 헤쳐갈 수 있게 도와준다. 종이에 구조를 그리고, 화면의 레이아웃을 잡고, 사용자 니즈를 정리하다 보면 새로운 인사이트나 영감이 보인다. 그 이면의 복잡한 신경계까지 아는 척하지는 않겠다. 그저 경험에 비추어 보건대 이러한 과정의 일부를 간과할 때마다 결국에는 그것이 잘못이었음을 깨닫게 된다.

콘셉트 모델은 이 책에서 소개하는 어떤 다이어그램보다 개인적인 문서다. 클라이언트나 팀원들에게도 거의 공개하지 않고 자신만을 위해 만든다. 프로젝트 요구사항에 어느 정도 익숙해지면 나는 즉시 콘셉트 모델을 그리기 시작한다. 그림을 그리다 보면 프로젝트 범위와 정보 도메인[1]이 좀 더 편하게 느껴진다.

나는 손으로 그린 콘셉트 모델을 그 어떤 문서보다 빨리 소프트웨어로 옮길 수 있다. 다이어그램 프로그램은 구조나 콘텐츠를 쉽게 조작할 수 있으므로 한 가지 생각을 여러 관점으로 바라볼 수 있다.

그렇다면 어떤 생각인가? 콘셉트 모델에는 어떤 생각을 담아야 하는가? 웹 사이트에는 기반이 되는 구조가 있다. 이 구조는 내비게이션 메뉴를 넘어선 사이트의 뼈대로 한 사이트를 만드는 요소이다. CNN.com에 "기사"나 "이야기"가 없다고 상상해보자. 이 사이트는 근본적으로 달라질 것이다.

---

1   작업하는 프로젝트와 관련된 정보 분야

사이트 유형	근본적인 "요소"
뉴스	이야기, 주제, 분야, 저자
인트라넷	자산, 사람, 이벤트, 판매 지원
상거래	제품, 카테고리, 계정, 위시 리스트
제품 마케팅	제품 상세 정보, 제품 비교, 고객 지원, 제품 서비스

표 4.1   사이트 유형별 전형적인 콘텐츠

웹사이트는 인터랙션의 레벨과 함께 기반 정보를 다루는 정교함에 따라 복잡도가 결정된다. 이런 정보의 구조를 잡는 게 콘셉트 모델의 역할이다. 콘셉트 모델링을 통해 UX 디자이너는 아래와 같은 것을 배운다.

- 콘텐츠가 어떻게 링크되는가

- 사이트의 다양한 영역에 콘텐츠를 어떻게 보여주는가

- 각 콘셉트는 어떤 유형의 정보와 연결되는가

- 사용자들이 정보의 유형마다 기대하는 인터랙션의 유형

- 여러 콘텐츠나 기능의 상대적 우선 순위

- 웹 사이트에서 중심부 "홈" 역할을 하는 콘셉트

- 어떤 콘셉트가 다른 정보의 콘텍스트가 되는가

콘셉트 모델 소개

콘셉트 모델은 이 책에 있는 다른 다이어그램의 포맷과 같이 선으로 연결된 도형들로 이루어졌다. 여기에서 노드라고 부르는 도형은 콘셉트고, 선은 콘셉트 사이의 관계다. 사이트맵과 플로차트는 모두 한 가족이고 콘셉트 모델이 사이트맵과 플로차트의 부모격이다. 이것은 특정한 관계나 노드를 암시하거나 가정하지 않는다. 표 4.2에서 콘셉트 모델과 사이트맵의 근본적인 차이를 보여준다.

콘셉트 모델에 한 가지 제약이 있다면 '노드는 명사로 연결선은 동사로 해야 한다'이다. 노드-링크-노드의 결합은 아래의 문장처럼 읽는다.

콘셉트 모델은 다이어그램이다.

사이트맵	콘셉트 모델	
수직적인 구조를 보여준다.	모든 종류의 관계를 보여준다.	
시작은 명확하지만 끝이 명확하지 않다.	시작과 끝이 불명확하다.	
콘텐츠 카테고리가 어떻게 연결되는지 보여준다.	사이트 기반 콘셉트에 대한 이야기를 전달한다. 이는 콘텐츠 카테고리일 수도 있고 아닐 수도 있다.	
노드는 특정한 페이지나 템플릿을 가리킨다.	노드의 의미가 훨씬 광범위하다.	

표 4.2 콘셉트 모델과 사이트맵의 비교. 콘셉트 모델과 사이트맵은 어떻게 다른가? 표에서 보다시피 네 가지 차이점이 있다.

콘셉트 모델은 제약이 많지 않고 포맷이 유동적이라 결과가 전혀 다르게 나오기도 한다. 때로는 무엇을 넣고 무엇을 뺄지 결정하기가 어려울 때도 있다.

콘셉트 모델은 어떤 도움을 주는가: 미리보기

콘셉트 모델은 요구사항과 디자인 그리고 문제 인식과 문제 해결 사이의 빈 공간을 메워준다. UX 디자이너는 사용성 문제를 내재화해야 한다. 사용자 입장에 서고, 이들의 기술적인 한계를 느끼고, 비즈니스 상황을 이해하다 보면 제품에 대한 통합적인 관점이 필요함을 느낀다. 콘셉트 모델은 그 관점이 무엇이고, 어떤 일을 하며, 누구를 돕는지에 대한 통합적이고 전체적인 모습을 그려준다.

콘셉트 모델에서 콘셉트는 사이트의 다양한 영역으로 해석할 수 있다. 콘셉트 모델은 템플릿, 컴포넌트, 모듈, 내비게이션, 메타데이터[2], 콘텐츠 매니지먼트 시스템과 같은 기반구조의 전략을 세우는 데도 도움이 된다. 사용자의 인터랙션 범위에도 시사점을 준다. 간단하지 않은가?

---

2 다른 정보를 설명하는 정보의 모음. 메타데이터와 데이터의 차이가 점점 더 희미해지고 있다.

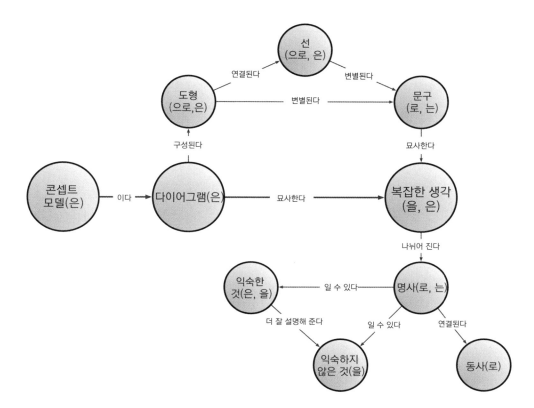

그림 4-1 **콘셉트 모델을 설명하는 콘셉트 모델.** 난 여러분이 콘셉트 모델의 예제를 보고 싶어 할거라고 생각했다.

전문가에게 묻기

DB: 콘셉트 모델은 무엇입니까?

SA: 콘셉트 모델은 복잡한 생각을 간소화한 그림으로 도형과 언어로 관계를 정립하는 것입니다. 특정한 도형을 고집할 필요는 없습니다. "명사와 동사"로 된 말풍선, 벤 다이어그램, 복잡한 정보 그래픽까지 그 무엇으로도 콘셉트 모델을 그릴 수 있습니다. 저는 스윔레인, 매트릭스, 프로세스 다이어그램과 같이 우리에게 익숙한 비즈니스 도구로 콘셉트 모델을 그릴까 고려해 본 적도 있습니다.

스티븐 앤더슨
PoetPainter, LLC

나는 콘셉트 모델과 서술적 설명(narrative explanations), 그래픽 노트테이킹(graphical notetaking), 차트, 데이터 시각화(datavisualizations) 등의 다른 도구를 엄격히 구분합니다. 이 모든 도구가 커뮤니케이션과 사고를 촉진시키는 도구이지만 콘셉트 모델은 정확히 '어렵고 개념적인 생각을 위한 모델'이라고 말할 수 있습니다. 이것은 아무리 시각적이라도 실시간으로 노트를 받아 적는 것이나 통계 자료를 시각적으로 꾸미는 것과는 다릅니다. 콘셉트 모델은 다양한 영역의 정보가 어떤 관점으로 연결되는지 보여줍니다.

 쉬어가는 이야기

콘셉트 모델의 역사

콘셉트 모델이 웹 디자인이나 소프트웨어 업계에만 존재하는 건 아니다. 위키피디아에 따르면 콘셉트 맵핑은 1970년대 코넬 대학의 조세프 D. 노박(Joseph D. Novak) 교수가 교육용 도구로 개발했다고 한다. 그 이후 소프트웨어 개발자의 문서화 기법인 통합 모델링 언어(Unified Modeling Language)를 시작으로 다른 개발 방법론에서도 채택하기 시작했다.

노박의 기본 원칙 중 하나는 기존의 생각에 새로운 생각을 결합할 때 배움이 일어난다는 것이다. 이 말은 이미 알고 있는 것을 토대로 새로운 것을 배우는 것을 의미한다. 웹 디자인이나 기반 구조의 입장에서 보면 기존의 사업 영역(우리가 이미 알고 있는 것)을 어떻게 웹 디자인(새로운 생각)으로 결합할지 고민해야 한다. 콘셉트 모델은 간결해서 이런 개념을 멋지게 전달할 수 있다.

콘셉트 모델의 역사나 다른 기법과의 차이점을 더 자세히 보고 싶다면 위키피디아의 기사 (http://en.wikipedia.org/wiki/Concept_map)를 참고하기 바란다.

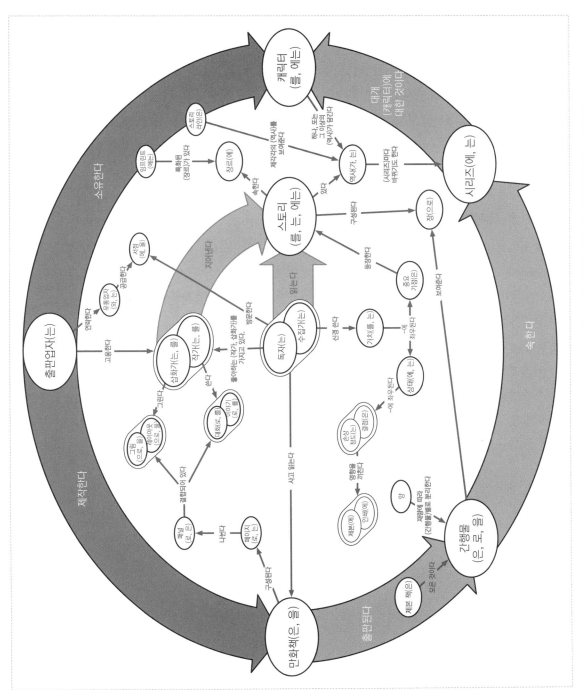

그림 4-2 도메인 어휘를 제공하는 콘셉트 모델. 만화책에 대한 이 모델은 모호한 개념을 분명히 보여주고 중요한 관계를 말해 준다.

다른 이름들

어떤 사람이 내게 콘셉트 모델과 친화도 다이어그램(affinity diagrams)이 어떻게 다른지 물은 적이 있다. 친화도 다이어그램은 사용자 조사 자료처럼 방대한 정보 속에서 유사점을 찾는 활동이다. 친화도 다이어그램은 정보를 통합하거나 패턴을 찾는 다른 그룹핑 활동 또는 우선순위를 정하는 활동과 비슷하다. 바이어(Beyer)와 홀츠블라트(Holtzblatt)는 사용자 조사에서 관찰한 내용을 통합하고, 정황 조사(Contextual Inquiry)를 하고, 타겟 고객에 대한 새로운 인사이트를 찾을 때 친화도 다이어그램을 이용한다고 한다.

이는 콘셉트 모델링과 상당히 비슷하게 들린다.

내가 여기에서 말하는 콘셉트 모델은 노박의 콘셉트 맵핑에 기초한 것으로 (앞에서 언급한 콘셉트 모델의 역사 참고) 친화도 다이어그램의 형태를 그대로 따르지 않는다. 바이어와 홀츠블라트는 카테고리화와 그룹핑을 통한 통합 작업에 중심을 두지만 나는 수직적 위계질서에 따라 콘셉트 모델을 정리하지 않는다.

콘셉트 모델링은 웹 디자인 업계에만 있는 방법이 아니고 한 가지 용어로만 사용되지도 않는다. 생각을 시각적으로 연결하는 기법은 입맛대로 많이 있다. 나는 여러분이 가장 선호하는 방법을 선택하라고 말하고 싶다. 아니면 콜드 스톤처럼 여러분의 입맛과 스타일, 상황에 맞는 여러분만의 모델링 방법을 만들라고 말하고 싶다.

사례

만화책

사적으로나 공적으로 알려졌듯이 나는 만화책을 아주 좋아한다. 2009년 나는 벤 스코필드(Ben Scofield)와 닉 플랜트(Nick Plante) 두 명을 소개받았다. 이들도 만화책을 좋아해서 우리는 함께 온라인 만화 경험을 새롭게 만들기로 했다. 결국 목표를 달성하지는 못했지만 이때 머릿속의 복잡한 만화 업계를 콘셉트 모델을 그려서 일목요연하게 정리했다.

만화 업계에는 다른 업계에 없는 독특함이 있다. 예를 들면 슈퍼맨이나 스파이더맨 같은 등장인물은 프랜차이즈다. 스파이더맨은 다양한 시리즈에 출연한다. 한 등장인물의 스토리 라인도 꽤 다양하다(때로는 겹치기도 하고 완전히 다른 행성으로 가기도 한다). (TV 시리즈에서는 한 번에 한 명이 한 시리즈에만 나온다. 가끔 겹치기도 하지만 완전히 같은 모습으로 나오지는 않는다).

작가와 삽화가는 독자의 선호도에 큰 영향을 끼친다. 나는 엘모어레오나드의 신작을 사듯 에드 브루베이커의 신작을 꼭 산다. 영화에서도 창작자의 비중이 현저하지만 텔레비전은 그렇지 않다. 비슷하게 쓰였거나 비슷하게 제작됐다는 이유로 된 TV 시리즈를 본 적이 있는가? 대규모 만화 프랜차이즈 업계에서 작가와 삽화가는 돌아가며 작업한다. 브루베이커는 몇 년간 데어데빌을 저술하고 이제는 다른 곳으로 갔다. 독자들은 좋아하는 작가나 삽화가가 작업을 그만뒀다는 이유로 연재물을 그만 읽기도 한다(알다시피 데어데빌의 새 팀은 브루베이커가 정한 속도와 톤을 그대로 따르므로 나는 계속해서 데어데빌을 본다).

만화는 단일 연재물 또는 합본 등 다양한 형태로 출간된다. 비영웅 만화가 방대한 전집으로 출간되기도 한다(이런 것을 그래픽 노블이라고도 한다). 이 모든 독특한 상황이 복잡한 관계가 있는 콘셉트 모델이 됐듯이 여러분의 사이트도 탄탄해질 수 있다.

여러분이 만화를 좋아하지 않더라도 이 그림은 충분히 의미가 있다. 이제는 만화에 빠져 살지 않지만(스파이더맨이나 데어데빌 이야기도 거의 마지막일 것이다) 이런 콘셉트는 다른 엔터테인먼트 분야인 영화, 텔레비전 쇼, 음악과도 직접적인 연관이 있으므로 쉽게 이용할 수 있어야 한다.

도전 과제

콘셉트 모델은 사고 과정을 촉진시키는 문서다. 따라서 이 문서를 만들 때의 어려운 과제는 다른 어떤 문서를 만들 때보다 여러분의 머릿속에서 무언가를 더 *끄*집어내야 한다는 점이다. 여러분이 해결해야 할 도전 과제는 다음과 같다.

- **분석 장애**: 그림을 만지작거리는 것만큼 진을 빼는 일은 없다. 도형의 레이아웃을 이리저리 만지거나 적합한 구조에 대해 토론만 하다 보면 중심을 벗어나기 쉽다. 모든 것을 "바르게" 할 필요는 없다. "어느 정도만 바르면" 충분하다. 다음 단계로 넘어갈 정도로만 신중하라. 필요한 템플릿이 무엇인지 감을 잡았는가? 그림 선 두께로 머리 싸매지 말고 다음 단계로 넘어가라!

- **실용성**: 문서를 아무리 일목요연하게 정리했어도 실제 작업은 매*끄*럽지 않을 수 있다. 좋은 작업물은 사용성 문제를 더 잘 이해시키거나 문제의 해결 방안을 낼 수 있게 사고를 촉진시킨다. 콘셉트 모델은 태생적으로 정신이 없고 추상적인 개념으로 가득해서 다음 단계가 불분명한 문서가 되기 쉽다. "분석 장애"를 보면 언제 그만둘지 아는 것이 핵심이지만 어떻게 실용성을 확보할지 또한 중요하다.

- **관점**: 콘셉트 모델도 다른 작업물처럼 현재 어떻고 앞으로 어떻게 돼야 하는지 그려준다. 하지만 플로차트와 다르게 콘셉트 모델은 명확한 주연 배우나 명확한 관점이 없다. 다시 말해 두 사람이 같은 프로세스로 플로차트를 그릴 때보다 같은 생각으로 콘셉트 모델을 그릴 때 결과가 더 다양하다. 콘셉트 모델은 얼마든지 제멋대로 해도 무방하므로 되도록 다양한 시각을 반영해야 성공할 수 있다. 아무리 못해도 세상을 바라보는 관점이 여러 가지라는 것은 보여줘야 한다. 그 관점에 따라 어떤 콘셉트를 어떻게 엮을지 결정하게 된다.

지금까지 언급한 도전 과제 모두 콘셉트 모델이 필수가 아니고 추상적이라는 특징에서 나왔다. 콘셉트 모델에는 구체적인 대상은 없고 대상의 종류만 나온다. 구체적인 콘텐츠나 인터페이스 요소도 없고 요소 하나하나가 인터페이스 요소로 해석되지도 않는다. 콘텐츠의 상위 레벨은 암시할 수 있으나 무엇이 어디로 가는지 세세하게 알 수는 없다.

사실 콘셉트 모델을 만드는 작업을 이제는 그만두자고 스스로에게 말할 뻔한 적도 있다. 실용성 부족? 계획의 차질? 추상적인 사고? 누구도 이런 것을 즐거워하지 않는다. 하지만 모든 프로젝트에서 콘셉트 모델링을 하는 나를 발견했다. 콘셉트 모델은 기초적인 수준에 불과하지만 UX 디자인의 틀을 잡아주는 도구다. 또한 이해의 도구로서 도메인의 지형 파악을 도와주고, UX 작업을 어떻게 시작해야 할지 알려준다. 대충 빨리라도 기초 그림을 그려 놓으면 화면부터 무작정 그릴 때보다 훨씬 더 알차게 UX 디자인을 할 수 있다.

 팁

편견이 들어간 모델을 조심하라

나는 노스캐롤라이나주의 리서치 트라이앵글 공원에서 열린 워크샵에서 만화책 콘셉트 모델을 보여준 적이 있다. 그때 한 참가자가 손을 들고 물었다. "사람들은 어디 있나요?" 내 초기 모델에는 만화 분류와 관련 있는 콘셉트(제목, 등장인물, 작가, 장르)는 담겨 있었지만 만화 업계에 대한 부분(매장, 판매자, 구매자, 독자)은 없었다.

아마 나 자신이 그 안에 있어서 이런 콘셉트를 보지 못한 것 같다. 이유야 어쨌든 만화 업계를 고의적으로 뺀 것이 아님을 인정했다. 이 일로 모델 안에 무엇을 넣고 뺄 때는 반드시 논리적인 근거가 있어야 한다는 콘셉트 모델의 교훈을 깨달았다.

콘셉트 모델 해부

콘셉트 모델은 구조화된 분류와 관계를 통해 정보 도메인을 보여 준다. 콘셉트 모델의 장점은 콘셉트별 관계를 수직적으로 다루지 않는다는 점이다. 효율적인 콘셉트 모델은 무엇을 포함하는지 콘셉트와 도메인을 어떻게 연결하는지가 분명히 보인다.

　콘셉트 모델 해부에서는 콘셉트 모델의 레이아웃과 스타일에 대해 논의하고 이어지는 절에서는 적절한 콘셉트를 고르는 방법과 원과 선으로 세상을 축약하는 과정에서 발생하는 이상한 일들에 대해 이야기하겠다.

계층 1: 기초	계층 2: 복잡성 더하기	계층 3: 모델에서 그리기로
노드 링크	스타일 배경막과 그룹핑 관계 가지치기 간접 목적어 관계	비교 극대화하기 메타포 찾기 콘셉트 배경막 이야기 간결화

표 4.3　콘셉트 모델의 세 계층. 콘셉트 모델의 세 계층과 각 구성 요소

계층 1: 기초

콘셉트 모델의 두 가지 기초 재료는 노드와 링크다. 노드는 명사이고 링크는 명사의 관계를 묘사하는 동사라는 점이 콘셉트 모델을 규정하는 유일한 조건이다.

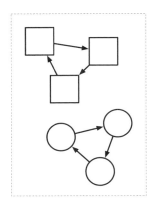

그림 4-3　　**사각형 노드와 원 노드의 비교.**　사각형은 연결이 잘 안되므로 노드는 반드시 원이어야 한다.

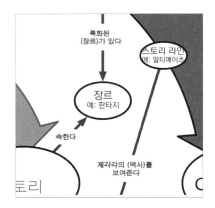

그림 4-4　　**콘셉트 명확히 하기.**　"장르"라는 주 콘셉트 밑에 "판타지"라고 구체적인 예시를 넣어 콘셉트를 명확하게 했다.

노드

노드는 원으로 그려라. 원의 장점은 다음과 같다.

- **연결하기 쉽다.** 면이 없어서(아니면 면이 무한히 많아서) 잘 이어진다. 원의 중앙에 선을 이으면 깨끗해 보이고 이해하기도 쉽다. 사각형이나 다른 도형으로 그리면 세련돼 보이지 않을 뿐더러 "시각적인 소음"이 발생한다.

- **눈금 선이 없어도 된다.** 사각형은 눈금 선에 죽고 사는 반면 원은 가독성을 높이고 시각적으로 호소하기 위해 반드시 눈금 선이 필요한 건 아니다. 따라서 원은 가까이 모아두기가 쉽고 위계를 보여주는 레이아웃에 집착하지 않아도 된다. 반대로 이 말은 원을 눈금 선에 배치하면 강력한 커뮤니케이션 도구로 활용할 수 있다는 의미로서 줄만 잘 세워도 밀접한 관계나 중심적인 관계를 보여줄 수 있다.

- **사각형이나 삼각형은 화면이나 페이지를 의미한다.** 템플릿 네트워크를 위한 콘셉트 모델을 그린다면 삼각형이나 사각형도 좋다. 하지만 개념적인 토대에는 원이 좋다.

원에 이름을 달아라. 이름을 다는 몇 가지 팁은 다음과 같다.

- **명사[3]임을 명심하라.** 다음 절에서 적절한 콘셉트 고르는 법에 대해 논의하겠다.

- **복수형을 이용하라.[4]** 복수형을 이용해야 링크에 동사를 기술하기 쉽고 정보 도메인을 일반화할 수 있다. 복수에는 관사("a", "an" 또는 "the")가 필요 없어 문장 조합도 수월하다.

- **특별함은 좋지만 부제로 예시를 제공하라.** 콘셉트 모델의 예제에서 주 콘셉트로 "장르"를 예로 "판타지"를 기재한 것을 보라.

---

3 사람, 장소, 사물 등. 아마 여러분도 알 것이다. 그렇지 않은가?

4 (옮긴이) 원문에는 콘셉트가 모두 복수형 명사로 기재되었다. 하지만 한글은 단수형으로도 여기에 기재된 목표를 모두 달성할 수 있기 때문에 단수형으로 번역하였다.

링크

노드끼리 연결할 때는 선을 이용하라. 콘셉트 모델의 링크에는 언제나 방향성이 있다. 이는 한 노드에서 다른 노드로 연결할 때 한 방향으로 연결해야 한다는 말이다. 모든 링크에 문구를 넣어라. 나는 문구를 빠뜨릴 때마다 후회했다. 좋은 문구를 위한 몇 가지 수칙은 다음과 같다.

- **동사임을 명심하라.** 링크는 한 콘셉트와 다른 콘셉트의 관계를 보여줘야 한다. 한 콘셉트가 다른 콘셉트에 어떤 작용을 하는지 기술하라.

- **"~이다" 동사를 피하라.** 이는 문법학자의 불만이 아니다. "~이다"는 소유의 개념으로 수직적인 관계를 보여주므로 수평적인 관계는 보여줄 수 없다. 콘셉트 모델을 그리는 이유는 소속된 카테고리보다 콘셉트들의 수평적인 관계를 보기 위해서다.

- **명료하지 않은 수식어를 피하라.** "일 것이다"나 "일지도 모른다"로 위험을 회피하면 여러분의 모델은 거대한 변명이 된다. 좋은 콘셉트 모델은 좋은 글처럼 권위 있고 확신이 넘친다. 독자들은 모든 관계가 모든 경우에 사실이 아니라는 점을 은연중에 알고 있다.

- **여러 노드를 결합해야 하는 문장을 피하라.** 여러분은 더 완벽한 그림을 보여주려고 관계를 사슬처럼 엮고 싶어질지도 모른다(복잡한 관계를 다루는 법은 다음 계층에서 다룬다). 일반적으로 나는 노드-링크-노드의 관계를 모두 독립적으로 구성한다. 현실의 복잡다단함을 보여주는 것도 좋지만 UX 프로세스에 기여하는 작업물을 만드는 게 더 중요하다. 어떤 노드에 있어도 그 콘셉트의 두세 단계 밖의 콘셉트들이 어떻게 연결됐는지까지 알 수 있어야 한다.

도메인의 "골격"(모든 것을 묶는 핵심 주제)이 되는 노드-관계 세트에서는 마지막 법칙이 깨지기도 한다. 콘셉트 모델 만들기에서 콘셉트 모델의 다양한 시작점과 기초 구조를 제시할 것이다.

계층 2: 디테일 더하기

첫 번째 계층만 있는 콘셉트 모델을 만들다 보면 곧 심각한 한계에 부딪힌다. 현실에서는 더 풍부한 시각화가 필요하다. 두 번째 계층 요소는 기본 노드-링크-노드의 관계를 확장해 주므로 현실의 복잡다단함을 더 강력하게 보여줄 수 있다.

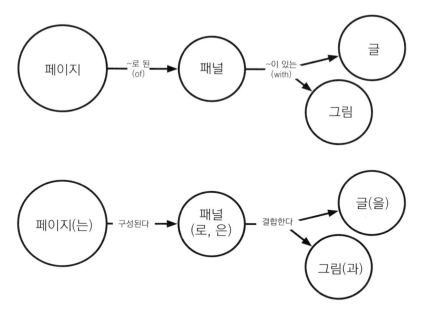

그림 4-5   여러 노드를 결합하는 문장의 어려움.   위의 콘셉트 모델은 콘텍스트가 즉시 파악되지 않는다. 아래의 콘셉트 모델은 강하게 결합된 느낌은 떨어지지만 어떤 노드에서나 출발할 수 있고 한 노드만 봐도 의미가 완전하다. 전치사만 단독으로 사용하면 콘셉트를 분명히 하기 어렵다.

스타일과 배경으로 노드를 다르게 하기

모든 콘셉트의 가중치가 같을 필요는 없다. 어떤 콘셉트는 좀 더 중심이 되고 어떤 콘셉트는 좀 더 강조할 필요가 있다. 관계가 명백하지 않은 패턴이 눈에 띌지도 모르고 어떤 노드는 사람이고 어떤 노드는 물체라는 점을 강조해야 할지도 모른다. 예를 들면 나는 만화책 모델에서 만화의 분류 및 특징을 보여주는 부분과 업계를 보여주는 부분을 다르게 처리했다.

다른 노드와 차별화하거나 노드끼리 그룹핑하는 방법은 몇 페이지 뒤의 콘셉트 모델 만들기에서 논의하겠다. 노드 간의 차이를 보여주는 노드 꾸미기 기법은 다음과 같다.

노드를 연결하는 링크도 같은 기법으로 꾸밀 수 있지만 물론 의미는 노드와 다르다(표 4.5).

기법	용도	주의할 점	
크기	중요도	도형의 효과적인 배치를 방해할 수 있다. 크기가 너무 다양하면 좋은 레이아웃이 나오지 않는다.	
색상	부가적인 관계	3~4가지 이상을 이용하면 안 된다. 너무 색이 많으면 메시지 전달이 어렵고 다이어그램도 세련돼 보이지 않는다. 집중을 끌고 싶다면 흑백의 그림에 한 가지 색 정도로 충분하다.	
가중치(색이 얼마나 진한가)	중요도	개별 노드를 과잉 포장하면 안 된다. 대조가 너무 심하면 오히려 혼란스럽다. 에드워드 터프티Edward Tufte의 "효과적인 최소한의 차이smallest effective difference*" 원칙을 생각하라. 노드가 극적으로 달라 보일 필요는 없다.	
선의 두께	중요도	관계를 따라 가기 어려울 수 있다. 노드의 연결선이 두꺼우면 모든 선들이 한데 엉켜서 연결 상태가 눈에 잘 띄지 않을 수 있다.	
배경	부가적인 관계	명시적으로 관계를 그리지 않아도 관련 노드가 자연스럽게 묶이므로 좀 더 거시적인 차원으로 연결돼 있음을 보여줄 수 있다. 그러나 전체 레이아웃을 헤치지 않는 선에서 배경을 활용해야 한다.	

표 4.4   콘셉트 모델에서 노드를 꾸미는 기법과 그에 따른 주의사항. 노드를 꾸미는 기법에 따라 콘셉트 모델에서 노드가 어떻게 유사하게 또는 다르게 보이는가.

* (옮긴이) 정보의 차이를 확연하고 효과적으로 인지할 수 있지만 그 차이를 보여주는 방법은 미세하고 작아야 한다는 에드워드 터프티의 정보 디자인 원칙이다.

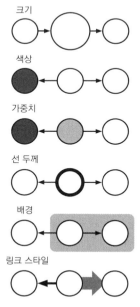

그림 4-6   여러 가지 스타일로 노드 꾸미기. 노드와 링크, 원, 채워 넣기, 선을 이용하는 정도로 다양한 차원의 차이를 보여줄 수 있다.

기법	용도	주의할 점
선 두께	중요도	노드가 불명확해질 수 있다. 연결선이 두꺼우면 노드가 잘 변별되지 않는다. 관계를 부각할 때 쓰기도 하지만 나는 보통 노드의 크기를 조정하기보다 색을 바래게 한다. 중심부 문장이 있는 "가치 제안value proposition" 모델을 그리지 않는 한 대개 한 가지 두께만 이용한다. 이런 경우에는 연결선이 토대를 다지는 큰 역할을 한다.
색상 (링크)	관계의 세트	2~3가지 이상을 사용하면 안 된다. 콘셉트 모델에 사람들의 이목이 필요한 관계의 세트가 있을지 모른다. 보통 이런 것은 이야기 안에 이야기가 있는 3~4개의 노드 사슬인 경우가 많다. 나는 이목을 집중시키고 싶을 때 튀는 색의 두꺼운 화살표를 이용한다. 하지만 이런 의도로 2가지 이상의 색을 사용하면 사람들은 어디에 집중해야 할지 갈피를 잡지 못한다.

표 4.5   콘셉트 모델에서 링크를 꾸미는 기법과 그에 따른 주의사항.

지나치게 많다는 것은 어느 정도인가? 독자들은 어디에서 시작하고 어디에 집중해야 할지 알 수 있어야 하며 결론에 도달할 수 있어야 한다. 콘셉트 모델의 메시지 전달력을 향상하려면 이런 스타일 기법을 신중하게 적용해야 한다. 지나치게 많으면 주제가 혼란스러워진다.

나는 만화책 모델에서 주요 콘셉트와 주요 관계를 가장자리의 두꺼운 화살표에 배치했고, 이는 전체 다이어그램의 틀로 자리 잡았다.

관계 가지치기

콘셉트 모델에서 상세한 디테일을 나무에 붙은 잎사귀라고 해보자. 나는 이런 하위 콘셉트를 다양한 측면에서 잡아낸다. 한 콘셉트는 상위 콘셉트를 설명하기 위해 다양한 하위 콘셉트와 연결된다. 하지만 이렇게 작은 콘셉트와 맺는 독특한 관계들은 실제 가치에 비해 문제가 많다.

이때는 관계 가지치기를 고려하라. 상위 콘셉트와 하위 콘셉트를 잇는 모든 링크에 하나의 문구만 넣는다. 이것은 콘셉트 사이에 선이 하나 있는 대신 상위 콘셉트에서 줄기가 나오고 그 한 "가지" 또는 모든 가지가 뻗는 교차로에 문구가 들어가 좀 다르게 보인다.

이런 접근법을 이용하는 이유는 여러 가지가 있지만, 그 중 가장 먼저 떠오르는 두 가지는 다음과 같다.

- 하위 콘셉트가 상위 콘셉트를 묘사할 때 관계 가지치기를 이용한다. 예를 들면 상위 콘셉트에 속한 고유 자산을 강조하고 싶을 때 구체적인 측면을 언급하기 좋다.
- 하위 콘셉트가 상위 콘셉트의 다양한 상태나 조건을 나타낼 때 쓸 수 있다.

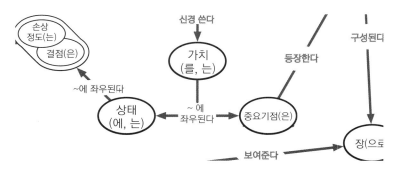

그림 4-7 가지치기한 관계. 가지치기한 관계는 한 콘셉트가 다른 두 개의 콘셉트와 동일한 동사로 연결된다. 이 그림에서 만화책의 가치는 상태와 중요 기점 두 가지에 좌우된다고 해석할 수 있다.

직접 목적어와 간접 목적어

문법에 민감한 독자라면 명사-동사-명사로 구성된 단순한 문장에 의문이 생길 수 있다. 아마 여러분이 모델링하는 업계에는 더 복잡한 관계가 얽혀 있을 것이다. 콘셉트 모델의 문장을 해부하면 두 개의 노드는 주어와 목적어가 되고 주어는 목적어에 따라 움직인다.

이 정도면 여러분이 설명하려는 관계가 모두 표현될 것이다. 하지만 어떤 경우에는 간접 목적어의 도움을 받아야 성립되기도 한다.

나는 내 모델에서 모델 전체를 관통하는 중심 주제가 있다는 것을 발견했다. 즉 이 주제가 다른 모든 관계를 중재한다. 내 모델에서 "만화책"과 "이야기" 같은 콘셉트는 중심 콘셉트로서 다른 많은 관계의 간접 목적어가 된다.

같은 관계를 다르게 표현하기 위해 관점을 바꿀 수도 있고,

> 판매자는 판다 만화책을 서점에서 ⇨
>
> 서점은 소유한다 서점 주인이

목적어와 간접 목적어를 바꾸기 위해 다른 동사로 대체하기도 한다.

> 유통업자는 분배한다 만화책을 서점에 ⇨
>
> 유통업자는 공급한다 서점에 (만화책을)

이런 문장은 문법적으로나 문체상에는 문제가 있지만 콘셉트 모델에는 적합하다.

다른 명사 없이 도저히 관계가 표현되지 않는다면 그 명사를 링크에 끼워 넣는다. 이때 원래 있는 콘셉트와 색을 맞추는 선에서 다른 색을 써도 된다.

계층 3: 모델에서 그리기로

두 번째 층에서 멈춰도 되고 원과 선 외에 아무것도 없어도 상관없다. 특히 누구에게 보일 필요가 없다면 더욱 그렇다.

하지만 여러분이 나와 같다면 아마 보기에도 좋고 의미도 있는 그림을 원할 것이다. 프로젝트 여건이 되거나 주말에 할 일이 없다면 콘셉트 모델을 좀 더 가다듬어라.

몇 페이지 안에 필요한 내용을 다 소개하기란 쉽지 않으므로 내가 자주 사용하는 기법 몇 가지만 소개 하겠다.

비교 극대화하기

좋은 다이어그램은 비교가 잘된다. 두 개나 두 그룹의 콘셉트를 골라서 이 두 가지의 유사점과 차이점이 잘 보이게 그림을 가다듬는다[5].

메타포 찾기

콘셉트 모델과 같이 메타포는 여러 생각의 관계를 정리하는 방법이다. 메타포는 한 도메인을 다른 도메인에 배치해 보고 배치된 도메인에 대해 알고 있는 지식을 기반으로 타겟 도메인을 추론하는 것이다. 좀 더 구체적으로 말해보면 전투와 논쟁을 비교할 때 나는 논쟁의 요소(참가자, 토론)를 전투의 요소(적, 싸움, 우승자, 패배자)에 배치한다. 이런 비교법은 논쟁이라는 콘셉트를 일정한 틀 안에서 보여주므로 특정한 방향으로 결론을 이끌 수 있다.

여러분의 콘셉트 모델에서 핵심 관계를 찾아라. 혹시 시각적인 메타포가 가능한가? 이 메타포를 다른 콘셉트에도 확장할 수 있는지 살펴보아라. 이 메타포는 다른 콘셉트 관계를 어떻게 설명하는가?

---

5 앙상한 뼈대를 세련된 그림으로 바꾸는 것

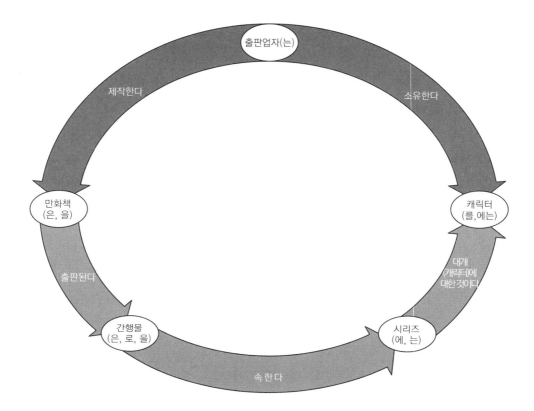

그림 4-8   만화책의 사업적 측면과 소비적 측면 비교. 모델을 발전시키는 과정에서 이 비교점이 생각나서 만화의 소비적인 경험(아래 쪽 원)과 사업적인 환경(아래 쪽 원)을 분리했다.

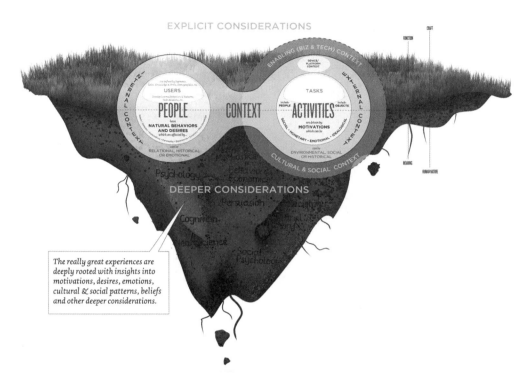

그림 4-9   간단한 모델을 아름다운 그림으로 승화.   그림으로 승화한 모델은 스티븐 앤더슨의 상징이다. 몇 가지 콘셉트를 뽑은 후 핵심이 더 잘 전달되게 기초 개념(사용자 경험의 정의)에 시각적인 메타포를 적용했다. 스티븐의 작업은 poetpainter.com에서 더 찾아볼 수 있다.

콘셉트 배경막

다 만들어진 모델에는 중간 규모의 콘셉트가 많다. 중간 규모의 콘셉트는 이야기 흐름에 꼭 필요하며 중심 개념과 자잘한 세부사항의 다리 역할을 한다. 이런 콘셉트를 다리로 놓지 말고 뒤로 빼서 자잘한 콘셉트들의 배경막으로 만들어라.

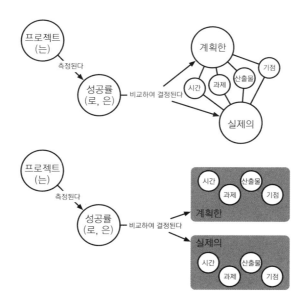

그림 4-10 콘셉트를 배경막으로 빼기. 모델에 깊이를 줄 수 있고 시각적인 소음을 줄이면서 관계를 간결하게 보여줄 수 있다.

이야기 간결화

원과 선에 불과한 것을 세련돼 보이게 하려고 몇 가지 콘셉트를 잘라내기도 한다. 콘셉트의 수가 적어지면 길게 문구로 설명하지 않고도 핵심만 간결하게 보여줄 수 있다.

　이야기를 간결하게 만드는 두 가지 방법은 다음과 같다.

- **한 부분에 집중하라:** 좋은 콘셉트 모델은 겉으로 관계없어 보이는 것들에 중요한 관계가 있다는 사실을 보여준다. 다이어그램의 한끝에서 다른 끝으로 넘어가는 콘셉트는 이야기의 핵심이 아닐 것이다. 시각적인 설득력을 확보하고 싶다면 한 부분만 확대해서 제시하라. 그러면 중심이 되는 한두 가지 콘셉트가 부각되고 그 콘셉트가 다른 콘셉트들과 자세하고 구체적으로 어떻게 연결됐는지 보여줄 수 있다.

- **상위 레벨에 집중하라:** 가장 중요한 콘셉트를 시작으로 두세 단계 뒤까지의 노드만 다루고 그 "아래" 노드는 모두 잘라낸다. 자잘한 콘셉트를 잘라야 그림을 수월하게 그릴 수 있다. 몇 가지 관계를 강조하거나 핵심 콘셉트를 부각시키는 다른 시각적 장치도 적용할 수 있다. 상위 레벨의 줄거리에 집중하다 보면 자잘한 내용이 적합한지도 판단할 수 있다.

콘셉트 모델 만들기

콘셉트를 그리다 보면 상당히 추상적이고 난해하며 때로는 비생산적으로 흐르기 쉽다. 최소한 목적, 고객, 콘텐츠와 같은 기본적인 계획만 세워놔도 상황은 달라진다. 계획을 세우면 콘셉트 모델에 중심이 잡히고 여러분은 쳇바퀴 돌지 않을 것이다.[6]

콘셉트 모델을 위한 기초 결정 사항

새로 시작하는 프로젝트에서 콘셉트를 모델링 하다 보면 나조차도 다음에 나오는 질문에 답하지 못할 때가 있다. 다음에 나오는 질문은 유용한 질문이며 질문을 던지는 과정에서 프로젝트를 수렁에 빠뜨리면 안 된다는 책임감을 느낄 수 있다. 일단 모델을 그리기 시작하면 대상이나 규모가 파악되면서 이 콘셉트 모델이 프로젝트에서 어떤 역할을 할지 윤곽이 잡힌다. 시작이 어떻든 일단 모델이 모습을 보이기 시작할 때쯤 다음과 같은 질문들을 던지면 중심을 잃지 않을 수 있다.

목적은 무엇인가?

UX 디자인에서 높은 수준의 개념적인 사고를 하는 이유는 UX 단계마다 필요한 정보를 제공하기 위해서 디자인 과정의 단계별로 콘셉트 모델이 수행하는 목표는 다르다. 콘셉트 모델의 주된 목적은 "여기서 우리가 무엇을 다뤄야 하지?"라는 질문에 답을 주는 것이라 생각한다. 콘셉트 모델은 우리가 관심이 있는 대상, 범위, 깊이를 명확히 해준다.

이 대답은 프로젝트 기간 내내 조금씩 변하겠지만 그 경계는 보통 건드리지 않은 채 그 자리를 지킨다. 따라서 이 질문에 대한 대답들은 여러분이나 여러분의 팀이 프로젝트 기간에 내리는 모든 결정의 바탕이 된다. 초기에는 새로운 도메인을 이해하려고 콘셉트 모델을 본다. 작업에 들어가면 프로젝트 범위에 무엇이 해당하고 무엇이 해당하지 않는지를 보려고 콘셉트 모델을 본다.

아무리 간단한 콘셉트 모델이라도 도움이 된다. 나는 프로젝트 초기에 중복되는 콘셉트를 확인할 목적으로 콘셉트 모델을 간단하게 그려본다(그림 4.11).

---

6   쳇바퀴 돌다. "창조적인 활동"에서 창조적인 것에 비해 노력이 너무 많이 들어갈 때. 분석 장애라고도 한다.

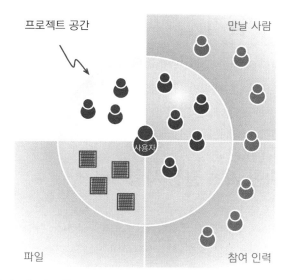

그림 4-11   제품에 대한 새로운 사고 촉발.   나는 여러 가지 유동적인 부분을 파악하기 위해 이런 콘셉트 모델을 만들었다. 간단해 보이지만 관계 파악에 막대한 도움이 됐다. 원과 선을 벗어나 그림으로 진전시켰다는 점에 주목하라.

고객은 누구인가?

"음, 잘 안됐어." 동료 크리스가 이해관계자에게 콘셉트 모델을 발표하고 나오면서 한 말이다. 그렇다. 그들은 이해가 안 됐을 것이다. 완전하게 가다듬어진 멋진 그림이 아닌 이상(멋진 그림이라 해도) 유쾌한 응답을 끌어내기는 쉽지 않다. 표 4.6에서 그 이유를 설명하고 있다.

　뒤에 나오는 콘셉트 모델 발표하기에서는 클라이언트에게 콘셉트 모델을 공개할지 여부에 따라 콘셉트 모델을 어떻게 손볼지 알아보겠다.

콘셉트 모델은	그리고 일반적으로 사람들은	
추상적인 개념을 전달한다	구체적인 사항을 논의하고 싶어한다	
웹 사이트와 직접적으로 연결되지 않는다	UX 디자인에 어떤 영향을 끼치는지 떠올리지 못한다	
익숙한 개념을 새로운 방식으로 전달한다	익숙한 개념을 새로운 관점에서 보는 것을 불편하게 생각한다	
새로운 개념과 구조를 소개한다	새로운 생각을 어떻게 활용해야 할지 잘 모른다.	

표 4.6   콘셉트 모델과 사람들의 차이.   사람들은 콘셉트 모델을 이해하기 힘들어한다.

일반적으로 나는 혼자 보려고 콘셉트 모델을 만든다. 그러나 누군가에게 콘셉트 모델에 대한 의견을 들어야 할 때는 조금 손을 본다. 상황에 따라 다음과 같이 손을 본다.

사람들은 일반적으로	이렇게 하라
구체적인 사항을 논의하고 싶어하므로	예시를 담아라.
UX 디자인에 어떤 영향을 끼치는지 떠올리지 못하므로	콘셉트 모델에서 나온 템플릿이나 콤포넌트 등을 끼워 넣어라.
익숙한 개념을 새로운 관점에서 보는 것을 불편하게 생각하므로	익숙한 개념을 왜 새로운 관점에서 보여주는지 논리적으로 설명하라.
새로운 생각을 어떻게 활용해야 할지 어려워하므로	왜 중요한지 인식시키기 위해 한두 가지 새로운 개념을 뽑아 이야기를 준비하라.

표 4.7   콘셉트 모델과 사람들의 차이를 해결할 방법. 더 많은 사람이 콘셉트 모델에 접근할 수 있으려면 사람들이 잘 아는 것을 활용해야 한다.

이것은 큰 투자이다. 따라서 나는 시간과 예산이 있는지 다시 확인한 후에, "이 사람한테 어떤 피드백을 얻어야 하는가? 이 사람에게 그 내용을 듣는 것이 최선인가?"라고 자신에게 묻는다.

콘셉트 모델에 무엇이 들어가야 하는가?

무엇이 좋은 노드인가? 다음 네 가지를 고려해 콘셉트의 포함 여부를 결정한다.

- **사용자에게 중요한가**: 1차 조사나 2차 조사를 거치면 사용자가 사이트를 이용하면서 중심에 어떤 생각이 있는지 알게 될 것이다.

- **이해관계자에게 중요한가**: 이해관계자와의 인터뷰 또는 요구사항을 수집하다 보면 무엇이 그들에게 중요한지 알게 된다. 이해관계자에게 중요한 것은 회사가 생각하는 성공의 기준과 일맥상통한다.

- **의미 있는 기점이 되는가**: 어떤 콘셉트는 다른 생각을 더 잘 이어준다. 이것은 중심이거나, 두 콘셉트의 다리 역할을 한다.

- **인사이트를 주는가**: 모델을 정리하다 보면 도메인의 근간을 파악하는 데 도움이 되는 부가적인 콘셉트를 발견하기도 한다.

1차 시안이 나오면 "불량" 노드(도메인을 충분히 설명하지 못하는 콘셉트)를 수면 위로 끌어내야 한다. 이때 쓸 수 있는 한 가지 방법은 의미가 너무 광범위해서 콘셉트 모델 밖으로 나오면 무슨 뜻인지 알기 어려운 평범한 단어나 개념을 끄집어내는 것이다.

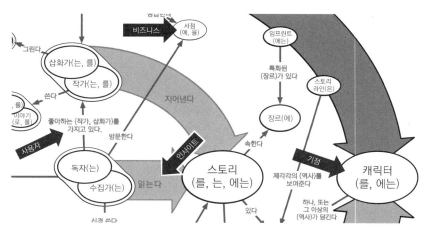

그림 4-12 좋은 노드. 좋은 노드는 사용자와 비즈니스에도 중요하고 상황의 기점이 되며 인사이트를 준다.

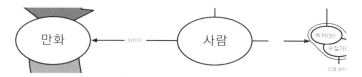

그림 4-13 평범한 단어 제거. 평범한 단어가 보인다면 모델을 정비하라는 신호다. 만화책 초기 모델에 "사람"이라는 콘셉트를 넣었는데 이런 콘셉트는 쉽게 제거할 수 있다.

노드 간의 링크는 관심과 흥미를 불러일으켜야 한다. 여러분은 다음과 같은 관계를 찾아내야 한다.

- **능동적인 관계**: 한 콘셉트가 다른 콘셉트에 어떤 영향을 미치고 어떤 변화를 일으키는지 능동형의 동사로 설명하라.

- **인터페이스 행위를 유발하는 관계**: 모든 콘셉트는 웹 사이트의 정보이고 모든 링크는 사용자가 수행하는 행동이라고 가정해보자. 반드시 그래야 하는 건 아니지만 이렇게 하면 앞으로 UX 작업의 토대를 다질 수 있다. 데이터와 관련된 모든 인터랙션을 CRUD(create, retrieve, update, delete)로 압축했을 때 이런 행위를 내포하는 동사의 예는 다음과 같다.

Create(만들다)	Retrieve(재현하다)	Update(수정하다)	Delete(없애다)
Generates(일어나다) Yields(생기다) Produces(제작하다) Defines(정의하다) Composes(창작하다)	Displays(전시하다) Explains(설명한다) Represents(의미하다) Values(가치를 보이다) Appears(~처럼 보이다)	Changes(바꾸다) Affects(영향을 끼치다) Depends on(좌우된다)	Removes(제거하다) ancels(취소하다) Eliminates(제거하다)

표 4.8 콘셉트 모델의 관계. 콘셉트 모델에서 비슷한 관계가 반복해서 보일지 모른다. 하지만 이런 미묘한 차이가 디자인 프로세스에 큰 영향을 끼칠 수 있다. 예를 들면 "만들다"는 부산물처럼 수동적으로 일어나거나 생기는 것을 "창작하다"는 좀 더 의도를 가지고 만든 것을 의미한다.

구조	설명	사용 용도
허브 앤 스포크(Hub and spoke)	한 콘셉트가 모든 것을 관할한다. 한 개의 중심 노드에서 모든 노드가 가지 쳐 나간다.	단 하나의 중심 콘셉트를 규명할 때 쓴다. 메인 페이지에서 시작하는 사이트 구조를 의미한다.
2중, 3중, 4중	2, 3, 4개의 주요 콘셉트 모음이 핵심 구조가 되고 나머지는 모두 여기에서 가지 쳐 나간다.	중요한 몇 개의 콘셉트가 있고 이것이 정보 공간에서 어떤 기점 역할을 하는지 보여준다. 이는 사이트를 몇 가지 "관점"으로 구조화해서 보여준다.
가치 제안	한 문장으로 구성된 서너 개의 노드가 나머지 다이어그램의 뼈대가 된다.	프로젝트의 목표, 비전, 주제를 거론하고 다른 콘셉트가 어떻게 그 주제를 뒷받침하는지 보여줄 때 이용한다.

표 4.9 콘셉트 모델의 세 가지 기본 구조. 구조마다 특징이 있다. 어떻게 모델을 시작해야 할지 감이 오지 않는다면 이 표를 참고하라.

모델의 레이아웃을 어떻게 잡을까?

콘셉트 모델을 처음 그릴 때는 엉망이지만 이야기나 인사이트가 떠오르기 시작하면서 깨끗하게 정리하고 싶어진다. 여러분이 느낀 인사이트는 어떤 콘셉트와 관계를 우선시해야 하는지 알려주므로 여러분이 느낀 인사이트를 바탕으로 구조를 잡아야 한다.

내 모델은 보통 3가지 구조 중 하나에 속한다. 이리저리 옮길 만한 콘셉트가 생기면 이런 구조들을 적용해 본다.

처음부터 이 틀을 바로 적용하는 일은 거의 없다. 초기 모델에서는 어떤 콘셉트도 두드러지지 않는다. 이야기가 떠오르기 시작해야 이 중 하나를 택하여 틀을 짠다.

누가 봐도 명료한 콘셉트 모델을 위한 팁

도메인을 잘 알면 생각을 써내려 가기가 어렵지 않다. 하지만 도메인을 잘 알지 못하면 몇 가지 적기 전에 막혀 버릴 것이다. 막히지 않기 위한 몇 가지 방법은 다음과 같다.

리서치 실시

도메인에 대한 자료로 도메인의 이해도를 높인다. 업계에 대한 광범위하고 상세한 자료는 관련 명사와 동사를 가장 잘 보여준다.

나는 연방 통신 위원회(Federal Communications Commission, FCC[7])의 무선 사업부와 18개월짜리 계약을 맺은 적이 있다. 나는 이 분야에 대해 아는 바가 하나도 없었다. 그래서 FCC의 웹 사이트를 시작으로 타겟이 같은 다른 웹 사이트를 찾아봤다. 오후 동안 탐색하면서 모델에 쓸 만한 기초 정보를 충분히 모았다. 이 모델은 누구와도 공유하지 않았지만 다양한 인물과 근간이 되는 비즈니스 모델을 파악하는 좋은 도구가 되었다. 사용자 조사를 하면 더 좋다. 인터뷰 기록은 사용자에게 중요하고 의미 있는 콘셉트로 가득하다.

---

7 미국의 통신과 방송을 규제하는 정부 조직

속까지 검사

막히기 시작했다면 노드 하나를 뽑아서 "이 콘셉트에 대해 무슨 말을 할 수 있을까?"라고 물어라. 콘셉트를 풀어헤쳐 최대한 구체화하라. 좀 더 구체적인 질문이 필요하면 이 콘셉트나 도메인을 알고 있는 사람(노드가 아니라)과 인터뷰하는 흉내를 낸다.

만화의 전문 용어 중에 "신화"가 있다. 신화는 비공식적인 등장인물의 뒷이야기를 의미한다. 몇십 년간 유명세를 탄 캐릭터는 오랫동안 아주 많은 해석이 나오므로 다양한 신화가 생긴다. 이런 개념은 모델링하기가 어렵다.

좀 더 모델을 상세하게 만들기 위해 "신화"라는 콘셉트에 이런 질문을 던졌다.

- 한 신화는 다른 신화와 무엇이 다른가?

- 작가는 다양한 신화를 어떻게 다루는가?

- 신화의 영향을 받는 콘셉트는 무엇인가?

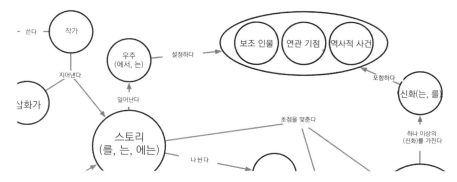

그림 4-14 세부사항은 콘셉트를 풀어헤쳐야 나온다. 나는 만화책 초기 모델에서 "신화"라는 콘셉트를 정밀하게 구성했다. 비록 최종 모델에는 담기지 않았지만 덕분에 "연관 기점"을 지킬 수 있었다.

이 콘셉트를 구성하면서 나는 이것이 다른 핵심 개념인 우주와 관련 있음을 알게 됐다. 대립되고 모순된 이야기를 풀어나가기 위해 동일한 인물을 다른 우주 공간에 배치한 버전을 만들기 때문이다(그리고 사람들은 왜 만화가 좀더 주류가 되지 못하는지를 궁금해 한다).

나는 신화와 우주의 관계를 설명하는 동사가 잘 생각나지 않아서 그것을 "중재"하는 콘셉트를 생각하기로 했다. 이렇게 난 이 부분을 가다듬었다.

답을 찾을 수 없거나 조사로 해결되지 않으면 그 질문을 모델에 적어 놓고 전문가 인터뷰를 할 때 그 질문을 던진다.

이리저리 옮기기

콘셉트가 한가득 있다면 중심 개념을 찾기 어렵다. 모델을 정밀하게 구성하고 중심을 지키고 관계의 실마리를 찾는 가장 좋은 방법은 노드를 이리저리 옮겨보는 것이다. 얼핏 보면 지나치게 단순하고 기계적인 방법처럼 보이지만 콘셉트를 옮기다 보면 새로운 관계를 시도할 수 있고 기존의 관계를 새롭게 배치할 수 있으며 모델의 빈틈을 찾아낼 수 있다.

만들고 부수기

모델을 그리기 전에는 최종 그림이 떠오르지 않으므로 지나치다 싶을 정도로 정보를 많이 채워라. 관계가 없어 보이는 콘셉트도 넣고 될 수 있는 한 콘셉트를 많이 연결하라. 페이지는 원과 선으로 꽉 차겠지만 많은 콘셉트에서 가다듬는 작업 역시 창작의 일부다. 모델을 가다듬는 시기가 오면 여지없이 잘라내겠지만 이 과정에서 또 다른 인사이트를 얻을 수 있다.

링크를 줄이려면 그림 4.15의 삼각형을 보라. 이렇게 교차 연결된 노드는 그 중 하나가 중복될 가능성이 높다. 덜 중요한 두 노드의 관계를 없애고 중요한 노드와 생각을 뒷받침하는 관계에만 초점을 맞춰라. 이렇게 계속 하다 보면 가장 간결한 이야기만 담긴 노드 사슬이 된다.

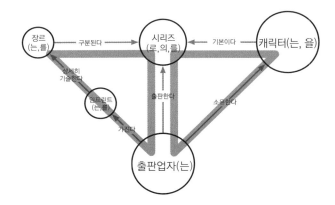

그림 4-15 삼각형으로 연결된 노드 줄이기. 세 개로 연결된 노드를 두 개로 줄여나가는 것도 모델을 가다듬는 방법이다. 삼각형이 보이면(위의 그림처럼) 통합 정리하라는 신호다.

노드를 줄이려면 그저 편하게 다리 역할만 하는 평범한 단어를 없애야 한다. 초기 만화책 모델에는 만화책에 나오는 대화, 설명, 생각과 같은 다양한 언어들을 탐색할 목적으로 "말"이라는 콘셉트를 사용했다. 그러나 이미 "스크립트", "작가"가 있었으므로 "말"은 불필요해 보였다.

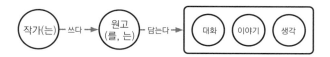

그림 4-16 중복된 단어 통합하기. 중복된 단어가 보이면 통합하라는 신호다. 원고를 쓴다는 표현은 만화책의 저술 과정을 정확히 보여주지만 웹 사이트의 사용자 경험에서는 불필요하다. 물론 원고 다운로드 기능이 필요할 때는 이런 콘셉트가 필요하지만 말이다.

콘셉트 모델 기량 끌어올리기

콘셉트 모델에서는 원이 겉돌기 쉽다. 내가 조심하는 몇 가지는 다음과 같다.

한 점으로 집합: 모든 것이 한 콘셉트로 이어진다

허브 앤 스포크 모델은 중심 콘셉트 하나가 거미줄처럼 엮여 모든 콘셉트의 토대가 되는 것을 잘 보여준다. 그렇다고 허브가 모든 노드가 연결되는 유일한 콘셉트가 되면 안 된다. 허브와 한 단계의 스포크만 있는 모델은 그 콘셉트 주변의 수많은 관계를 잘 보여주지 못한다.

동일한 콘셉트만 반복적으로 서술하는 콘셉트 모델은 도메인을 제대로 설명하지 못한다. 이때 다이어그램을 제대로 가다듬어 줄 수 있는 두 가지 방법은 다음과 같다.

- **중심 콘셉트를 빼라.** 지금 나를 미쳤다고 생각하는 걸 안다. 중심 콘셉트에 연결하는 방법 외에 아무것도 생각하지 못할 때 나는 그 콘셉트를 빼고 다른 모든 관계의 전제로 삼는다. 이렇게 하면 콘셉트 간의 관계에 초점을 맞출 수 있다.

- **가치제안 구조 이용.** 가치제안이란 "콘셉트 모델은 복잡한 생각을 보여주는 다이어그램이다"와 같이 한 문장에 3~4개의 콘셉트를 연결한 것을 말한다. 이 문장(단일 콘셉트가 아닌)을 중심 주제로 삼으면 자세한 콘셉트들을 더 잘 표현할 수 있다.

관점을 지켜라

여러분은 콘셉트 모델과 관련된 인생, 우주, 그 외 모든 것을 정의하고 싶어질 것이다. 명사-동사-명사 조합에 속도가 붙기 시작하면 여러분 안에 있는 18세기 철학자가 더 큰 세계를 다루라고 소리칠 것이다. 거미줄처럼 연결된 원에 모든 것을 담을 수는 없는가?

여러분은 지금 도메인을 설명하는 중이다. 여러분만 보는 것이므로 저 아래 깊숙한 전제들까지 모두 파헤칠 필요가 없다. 너무 정보가 많으면 모델을 읽는 사람을 우롱할 수 있다.

얼마나 깊숙이 들어갔는지 알려주는 리트머스 시험지 같은 것은 없지만 내 경험에 따르면 콘셉트가 24개를 넘어가는 모델은 거의 없었다.

실무에 도움되는 모델 만들기

모델을 그릴 때는 서너 단계 앞까지 생각하라. 모든 콘셉트를 다 지워 버리는 순간을 바라는 사람은 없다. 그렇다고 콘셉트를 사이트 구성 요소의 하나로 끌어내리기를 원하지도 않을 것이다. 콘셉트 모델을 만들 때는 다음과 같은 질문을 던져라.

- 이 콘셉트는 타겟 고객에게 적합한가?
- 이 콘셉트는 비즈니스에 얼마나 중요한가?
- 타겟 고객이 중요하게 생각하는 관계는 어떤 것인가?
- 이 콘셉트가 인터페이스 요소로 변환되는 것을 상상할 수 있는가?
- 이 콘셉트의 유효성을 확인할 사용자 조사를 떠올릴 수 있는가?

이 질문에 "아니오"라는 대답이 하나만 있어도 비실용적인 영역으로 들어가 있는 것이다.

UX 프로세스에서 콘셉트 모델은 요리에서의 소금과 같다. 콘셉트 모델은 다양한 양념의 무대가 된다. 너무 많으면 다른 재료를 압도해 버리지만 실용적인 콘셉트 모델은 UX 디자인에 영감, 정보, 콘텍스트를 제공한다.

콘셉트 모델 보여주기

일단 가장 기본적인 질문부터 해보자. "다른 팀원이나 이해관계자에게 보여줄 것인가?" 혼자 또는 소규모 팀이 개념 정리를 위해 만든 모델은 공식적인 산출물이 될 수 없다. 이 문서는 회의실 냄새를 맡을 일이 없다. 구체적인 예가 하나도 없는 이해하기 어렵고 추상적인 문서라면 오히려 다른 사람들이 못 보게 필사적으로 막아야 한다.

그렇지만 전체적인 그림을 이해하는 데 꼭 필요한 생각이 담긴 모델이라면 다른 사람에게 공개할 것을 신중히 고려해야 한다. 이후 UX 프로세스의 전제가 되는 핵심적인 생각만으로 압축할 수 있는가? 콘셉트 모델로 어떤 인사이트나 난제가 제기됐다면 그 부분만 공유할 수 있게 별도의 다이어그램으로 분리하는 방법도 있다.

콘셉트 모델을 발표할 때는 팀원이나 이해관계자들이 알고 있는 콘텍스트에 두고 이야기해야 한다. 이 이야기는 현실에 뿌리를 둬야 한다. "회의 목표 정하기"에서는 그 방법을 설명하겠다.

회의 목표 정하기

회의는 목표를 가지고 진행해야 한다. 보통 콘셉트 모델을 발표하는 이유에는 더 깊이 있는 UX 논의를 준비하거나 모델을 함께 그리는 것 두 가지가 있다.

UX 디자인 준비

콘셉트 모델을 발표하는 첫 번째 이유는 UX 디자인의 토대를 잡기 위해서다. 사용자 경험에 대해 더 자세한 논의를 나눌 수 있게 회의 참가자들을 준비시키는 것이다. 이런 회의는 대개 "바로 UX 디자인으로 들어가고 싶어하는 마음은 이해하지만 그전에 짚고 갈 기초적인 개념이 몇 가지 있습니다"로 시작한다.

만화책 콘셉트 모델(또는 그 일부분)을 이용하여 인터페이스 디자인과 관련된 가정을 설명해도 좋다. 다음 질문에 대한 답이 이런 가정이 될 수 있다.

- 가장 중요한 콘텐츠 카테고리는 무엇인가?

- 가장 중요한 콘텐츠와 다른 콘텐츠는 어떻게 관련되어 있는가?

- 사용자는 어떤 기능을 원하는가?

이런 회의에서는 아래의 세 가지 메시지 중 최소한 한 가지 이상을 전달해야 한다.

- **이 작업은 … 와 같은 이유로 필요합니다:** 여러분은 콘셉트 모델이 UX 디자인에서 어떤 역할을 하고 앞으로 이 콘셉트 모델로 뭘 할지 알아야 한다. 콘셉트 모델이 필요한 이유를 간단히 준비하고 초점을 벗어날 때마다 이를 언급하라.

- **초기 UX 디자인 원칙이나 요구사항:** 콘셉트 모델에서 몇 가지 인사이트를 뽑고 이 인사이트를 회의 주제나 이야깃거리로 활용한다. 이 인사이트는 UX 원칙이나 가이드라인과 관련된 것으로 UX 디자인 과정에서 초점을 맞춰야 하는 경계선이자 제약 사항이 될 것이다.

- **프로젝트 범위에 대해 남아 있는 질문들:** 프로젝트 범위에 불분명하거나 의문이 제기된 부분을 집중 조명하라. 콘셉트 모델을 그리다 보면 범위 규명을 어렵게 만드는 귀속조건이 드러나기도 하고 때로는 미처 생각지 못했던 요구사항이 드러나기도 한다.

콘셉트 모델을 분석하다 보면 UX 디자인에 대한 몇 가지 기초적인 생각(어떤 콘텐츠에 자체 템플릿이 있는지, 정보의 우선순위는 무엇인지, 메타데이터 모델은 무엇인지 등)이 떠오르기도 한다. 이런 여러분의 생각에 확신이 들면 이를 회의 주제로 활용해도 되고 확신이 들지 않으면 "함축된 의미 논의"시간에 이야기 나눌 수 있다.

함께 모델링하기

콘셉트 모델을 다른 사람에게 공개하는 두 번째 이유는 공동으로 콘셉트 모델을 그리기 위해서다. 이 경우 자체적으로 논의와 피드백을 활성화하기에는 대충 그린 그림일수록 더 좋다. 웹 사이트 사용자 경험의 바탕이 되는 기반 구조는 이후 많은 의사결정의 바탕이 되므로 반드시 합의를 도출해야 한다.

앞에서 말했듯이 콘셉트 모델은 UX 디자인 전 과정에서 필요하다. 모델링을 함께 한다고 이 사실이 달라지는 건 아니다. UX 디자인을 하다 보면 막히는 순간이 오는데 사람들이 기본 전제에 동의하지 않는 것이 바로 막히는 순간이 오는 실마리다. 이런 단서가 보이면 한 발짝 물러서서 회의를 열어 함께 기본 개념을 가다듬는다.

이 회의에서 세 가지 핵심 주제는 다음과 같다.

- **범위에 초점 맞추기**: 이 자리에서는 도메인의 경계를 정해야 한다. 우리는 UX 문제와 연관된 모든 것에 다리를 걸쳐 놓아야 한다. 콘셉트는 언제든 지울 수 있다.

- **무엇이 빠졌는지에 관심 갖기**: 참가자는 현재 있는 콘셉트에 관심을 줄이고 빠진 콘셉트에 관심을 더 기울여야 한다. 빗나가 보이는 콘셉트 중에서 중요한 콘셉트를 찾아 도메인 전체의 그림을 완성해야 한다.

- **추상적인 생각의 어려움 알리기**: 이런 식으로 정보를 정리하는 일은 쉽지 않다는 사실을 알리자. 우리는 웹 사이트를 단지 구성 요소로 생각하지 않고 일련의 템플릿으로 생각한다. 템플릿에 너무 많은 내용을 담으면 실제 콘텐츠와는 동떨어지므로 그 가치에 의문을 제기하기도 하지만 그래도 상관없다. 머릿속에서 생각을 정리하는 일은 원래 어려운 법이다.

이제부터 전개할 회의 구조는 함께 모델링을 하는 경우가 아닌 UX 디자인을 준비하는 경우로 전제하겠다. 콘셉트 모델의 뼈대를 제시하고 참가자들에게 살을 붙이게 하는 회의라면 세부사항을 제공하거나(아직 세부사항이 없을 것이다) 함축된 의미를 전달(아직 미숙할 것이다)할 수 없으므로 5단계와 6단계를 건너뛴다.

기본 회의 틀 적용하기

이 회의의 틀은 콘셉트 모델에서 처음부터 이상적이다. 더 깊이 들어갈수록 세부사항이 더 잘 보인다. 회의 참가자에게 촉각을 기울여라. 너무 추상적으로 흐르면 초점을 잃게 된다. 이럴 때는 실질적인 회의 단계인 마지막으로 건너뛴다. 어떤 단계에 있더라도 피드백을 듣고 다음 단계로 넘어갈 수 있다.

시간 배분에 주의하라(표 2.2). 콘셉트 모델은 사람들에게 익숙하지 않아서 이야기 중에 불필요한 개입이 생길 수 있으므로 (어떤 다이어그램보다 훨씬 더) 시간 배분이 훨씬 더 중요하다.

1. 콘텍스트를 조성하라

콘셉트 모델은 프로젝트 초반에 만든다. 콘셉트 모델이 UX 프로젝트에 어떤 기여를 하는지 설명하는 것으로 콘텍스트를 정하라. 모델을 만들면서 고려했던 변수나 경계선이 있다면 알리고 어떤 출처를 이용했고 어떤 근거로 구성했으며 어떤 내용을 담으려 했는지 등 여러분이 밟았던 절차를 고차원으로 설명한다.

콘텍스트 설정을 마무리하면서 콘셉트 모델이나 상위 레벨의 그림을 보여주기도 한다. 이것으로 다음 단계의 준비가 끝난다.

2. 이미지 규칙을 설명하라

먼저 높은 레벨에서 콘셉트 모델을 설명하라. 다이어그램이 원과 선으로 연결됐다는 사실은 자명하지만 본격적으로 들어가기 전에 한 번 언급하는 게 좋다.

간결하게 그리기 위해 스타일의 종류를 한정했다면 여기에서 할 말은 그리 많지 않을 것이다. 만약 좀 더 정교한 스타일을 적용했다면 그 형태와 의도한 바를 설명하라.

3. 중대 의사결정 사항을 강조하라

이제 본격적으로 모델로 들어갈 시간이다. 들어가기 전에 크게 짚어줄 세 가지는 다음과 같다.

- **전체 구조**: 콘셉트 모델을 지탱하는 서너 가지의 주요 콘셉트를 가리킨다. 주요 콘셉트들의 관계 그리고 주요 콘셉트가 어떻게 다른 모든 콘셉트를 포괄하는지 설명한다.
- **통합 주제**: 콘셉트 모델의 밑바닥에 깔린 이야기를 전달하라. 예를 들어 콘셉트 모델의 주제는 만화 업계의 두 가지 측면이다. "가치제안" 구조에서 (표 4.9) 이에 대해 언급한 바 있다.
- **들어간 콘셉트와 빠진 콘셉트**: 도메인의 경계를 언급한다. 프로젝트 범위에 초점을 둔 모델이라면 특히 더 이런 설명이 필요하다. 의도적으로 뺀 콘셉트가 있다면 그것도 짚어준다.

본격적으로 들어가기 전에 모델을 그리면서 얻은 인사이트를 알려주면 모델의 가치가 높아진다. 이런 인사이트로는 다음과 같은 것이 있다.

- **사용자 경험에 필수적인 새로운 콘셉트**: 리서치나 브레인스토밍 과정에서 사용자에게 유용한 콘셉트(정보)나 여러 콘셉트를 묶어 주는 카테고리를 발견했다면 이를 알려준다.

- **콘셉트들의 새로운 관계**: 콘셉트 모델은 여러분의 우선순위를 분명히 보여준다. 도메인을 모델링하다 보면 어떤 콘셉트를 연결할지 선택하게 된다. 이들 중 어떤 링크는 정보 공간에 대한 새로운 관점을 제시하기도 한다.

- **사용자 경험에 대한 새로운 관점**: 콘셉트 모델을 제작하면서 전체 사용자 경험에 대한 새로운 아이디어를 얻기도 한다. 이것은 새로운 내비게이션 구조일 수도 있고 새로운 방식의 템플릿 배치일 수도 있다.

4. 논리적 근거와 한계를 제시하라

참가자들은 아직도 콘셉트 모델에 확신하지 않으며 앞에 중요한 일들이 있는데 왜 원과 선을 이야기해야 하는지 의아해 할 것이다. 이 시간에 콘셉트 모델의 목표, 즉 프로젝트에서 어떤 역할을 하고 이 회의에서 어떤 논의를 나누고 싶은지 다시 한번 언급하라.

이 시간에 이 콘셉트 모델에 쓰인 정보를 얻기 위해 실시한 조사를 알려주기도 한다. 콘셉트와 링크를 뽑아낼 때 어떤 출처를 이용했는지 언급하라. 이런 이야기를 나누다 다른 부서 사람에게 도메인 정보를 얻기도 한다.

5. 세부 사항을 전개하라

아주 깊은 레벨의 피드백을 들어야 한다면 사소한 세부사항까지 다뤄야 하지만 콘셉트의 개수가 12개가 아닌 이상 원의 내용을 다 다룰 필요는 없다. 그 대신 상세 영역에 해당하는 몇 가지만 다룬다.

- **신기하고 새로운 콘셉트**: 이해관계자가 예상치 못한 콘셉트가 있다면 이 콘셉트가 어디에서 왔는지 왜 중요한지 자세히 다룬다.

- **인사이트**: 콘셉트를 시각적으로 구성하다 보면 예상치 못한 인사이트가 생각나기도 한다. 그런 부분이 있다면 다루어 준다.

- **도전 과제**: 콘셉트 모델에서 UX 디자인이 도전해야 할 부분을 내포하고 있다면 이를 짚어 주면서 자연스럽게 다음 주제로 넘어간다.

6. 함축된 의미를 논의하라

콘셉트 모델 역시 결국은 UX 디자인으로 이어진다. 이 장의 대부분은 UX 프로젝트에서 콘셉트 모델을 만드는 경우를 가정하므로 콘셉트 모델에서 대략 어떤 내용을 뽑아야 할지 감을 잡았기를 바란다. 아무리 못해도 다음 중 최소한 한 가지는 이야기할 수 있어야 한다.

- **도메인에 대한 이해**: 그렇지만 오랜 시간을 들여 콘셉트 모델을 만들어 놓고 기껏 도메인만 이해하게 됐다고 하면 좀 절망스럽다. 이 외에도 공유할 내용이 꼭 있어야 한다.
- **타겟 고객에 대한 이해**: 더 좋다. 하지만 왜 페르소나를 만들지 않았는가?
- **요구사항의 우선순위 목록**: 이것은 좋다. 콘셉트 모델은 프로젝트의 영역별 우선순위를 정하는 데 도움을 준다. 어떤 부분부터 작업해야 하고 왜 그런지 콘셉트 모델이 이를 알려줄 것이다.
- **잠재적인 도전 과제**: 이것도 좋다. 여러분이 앞서 생각한다는 것을 보여준다. 콘셉트 모델은 설명하기 어려운 관계, 링크가 많이 필요한 콘셉트, 직접적이지 않은 프로세스를 확인시켜 준다.
- **잠재적인 화면 목록**: 가장 좋다. 콘셉트와 관계를 구성하다 보면 사용자 경험을 위해 디자인해야 할 화면이 떠오르는데 이는 사이트의 기본 토대가 된다.

콘셉트 모델 회의를 하다 보면 가끔 이 단계로 뛰어넘어 오기도 한다. 사람들은 "그래서 이 콘셉트 모델이 UX 디자인에 어떤 영향을 끼친다는 말인가?"를 제일 알고 싶어한다. 중대한 안건을 제기하는 사람들에게 마지막까지 기다리라고 할 이유가 하나도 없다.

7. 피드백을 들어라

다음의 네 가지에 대한 의견을 들어야 한다.

콘셉트	빠뜨린 콘셉트는 없는가? 내가 의도한 것보다 눈에 더 띄거나 덜 띄는 콘셉트가 있는가?
연결	콘셉트들의 연결 관계에서 중요한 것을 빠뜨리지는 않았는가? 중복되거나 불필요한 연결이 있는가?
주제	전체적인 이야기를 제대로 잡았는가? 이 도메인의 특징을 제대로 잡아냈는가? 콘셉트 모델의 전체적인 이야기에 동의하는가?
함축된 의미	극복해야 할 과제를 인지했는가? 템플릿 목록은 내 기대와 일치하는가? 대략의 규모가 내 기대와 일치하는가?

표 4.10 피드백에서 들어야 할 네 가지 의견. 피드백이 필요한 부분을 체계적으로 정리해 놔야 여러분이 필요로 하는 답변을 얻을 수 있다.

8. 리뷰의 틀을 제시하라

다음 단계는 모두 여러분, UX 디자인 팀의 일이다. 나는 비즈니스 이해관계자나 개발자에게 콘셉트 모델을 검토해 달라고 숙제를 내 본 기억이 없다. 이것은 사고 과정을 담은 내적인 도구이므로 아마 그 자리에서 평가가 끝날 것이다.

"오프라인"으로 검토하면 콘텍스트가 부족하여 의미 있는 피드백을 얻기가 쉽지 않다(구체적인 플로우나 사이트맵, 와이어프레임과는 다르다).

대신 이제부터 어디를 향해 가는지 분명하게 언급하라.

초보의 실수를 피하자

아무리 콘셉트 모델이 구체적이라도 참가자는 혼란스러울 수 있다. 아마 현실 세계와 평행한 무언가를 끌어내지 못하면 사람들은 자신들이 보는 것을 잘 이해하지 못할 것이다. 설사 이해한다 해도 관심을 보이지 않을 것이다.

잠재적인 반응 1: 이해가 안 돼요.

콘셉트 모델이 추상적인 영역에서 움직인다면 사람들은 잘 이해하지 못할 것이다. 콘셉트 모델은 카테고리의 카테고리, 아주 작은 데이터 영역 또는 메타데이터(정보에 대한 정보)에 대한 정보를 담고 있을 수도 있고 추상적인 생각을 약간씩 변형한 이미지 규칙(내비게이션 화살표, 데이터 이전 화살표, 의미론적 관계를 보여주는 화살표)을 보여주고 있을지도 모른다. 스프레드시트나 USA투데이의 간결한 정보 그래픽에 익숙한 사람이라면 이런 다이어그램을 보는 게 괴로울 것이다.

회의에 들어가기 전에 이런 반응이 예상된다면 핵심을 세 문장으로 요약해 두어라. 다이어그램의 어떤 부분이 잘 이해되지 않는다면 글머리 목록으로 이 문장들을 제시하라. 회의가 하수구에서 빠져 나오지 못한다는 생각이 들 때마다 이 세 문장은 콘셉트 모델에 들인 공을 훼손하지 않으면서 핵심을 일깨워 주는 안전 요원의 역할을 할 것이다.

이때의 열쇠는 사람들이 바보가 된 느낌이 들게 하면 안 된다는 것이다. 마지막에 이렇게 말한다. "조금 시간을 들여 이 그림을 숙지하고 이틀 후에 저에게 피드백을 주지 않으시겠습니까? 이 모델은 UX 작업의 토대가 되므로 매우 중요합니다. 이 그림을 볼 때마다 이 세 가지를 마음속에 떠올리시기 바랍니다(여기에 위에서 만든 세 문장을 끼워 넣는다)."

잠재적인 반응 2: 그래서 어쩌라는 겁니까?

이해는 해도 중요성을 깨닫지 못할 수 있다. 이런 상황에는 콘셉트 모델과 UX 디자인의 연관성을 보여주거나 회의를 일찍 끝내는 두 가지 전략이 있다.

회의를 일찍 끝내는 건 당황스럽고 어려운 일이지만 억지로 끌고 가기보다는 피하는 게 나을 수 있다. 콘셉트 모델은 사고를 순서대로 정리하기에는 너무 추상적이라 깊이 파고들어 봤자 얻는 게 거의 없을 때가 있다.

이때 역시 사람들이 바보가 된 느낌을 들지 않게 하는 것이 열쇠다. 다음과 같이 말하라. "필요한 내용을 모두 다룬 것 같습니다. 시간을 내주셔서 감사합니다. 오늘 받은 피드백을 UX 디자인에 반영해 보겠습니다. 그밖에 다른 생각이 있으면 알려주십시오. 그렇지 않으면 다음에 논의할 때 저희가 작업한 디자인을 조금 보여드리겠습니다."

회의 마무리는 회의 마지막에 발휘하는 고도의 기술이다. 사람들이 추상적인 레벨의 논의를 더는 나누고 싶어하지 않을 때 사용하라.

콘셉트 모델 적용하기

콘셉트 모델은 처분될 가능성도 크지만 이후 UX 활동을 이끌면서 긴 수명을 갖기도 한다.

다른 산출물의 콘텍스트 되기

나는 콘셉트 모델을 다 그리고 나면 다른 산출물의 앞 장에 콘셉트 모델을 붙여 놓는다. 이것은 고려해야 할 내용들(우리가 해결해야 할 문제는 무엇인가, 어떤 원칙에 따라 의사결정을 해야 하는가, 고객과 콘텐츠는 어떤 관계인가, 프로젝트의 범위는 무엇인가 등)을 문서 앞 페이지에서 멋진 그림으로 일깨워 준다.

그러나 이것은 콘셉트 모델이 그 문서에 구체적인 영감을 줄 때만 의미가 있다. 콘셉트 모델을 그리면서 만들어야 할 화면이나 내비게이션 전략에 대한 영감을 얻었을 수 있다. 이런 때에는 콘셉트 모델이 이런 이야기를 풀어나가는 데 도움을 줄 것이다. 그림뿐만 아니라 그림에 대한 설명이나 서너 가지의 결론("주요 도출점")이 함께 들어가기도 한다.

문서에서 콘셉트 모델을 페이지의 배경에 넣기도 한다. 와이어프레임, 페르소나 또는 다른 문서에 그림을 축소하거나, 색상 톤을 줄이거나, 특정 영역의 채도를 높여서 넣을 수 있다.

콘셉트 모델에서 화면으로

콘셉트 모델이 A라면 B는 무엇인가? 여기에서 어디로 갈 것인가? 궁극적으로 콘셉트 모델은 도메인의 틀을 잡아서 웹 사이트에 들어가는 정보의 범위나 깊이를 조정해 준다. 그 간격을 어떻게 메워야 할지 모르겠다면 즉, 어떻게 콘셉트 모델을 화면 디자인으로 연결할지 모르겠다면 다음의 몇 가지 충고를 참고하라.

화면으로서의 콘셉트

모든 노드는 화면 디자인의 좋은 출발점이 된다. 그 중 하나를 골라서 그 콘셉트를 어떻게 화면에 반영할지 생각하라.

노드는 추상적인 개념이거나 정보의 단면을 일반화한 것이다. 만화책 콘셉트 모델에서 "간행물" 같은 콘셉트를 예로 들면 이 페이지에는 시리즈 중 한 회가 보일 수 있다. 이때 "간행물"이라는 콘셉트가 반영된 화면은 템플릿 또는 용기류가 된다. 즉 이 콘셉트의 구체적인 실례[8]를 보여주는 정보의 공간이 되는 것이다.

이 콘셉트와 가까이 위치한 노드는 어떤 방식으로든 연결된다. 화면에는 사용자가 그런 정보 사이를 어떻게 돌아다니는지 담겨야 한다. 예를 들면 간행물 하나에서 전체 시리즈로 넘어가려면 어떻게 해야 하는가? 하나의 간행물에서 관련 시리즈를 볼 수 있는 페이지로 가려면 어떻게 해야 하는가? 간행물 하나에서 그 간행물의 작가가 그린 모든 것을 보려면 어떻게 해야 하는가? 아니면 그 간행물의 작가가 저술한 모든 시리즈를 보려면 어떻게 해야 하는가?

만화책 문화를 위한 콘셉트 모델

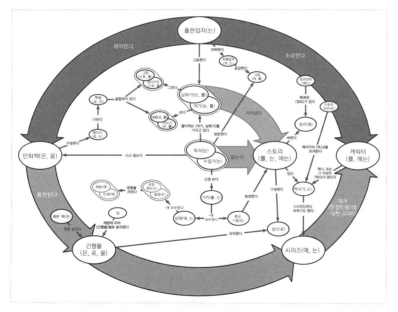

그림 4-17 인사이트 제시. 프로젝트의 요구사항을 정리하는 한 가지 방법으로 콘셉트 모델을 그리면서 느낀 인사이트를 제시할 수 있다. 이 페이지에서는 콘셉트 모델에서 무엇이 빠졌는지도 확인할 수 있다.

8 한 콘셉트의 단일 사례

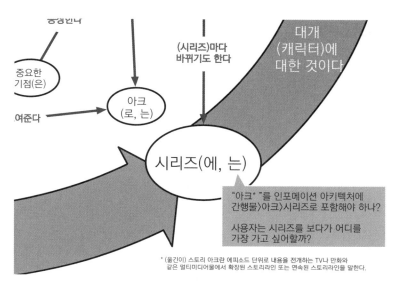

그림 4-18 내비게이션에 대한 질문. 내비게이션에 대한 질문을 콘셉트 모델에 끼워 넣으면 (a)콘셉트 모델의 적합성이 높아지고 (b) 논의의 초점이 생긴다.

메타데이터로서의 콘셉트

어떤 노드는 콘셉트의 세부사항을 보여준다. 간행물에는 번호가 있다. 이 번호는 이야기 속에서 장이 되며 줄거리가 있을지도 모른다. 이 모든 것이 유용한 정보이지만 내비게이션 시스템으로 구성하기에는 충분치 않다(다른 콘셉트의 다리가 되지도 못한다). 그렇다고 이 자체로 페이지를 구성할만큼 규모가 방대하지도 않다. 그렇지만 주 화면에서 이런 정보가 보여야 한다는 점을 어떤 방식으로든 콘셉트 모델이 알려준다.

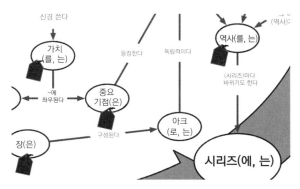

그림 4-19 어떤 콘셉트는 메타데이터 요소가 된다. 이 콘셉트 모델에서 메타데이터가 될 만한 요소에 작은 붙여 놓았다.

구조에 영감을 주는 콘셉트 모델

이전 사례에서 콘셉트 모델이 사이트 골격이 되는 모습을 봤다. 주 콘셉트 하나가 템플릿으로 변환될 수 있고 콘셉트 간 링크는 템플릿 간 링크로 변환될 수 있다. 그렇지만 콘셉트 모델과 사이트 디자인이 항상 일대일로 대응하지는 않는다.

나는 최근에 어떤 콘셉트 모델을 그리면서 도메인을 새롭게 볼 기회가 있었다. 그 덕에 나는 콘텐츠 유형이 아닌 생명주기를 기초로 템플릿을 디자인해 볼 생각을 하게 됐다. 좀 더 구체적으로 말하면 콘텐츠의 형태나 종류와 무관하게 시스템에 속하는 모든 것에 비슷한 주기가 있다는 사실을 알게 됐다. 타겟 고객은 콘텐츠의 형태나 종류보다 생명주기에 속한 무언가를 더 중요하게 생각했다. 이것이 그들의 결정에 영향을 미친다.

만화책 모델에도 이 생각을 적용할 수 있을까? 정보를 좀 더 의미 있게 구조화할 수 있는 다른 방법을 제시해 주지는 않았는가? 이 콘셉트 모델은 앞으로 유용하게 쓰일 수 있는 구조와 대조 항목을 밝혀주었다.

- **읽기 vs. 수집하기**: 이 두 가지 행위는 단순한 사용 행태를 넘어 만화와 맺는 다양한 관계를 의미한다. 사용자는 읽기와 수집하기를 동시에 담고 있는 웹 사이트와 분리한 웹 사이트 중 어떤 웹 사이트에 더 가치를 느낄 것인가? "간행물" 템플릿에서 이 두 가지의 메타데이터가 따로 보이게 탭을 둘 것인가? 독자와 수집가들은 만화를 다르게 탐색하는가?

- **등장인물의 연대표**: 콘셉트 모델 작업을 하면서 등장인물, 계속되는 줄거리인 등장인물의 "신화" 그리고 등장인물들의 연속성에 대해 선명하게 그림을 그릴 수 있었다. 이는 만화 특히 주류 만화에만 있는 독특한 현상으로 같은 등장인물이 여러 책에 나오며 독자들은 그들이 좋아하는 인물의 "전형적인" 역사를 보여 주는 줄거리를 궁금해 한다. 우리가 등장인물들의 역사, 그리고 이 연대표와 간행물의 관계를 반영한 인터페이스를 디자인할 수 있을까?

인터랙션으로서의 관계

마지막으로 콘셉트의 관계를 인터랙션으로 생각하기도 한다. 콘셉트 모델의 동사는 사용자들이 이 사이트에서 하는 행위로 변환할 수 있다. 이것은 여러분이 아직 고려하지 못한 기능이나 서비스를 알려줄지도 모른다. 요구사항에 밝은 빛이 돼 주기도 한다.

위의 네 가지는 서로 배타적이지 않다. 이 중 하나를 택했다고 다른 기법에서 얻을 수 있는 영감을 얻지 못하는 건 아니다.

콘셉트의 중요성

뉴스 속의 이야기를 분석하는 뉴스 출판 서비스의 콘셉트 모델을 만든다고 해보자. 이 모델에는 뉴스가 어떤 유형의 정보로 구성되는지 각 이야기에 어떤 메타데이터가 붙는지 담길 것이다.

콘셉트 모델은 이런 이야기의 구조나 사이트의 다양한 영역에서 보이는 형태 등에 대한 공통의 어휘를 제공한다. 대문 페이지에 짧은 예고 영상이 들어가고 주제별 페이지에는 이보다 긴 예고 영상과 긴 소갯글이 있는 두어 개의 기능이 들어간다. UX 디자이너는 이런 데이터 항목(짧은 요약, 제목, 부제목, 긴 요약, 주요 본론, 확장된 본론 그리고 기타 등)에 이름을 붙여 쉽게 논의할 수 있게 할 것이다.

이런 용어 개발에 많은 노력을 기울여도 최종 사용자에게는 보이지 않을 수 있다. 이런 언어 개발의 목표는 기반 콘셉트들이 어떻게 연결되는지 공유하여 UX 디자인을 돕는 것이다. 이런 콘셉트들은 최종 디자인에 녹아들어야 하지만 사람들이 사용할 사이트는 커뮤니케이션용으로 만들어진 콘셉트 모델보다 훨씬 더 효율적이어야 한다.

그럼에도 개념적인 모델이 없으면 순조롭게 시작하지 못하는 UX 디자이너들이 많다. 이것은 하루 이틀 사이에 바뀌지 않는다. 웹 기반의 시스템에서 사용자 인터랙션이 점점 복잡하고 풍부해지면서 계획에 앞서 콘셉트 모델을 그려 보는 것이 더욱 중요해지고 있다. 둘러보기보다 검색이 주가 되는 사이트, 사용자가 제작하는 콘텐츠로 확장되는 사이트 또는 신디케이션으로 정보가 전달되는 사이트에서는 그 무엇을 하기에 앞서 개념적인 디자인이 필요하다. 콘셉트 모델은 웹 사이트 제작에서 점점 더 중추적인 역할을 할 것이다.

전문가에게 묻기

DB: 콘셉트 모델을 어떻게 활용하나요?

SA: 좋은 콘셉트 모델은 복잡한 것을 쉽게 이해시킵니다. 모든 사람들이 이것을 보고 "네 말 뜻을 알았다!"고 말하게 해야 합니다. 이것으로 충분합니다. 얼마나 실효성 있게 만들 것인지는 여러분의 의도에 달려 있습니다. 저는 "경험이 무엇인가?" 또는 "컨설턴트가 되려면 무엇이 필요한가?"와 같은 내용을 명확히 이해하기 위해 저만 볼 수 있는 포스터를 만들었습니다. 지금은 장인의 다양한 수제 치즈를 이해하기 위한 콘셉트 모델을 만들고 있습니다.

스티븐 앤더슨
PoetPainter, LLC

모든 프로젝트에서 저는 이런 시각적인 사고를 합니다. 10분(또는 몇 통의 이메일)이 넘어가는 복잡한 논의에서 간단한 스케치 하나가 논의의 틀을 짜고, 논의를 촉진시킵니다. 화이트보드 그림으로도 충분하지만 필요하다면 애플 키노트에 깨끗하게 정리합니다. 완전한 스펙의 인포메이션 그래픽은 고객의 규모가 엄청 크거나 확장되지 않는 한 거의 필요 없습니다.

사용자들이 한 주제에 대해 보이는 일련의 행위나 모습을 특정한 방식으로 생각해 줄 것을 다른 사람들에게 권유할 때도 콘셉트 모델을 이용합니다. 이런 경우에도 시각적 도구는 큰 힘을 발휘합니다. 빙하, 협곡, 나무, 다른 개념적 비유들은 한번 자리 잡고 나면 반론을 제기하기가 무척 어렵습니다!

◈ 연습 문제 ◈

1. 다음 "시스템" 중 하나를 골라 이를 묘사하는 콘셉트 모델을 만들어라. 하지만 이 단어를 그 대로 사용하면 안 된다. 이때 시스템 그리고 시스템과 연관된 프로세스를 분리하는 것이 중 요하다. 예를 들어 도서관의 콘셉트 모델이라면 책의 대출 과정을 단계별로 서술하지 마라. 그 대신 도서관을 구성하는 모든 것을 제시하고 이들의 관계를 보여주어라. 시스템의 이름 을 그대로 사용하면 안 되지만 이 시스템을 일깨우는 명사나 동사는 좋다.

자전거	검사관
문자 메시지	도서관
믹서	기타
영화관	현금 인출기

2. 다른 사람에게 여러분이 그린 콘셉트 모델을 보여주고 시스템을 알아맞히는지 보라. 다르 게 짐작한다면 다시 작업하고 또 피드백을 들어라.

3. 만화책과 같이 여러분이 좋아하는 매체(TV 경찰 드라마나 시트콤, 특정 음악 장르, 문학 간행물, 아이들 서적 등)의 콘셉트 모델을 그려라. 구체적이어도 상관없다. 나는 댄스 음악 의 다양한 변종을 다룬 콘셉트 모델이 가장 기억에 남는다. 이것은 관계뿐만 아니라 눈금자 로 분당 비트 수까지 보여줬다. 최대한 다양한 각도로 매체의 경험을 서술하되 깊이는 제한 하라. (텔레비전 프로그램에서 카메라 촬영과 기술 컨설팅을 꼭 다뤄야 하는가?)

4. 콘셉트 모델을 이용하여 여러분이 선택한 매체(또는 다른 제품)의 경험을 보완하고, 증진하 고, 상업적으로 홍보하는 사이트의 계획을 세워라. 콘셉트 모델에서 받은 영감을 바탕으로 사이트 디자인과 구조화에 대해2~3가지의 접근법을 생각하라. 자세할 필요는 없다. 어떤 의도로 사이트를 구조화했는지 몇 문장(또는 하나의 그림)으로 보여주면 충분하다. 주요 템플릿과 내비게이션 시스템은 무엇인가? 어떤 콘텐츠가 들어가는가? 사용자는 무엇을 할 수 있는가? 콘셉트 모델을 참고하여(아마 색채 입력에 따라서?) 여러분이 택한 접근법의 논 리적 근거를 제공하라.

05

사이트맵

Site Maps (명사)

웹 페이지의 관계를 시각적으로 표현한 문서. 구조화 모델, 분류 체계, 수직적 질서, 내비게이션 모델, 사이트 구조라고도 한다.

사이트맵 한눈에 보기

사이트맵은 사이트에 들어가는 정보의 수직적인 질서를 보여준다. 이 질서의 본질은 프로젝트의 속성에 따라 달라진다. 웹 페이지와 더불어(또는 대신에) 페이지의 유형이나 템플릿을 그리는 사이트맵이 점점 더 많아지고 있다.

목적-왜 사이트맵을 만드는가?

사이트맵은 사이트의 모든 정보가 어떻게 짜임새 있게 구성되는지 보여준다. 또한 사이트가 어떻게 만들어지는지에 대해 한 가지 관점을 제공하며 다음과 같은 도움을 준다.

- **정보의 수직적 질서 확립**: 사이트맵은 다양한 콘텐츠 조각이 어디에 "살고" 어떻게 분류되는지 알려준다.

- **내비게이션 기초 수립**: 사이트에는 내비게이션 시스템이 여러 개 들어갈 수 있지만 사이트맵은 내비게이션 가운데 사용자가 사이트를 열람하는 가장 주된 구조를 다루기도 한다.

- **원활한 콘텐츠 마이그레이션**: 기존의 콘텐츠를 새로운 사이트에 매핑하는 일은 지루하지만 사이트맵으로 그리다 보면 어떤 것도 떨어져 나가지 않게 집중할 수 있다.

고객-누가 이용하는가?

- **UX 디자이너와 개발자**: 프로젝트 팀은 사이트를 짜임새 있게 구성하는 방법과 사람들이 콘텐츠를 탐색 방법, 그리고 사이트에 다양한 카테고리의 콘텐츠를 어떻게 담을지 고민한다.
- **프로젝트 매니저**: 사이트맵은 프로젝트 범위를 정하는 데 중요한 역할을 하는 도구다.
- **이해관계자**: 내비게이션을 둘러싸고 수많은 정치적, 디자인적 논란에 휘말릴 수 있다. 이해관계자들은 사이트맵을 통해 이런 논란을 조율할 수 있다.

규모-일의 규모가 얼마나 큰가?

자료만 제대로 갖춰져 있다면 초안을 만드는 데 하루나 이틀이면 된다. 하지만 사이트맵은 계속 매만져야 하는 다이어그램이다. 새로운 요구사항이나 시사점이 도출될 때마다 상자를 이쪽으로 옮기고 저쪽에 있는 문구를 바꾼다. 이런 면에서 사이트맵은 프로젝트 기간 내내 "살아 있는" 문서라고 할 수 있다.

콘텍스트-UX 디자인 프로세스의 어디에 들어가는가?

처음에는 콘텐츠를 심사해서 새로운 구조가 어떤 모습을 하게 될지 그리거나 현재 구조를 그린다. 현재 구조를 보면서 내비게이션 문제를 진단하고 빈틈을 찾아낼 수 있다.

포맷-어떻게 생겼나?

사이트맵은 사이트의 다양한 영역을 의미하는, 선으로 연결된 도형으로 구성된다. 이 선은 보통 사이트 간의 수직적인 관계를 나타내지만 다른 관계를 의미하기도 한다.

U X 디자이너와 정보 설계자는 웹 사이트 정보의 수직적인 질서를 보여줄 목적으로 사이트 맵을 그린다. 주로 사이트맵 아래쪽에 있는 항목이 위쪽의 항목에 속한 "구성원"과 같은 관계를 맺는다.

　사이트맵이 내비게이션의 경로를 담고 있다곤 하지만 실제로 아래쪽 구조에 있는 콘텐츠에 접근하는 방법은 여러 가지다. 외부 검색 엔진 덕분에 사용자들은 사이트의 상위 구조를 지나치는 것이 가능해졌다. 그러므로 사이트맵이 보여주는 경로는 사이트 위로 내비게이션 하는 방법이라는 표현이 더 정확하다.

사이트맵은 콘텐츠다!

이 장에서는 사이트맵과 콘텐츠의 선을 분명히 그으려 한다. 좀 더 정교하게 정의해 보면 사이트맵은 웹 사이트에 있는 콘텐츠의 구조를 묘사한 것이다.

　그렇다면 콘텐츠는 무엇인가? 콘텐츠라는 단어를 들으면 아마 CNN.com, WashingtonPost.com, WikiPedia.org와 같이 정적이고 긴, 사진이 들어간 "기사"가 떠오를 것이다. 그렇지만 다른 것도 당연히 콘텐츠가 될 수 있다. 표 5.1에 다양한 유형의 콘텐츠를 정리했다.

형식	오디오, 비디오, 표로 정리한 자료, 산문, 양식
주제	제품 정보, 고객 지원 정보, 엔터테인먼트, 성과 보고서

표 5.1　콘텐츠.　콘텐츠는 웹의 아침 식사다.

　이 책의 목표에 맞게 콘텐츠를 정의하면 다음과 같다(다른 곳에서 이 콘텐츠 정의를 사용해도 대환영이다).

　　웹에서 접근할 수 있는 모든 것으로 사람들이 배우고, 이해하고 또는 판단하게 도와준다.

여기서 추론할 수 있는 정의를 덧붙여 보면 다음과 같다.

　　콘텐츠는 웹에 있는 모든 것으로 다른 어떤 것과도 링크될 수 있다.

　이 두 가지 정의로 링크는 웹이 출판 매체라는 사실뿐 아니라 콘텐츠에 구조를 부여해준다는 사실을 알 수 있다.

UX 디자인 작업물 vs. 온라인 도구

그건 그렇고 UX 작업물인 사이트맵과 사이트에서 흔히 보는 사이트맵을 생각해 보자. 이 두 가지는 다르다. 어떤 사이트에서는 모든 콘텐츠의 인덱스를 "사이트맵"이라는 이름으로 제공한다. 얼핏 보면 비슷해 보여도 사용자가 보는 사이트맵과 프로젝트 과정에서 만들어지는 사이트맵은 설계와 제작 방법부터 완전히 다르다.

사이트맵 소개

사이트맵은 UX 작업물 가운데 많이 알려진 편이다. 사이트맵을 직접 보지 못한 사람조차 사이트맵이 무엇을 전달하는지 바로 알아차릴 수 있다.

그림 5.1에 나온 기본 사이트맵은 전형적인 조직도[1]에서 다소 진화된 형태다. 메인 페이지 밑으로 세 단계의 내비게이션이 있고 정보 카테고리는 굉장히 구체적이다. 예를 들어 '냉동고' 제품은 '대형 가전' 카테고리에 있고 '대형 가전' 카테고리는 '가정용 가전 기기' 카테고리에 있다. 메인 페이지 주변의 회색 원은 글로벌 내비게이션 바[2]에서 접근할 수 있는 요소를 보여준다.

---

[1]   조직도(org chart) 사람들의 수직적 관계를 보여주는 그림
[2]   글로벌 내비게이션 바 웹 사이트의 모든 페이지에서 접근할 수 있는 메뉴

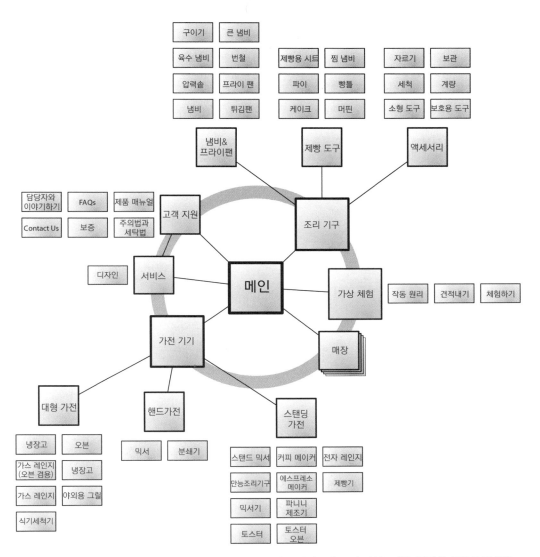

그림 5-1   메인 페이지 밑으로 세 단계의 내비게이션이 있는 사이트맵. 이 사이트맵은 분류에 초점을 맞췄다. 즉, 이 사이트맵을 보면 각기 다른 제품을 어떻게 분류했는지 알 수 있다.

더 추상적인 사이트맵도 있다. 이 사이트맵은 페이지와 카테고리를 그렸지만 템플릿 구조를 그린 사이트맵도 있다. 그러나 너무 추상적으로 흐르면 콘셉트 모델이 된다. 표 5.2는 내 머릿속에 있는 콘셉트 모델과 사이트맵 사이의 분명한 경계선을 보여준다.

콘셉트 모델	사이트맵	
복잡한 개념 묘사	웹 사이트의 수직적 구조 묘사	
콘셉트를 기본 단위로 사용	웹 페이지를 기본 단위로 사용	
시작점과 끝나는 점이 모호함	시작점이 매우 확실함	
생각을 의미론적으로 연결	페이지를 수직적으로 연결	

표 5.2 콘셉트 모델과 사이트맵의 비교. 둘 다 노드-링크의 구조지만 관계의 종류가 다르다.

도전 과제

대부분의 UX 디자이너와 정보 설계자는 사이트맵에 익숙할뿐더러 광범위하게 활용한다. 사이트맵의 도전 과제는 대규모의 역동적인 사이트를 어떻게 담아내느냐다.

이런 경우는 콘텐츠 하나에 장소가 다양하게 얽힌 상황, 즉 사용자가 한 가지 콘텐츠에 여러 경로로 도달할 수 있는 상황이다. 이런 상황에서도 콘텐츠의 구체적인 관계를 규정할 수 있지만 역동적이라는 표현 그대로 그러한 관계가 서로 배타적이지 않다. 이런 사이트에서도 핵심 카테고리를 먼저 정할 필요가 있으나 그러면 사람들이 내비게이션을 정적이라고 생각할 위험이 있다.

- **수요**: 사이트맵은 클라이언트가 잘 알고 이전에 많이 본 문서이므로 제작을 요구할 수도 있고 심지어 계약서에 포함하기도 한다. 또한 다른 사이트맵에서 본 세련됨이나 간결함, 그리고 큰 그림을 담아내는 능력이 필요할지도 모른다. 하지만 숙련된 디자이너라면 모든 프로젝트에 사이트맵이 필요하지는 않다는 사실을 알고 있다.

- **구조적 현실**: 웹 사이트가 더욱더 역동적으로 변해가면서 한 페이지가 다른 페이지에 "소속"됐다는 개념은 점점 구식이 되고 있다. 이 말은 콘텐츠 사이에 수직적인 구조만이 의미 있는 관계가 아니라는 얘기다. 콘텐츠가 사이트의 다양한 장소에서 살아 움직이고 사용자들은 다양한 방법으로 콘텐츠에 접근한다.

- **내비게이션 vs. 위계질서**: 정보가 수직적이라고 해도 콘텐츠 계층의 주요 카테고리가 그 사이트의 내비게이션 시스템[3]에 들어가지 않을 수 있으므로 내비게이션이 작동하는 기제까지 사이트맵에 담는 일은 쉽지 않다.

- **세부사항**: 사이트의 복잡도는 콘텐츠의 자잘한 부분까지 반영돼야 한다. 사이트맵과 같은 큰 그림에서 이런 세세한 내용을 담기는 어렵다.

 팁

최대한 세 단계

구조가 세 단계를 넘어서면 사이트맵을 여러 개로 나눠라. 어쩔 수 없이 네 단계를 담을 수도 있지만 이 순간부터 한 페이지 내에서 효과적으로 메시지를 전달하기가 어려워진다.

 사례

애플이 부엌으로 진출한다면?

최근에 나는 대규모 마케팅 사이트의 정보 설계 작업을 했다. 이 사이트에는 제품을 소개하고 제품을 팔며 그 과정에서 부수적으로 따르는 다양한 서비스와 "해결책"이 담겨 있었다. 정보 설계자로서 여러분의 기질을 시험해 보고 싶다면 포춘 100대 기업 중 하나의 웹 사이트를 골라 그곳의 구조를 재정비해 보라.

나는 이 작업을 하면서 정보 설계 감각을 훈련함과 더불어 광범위하고 깊이 있는 제품을 위한 마케팅에 존재하는 각종 어려움에 직면할 수 있었다. 이는 결코 간단하지 않은 작업이었다. 제품을 분류하거나 결합하는 방법은 수없이 많고 타겟 고객도 다양하며, 그들의 다양한 니즈를 충족해야 하기 때문이다.

나는 이 장에서 대규모 마케팅 사이트에서 겪은 경험을 내가 좋아하는 요리 분야와 결합하기로 했다. 주방용품은 양, 범위, 깊이에서 기술이나 가전제품과 경쟁할 정도다. 그래서 나는 나에게 "애플이 컴퓨터 대신 부엌 업계에 진출한다면 어떻게 될까?"라는 간단한 과제를 부여했다.

---

3   사용자가 콘텐츠를 열람하게 해주는 웹 사이트의 메뉴나 다른 인터페이스 요소

이런 도전 과제를 풀어가다 보면 "꼭 사이트맵을 그려야 하나?"라는 생각이 든다. 그러나 어떤 방식으로든 소비하는 정보가 있는 사이트라면 이런 정보를 담는 구조가 필요하므로 사이트맵은 필수다. 사이트맵은 사람들이 낱개의 콘텐츠보다 여러 개의 콘텐츠로 구성된 카테고리를 다루게 해주므로 이후의 디자인 작업을 촉진시킨다. 특히 오래된 사이트를 새로운 구조로 마이그레이션할 때는 사이트맵에 담긴 큰 그림이 모든 것에는 자리가 있다는 사실을 알려주므로 이후의 일을 원활히 진행할 수 있다.

사이트맵 해부하기

가장 기본적인 형태만 보면 사이트맵은 웹 페이지를 연결한 것의 모음이라고 할 수 있고, 사이트의 구조를 구체적으로 이해하는 데 도움이 되는 요소는 추가적인 계층에 담는다. 두 번째 계층에는 여러 형태의 페이지와 링크가 들어가고 세 번째 계층에는 추가적인 콘텍스트인 사이트 구조화의 토대가 담긴다.

계층 1: 반드시 있어야 할 것	계층 2: 페이지와 링크 상세화	계층 3: 추가적인 콘텍스트
페이지와 템플릿 링크 레이아웃	페이지 세부사항과 특징 페이지 묶어 주기 추가적인 연결	프로젝트 관리와 계획 편집과 콘텐츠 전략 사용자 니즈

표 5.3   사이트맵의 계층. 기초부터 다져야 한다.

계층 1: 상자, 화살표 그리고 조금 더

핵심만 보면 사이트맵은 선으로 연결한 도형의 모음이다. 도형은 웹 페이지이고 선은 구조적인 것으로서, 사용자가 정보 구조 속에서 어떻게 내비게이션 하는지 보여준다.

페이지와 템플릿

사이트맵의 노드는 웹 페이지다. 하지만 아무리 간단한 사이트맵이라도 그 이상의 의미가 담겨 있다. 사이트맵의 노드가 의미하는 바는 다음과 같다.

- **한 페이지**: 사이트맵의 기초 단위는 페이지다. 대개 정사각형이나 직사각형으로(가끔은 원으로) 그리고 이 도형에 해당 페이지의 이름을 쓴다.

- **페이지 그룹**: 노드가 몇 가지 기능이나 목표를 공유하는 페이지들을 의미하기도 한다. 물론 하나의 페이지나 그룹을 동시에 담기도 하는데 무엇을 의미하든 그러한 사실을 명료하게 적어줘야 한다.

- **자산**: 사이트맵에는 HTML 페이지 외의 것을 담기도 한다. 구체적으로 다른 유형의 파일을 다운로드하는 것이 여기에 해당한다. 사이트맵을 간단하게 만들고 싶다면 "회사 개요 (PDF)"와 같은 파일 유형을 문구에 적어 일반 페이지와 다르게 보여주고, 좀 더 정교하게 만들고 싶다면 두 번째 계층에서 언급하겠지만 포맷마다 시각적으로 다르게 보여준다.

- **카테고리**: 마지막으로 노드는 사이트의 한 영역을 보여주기도 한다. 이는 단지 몇 페이지를 넘어서 아주 많은 페이지로 구성된 한 구역을 의미하며, 높은 차원으로 사이트의 전체 구조를 보여주기에 좋다. 이런 사이트맵은 하나의 페이지나 여러 페이지를 보여주는 사이트맵보다 훨씬 더

- 복잡한 사이트맵 또는 다른 사이트맵 집합의 도입부 역할을 한다.

그림 5-2   사이트맵을 구성하는 노드의 의미. 노드에는 "페이지"의 다양한 변종까지 들어갈 수 있다. 이에 따라 독자는 페이지가 조금씩 다르게 작동되는 기제를 이해할 수 있다. 노드에 어떤 의미가 있든 일관성 있게 적용돼야 한다.

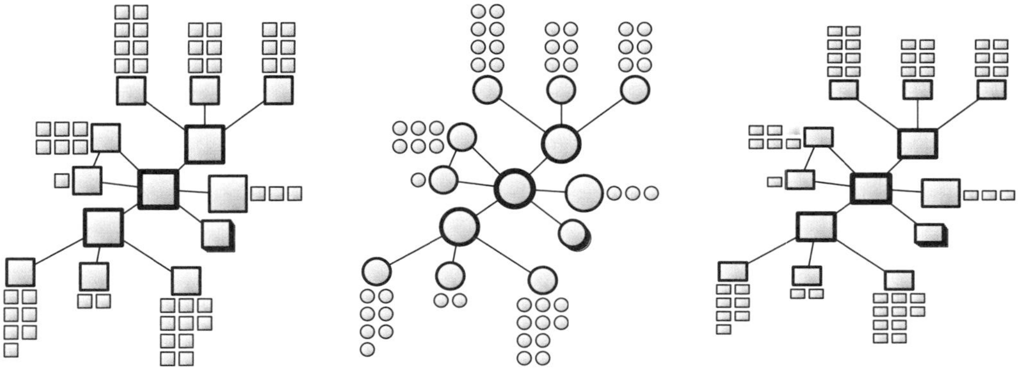

그림 5-3   서로 다른 도형으로 그린 사이트맵.   노드에 쓰이는 도형에 따라 느낌이 달라진다.

그러나 오늘날의 웹 사이트는 데이터베이스에서 "즉석으로" 콘텐츠를 조합해 템플릿 페이지로 보여줄 때가 많다. 이때의 사이트맵은 템플릿의 관계를 보여준다. 개별 페이지와 템플릿 페이지를 차별화하려고 나는 템플릿을 "페이지 더미"로 그린다.

내 취향은 시기에 따라 다르지만 일반적으로 페이지에는 정사각형을 사용하고 하위 레벨에서는 공간을 절약하고 긴 문구를 넣기 위해 직사각형을 쓴다. 원한다면 직사각형이나 원도 괜찮다.

도형	이럴 때 좋다	
정사각형	눈금선을 따를 필요가 없고 노드 대부분이 템플릿을 의미할 때 좋다. 몇 가지 이유로 나는 정사각형이 템플릿처럼 보인다.	
직사각형	눈금선을 따라야 하는 사이트맵.	
원	사이트맵이 정말 콘셉트 모델일 때 좋다. 나는 사이트맵이 콘셉트 모델에서 발전한 버전이거나 좀 더 높은 레벨의 추상적인 개념을 표현할 때 원을 이용한다. 낱개의 페이지 대신 그 페이지의 모든 그룹이 되는 것이다.	

표 5.4   노드에 쓰이는 다양한 도형.   노드에 다양한 도형을 사용해 다양한 상황을 보여줄 수 있다. 어떤 도형을 사용하건 일관되게 사용하고 한 가지 이상은 사용하지 마라.

마지막으로 노드에 들어가는 문구에 페이지 이름이나 템플릿 이름을 넣는다. 사용자가 보는 문구를 넣는 게 가장 좋다. 이 말은 사용자가 이용할 사이트에서 보게 될 이름을 사용해야 한다는 말이다. 하지만 사용자가 템플릿 이름을 볼 리는 없으므로 템플릿 이름에는 콘텐츠 유형을 대신 적어라.

링크

언뜻 보기에 노드 사이의 링크는 매우 간단해 보인다. 하지만 페이지나 템플릿 연결의 이면에는 많은 의미가 있다. 우선 수직적인 관계를 보여줄지 내비게이션 관계를 보여줄지 결정해야 한다.

- **수직적인 관계**: 전형적인 사이트맵에서 페이지는 부모-자식의 관계를 보인다. 즉, 한 페이지가 다른 페이지에 "속해 있는" 것이다. 어떤 페이지에서 아래로 연결된 페이지는 같은 주제를 더 세밀하게 다룬다. 여기에는 내비게이션의 의미가 있기도 하지만 기본적으로 페이지를 열람하는 방법이 아주 많다는 전제가 들어 있다.

- **내비게이션 관계**: 콘텐츠의 수직적 구조가 약한 사이트에서는 주요 기착점을 둘러볼 수 있는 가장 중심적인 시스템을 보여주기도 한다.

나는 웹에서 지리학적 은유를 상당히 조심하는 편인데 수직 관계와 내비게이션의 관계는 도시의 풍경에 비교하면 쉽게 차이를 알 수 있다. "63빌딩은 어디에 있습니까?"라는 질문의 답을 살펴보자.

    63 빌딩은 서울의 여의도에 있습니다.

이것은 서울에 소재한 지역들의 수직적 관계를 보여준다. 하지만 이렇게 대답할 수도 있다.

    63 빌딩은 지하철 5호선 여의나루역에서 15분 거리에 있습니다.

다음은 내비게이션 관계로서, 찾아가는 방법으로 63 빌딩의 위치를 알려준다.

63 빌딩은 어디에 있습니까?

그림 5-4   수직적인 관계 vs. 내비게이션 관계.   수직적인 관계와 내비게이션 관계의 차이를 지리학적으로 비유했다.

일반적으로 모든 링크는 "소속"이라는 의미를 내포하므로 링크에 문구를 달 필요는 없다. 다만, 소속의 형태가 다를 때는 선의 형태를 달리한다.

레이아웃

레이아웃(노드와 링크를 어떻게 배치할지)은 사이트의 구조를 설명하는 데 중요한 역할을 한다. 수직적인 구조의 사이트맵에서는 이런 관계를 부각할 수 있는 레이아웃을 사용하는데, 보통 노드를 눈금선에 맞추고 위에서 아래로 배치한다. 반면 내비게이션을 강조하는 사이트맵이라면 눈금선에 지나치게 집착하지 않아도 된다.

조직도 형태의 사이트맵은 사람들이 통상적으로 생각하는 분류 기준을 따르므로 이해하기 쉽다. 반면 다양한 세부사항을 담기 어렵고 공간을 많이 차지한다는 단점이 있다. 사이트맵에서 콘텐츠 간의 엄격한 수직 관계를 보여줘야 한다면 조직도 형태가 가장 좋다. 조직도 형태의 레이아웃은 수직 구조를 부각해서 보여줄 수 있고 독자 입장에서는 어떤 노드에서 시작해도 전체 구조의 어디에 있는지 즉시 파악할 수 있다.

반면 내비게이션에 초점을 맞춘 사이트맵이나 수직 구조가 덜 엄격한 사이트맵에서는 눈금선에 제한받지 않는 레이아웃을 고려한다. 콘셉트 모델과 같은 다이어그램은 정보의 관계에 내재된 복잡성을 전달하기에 좋다. 다음과 같은 구조에는 웹과 같은 형태의 레이아웃이 잘 어울린다.

- **추상화 수준이 매우 높을 때**: 사이트맵에서 개별 카테고리나 낱개의 콘텐츠가 아닌 템플릿이나 콘텐츠 유형을 다룬다.
- **콘텐츠 유형 간의 수직적 구조를 강조할 때**: 이런 템플릿의 관계는 시사나 주제 중심으로 구성된 카테고리의 관계와 다르다. 어떤 템플릿에 기본 레이아웃이나 구조가 있고 이를 다른 템플릿에서 가져다 쓴다면 전자는 "부모" 템플릿, 후자는 "자식" 템플릿이 된다.
- **템플릿 간의 내비게이션을 묘사할 때**: 이런 경로는 반드시 수직적이어야 하는 건 아니고 허브-스포크 모델을 따를 수 있다.

레이아웃이 덜 엄격하다면 다른 시각화 기법으로 수직 구조를 강조할 필요가 있다. 중심 페이지를 중앙에 배치하고 핵심 카테고리의 크기를 키우면 독자들은 어디서 시작할지 감을 잡을 수 있다. 새로운 포맷이라면 팀 내의 구성원에게 설명하는 자리를 마련해야 할지도 모른다. 수직 구조를 완전히 벗어나지 않으면서 어떻게 초점을 바꿨는지 한두 가지 예제를 들어 설명한다.

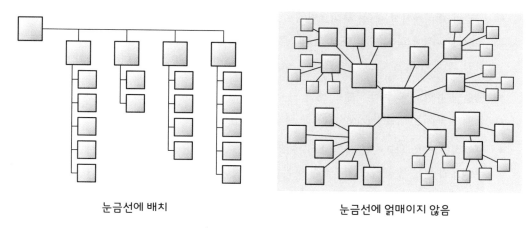

눈금선에 배치   눈금선에 얽매이지 않음

그림 5-5   사이트맵 레이아웃 비교. ⓐ 수직 관계가 엄격한 사이트맵, ⓑ 수직구조가 덜 엄격한 사이트맵.

계층 2: 페이지와 링크 상세화

계층 1에서 만든 선으로 이어진 직사각형을 통해 사이트 구조에 대해 많이 알 수 있지만 아마 여러분이 처한 상황에 따라 더 많은 정보가 필요할지도 모른다. 이때 사각형과 선으로 만들어진 기본 구조 위에 두 번째 계층을 추가하면 각 계층을 정밀하게 구성할 수 있다.

페이지 세부사항과 특징

프로젝트에서 페이지별 세부사항이나 페이지 간의 차이를 알아야 할 수 있다. 가장 흔한 것은 다음과 같다.

- **기존 vs. 새로운**: 기존의 정보는 거의 건드리지 않으면서 새로운 정보만 추가하는 프로젝트가 있다. 이때는 비포-애프터 사이트맵보다 이전의 정보가 새로운 정보에 어떻게 들어가는지 보여주는 편이 더 유용하다(물론 여러분의 필요에 따라 선택한다).

그 밖에 중요한 특징은 다음과 같다.

- **글로벌 내비게이션 항목**: 사이트맵에 수직적 구조와 함께 내비게이션 시스템 안에 속한 항목을 보여줘야 할 수도 있다. 노드에 "글로벌 내비게이션에 보임" 또는 "제품 내비게이션에 보임"과 같이 적어 놓으면 독자들은 구조와 함께 사이트 열람 체계를 이해할 수 있다.

- **템플릿 유형**: 사이트 영역별로 콘텐츠는 달라도 정보를 불러오는 템플릿은 같을 수 있다. 노드에 사용되는 템플릿을 시각적으로 다르게 처리해 보여 주기도 한다.

- **행정적인 또는 관리적인 사안**: 웹 사이트에 있는 정보보다 훨씬 더 변화무쌍한 조직이라면 콘텐츠와 콘텐츠 공급자의 관계를 보여줘도 유용하다. 소유권, 시기, 업데이트 주기와 같은 행정적이거나 관리적인 사안을 적어줄 수 있다.

- **부분적인 페이지 또는 페이지 요소**: 페이지 요소를 보여줘야 할 때가 있는데 프로젝트 초기 단계에는 페이지에 들어가는 세부사항까지 제시하기가 어렵다. 이때는 페이지의 일부 요소만 노드에 제시하고 전체 페이지와는 구분되게 모양과 스타일에 변화를 준다.

그렇다면 어떻게 변화를 주는가? 표 5.5에 노드에 변화를 줄 수 있는 기법을 정리했다.

노드를 꾸밀 때는 주의를 기울여야 한다. 나는 두세 가지 이상의 기법을 함께 사용하지 않고 그것도 간헐적으로만 적용한다. 예를 들어, 선의 두께가 너무 다양하면 시각 소음이 너무 심해져서 독자들이 해당 노드만의 특징을 감지하지 못하게 되는 정반대의 결과가 나타난다.

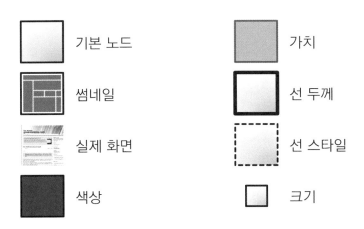

	기본 노드		가치
	썸네일		선 두께
	실제 화면		선 스타일
	색상		크기

그림 5-6   노드에 스타일을 적용.   노드를 꾸며서 다른 노드와 차별화한다.

기법	이렇게 쓴다	이럴 때 좋다
썸네일	정사각형 노드나 직사각형 노드 자리에 페이지 레이아웃이 담긴 작은 썸네일 이미지를 넣는다.	템플릿이나 페이지 레이아웃의 차이를 보여줄 때 좋다.
실제 화면	정사각형이나 직사각형의 노드 자리에 페이지의 실제 화면을 작게 넣는다.	기존 화면과 새로운 화면의 차이를 부각할 수 있다. 또한 현재 상태의 사이트를 그릴 때도 좋다.
색상	노드의 색상을 바꾼다.	유형이나 집단별로 노드를 차별화할 수 있다.
가치	노드의 가치에 변화를 준다(색상의 연하기 진하기 정도로 가중치를 달리한다).	중요도에 따라 노드를 차별화할 수 있다.
선두께	상자 주변의 선을 다른 선보다 두껍게 한다.	중요도에 따라 노드를 차별화할 수 있다.
선 스타일	상자 주변을 점선으로 그린다.	어떤 항목이 범위를 벗어나거나 새로운 페이지와 기존 페이지를 다르게 보여줄 때 사용한다. 페이지 요소 또는 페이지 일부를 의미하는 노드에 사용한다.
크기	상자의 크기를 조절한다.	노드를 중요도에 따라 차별화하거나 눈금선이 없는 사이트맵에서 수직적 구조를 강조할 때 사용한다.

표 5.5 노드를 꾸미는 방법. 사이트맵 노드를 꾸미면 페이지의 고유 기능이나 영역을 명확히 전달할 수 있다.

페이지 그룹화

사이트맵에서는 수직적인 연결로 카테고리를 보여주기도 하지만 이것 말고도 페이지를 그룹화하는 다른 유용한 방법이 있다. 자주 쓰는 그룹화 방법은 다음과 같다.

- **페이지 풀**: 사이트맵을 그릴 때 어떤 카테고리에 속한 페이지 하나를 어떤 콘텐츠 풀에서 끌어와야 할 때가 있다. 예를 들어, '기업 정보'라는 콘텐츠 풀이 있고 이 풀과 이 카테고리 페이지를 연결했다면 이 카테고리에서 이 관계에 해당되는 다른 페이지와도 연결될 수 있음을 의미한다. 이런 의미는 페이지 더미 아이콘도 전달할 수 있지만 페이지 풀이 더 다양한 카테고리를 포괄할 수 있다. 수직적인 관점에서는 이것을 교체 가능한 페이지로 해석할 수 있다.

- **기능적인 그룹**: 목표가 같은 페이지끼리 묶기도 한다.

- **상황적인 그룹**: 특정 사용자 군을 대상으로 만들었거나 특정 부서에서 관할해야 하는 것과 같은 외부적인 상황을 일련의 페이지에 반영해야 할 수 있다.

그렇다면 사이트맵에서 어떻게 노드를 그룹화할 것인가? 주변에 선을 그려라! 좀 더 섬세한 사람은 배경막을 쓰기도 한다. 도형을 둘러싸면 개별적인 페이지가 아닌 해당 그룹으로 링크된다는 사실을 보여줄 수 있다. 때로는 페이지 무리를 만들어 이런 의미를 전달하기도 한다.

그림 5-7   노드를 그룹화하는 방법. 노드를 그룹화할 때는 상자, 원, 불규칙한 도형으로 주위를 둘러싼다. 선을 쓰기도 하고 농도가 흐린 배경막을 쓰기도 하며, 페이지의 무리를 만들기도 한다.

"노드 수준"에서 사용하는 여러 가지 변화 기법을 그룹화에도 적용할 수 있다. 시각적으로 페이지를 묶으면 적어도 수직적인 관점에서는 한 단위로 취급할 수 있다. 회사에서는 개별적인 백서 페이지를 다르게 관리할지 모르지만 사이트 정보 설계 측면에서는 모두 같게 취급되기도 한다.

페이지를 시각적으로 그룹화하는 방법은 많지만 UX 관점에서 고려해야 할 부분은 그룹화한 것을 링크로 혼란시키면 안 된다는 점이다. 따라서 페이지를 그룹화할 때 사용한 시각적인 규칙은 소속된 페이지 간의 링크에 종속돼야 한다.

전문가에게 묻기

DB: 어떻게 하면 좋은 사이트맵을 만들 수 있나요?

DS: 좋은 사이트맵에는 다음과 같은 네 가지 속성이 있습니다. 바로 좋은 콘텐츠가 있고, 이해하기 쉽고, 포맷이 적절하고, 간결하다는 것이죠.

콘텐츠는 사이트맵의 가장 중요한 부분입니다. 아무리 정렬이 훌륭하고 글씨체가 멋져도 내용이 허술하면 아무런 소용이 없습니다. 이 말은 정보 설계가 훌륭해야 한다는 말이기도 합니다. 카테고리가 잘 나뉘어 있고(사용자와 콘텐츠 측면 모두) 명확하고 서술적인 문구를 사용해야 합니다.

도나 스펜서 Donna Spencer,
매드맙Maadmob **정보 설계가**

좋은 사이트맵이라면 여러분이 설명하지 않아도 쉽게 이해할 수 있어야 합니다. 한 번 정도는 설명해 줄 수 있지만 결국에는 모두 스스로 봐야 합니다. 좋은 사이트에는 다음과 같은 내용이 있습니다.

- 너무 깊이 들어가지 않으면서도 사람들의 질문에 충분히 답을 주는 주석과 설명
- 다양한 도형, 색상, 아이콘을 설명하는 범례
- 문서를 보완하는 추가적인 세부사항(특히 복잡한 사이트)
- 사이트맵을 최종 사이트의 내비게이션으로 변환하는 방법에 대한 예시

사이트맵의 형식도 중요합니다. 간단한 수직 구조의 사이트는 간단한 수직 구조의 다이어그램이면 됩니다. 데이터베이스 중심의 제품 사이트에서는 각 제품의 메타데이터를 싣습니다. 대규모의 수직적인 사이트에서는 커다란 스프레드시트가 만들고 읽고 유지하기가 쉽습니다. 복잡한 사이트라면 이 모든 게 다 필요합니다.

또한 좋은 사이트맵은 간결합니다. 좋은 사이트맵에는 여러분이 전달해야 하는 내용을 정확히 알릴 수 있을 정도의 정보만 들어가고 그 이상은 없습니다. 해야 할 일에만 집중하고 그것을 잘해야 합니다.

추가적인 연결

주로 구조가 수직적인 사이트맵에서 수직적인 구조 외에 다른 중요한 관계를 보여줘야 할 수도 있다. 수직 구조의 가장 위에 위치한 전체 내비게이션 시스템을 겹쳐 놓는 방법은 어렵고 불필요해 보인다. 하지만 몇 가지 중요한 내비게이션 링크를 제공하면 사용자 경험을 제대로 보여줄 수 있다. 특히 이때 노드를 꾸밀 때 썼던 기법을 고려해 본다.

고려해 볼 수 있는 링크는 다음과 같다.

- **"~에서도 링크됐습니다"**: 웹 사이트에는 수많은 링크가 교차된다. 따라서 모든 링크를 보여주는 건 의미가 없지만 가끔 어떤 링크는 별도로 부각할 필요가 있다. (그림 5.8, ❶)

- **콘텍스트 설정 링크**: 웹 사이트의 일부만 디자인하는 프로젝트가 있다. 현재 프로젝트의 범위에서 포함하지 않은 페이지라도 새로운 페이지의 콘텍스트가 될 수 있다. 나는 이런 노드나 링크를 흐리게 처리한다. 이런 링크는 "어딘가에서 여기로 오려면 어떻게 해야 하는가?"와 같은 질문에 답을 준다(그림 5.8, ❷).

- **그룹으로 연결**: 꼭 페이지에만 링크가 발생하는 건 아니다. 페이지 그룹에도 링크가 발생할 수 있는데 이때는 사이트맵에서 그룹당 하나의 링크만 그려준다. 선이 여러 개가 아니라도 이 그룹에 속한 모든 페이지가 링크됐다는 사실을 알 수 있다(그림 5.8, ❸).

- **"~에 나타나는"**: 페이지 일부나 페이지 요소를 의미하는 노드가 있을 수 있다. 이런 노드는 형태가 다르겠지만 더불어 연결 스타일에도 변화를 주면 이 링크가 반드시 내비게이션이나 수직 구조만을 의미하는 것이 아님을 알 수 있다. (그림 5.8, ❹)

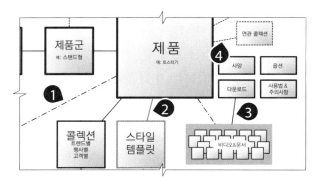

그림 5-8   수직적인 의미를 넘어선 링크. 수직적인 의미를 넘어 다른 의미도 링크에 담아 보여줄 수 있다. 이 기본 사이트맵에는 네 가지 접근 방식이 모두 담겨 있다. (1)~에서 링크됐습니다, (2)콘텍스트 설정 링크, (3)그룹으로 연결, (4)~에 나타나는.

계층 3: 추가적인 콘텍스트 제공

마지막 계층은 독자들을 사용자 경험의 밖으로 끌어내서 사이트 구조의 콘텍스트를 알려주는 정보다. "콘텍스트"란 콘텐츠와 편집 전략부터 사업 목표와 기술적 한계까지 프로젝트의 다양한 외적인 측면을 의미한다.

페이지의 추가 정보를 제공하기 위해 도형을 꾸미는 방법 외에 다른 기법은 다음과 같다(그림 5.9).

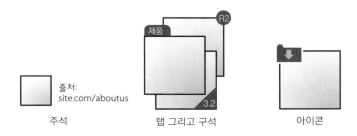

| 주석 | 탭 그리고 구석 | 아이콘 |

그림 5-9   추가적인 콘텍스트. 주석이나 작은 탭을 이용해 노드의 추가 정보를 적을 수 있다. 이런 기법들은 일관되게 적용해야 한다. 예를 들어 템플릿 유형을 나타내는 데 탭을 썼다면 언제나 같은 의미로 이용해야 한다. 또한 스타일도 적합해야 한다. 문제를 지적하려고 주석을 이용할 때는 튀는 색상을 쓰는 게 좋다.

- **주석**: 노드 바로 옆에 메모를 적는 방법이 가장 간단하다. 이때 나는 다른 글씨체와 색상을 이용한다. 물론 색상은 목적에 따라 다른 색을 쓴다. 예를 들어 문제 영역을 지적할 때는 빨간 글씨를 쓴다.

- **조그만 탭이나 구석**: 노드에 탭을 만들거나 노드 구석에 짧은 단어를 넣어 노드를 다르게 보여주기도 한다. 콘텐츠나 템플릿 유형에 따라 노드를 구분할 때 이 방식을 즐겨 쓴다.

- **아이콘**: 페이지 유형이나 사용자 니즈에 따라 노드를 다르게 보여줄 때 작은 아이콘을 이용할 수 있다. 이 방법은 다른 두 방법에 비해 조금은 억지스럽다. 프로젝트 단계나 우선순위에 따라 달리하면서 행정적인 측면을 부각할 때 이용하기도 한다. 이때 들어가는 내용은 문서의 목적에 따라 달라진다. 이런 데이터를 추가하기 전에 여러분이 사이트맵을 어떻게 이용할지 고려하라(뒤에 나오는 "기초 결정 사항"의 "목표와 시기"을 보라).

프로젝트 관리와 계획

사이트맵은 훌륭한 관리 도구다. 특히 큰 그림을 보면서 공격 계획을 세울 때 그 기량을 발휘한다. 사이트맵은 사이트의 전체적인 모습을 보여주지만 조각을 이리저리 옮기면서 영역별로 바라볼 수도 있다. 프로젝트 관리와 관련된 고려 사항은 다음과 같다.

- **우선순위**: 어떤 부분을 제일 먼저 시작해야 하는가?
- **순서**: 사이트의 각 영역은 프로젝트의 어떤 단계에 해당하는가?
- **소유권**: 누가 사이트의 각 영역을 책임지는가?

콘텐츠와 편집 전략

사이트맵은 정보 설계자와 콘텐츠 전략가(팀에 이런 직책이 있다면)의 좋은 대화의 밑천이 된다. 정보 설계자는 경험의 구조에 초점을 맞추고 콘텐츠 전략가는 그 경험 속에서 사람들이 무엇을 찾는가에 초점을 맞춘다. 사이트맵은 현재와 앞으로의 콘텐츠에 대한 의사결정의 도구가 된다.

- **강조**: 이 페이지에서 가장 중요한 내용은 무엇인가? 콘텐츠 전략에 따라 콘텐츠의 우선순위가 정해진다. 그 우선순위는 콘텐츠 주제일 수도 있고 내용일 수도 있다.
- **갱신 주기**: 페이지별로 콘텐츠의 편집 주기를 표시해야 할 수 있다. 자주 갱신해야 하는 곳에 한 가지 색을 자주 갱신할 필요가 없는 곳에 다른 색을 이용한다.
- **출처**: 콘텐츠를 마이그레이션할 때 콘텐츠의 출처를 URL과 함께 적어 주는 게 이상적이다.

콘텐츠 전략 분야는 웹이 대규모 출판 및 소비 매체로 진화하면서 떠오르며 공식화되고 있다. 콘텐츠 전략이 더욱 구조화되고 더욱 구체화됨에 따라 이런 니즈가 있다면 문서에 반영할 필요가 있다.

사용자 니즈

사이트 구조와 사용자 니즈의 관계는 사이트 구조에 대한 논리적 근거가 될 수 있다. 따라서 어떤 사이트맵에서는 페이지가 타겟 고객의 니즈를 얼마나 잘 반영했는지 기재하기도 한다. 타겟 그룹의 서로 다른 니즈를 다양하게 반영하는 방법으로 각 페르소나에 이 페이지가 얼마나 중요한지 적어주기도 한다.

사이트맵 만들기

사이트맵의 요소를 아는 것만으로도 반은 시작한 셈이다. 이제부터는 사이트맵의 요소를 어떻게 조합하는지 설명하겠다.

사이트맵을 위한 기초 결정 사항

사이트맵은 간단하므로 세심하게 계획을 세우지 않아도 바로 만들기 쉽다. 하지만 어떠한 UX 다이어그램과 마찬가지로 계획을 세우고 만들면 문서의 수명이 길어질 수 있다. 누가 사용하고, 어떻게 사용하는지에 따라 최종 포맷이 완전히 달라지기 때문이다.

목표와 시기

사이트맵에는 다음의 두 가지 중 한 가지가 들어간다.

- **현재 상태**: 현재 사이트의 구조를 보여준다. 보통 콘텐츠가 자생적으로 증가하는 모습의 기록이나 예외 사항으로 가득 찬다.

- **미래 상태**: 타겟 사이트가 목표로 하는 정보 구조를 보여준다. 완전히 새로 만드는 사이트라면 왜 이런 구조를 해야 하는지에 대한 논리적 근거에 초점을 맞추고 기존의 사이트를 마이그레이션하는 사이트라면 기존의 콘텐츠를 새로운 콘텐츠에 맵핑할 때 예상되는 차이를 지적한다.

사이트맵에는 몇 가지 목표가 있는데 아래의 목표는 그다지 배타적이지 않다.

- **내비게이션 전략 묘사**: 사용자들은 한 영역에서 다른 영역으로 어떻게 움직일까? 내비게이션 전략은 이 질문에 대한 답을 준다. 내비게이션 전략은 콘텐츠를 둘러보는 한 가지 또는 그 이상의 방법을 보여준다. 사이트맵은 콘텐츠의 종류와 콘텐츠 사이를 돌아다니는 이상적인 경로를 보여줌으로써 좋은 전략을 세우는 데 유용하다.

- **분류 전략 설명**: 분류 전략이란 정보 카테고리의 틀을 세우는 것을 말한다. 분류 방법에 따라 콘텐츠가 들어가는 틀이 생기는데 사이트맵에서 그 카테고리의 결과물을 보여준다.

- **콘텐츠 전략의 유효성 입증**: 콘텐츠 전략에는 어떤 콘텐츠가 어디로 가는지가 담긴다. 사이트맵이라는 큰 틀에서 콘텐츠가 타겟 고객에게 효과적으로 전달될 수 있도록 최적화된다. 콘텐츠 마이그레이션(다음 기호를 보라)을 할 때도 부족한 부분을 채우기 위해 사이트맵을 이용한다.

- **콘텐츠 마이그레이션 촉진**: 콘텐츠 마이그레이션이란 웹 사이트의 일부 또는 전체를 새로운 구조로 옮기는 작업이다. 마이그레이션을 하는 이유는 다양하지만 사실은 조금 비합리적일 때가 많다. 사이트맵 작업으로 기존의 콘텐츠를 새로운 콘텐츠에 맵핑함으로써 이 과정을 원활히 진행할 수 있다.

- **위의 항목을 진단**: 사이트의 현재 구조를 그리다 보면 현재 내비게이션, 분류, 콘텐츠 전략의 문제점과 강점을 파악할 수 있다.

사이트맵은 UX 프로세스의 큰 그림을 보여주므로 프로젝트 초반에 그리는 게 이상적이다. 사이트맵 역시 잘 만들어졌다면 콘셉트 모델처럼 콘텍스트를 설정해 주지만 콘셉트 모델보다 UX 업무에 더 실질적인 도움을 준다(콘셉트 모델은 전체를 관망하게 해주지만 반드시 디자인 원칙과 결부돼 있다고 할 수 없다).

고객

사이트맵의 메시지는 비교적 단순하다. 그러므로 누가 보는가에 따라 내용이 달라질 필요가 없다. UX 디자이너, 개발자, 이해관계자들이 이 문서에 바라는 내용은 사이트 구조, 사이트 내비게이션, 페이지별 우선순위 등으로 모두 같다.

콘텐츠 개발

맵을 그리기 전에 담고 싶은 페이지를 전부 적어 보는 게 좋다. 이렇게 하면 사이트 영역별로 담고 싶은 정보를 심사숙고할 기회가 생긴다. 예를 들면, 그 정보가 얼마나 중요한지, 그런 정보는 어떤 페이지 유형에 들어가야 하는지, 계층 2와 3과 관련해 변화를 줄 부분은 어디인지 등을 고려하게 된다.

사이트맵이 방금 위에서 언급한 목표 중 하나 이상을 수행한다면 표 5.6을 참고해서 사이트맵을 더 멋지게 그릴 수 있다.

사이트맵의 용도	이것을 강조하라	이것을 추가하라
내비게이션 전략	어떤 카테고리가 어떤 내비게이션 시스템을 뒷받침하는가	각각의 내비게이션 시스템을 보여주는 코드화된 글머리 기호나 아이콘
분류 전략	여러 콘텐츠가 메타데이터의 틀, 퍼싯 분류* 또는 기타 기법에 따라 어떻게 분류되는가	특정 퍼싯이나 메타데이터가 어떤 템플릿에 적용되는지 보여주는 글머리 기호나 아이콘
콘텐츠 전략	콘텐츠 예시	주석에 콘텐츠 예시, 특히 의견이 분분한 예시를 보여준다.
콘텐츠 마이그레이션	이 콘텐츠는 기존 사이트의 어디에서 왔는가	기존 사이트의 카테고리 또는 URL을 담고 있는 주석

* (옮긴이), 퍼싯 분류(faceted classification): 퍼싯 분류란 한 사물을 한 가지, 또는 순차적인 방법에 따라 분류하는 대신 여러 방법으로 분류하는 시스템을 의미한다.

표 5.6   사이트맵을 꾸미는 방법. 문서의 목표에 따라 결정해야 한다.

노드를 페이지, 템플릿, 기타 등등 어떤 명칭으로 부르든 노드는 사용자 경험의 한 부분이다. 노드는 사이트에 보이는 정보와 함께 그 구조에서 어떤 위치에 있는지를 알려주는 인식 가능한 덩어리인데, 문서에 상자(노드)를 그리다 보면 이러한 사실을 잊기 쉽다.

각 노드에 대해 반드시 결정해야 할 내용은 추상화 정도다. 추상화 정도는 두 극단 사이에 존재하는 긴장을 의미한다. 이 노드는 구조적인가? 아니면 구체적인 콘텐츠인가? 이 노드는 한 극단에 놓인 제품 카테고리인가? 광범위한 카테고리인가? 매우 구체적인 카테고리인가? 그림 5.11에서 하나의 콘셉트(냉장고)가 어떻게 3가지 방식, 3가지 추상화 정도로 표현될 수 있는지 볼 수 있다.

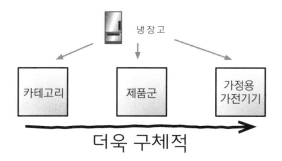

그림 5-10 추상화 정도. 다른 수직적 구조와 비슷해 보일지 모르지만 사실은 추상화 정도에 따라 같은 콘텐츠 (냉장고)를 여러 방식으로 묘사할 수 있다. 이러한 명칭("카테고리", "제품군", "가정용 가전기기")은 모두 한 사물을 그럴듯하게 그려준다. 가스레인지와 토스터도 이런 이름으로 설명할 수 있지만 이런 명칭에 따라 사이트의 전체적인 UX 디자인에 큰 영향을 끼친다.

정보 설계자는 의미 있는 경험 창출에 필요한 템플릿의 범위와 깊이를 정해야 하므로 이런 의사 결정은 궁극적으로 UX 작업의 일부다. 이런 내용은 산출물에 단계적으로 반영해야 한다. 시각화를 통해 카테고리별 목적을 어떻게 성공적으로 전달하고 있는가?

나는 내 정보 설계의 추상화 정도가 높다는 사실을 발견했는데 여기에는 다음과 같은 두 가지 위험이 있다.

- **예외 사항**: 앞의 그림에서 카테고리에 들어가는 항목에 예외가 있을 수 있다. 냉장고는 추상적인 구조에 정확하게 들어맞지만 액세서리 같은 카테고리는 그렇지 않다.

- **부가적인 문서 작업**: 추상적인 사이트맵은 사이트의 기반 구조와 템플릿 시스템을 잘 보여주지만 실제 콘텐츠는 부가적인 문서로 보여줘야 할 수 있다. 실제 카테고리, 서브 카테고리, 제품은 무엇인가? 사이트맵과 스프레드시트 또는 이런 것을 함께 그려야 전체적인 사용자 경험의 그림이 잡힐지 모른다.

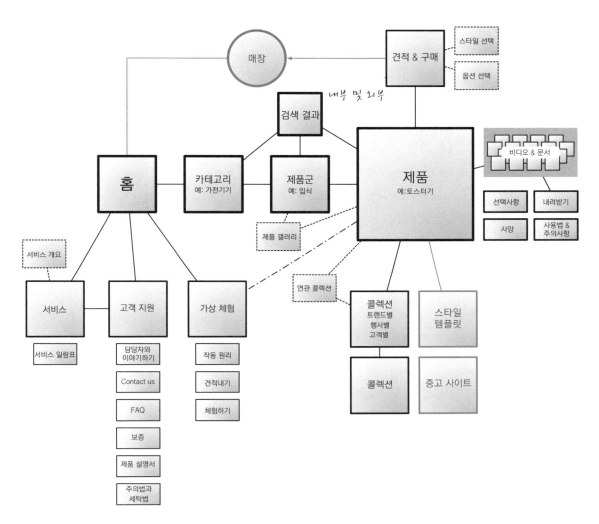

그림 5-11 추상적으로 구조화한 사이트맵. 샘플 사이트를 추상적으로 구조화하니 완전히 달라졌다. 여기서 강조한 점은 "무엇이 어디에 있는가"가 아니라 "경험의 구조는 어떤가"다. 콘텐츠가 구체적으로 언급되기는 하지만 이는 템플릿에서 콘텐츠가 보이는 예시일 뿐이다. 템플릿(추상화 정도가 높은 페이지)은 좀 더 미묘하게(그리고 여러 가지 방법으로) 연결되므로 링크에 더 많은 의미가 함축된다.

전문가에게 묻기

DB: 사이트맵을 만들 때 힘든 점은 무엇인가요?

JM: 명료함과 풍부함 사이에서 균형을 잡는 일이 가장 어렵습니다. 다른 이해관계자와 가장 명료하게 의사소통할 수 있는 형태는 간단한 트리 구조입니다. 모든 페이지가 한 장소에 있고 부모가 하나뿐인 구조죠. 나는 가능하면 트리 구조에서 시작합니다. 하지만 트리 구조에 딱 들어맞는 사이트가 많아 봤자 얼마나 많겠습니까? 간단한 트리로 표현하기에 웹은 너무 의미가 다양하고 얽혀 있습니다. 이럴 때조차도 사이트맵은 핵심 구조와 내비게이션 패턴을 담아내야 합니다.

제임스 멜쳐 James Melzer,
에잇셰이프스EightShapes, **LLC**
사용자 경험 수석 디자이너

더불어 사이트맵은 단순히 페이지가 어디에 위치했는지보다 더 큰 그림을 보여줘야 합니다. 꽤 많은 사이트가 여러 가지 이유로 이를 지키지 않고 있는데, 사이트맵은 이것의 근본적인 원인을 찾는 가장 좋은 방법입니다.

큰 그림은 기본 트리 구조 위에 색상, 배치, 그리고 다른 표시로 핵심 속성을 보여줍니다. 이런 핵심 속성은 매번 다르지만 내 경우에는 보통 아래와 같습니다.

- 사용자 내비게이션
- 트래픽
- 콘텐츠 관리
- 프로젝트 범위
- 콘텐츠 유형

나는 웹 사이트의 이야기를 제대로 들려줄 수 있는 조합을 찾을 때까지 이러한 속성을 조합해 봅니다. 그리고는 한발 물러서서 동료에게 설명합니다. 이렇게 말로 표현하다 보면 사이트맵이 그 이야기를 잘 들려주는지 알 수 있습니다. 기본 구조가 빠졌나? 부가적인 정보가 큰 그림을 명확히 표현했는가? 사이트가 복잡하거나 이야기가 복잡 미묘하다면 적당한 균형을 찾을 때까지 몇 차례 반복합니다. 사람들의 반응을 살피면서 이런 균형을 찾아낼 수 있습니다.

뛰어난 사이트맵을 위한 팁

기본 조직도 포맷은 이 작업물에 적합할뿐더러 사이트맵을 처음 그리는 사람에게 가장 쉬운 방법이기도 하다. 하지만 사이트맵을 몇 번 그려보면 이런 엄격한 레이아웃으로는 뭔가 부적합하다는 느낌을 받을 것이다. 여기에 나온 팁은 여러분이 기본 포맷을 넘어서는 데 도움될 것이다.

아이소메트릭 레이아웃

사이트맵의 한 가지 동향으로 아이소메트릭 레이아웃이 있다. 아이소메트릭 레이아웃에서는 노드의 각도를 비스듬하게 기울여 원근감을 준다(백문이 불여일견. 그림 5.12 참고). 노드는 서로의 뒤쪽으로 물러나서 배치되는데 이렇게 하려면 눈금선을 지켜야 하므로 수직적인 느낌이 강해진다. 아이소메트릭 레이아웃은 다음과 같을 때 좋다.

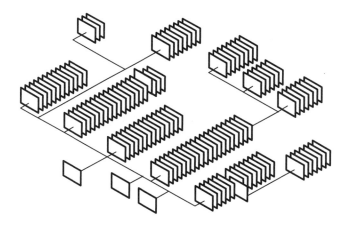

그림 5-12 아이소메트릭 레이아웃. 엄격한 수직 구조를 보여주기에 좋다.

- **수직적인 구조를 보여줄 때**: 눈금선에 배치하기가 어려운 내비게이션 레이아웃은 아이소메트릭 사이트맵으로 보여주기 어렵다.

- **현 상태를 보여줄 때**: 현재 페이지의 수직 구조를 보여줄 목적으로 노드에 캡쳐 화면을 놓기도 한다. 아이소메트릭 사이트맵에서는 노드에 문구를 넣기 어려우므로(그림 5.12를 보라) 문구가 많지 않아도 잘 구분되는 화면을 이용하는 게 가장 좋다.

아이소메트릭 사이트맵에서 문구는 대개 노드 바깥에 둔다. 노드가 비스듬한 직사각형 모양이므로 문구가 잘 보이지 않고 노드를 각 노드의 "뒤에" 배치하므로 노드에 문구가 들어갈 자리가 좁아진다. 도형 바깥에 문구를 넣기도 하지만 그러려면 공간이 많이 필요하다.

그림 5.13처럼 어떤 다이어그램 소프트웨어에서는 아이소메트릭 포맷으로 문구를 정렬하기가 쉽지 않다.

그림 5-13   문구 넣기가 어려운 아이소메트릭 사이트맵.

따라서 아이소메트릭 사이트맵은 분량과 그룹화를 보여주기에 더 적합하다. 현존하는 콘텐츠 관리의 어려움을 보여주는 용도로 많이 쓰인다.

 아이소메트릭 더 알기

아이소메트릭[1] 사이트맵을 가장 잘 알 수 있는 책으로 폴 칸(Paul Kahn)과 크르취슈츠토프 렝크(Krzysztof Lenk)의 『웹사이트 매핑(Mapping Web Sites)』이 있는데 이 책에는 훌륭한 예시가 굉장히 많다.

우리 회사에서도 에잇 셰이프스 통합 문서 시스템의 일부로 아이소메트릭 사이트맵을 만들 수 있는 템플릿을 배포했다.

---

1   다이어그램에서 각도를 조정해 원근감을 만들어 내는 것

시각 언어

한 문장으로 요약하면 여러분이 좋아하는 사이트맵용 스텐실을 만들어 반복해서 사용하라는 것이다.

스텐실[4]을 만들면 여러 작업물 또는 한 다이어그램에서 일관성을 유지할 수 있다. 그러면 무엇을 넣고 뺄지 같은 어려운(그러나 중요하고 필요한) 결정을 내리는 데 도움이 된다. 창의성을 억압하자는 말이 아니라 가장 효과적인 기호를 보여주는 데 집중하자는 말이다. 이런 스텐실은 시각적인 규칙이나 가이드라인을 더욱 호소력 있게 보여줄 것이다.

사이트맵용 시각 언어를 개발하는 가장 효과적인 방법은 다이어그램에 들어갈 모든 내용을 적어 보는 것이다. 이러한 내용의 우선순위를 정하고 각 정보를 어떻게 보여줄지 결정한다.

 팁

다이어그램 프로그램에 있는 스텐실

마이크로소프트 비지오, 옴니 그룹의 옴니 그래플과 같은 각종 일러스트레이션 프로그램에는 스텐실에 들어간 개별적인 도형을 저장하는 기능이 있어 이후에 재사용할 수 있다. 여러분에게 잘 맞는 시각 언어를 발견했다면 이 시각 언어를 다른 곳에서 재활용하지 말라는 법은 없다.

큰 사이트맵

규칙이 엄격하지 않은 사이트맵을 다루는 방법으로 사이트맵을 여러 개로 쪼개는 방법이 있다. 콘텐츠를 논리적으로 나눠서 서로 다른 페이지에 그리면 다소 독립성이 부여되므로 더 잘 이해된다. 제일 앞 장에서는 각 영역이 합쳐진 모습을 보여준다.

---

4 특정 종류의 다이어그램을 만들 때 사용되는 도형의 모음

사이트맵 기량 끌어올리기

웹 사이트 정보가 점점 더 복잡해지고 빽빽해지면서 모든 정보를 간단한 2차원의 그림으로 그리기에는 무리가 있다.

연결은 간단히 하라

모든 것을 다 연결하고 싶은 생각이 들더라도 구조를 효과적으로 보여줄 수 있는 연결만 남겨라.

다이어그램의 목표나 사이트의 구조를 고려해 어떤 링크를 보여줄지 결정하라. 어떤 경우에도 필수적인 요소를 설명하는 링크만 남겨야 한다.

변화를 최소화하라

아무리 예쁘게 그리려 해도 웹 페이지는 갖가지 모양과 크기로 그려질 것이다. 계층 2에서 논의했듯이 화면 뒤에 감춰진 기술부터 정보 설계의 부가적인 계층, 프로젝트 관리 논점까지 노드에서 보여줄 내용이 아주 많다. 아마 노드마다 정보를 최대한 많이 담고 싶다는 욕심에 좁은 공간에 수많은 세부사항을 넣은 위대한 작품이 탄생할지도 모르지만 대부분은 복잡하고 흉한 사이트맵으로 전락하고 만다.

페이지의 부가적인 정보를 보여주려고 다양한 버전의 사이트맵을 만들기도 한다. 어떤 프로그램에서는 다양한 정보를 대상으로 손쉽게 레이어링하는 기능을 제공하고 대부분의 다이어그래밍 프로그램에는 영역별로 나타내거나 숨길 수 있는 레이어링 기능이 있다. 어떤 방식이든 한 버전에서는 기술적인 논점을, 다른 버전에서는 편집적인 논점을 보여주는 것처럼 다양한 측면을 보여주기 위해 다양한 버전을 만들 수 있다.

그림 5-14 옴니 그래플의 레이어. 그림의 일부를 보이게 하거나 숨길 수 있다.

지나치게 간소화하기

정보가 너무 적으면 완전히 다른 방향으로 가기도 한다. 이럴 때는 다음과 같은 점에 주의하라.

- **콘텐츠나 카테고리 빠뜨리기**: 사이트의 한 영역을 통째로 빼놓는 일은 일어나지 않을 듯하지만 자주 일어난다. 중요도가 높거나 눈에 잘 보이는 영역에 집중하다 보면 다른 부분을 빠뜨리곤 한다. 사이트맵을 제작하면서 이런 일이 일어나지 않게 주의를 기울여야 한다.

- **페이지별 차이 빠뜨리기**: 페이지 간의 차이점은 사이트 계획을 할 때 꼭 필요한 정보다. 페이지의 모든 차이를 보여주려고 전전긍긍하면서 몇 가지를 빼는 건 좋은 습관이지만 너무 많이 빼서는 안 된다.

- **링크 빠뜨리기**: 내 사이트맵에는 사용자가 한 페이지에서 다른 어떤 페이지로도 옮겨 갈 수 있다는 전제를 깔고 있다. 그러므로 모든 링크를 다 그릴 필요는 없지만 그렇다고 한 가지 링크만 보여준다면 이 구조는 제 역할을 하기 어렵다.

그렇다면 어떻게 해야 너무 많이 빠뜨리지 않을까? 너무 많이 **빼먹지** 않는 두 가지 방법은 다음과 같다.

- **목록 만들기.** 사이트맵에 들어가야 한다고 생각하는 내용을 모두 적은 후 사이트맵으로 정보의 우선순위를 정할 사람에게 다음과 같이 물어라. "여기 보시면 많은 내용이 있습니다. 저는 이 단계에서 페이지별로 콘텐츠 템플릿 또는 콘텐츠 소유권을 꼭 보여줘야 한다고 생각합니다. 하지만 이번 문서에서 두 가지를 모두 담기는 어려울 것 같습니다."
- **확인하고 또 확인하라.** 여러분의 작업을 출처와 비교 확인하라. 콘텐츠 목록이 있다면 그 콘텐츠 목록에 있는 모든 게 사이트맵에 들어갔는지 확인하라.

사이트맵 프레젠테이션

사이트맵은 사이트의 구조를 효과적으로 보여주지만 복잡하거나 때로는 의견이 분분한 정보가 들어가기도 한다. 이런 문제를 해결할 방법은 한 번이건 두 번이건 회의를 하는 수밖에 없다.

회의 목표 정하기

나는 사이트맵과 관련된 회의를 이끌거나 참석할 때 "이 사이트맵에 무엇이 있는가?"와 "무엇이 빠졌는가?"라는 두 가지 질문을 떠올린다(표 5.7에 사이트맵 회의에서 사이트맵의 역할을 소개하는 방법을 적어 놨다).

전체 지형 보여주기: 사이트맵에 무엇이 있는가?

사이트맵을 소개할 때 여러분은 여행 가이드가 돼야 한다. 좋은 여행 가이드는 여행에서 보게 될 광경을 개인화해 주는 동시에 이 풍경이 왜 특별한지 알려준다. 그리고 왔던 길을 되돌아가기도 힘들었을 것이다.

도입부에서는 다음과 같은 몇 가지 핵심 메시지를 전달해야 한다.

- **통합 주제**: 통합 주제는 구조 설계를 이끄는 하나의 비전을 의미한다. 현재의 구조를 그린 사이트맵의 통합 주제는 UX 비전보다는 핵심 인사이트가 될 것이다. "사이트맵을 그리면서 자생적으로 콘텐츠가 증가하는 부분이 제품이라는 사실을 발견했습니다. 또한 솔루션에도 좋은 콘텐츠가 추가되고 있었습니다."

- **중요한 특징**: 어떤 참가자에게는 특히 중요한 설계 측면이 있을 수 있다. 이런 특징을 설명함으로써 참가자가 중요하게 생각하는 니즈를 충족시키면서 통합 주제를 뒷받침해 주기도 하고 그동안 간과하던 측면에 사람들의 주의를 이끌어 내는 수단이 되기도 한다.

- **무엇이 변했는가**: 만약 이번이 사이트맵을 처음 보여주는 자리가 아니라면 문서 소개보다는 버전 기록을 발표한다. 각 버전의 발전 과정을 보여주면서 "당신의 피드백을 듣고 이런 결과물을 만들게 됐습니다"라고 말한다.

그림 5.11처럼 추상적인 사이트맵이라면 나는 개요를 소개하는 회의에서 이런 메시지를 전달할 것이다.

프로젝트를 진행하는 동안 "사이트맵의 전체 지형을 파악하는 회의"가 몇 차례 열릴 것입니다. 이때 새로이 내용을 설명해야 할 이해관계자가 생길 수도 있습니다. 초반부 회의에서는 사이트맵 소개에 초점이 맞춰지겠지만 작업이 진행됨에 따라 사이트 구조가 어떻게 바뀌었는지 보여 드릴 것입니다.

통합 주제	이 사이트는 부엌 용품의 "전통적인" 분류 방식을 고수하되 추가적인 탐색 방식도 가능하게 했습니다.
중요한 특징	이 구조에는 주요 구조적 속성인 카테고리, 제품군, 제품과 더불어 제품을 즉석에서 그룹화해 주는 "콜렉션" 템플릿이 들어갑니다. 전체 구조에서 이 기능이 어떻게 자리 잡는지 보여드리려고 중고 사이트처럼 범위에서 벗어난 항목을 함께 그렸습니다.
무엇이 변했는가	지난 번에 살펴본 사이트맵에서 제품의 수직 구조에서 벗어난 콘텐츠의 세부사항과 이런 템플릿에 들어가는 요소를 추가했습니다. 이러한 요소는 가족과 제품 템플릿에 붙어 있는 제품 갤러리 템플릿처럼 점선으로 표현했습니다. 이 장의 뒷부분에 나오는 "사이트맵과 와이어프레임"에서는 제품 갤러리 요소가 어떻게 보이는지 볼 수 있습니다.

표 5.7 **사이트맵의 다양한 역할.** 사이트맵의 다양한 역할과 회의에서 소개하는 방법. 유효성 확인하기: 무엇이 빠졌는가?

이해관계자들이 사이트맵에 익숙해지기 시작하면 이들은 깐깐한 검토자가 된다. 여러분보다 콘텐츠나 사이트의 요구사항을 더 잘 아는 사람들과 논의를 나누기도 하고 사이트맵의 어떤 부분이 콘텐츠와 어울리지 않는지를 짚어줄 것이다. 여러분은 다음의 두 가지 빈 틈을 찾아야 한다.

- **X는 어디로 가는가?** 프로젝트 팀은 특정 정보가 전체 구조에서 어느 부분에 어울리는지 알아야 한다.

- **여기서 어디로 가야 한다고 생각하는가?** 프로젝트 팀은 어떤 콘텐츠가 어떤 카테고리에 들어가는지 명확히 해야 한다.

여러분은 위의 두 질문을 가지고 회의에 들어갈 것이며 회의를 마치면 콘텐츠 영역별로 이런 질문이 있어야 한다. 이 회의의 목적은 사이트맵을 소개할 때와는 다르다. 이 자리에서는 사이트맵을 현재 상태에서 더 좋고, 더 세련되고, 더 완성도 있고, 더 상세하게 진화시켜야 한다.

이런 회의에서는 다음의 두 가지 내용을 느낌으로 전달해야 한다.

- **이것은 시작에 불과하다:** 프로젝트를 진행하면서 사이트맵을 제대로 그렸는지 확인할 기회는 많다. 이 말은 사람들의 마음을 편안하게 해주며 추가적인 정보를 제공할 기회도 많음을 알려준다. 하지만…

- **이것은 꼭 필요한 단계다:** 튼튼한 기초를 다지려면 꼭 거쳐야 할 단계임을 강조한다. "시작에 불과하다"는 말로 긴장을 풀어주되 관련자들은 정확한 정보를 제공해야 한다는 뜻을 분명히 짚어 줘야 한다. 이 단계에서는 의사결정이 제멋대로 일어나서는 안 된다.

사이트맵 검토 회의를 하면서 핵심 항목에서 빠진 사항을 발견했다면 이 회의는 대성공이다.

전문가에게 묻기

DB: 클라이언트에게 제시할 수 있을 정도의 사이트맵을 만들려면 어떻게 해야 하나요?

DS: 제가 항상 클라이언트에게 사이트맵을 보여주는 건 아닙니다. 다른 분들도 그러기를 바랍니다. 이전에는 항상 공유했으나 자주 그분들의 혼란스러운 표정을 봐야 했습니다. 설사 그런 표정을 짓지 않더라도 내비게이션 디자인을 보고 정보 설계를 살펴볼 때 해야 했을 엄청난 질문을 쏟아 붓습니다.

도나 스펜서 Donna Spencer, **매드맙**Maadmob **정보 설계가**

왜 그런 일이 일어났을까요? 내 클라이언트는 사이트맵을 해석하는 방법을 몰랐던 겁니다. 이들은 추상적인 사이트맵을 본 적이 없었 습니다. 따라서 어떻게 생각해야 하고 어디에 초점을 맞춰야 하며, 어떤 질문을 해야 할지 몰랐던 것입 니다. 더욱 심각한 문제는 사이트맵을 보면서 완성된 웹 사이트나 인트라넷을 떠올리지 못했습니다.

그렇다면 이런 일을 어떻게 예방할 수 있을까요?

- **클라이언트를 알아야 합니다:** 클라이언트가 이전에 사이트맵과 관련해서 어떤 경험을 했는지 물 어보십시오. 사이트맵 같은 문서는 이번이 처음인지 여러 번 있었는지 물어보고 이전에 많이 봤다 면 어떤 것을 가장 좋아했고 어떤 것을 가장 잘 이해했는지 알아야 합니다.

- **직접 설명하십시오:** 이메일로만 문서를 보내지 말고 마주 앉든 원격으로 하든 또는 편한 어떤 방법 으로든 그들에게 직접 설명하십시오.

- **단계별로 발표하십시오:** 처음부터 완성된 다이어그램을 보여주지 마십시오. 설명할 때는 단계를 밟아야 합니다. 각각 무슨 내용이고 어떻게 이런 생각을 하게 됐으며 여기에 기재하지 않은 다른 내용은 무엇인지 설명하십시오.

- **콘텍스트를 조성해야 합니다:** 이 사이트맵이 완성된 사이트와 어떻게 연결되는지 보여주십시오. 아 직 내비게이션이 나오지 않았다면 이전에 내비게이션과 연관해서 여러분이 그린 사이트맵을 보여주 십시오. 사이트맵이 보여줄 수 있는 것은 여러 가지라는 사실을 보여주십시오.

- **기다리십시오:** 내비게이션과 페이지를 모두 디자인할 때까지 기다리십시오. 그리고 클라이언트에 게 그 둘을 동시에 보여주십시오.

기본 회의 틀 적용

사이트맵 회의를 할 때는 기본 회의 구조를 약간 수정해야 한다. 단계별로 재단하는 방법은 다음과 같다.

1. 콘텍스트를 조성하라

회의를 시작할 때는 참가자에게 현재 어디에 있고 앞으로 어디로 갈 것인지 알려라.

- **프로젝트 상황**: 사이트맵에는 구체적인 정보가 들어가지만 참가자들은 이조차도 추상적으로 느낄 수 있다. 따라서 UX 프로세스라는 큰 흐름을 놓치기도 한다. 회의를 시작하면서 전체 프로젝트에서 사이트맵이 어떤 위치에 있는지 짚어 준다.

- **사용자**: 콘텍스트에는 사용자가 누구이고 이들이 왜 사이트에 오는지도 들어가야 한다. 각 유형별 사용자에게 사용자 유형별 요구와 그 구조가 그들을 어떻게 돕는지 제시해야 한다. 이에 대해서는 뒤로 갈수록 상세히 살펴볼 시간이 많다. 사용자 그룹에 우선순위가 있다면 순위가 높은 그룹부터 시작하고, 우선순위가 없다면 가장 흔한 과제 또는 시나리오를 대표하는 사용자부터 시작하면 된다.

2. 이미지 규칙을 설명하라

더 깊이 들어가기 전에 사이트맵의 형식을 소개하라. 이미지 규칙이나 노드에 적용한 스타일 기법 중 중요한 부분이 있다면 설명하라. 참가자 입장에서는 모든 노드가 페이지로 보일 수 있으므로 다른 의미가 담긴 노드가 있다면 그것이 무엇인지 미리 알려줘라.

3. 중대 의사결정 사항을 강조하라

사이트맵에서 의사결정할 부분은 어떤 카테고리를 선택했고 어떻게 그러한 카테고리를 연결했는지와 같이 주로 구조에 대한 부분이다. 이 단계에서 구조와 관련해 내린 중요 의사결정 강조해야 한다. 이러한 의사결정은 다음과 같다.

- **구조를 이끌게 된 통합 주제**: 구조적인 주제로는 핵심 카테고리를 어떻게 정했는지가 있을 수 있다. 아울러 콘텐츠 분류와 내비게이션하는 신선한 방법이 강조될 수도 있다. 이때 다음과 같이 목표를 말하듯이 말해도 된다. "저희는 사람들이 자기에게 딱 맞는 오븐을 찾을 수 있게 도우면서, 저희의 판매 체계 밖에 있는 제품도 볼 수 있는 구조를 만들려고 했습니다."

- **현재 사이트에서 급격하게 변하는 것**: 한 영역이 통째로 다른 곳으로 옮겨졌거나 이름이 바뀌었을 수 있다.

- **놀랄 만한 것**: 생각지도 못한 카테고리로 정보를 옮겼는데 아주 그럴 듯할 때가 있다.

이 외에도 다이어그램에 반영된 다른 의사결정이 있을 수 있다. 예를 들면, 사이트를 지원하는 데 필요한 특정 템플릿의 범위를 지정할 수도 있고 구체적으로 어떤 템플릿이 어떤 페이지에 적용되는지 알아야 할 수도 있다.

4. 논리적 근거와 한계를 제시하라

위와 같은 의사결정에서 가장 논리적인 근거는 콘텐츠 이용자다. 사람들이 사이트에서 어떻게 정보를 찾는지 알고 있다면 이를 여러분의 의사결정을 정당화하는 데 이용하라.

이 밖에도 사이트의 구조를 결정하는 데는 다음과 같은 다른 제약이 영향을 끼쳤을 수 있다.

- **기술적 제약**: 개발자들이 "그 콘텐츠는 거기에 못 들어가요"라고 말할지도 모른다. 기존부터 써오던 콘텐츠 관리 시스템(자체 제작 또는 기타 경우)이 콘텐츠 구조화 방식에 제약이 되기도 한다. 이런 내용은 회의에서 분명히 언급해야 하지만 그 기술을 책임지는 사람이 아닌 그 기술에 초점을 맞추게 한다.

- **정치적 제약**: 거론하기가 더 어렵지만 두말할 필요 없이 중요한 요소다. 조직의 정치적 논점에 따라 카테고리를 나누거나 링크를 해야 할 때가 있다. 여러분이 이 자리에서 이런 논점을 일일이 지적할 권한은 없지만 직접 이름을 거론하지 않는다 해도 이런 제약으로 여러분이 바람직하게 생각한 디자인과 방향이 다른 디자인이 나왔다면 이를 알릴 필요가 있다.

회의 참석자들은 여러분이 어떤 결정을 왜 내렸고, 왜, 어느 지점에서 제약으로 다른 결정을 내릴 수밖에 없었는지 완전히 이해한 채로 회의 자리를 나서게 해야 한다.

5. 세부 사항을 전개하라

이 단계의 목표는 구체적인 예시를 파고드는 것이다. "중대 의사결정 사항"에서 주제 중심으로 논의를 이끈 것과 다르게 이 부분에서는 구체적인 예시를 제시해야 한다. 사이트맵에 해당하는 세부 사항은 다음과 같다.

- **콘텐츠 간의 연결**: 다이어그램만 봐도 콘텐츠 간의 연결을 충분히 알 수 있지만 콘텐츠가 어떻게 연결되는지 좋은 예시를 짚어주는 게 좋다.
- **분류와 문구 달기**: 몇 개의 카테고리와 그곳에 사용한 문구를 짚어준다. 어떤 콘텐츠가 이 카테고리에 들어가는지도 설명하라.
- **템플릿 선택**: 사이트맵에 어떤 템플릿이 사용된다고 적었다면 각 사례를 거론하라. 더불어 이 사이트에 들어가는 모든 템플릿의 목록을 정리하라.
- **예외사항**: UX 원칙, 표준, 비전에서 벗어나서 내린 결정 사항이 있다면 거론하라.

　이 단계에서는 모든 노드와 모든 링크를 다루지 않고 중대한 의사결정에 해당하는 좋은 예를 거론하는 것이 목적이다.

 팁

상자를(노드를) 모두 읽지 마라

이 조언은 간단하다. 회의 중에 모든 상자에 적힌 문구를 모두 읽지 마라. 모든 문구를 읽게 되면 회의가 지루해진다. 사이트맵에 상세한 피드백이 필요하다면 숙제를 낸 뒤 5~6일 정도 여유를 주고 그 사이에 숙제를 몇 차례 상기시켜라.

---

6. 함축된 의미를 논의하라

디자인과 관련된 모든 결정은 이후의 제작과 사업에 영향을 끼친다. 사이트맵도 예외는 아니다. 특히 새로운 방향을 제시했다면 그 의미를 모두 열거하라.

- **콘텐츠의 빈틈**: 새로운 구조가 사업적인 니즈와 사용자 니즈를 만족시키려면 새 콘텐츠를 추가하거나 기존의 콘텐츠를 수정해야 할 수 있다. 새롭게 바뀐 구조를 세상에 내보내려면 콘텐츠를 새로 수정하고 빈 곳은 채워야 한다는 점을 알려라.

- **귀속조건**: 귀속조건은 프로젝트 계획을 세울 때 반드시 알아야 하는 조건으로 사이트의 한 부분이 다른 부분에 영향을 끼치는 것을 말한다. 특히 사이트 제작 과정을 이야기해야 한다면 미리 어떤 부분이 개발돼야 하는지 분명히 지적하라.

- **템플릿의 변화**: 새로운 템플릿과 섞이거나 기존의 템플릿에 변화가 생겼다면 작업 규모와 범위를 파악하기 위해 제작팀에 알려야 한다.

- **운영상의 영향**: 구조가 바뀌면서 예전에 없던 공간이 생기기도 한다. 그렇다면 누군가는 이곳에 지속적으로 콘텐츠를 만들어 내야 할 수 있다.

현 상태를 보여주는 사이트맵 역시 함축된 의미는 비슷하다. 다만 시간대만 달리하면 된다. 현재의 구조 때문에 현재의 작업과 조직에 끼치는 영향을 이야기하는 것이다. 이런 대화를 나누다 보면 사이트 구조에 변화가 생겼을 때 회사에 어떤 영향을 끼치는지 파악할 수 있으므로 프로젝트 계획을 세울 때 고려할 수 있다.

이런 이야기는 세부사항과 결합해서 전달하는 것이 좋지만(앞에 나온 "세부 사항을 전개하라"), "피드백 듣기"로 가기 전에 미리 큰 개요를 짚어준다.

7. 피드백을 들어라

참가자에게서 효과적으로 피드백을 받으려면 범위를 정하고 질문을 두 가지로 나눈다.

피드백의 범위를 정해야 논의의 경계선이 생긴다. 범위를 정하지 않으면 사이트 구조와 관련된 모든 틈새로 이야기가 새나갈 수 있다. 사이트맵이 피드백의 틀이 되지만 중요한 요소는 구두로 강조할 필요가 있다. 사이트맵에서 중요한 요소는 카테고리, 콘텐츠, 문구 달기, 연결, 템플릿 선택 등이 있다(표 5.8 참고). 이 가운데 몇 가지 또는 모두에 초점을 맞출 수 있지만 왜 다른 요소가 아닌 여기에 초점을 맞추는지 분명히 언급해야 한다.

1장에서 언급했듯이 피드백을 얻을 때는 두 종류의 질문을 던져야 한다. 피드백이 필요한 영역별로 이 두 질문이 어떻게 적용되는지 살펴보자.

	잘 했는가?	무엇이 빠졌는가?
카테고리	현재 콘텐츠가 잘 분류됐습니까?	콘텐츠 가운데 이 카테고리에 자리 잡지 못한 콘텐츠가 있을까요?
콘텐츠	저는 이 영역에 콘텐츠를 추가할 생각을 해봤습니다. 적절하다고 생각하시나요? 콘텐츠 몇 개를 섞어 놨습니다. 그 콘텐츠가 어디에 있는지 아시겠습니까?	사이트맵에 들어가야 하는데 들어가지 않은 콘텐츠가 있을까요? 이 콘텐츠에 모든 요구사항(또는 사용자 니즈나 사업 목표)이 반영됐습니까?
문구 달기	이 문구가 잘 이해되십니까? 이 문구는 이 카테고리에 있는 콘텐츠를 잘 설명한다고 생각하십니까?	여기 표시했듯이 이 카테고리 이름을 다시 생각할 필요가 있습니다. (이름을 비우지는 말고, 추후 논의가 필요하다는 점을 표시하라.)
연결	여기 있으면 안 되는 링크가 있습니까? 이 페이지를 연결했습니다. 여기에 문제될 만한 사항이 있을까요?	링크가 돼야 하는데 되지 않은 것이 있습니까?
템플릿	콘텐츠를 6가지 유형으로 나눠 봤습니다. 이 여섯 개의 템플릿을 만들고 유지하는 데 예상되는 문제가 있으십니까? 이 템플릿이 이 콘텐츠에 적합하다고 생각하십니까? 사이트 심사를 통해 최근에 사용하는 템플릿을 봤더니 X, Y, Z에 문제가 있어 보입니다. 맞습니까?	간소화하기 위해 이 콘텐츠를 통합했습니다. 8개를 4개로 축약하는 과정에서 혹 빠뜨린 콘텐츠는 없습니까?

표 5.8 **사이트맵 피드백의 틀.** 5가지 구조의 측면에서 두 가지 핵심 질문을 던지고 있다.

8. 리뷰의 틀을 제시하라

사이트맵과 같이 추상적인 다이어그램에 일부러 시간을 내서 리뷰하는 건 쉬운 일이 아니다. 리뷰의 기준을 구체적으로 제공해야 원하는 피드백을 얻을 수 있고 사람들도 무시무시한 과제로 겁에 질리는 일을 피할 수 있다.

회의를 끝내면서 해야 할 일은 다음과 같다.

- **범위를 정해준다.** 사람들이 초점을 맞춰야 할 범위를 알려준다. 예를 들어, A, B, C 구역에서의 연결 상태와 문구를 검토해 달라고 부탁한다.

- **추가적인 질문 던지기.** 최대한 구체적으로 질문하라. 예를 들면 "'가정용 가전 기기' 카테고리에 크고 작은 제품 모두가 있다는 사실을 명확히 보여주려면 좀 더 범위를 확장해야 할까요?"와 같이 질문한다.

- **마감일을 현실적으로 정하라.** 내부 검토는 하루 이틀로 충분하지만 클라이언트에게는 2~4일 정도를 줘야 유용한 응답을 받을 수 있다.

"내일까지 추가적인 피드백을 주십시오"라는 말로 회의를 마치면 안 된다. 피드백의 방향을 파악할 수 있는 일련의 질문을 함께 제시하라.

초보의 실수를 피하자

사이트맵 회의에서는 자주 노선을 벗어난다. 모든 상자가 블랙홀이 될 수 있다. 어떤 사람은 엉뚱한 곳에(특히 문구가 문제다) 집중하기도 하고 정치적 논쟁이 도사린 상황을 다뤄야 할 순간도 있다.

 팁

광범위한 이름

광범위한 이름을 고치고 싶다는 유혹에 빠질 때가 있다. 예를 들어 "솔루션"이란 카테고리는 너무 광범위하다. 하지만 대부분의 첨단 기업들이 제품 마케팅 사이트에서 이 이름을 사용한다. 잘못된 문구지만 통하는 것이다. 그 열정과 에너지를 좀 더 복잡하고 구체적인 문제에 쏟기 바란다.

이름에서 막히기

철학적인 질문을 하나 하자면 이름 없는 카테고리가 진짜 카테고리인가? 디자이너로서 생각해보면 카테고리는 콘텐츠를 모아 놓은 곳이고 이름은 언제나 바뀔 수 있다. 사이트맵에서 카테고리라고 붙여진 이름은 나중에 사이트에서 사용하는 이름과 다를 수 있다.

사이트맵 회의에서 이름을 논의 대상에서 제외하기도 한다. 이는 이름은 바뀔 수 있고 지금은 이름을 제대로 만들기보다는 구조를 바르게 잡는 데 집중해야 하기 때문이다(이름 없이 구조를 제대로 잡을 수 있는가? 잠시 철학자의 입을 테이프로 봉해 놓자).

이름을 붙이기 전에 구조를 생각하는 접근법이 더 합당하지만 이름을 보면 자꾸 신경 쓰인다. 이름 때문에 생기는 문제가 회의에서 벌어지는 최악의 문제라면 그나마 다행이다(최악의 문제는 다음 절에서 이야기하겠다). 이런 위험을 줄이려면 사이트맵에 미리 표시를 해두거나 간단한 메모를 적어 둔다.

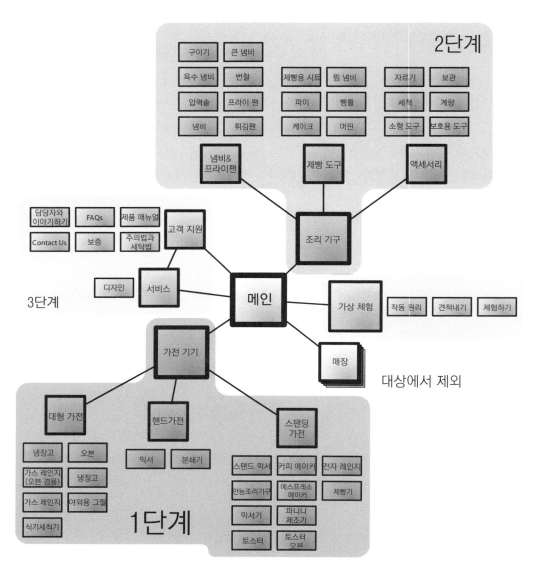

그림 5-16 사이트맵을 이용한 프로젝트 계획 세우기. 이 버전의 사이트맵은 프로젝트 계획의 일환으로 즉시 해야 할 일을 부각하고 이후에 해야 할 일은 영역별로 번호를 부여했다.

그림 5-15 정확한 이름이 없을 때 문구를 다는 방법. 정확한 이름을 생각하지 못했을 때 이런 식으로 이름을 지을 수 있다.

사람들이 어떤 근거도 없이 이름에 대해 왈가왈부하면 회의는 중심에서 벗어나고 분위기는 삭막해진다. 이럴 때는 화이트보드에 사람들이 말하는 이름 후보를 적으면서 다음과 같이 말한다.

모두 다 좋은 생각입니다. 아이디어를 모두 화이트 보드에 적었으니 시간이 남으면 회의를 마친 후에 살펴보겠습니다. 시간이 모자라더라도 다음 작업이 문구 달기이니 걱정하지 않으셔도 될 듯합니다.

 팁

문구 논의

문구를 정하는 회의라면 몇 가지 대안을 사이트맵에 적어 놓으면 좋다. 이는 여러분이 여러 가능성을 고려하고 있다는 것을 보여주어 브레인스토밍에 시동을 걸어준다. 이름 짓기가 쉽지 않으므로 모든 상자, 모든 카테고리의 이름을 정하지 못했을 수도 있다. 다른 카테고리의 출발점이 되는 카테고리를 골라 그곳부터 시작하라. 사람들은 브레인스토밍 분위기에 빠져들 것이다.

수직 구조에 얽힌 정치

사이트 구조를 그리다 보면 조직의 심각한 정치적 문제가 불거져 나오기도 한다. 이 때문에 많은 웹 사이트, 특히 초기의 웹 사이트가 회사 조직을 중심으로 구조화됐다. 새로운 구조가 인정받으려면 모든 관련자를 불러모아야 한다. 다양한 부서에서 온 사람들이 "자신들의" 콘텐츠가 묻히고 다른 사람의 콘텐츠가 노출되는 상황을 보면서 눈살을 찌푸리는 광경을 목격할 것이다.

이때 진행자로서의 여러분의 능력이 도전을 받는다. 1장에서 UX 디자인을 하면서 발생하는 갈등을 다뤘지만 구체적으로 사이트맵과 관련된 문제 몇 가지를 짚어 보겠다.

- **당신의 콘텐츠가 아닙니다**: 뭔가 "소유"하려는 욕망은 진실을 덮어 버린다. 누군가 콘텐츠를 만들고 관리하며 업데이트하겠지만 사실 그 콘텐츠의 주인은 콘텐츠를 사용하는 사람이다. 누가 "소유"했는지보다 보는 사람이 의미를 느끼고 잘 읽을 수 있는 게 더 중요하다.

- **비전과 맞지 않습니다**: 바람직한 UX 프로세스를 밟는다면 페이지별로 목표와 비전을 정하게 된다. 이 페이지의 역할을 요약한 문장은 비전을 뒷받침하지 못하는 요청을 기각하는 강력한 도구로 활용할 수 있다.

- **메인 페이지에 모든 것이 들어갈 수 없습니다**: 이해관계자들은 왜 메인 페이지에 모든 걸 놓을 수 없는지 의아해 할 수 있다. 메인 페이지가 모든 콘텐츠 또는 모든 영역으로 연결되는 통로가 된다면 그 메인은 사용하기 어려워질 거라고 설득해야 한다.

- **사용자는 메인을 통해서만 들어오지 않습니다**: 사이트를 방문하는 최소한 절반의 사람들은 메인이 아닌 검색을 통해 들어온다는 점을 상기시켜라. 이해관계자들은 메인 페이지의 역할을 더 광범위하게 생각하게 될 것이다.

- **내비게이션 시스템은 이 외에도 다양하게 있습니다**: 사이트를 다양한 방식으로 열람할 수 있는 장치를 마련해 주는 건 좋은 내비게이션 전략[5]이다. 하나의 내비게이션 시스템("주제별 내비게이션"이라고 하는)은 현실적으로 사이트의 모든 구역으로 사용자를 보내 주지 못한다.

- **예제를 보여드리겠습니다**: 콘텐츠와 구조가 잘 어우러지지 못하면 어떤 일이 일어나는지 사례를 들어 설명하라. 좋은 사례와 나쁜 사례를 모두 들려줘야 한다. 다른 사이트를 보고 그 이면에 내려진 결정을 모두 알 수는 없지만 어떻게 이런 사이트가 됐는지 대충은 짐작할 수 있다.

정치적 문제는 무시하는 게 가장 편하다. 문제를 지적만 하고 해결은 하지 않는 것이다. 여러분은 디자이너이지 치료사가 아니다. 첫 장에서 언급했다시피 정치적인 문제는 프로젝트 완성이나 타협에 걸림돌이 된다. UX 디자이너는 분쟁에서 한걸음 물러나(제품이나 타겟의 입장에서) 프로젝트를 가장 잘 이끌어 주는 방향으로 논의를 이끌면 된다.

---

5 웹 사이트에서 브라우징을 가능하게 해주는 시스템의 모음.

사이트맵 이용과 적용

사이트맵은 큰 그림을 담고 있으므로 이후의 프로세스에서 다양하게 활용할 수 있다.

프로젝트 계획 세우기

웹 사이트 프로젝트에서 계획이란 "무엇을 언제 작업할 것인가?"를 결정하는 일이다. 사이트맵은 이런 질문에 여러 가지 가능성을 제시해 준다. 사이트맵의 원은 실제 여러분이 작업할 영역이므로 범위[6]를 결정하는 데 도움이 된다.

 쉬어가는 이야기

문서로 계획 세우기

사이트맵만 특별한가? 계획을 세울 때 활용할 수 있는 게 사이트맵밖에 없는가? 사이트맵이 유일한 작업물은 아니지만 플로차트나 콘셉트 모델과 비교해 몇 가지 장점이 있다.

- **콘셉트 모델**: 계획 수립에 도움을 주는 좋은 후보지만 콘셉트(다이어그램에 있는 원)가 항상 사이트의 구체적인 영역과 연결되는 것은 아니다. 작업이 구체적이지 않다면 그 계획은 무용지물이 될 수 있다.
- **플로차트**: 플로차트에는 보통 독립적인 단계가 들어간다. 가끔 중간 과정을 생략하기도 하는데(다른 흐름으로 넘어가는데), 이런 플로차트는 사이트에 대해 포괄적인 그림을 그려주지 못한다. 사이트를 전체적으로 이야기할 때는 큰 그림이 꼭 필요하다.

물론 사이트맵이 플로차트처럼 사이트의 한 부분만 담고 있거나 페이지 외에 다른 것(예를 들면, 내비게이션 카테고리)을 묘사하고 있다면 계획을 수립하는 데 활용할 수 없다.

---

6   여러분이 작업하게 될 무엇에서 그 "무엇".

사이트맵에 날짜나 단계의 번호를 적어주면 "언제" 해야 하는지 알 수 있다. "지금 할 일"과 "다음에 할 일"에 각각 다른 색상을 적용하기도 한다.

계획은 귀속조건에 따라 달라진다. 모든 유동적인 부분과 이러한 유동적인 부분의 영향을 받는 다른 부분을 알아야 계획을 세울 수 있다. 귀속조건에 따라 무엇을 언제 만들고 주어진 작업에서 얼마나 작업을 해야 하는가와 같은 순서와 범위가 결정된다. 사이트맵은 말 그대로 사이트와 템플릿을 연결한 것이므로 이런 귀속조건을 확인할 수 있다.

사이트맵이 무엇을 먼저 만들라고 바로 답을 주지는 않지만 귀속조건에 대해 논의할 수 있는 기초 자료의 역할을 한다. 현 상태를 그린 사이트맵이라고 해서 다르지는 않다. 현 상태의 사이트맵 역시 프로젝트 단계나 귀속조건을 확인할 기회를 제공한다.

사이트맵과 와이어프레임

사이트맵을 다른 다이어그램과 함께 이용하면 사이트 구조에 대한 그것들의 관계를 보여줄 수 있다.

사이트맵에 있는 상자에 번호를 부여하고 와이어프레임(또는 화면을 암시하는 다른 것)에서 그 번호와 같은 번호를 사용하는 정도만으로도 효과가 있다. 이 간단한 번호 체계가 여러분이 화면을 모두 디자인했는지, 귀속조건을 모두 언급했는지 알려줄 것이다.

콘텍스트를 시각적으로 보여주려고 다른 문서에 사이트맵을 첨부하기도 한다. 그림 5.17처럼 관련 상자를 강조한 후 그림을 축소해 와이어프레임이나 다른 산출물에 첨부한다.

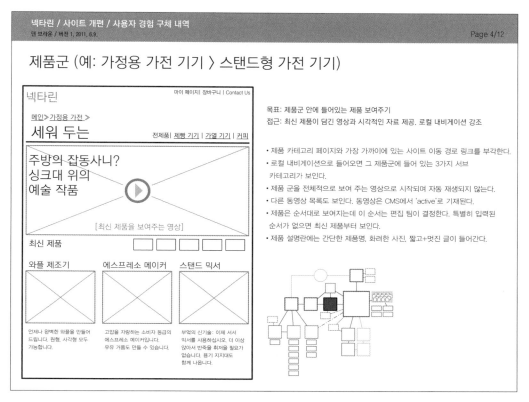

넥타린 / 사이트 개편 / 사용자 경험 구체 내역
댄 브라운 / 버전 1, 2011, 6.9.   Page 4/12

제품군 (예: 가정용 가전 기기 〉 스탠드형 가전 기기)

넥타린   마이 페이지 | 장바구니 | Contact Us

메인 | 가정용 가전 〉

세워 두는   전제품 | 제빵 기기 | 가열 기기 | 커피

주방의 잡동사니?
싱크대 위의
예술 작품   ▶

[최신 제품을 보여주는 영상]

최신 제품

와플 제조기   에스프레소 메이커   스탠드 믹서

언제나 완벽한 와플을 만들어   고압을 자랑하는 소비자 동급의   부엌의 신기술: 이제 서서
드립니다. 원형, 사각형 모두   에스프레소 메이커입니다.   믹서를 사용하십시오. 더 이상
가능합니다.   우유 거품도 만들 수 있습니다. 앉아서 반죽을 휘저을 필요가
                                              없습니다. 용기 지지대도
                                              함께 나옵니다.

목표: 제품군 안에 들어있는 제품 보여주기
접근: 최신 제품이 담긴 영상과 시각적인 자료 제공. 로컬 내비게이션 강조

• 제품 카테고리 페이지와 가장 가까이에 있는 사이트 이동 경로 링크를 부각한다.
• 로컬 내비게이션으로 들어오면 그 제품군에 들어 있는 3가지 서브
  카테고리가 보인다.
• 제품 군을 전체적으로 보여 주는 영상으로 시작되며 자동 재생되지 않는다.
• 다른 동영상 목록도 보인다. 동영상은 CMS에서 'active'로 기재된다.
• 제품은 순서대로 보여지는데 이 순서는 편집 팀이 결정한다. 특별히 입력된
  순서가 없으면 최신 제품부터 보인다.
• 제품 설명란에는 간단한 제품명, 화려한 사진, 짧고+멋진 글이 들어간다.

그림 5-17 와이어프레임에서 콘텍스트가 된 사이트맵. 와이어프레임에서 사이트맵이 콘텍스트가 됐다. 이후 단계의 산출물에 작게 축소한 사이트맵을 첨부하니 상위 버전에서 정했던 구조가 떠오른다. 약간의 시각적 효과로 관련 상자를 부각할 수도 있다.

지도로 그리기 어려워지는 웹

나는 1판에서 사이트맵을 지는 작업물로 규정했다. 새로운 웹 현상을 반영하기에 이 문서는 너무 정적이고 엄격하기 때문이다. 하지만 아직도 사이트맵을 쓰고 또 쓰는 나를 보며 이젠 사이트맵이 나를 비웃는다.

사이트맵은 변화하는 웹을 따라잡으려고 계속 진화하고 있다. 나는 특정 콘텐츠나 카테고리에 대한 템플릿을 강조한 추상적인 사이트맵을 선호하게 됐다. 내 사이트맵은 UX 프로세스의 시동을 걸어주는 수단이 됐으며 수명은 이전보다 짧아졌다.

나는 사이트맵에 내렸던 평가를 이제 바꾸려 한다. 사이트맵은 이 책에서 소개하는 다른 작업물과 밀접하게 협업하면서 프로젝트에 청사진을 제공한다. 웹이 진화해 가면서 사이트맵 또한 제 길을 찾아가고 있다는 말이다.

웹이 물리적인 공간과 비슷하게 따라가면서 웹의 잠재력이 무한해졌다. 웹의 "페이지"가 지녔던 그곳만의 일관성이 사라지고 있다. 사이트맵의 운명은 이런 현상과 무관하지 않다.

네이단 커티스는 자신의 책 『모듈로 된 웹 디자인(Modular Web Design)』에서 UX 프로세스를 레고 블록에 비교했다. 페이지 템플릿은 블록(그가 "컴포넌트"라고 하는)을 정렬하는 판이고, 콘텐츠는 이 컴포넌트 레벨에 들어간다. 정말 중요하지만 아주 깊은 레벨에 콘텐츠가 들어 있을 때도 정보 설계자는 페이지 레벨로 설계할 수 있을까?

마지막으로 사이트맵이 소셜 네트워크나 사용자 생성 콘텐츠(user-generated content)와 같은 현상에도 대응할 수 있을까? 이런 신기술에서는 사이트와 콘텐츠의 관계가 더 느슨하다. 예측 가능한 구조가 없는 사이트도 있다. 사용자가 만드는 콘텐츠의 저장고 역할을 하는 사이트를 보면 이 말이 사실임을 알 수 있다.

출판 매체로서의 웹에 대한 의존도가 높아지고 거래가 상당히 복잡해졌다. 콘텐츠 트래픽이 엄청나게 증가하고 콘텐츠 전략에 세세한 예외가 많아졌다. 분류 기법과 전략에 혁신이 일어나고 무엇보다 복잡한 구조에 대한 사용자의 반감이 줄어들었다. UX 디자이너들은 매일매일 웹를 둘러싼 새로운 현상과 대면하고 있다. 과연 사이트맵이 이런 상황을 모두 감당할 수 있는가?

이 질문에 의구심을 품은 적도 있다. 그럼에도 사이트맵은 여전히 구조를 고안하기 좋은 도구다. 이러한 모든 도전과제를 헤쳐나가려면 먼저 근본 구조부터 바로 세우고 제품의 실제 부분들을 연결해야 한다. 여러분이 콘셉트 모델로 도메인을 더 잘 이해하고 화면, 콘텐츠, 인터랙션 또는 기능을 연결하기 시작했다면 이는 사이트를 위한 더욱 구체적인 청사진인 사이트맵을 그리고 있는 것이다.

◈ 연습 문제 ◈

1. 경계가 분명한 공공장소(예를 들어 지금 나는 스타벅스에 앉아 글을 쓰고 있다)에 앉아 그 곳의 "사이트맵(장소 지도)"을 만들어라(운동장에 가도 되지만 수많은 아이들이 왔다갔다 하는 벤치에서 긁적이는 상황은 피하는 게 좋다). 이 장소의 "콘텐츠"는 무엇인가? 사람들은 어떤 영역을 찾아 다니는가? 그것은 어떻게 연결돼 있는가? 사이트맵에서 브라우징 경험을 그릴 때처럼 그 장소에 정신을 집중하라. 콘셉트 모델처럼 그 정보의 도메인이나 사람들이 수행해야 하는 과제의 수행 단계를 설명할 필요는 없다.

2. 앞에서 그린 사이트맵에 추가적인 계층 정보를 추가하라. 사용자 유형이 될 수도 있고 다양한 영역에 대한 분류가 될 수도 있다. 실시간으로 관찰하므로 빈도도 포함할 수 있을 것이다 (커피 판매대에는 자주 가고 휘황찬란하게 스타벅스 장식으로 치장한 선반으로는 잘 안 갈 것이다. 아마 1/3 정도는 테이블에서 마시고 나머지는 테이크 아웃을 할 수도 있다).

06

플로차트

Flowchart (명사)

특정한 과제나 기능을 둘러싼 프로세스를 시각화한 것으로 웹 기반의 플로차트는 사용자에게 정보를 모아서 보여주는 일련의 화면을 의미하기도 하며, 플로, 사용자 플로, 프로세스 차트라고도 함.

플로차트 한눈에 보기

플로차트는 사람들이 어떻게 과제를 완료하는지 보여준다. 특정 목표를 달성하려는 사용자의 경험을 포괄적으는 보여주지만 상세한 인터랙션까지는 보여주지 않는다. 목표는 자동차 조사와 같은 높은 차원의 것일 수도 있고 계정을 만드는 것처럼 구체적일 수도 있다.

목적–왜 플로차트를 만드는가?

프로젝트 초기에는 다음과 같은 이유로 플로차트를 이용한다.

- 웹 사이트에서 제공할 과제의 유형을 이해하기 위해

- 과제 완수를 위해 사람들이 협업하는지 알기 위해

- 정보가 사이트에 들어온 이후 그 정보에 어떤 일이 일어나는지 파악하기 위해

프로젝트 중에 플로차트를 이용하는 이유는 다음과 같다.

- 사람들이 과제를 완료하는 과정에서 보게 될 일련의 화면을 그리기 위해

- 애플리케이션의 전체적인 틀(기능의 범주를 설명하는 화면의 모음)을 보여주기 위해

고객-누가 이용하는가?

모든 프로젝트 팀원들이 플로를 이용한다.

- 플로차트에는 프로세스의 각 단계를 연결하는 비즈니스 규칙이 있으므로 개발자들은 이 문서를 보며 시스템 로직을 이해한다.
- 플로차트는 사용자들이 프로세스를 쉽게 이용할 수 있게 화면에서 우선시해야 할 요소를 알려주므로 UX 디자이너들은 이 문서를 보며 화면 디자인을 기획한다.
- 사용자 플로에는 최종 제품의 모습이 희미하게나마 보이므로 이해관계자들은 이 문서를 보며 사업이나 운영적인 관점에서 접근방식이 옳은지 판단할 수 있다.

규모-일의 규모가 얼마나 큰가?

플로차트는 크게는 회사가 상호작용하는 큰 그림을, 작게는 한 사람이 하나의 과제를 어떻게 완수하는지 보여준다. 다른 문서와 마찬가지로 플로차트 또한 세부사항이 얼마나 들어가고 조사나 계획이 얼마나 필요한지에 따라 업무량이 달라진다. 아주 간단한 과제도 모든 상황에서 두루 쓰이려면 복잡한 비즈니스 규칙이 적용될 수 있는데 이런 것까지 문서에서 다뤄야 플로차트가 가치를 인정받을 수 있다.

콘텍스트-UX 디자인 프로세스의 어디에 들어가는가?

사용자 플로는 그때그때 다른 측면을 다루면서 프로젝트 기간 내내 사용될 수 있다. 비즈니스 프로세스가 시스템 요구사항에 들어 있어서 비즈니스 프로세스를 플로차트로 그려야 할 수도 있다. 프로젝트를 한참 진행한 이후에는 특정 기능이 사이트에서 어떻게 작동하는지 보여주고자 플로차트를 이용한다.

포맷-어떻게 생겼나?

플로차트를 그리는 방법은 여러 가지다. 흔히 프로세스의 구성 요소인 단계를 여러 가지 도형을 이용해 제시한다. 도형에 따라 의미가 다르고 도형을 연결한 선은 프로세스가 얼마나 진척됐는지 보여준다.

로차트는 사용자와 웹 사이트 간의 대화다. 사이트가 정보를 요구하면 사용자가 응답하고 사이트가 다시 이에 응답한다. 사용자는 자신들이 보는 것과 상호작용하며 관심을 표명하는데, 정보나 관심은 정보 입력, 업로드, 클릭, 드래그, 말하기, 머물기, 제스처 취하기 또는 다른 다양한 수단으로 표출된다. 웹 공간에서 경로를 설계하려면 반드시 계획이 필요한데 플로차트는 UX 디자이너들이 이런 경로를 정의할 때 사용하는 도구다.

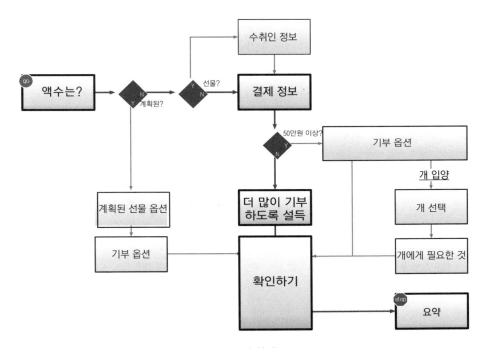

그림 6-1 간단한 플로. 간결하지만 시작하기에 나쁘지 않다.

플로차트에는 진척도와 사용자와 사이트 사이에 정보를 주고받는 모습이 담겨야 한다. 각 단계는 순차적인 관계를 거치다가 결제 완료 또는 자동 결제 설정과 같은 결과에 도달한다. 웹이 고도화되어 감에 따라 과제, 활동, 프로세스의 종류가 다양해지고 있으며 플로차트도 이런 복잡성을 반영할 수 있게 함께 진화해야 한다.

플로차트 소개

그림 6.1은 간단한 플로차트지만 기본적인 요소가 충분히 담겨 있다. 플로차트는 사이트맵처럼 상자가 선으로 연결돼 있다. 이 플로는 청각 장애인과 신체 장애인을 위한 안내견 조련 기관인 NEADS(뒤에 나오는 '온라인에서 기부하기' 사례 설명 참고)에 기부하는 과정을 보여준다. 이 사이트에 기부하려면 반드시 이 상자에서 제시하는 단계를 거쳐야 한다. 각 단계를 마치면 선이 이어지는 다음 단계로 넘어간다. 플로에는 특이하게 이전 단계의 사용자 선택에 의해 갈라지는 분기점이 있다.

플로차트만 보면 선으로 연결된 직사각형 모양이라는 점에서 사이트맵과 비슷하지만 두 작업물 사이에는 큰 차이가 있다.

사이트맵	플로차트
수직 구조를 보여준다.	시간의 경과에 따른 진척도를 보여준다.
시작점은 분명하지만 끝이 분명하지 않다.	시작점과 끝점이 모두 분명하다.
콘텐츠 카테고리가 어떻게 연결되는지 보여준다.	사용자가 사이트나 시스템과 정보를 어떻게 주고 받는지 보여준다.

표 6.1   사이트맵과 플로차트의 차이.   이 둘 사이에는 근본적인 차이가 존재한다.

도전 과제

사용자와 사이트 간의 정보 교환 과정을 그리다 보면 다음과 같은 문제에 부딪히게 된다.

- **복잡성**: 큰 회사와 일해 본 UX 디자이너들은 사용자가 제공하는 정보 하나에도 여러 가지 프로세스, 알고리즘, 응답이 필요하다는 사실을 경험했을 것이다. 플로는 이러한 복잡성을 풀어내는 유용한 도구지만 깊숙한 부분을 다루느라 사투를 벌일지도 모르고, 반대로 복잡 다단한 경험을 잘 풀어냈더라도 너무 정보가 많아서 프로세스가 어려워지기도 한다.

- **완결성**: 아무리 멋진 플로도 현실을 정확히 보여주지 못한다. UX 디자이너들은 사람과 웹 사이트 간의 섬세한 춤사위를 추상화 및 일반화하는 과정에서 반드시 뭔가를 빼먹는다. 우리는 모든 프로세스가 매번 똑같이 진행되기를 바라지만 현실에서는 이런 일이 절대로 일어나지 않는다. 그렇다고 모든 시나리오나 섬세한 부분까지 풀어낼 만한 충분한 기회가 제공되는 것도 아니다. 섬세한 부분까지 다룬 다양한 시나리오는 굉장하지만 불가능하다.

- **포괄성**: 웹 애플리케이션은 나날이 정교해지고 있다. 플로차트가 단순한 상호 교류를 보여주기에는 좋으나 이는 웹의 역량을 지나치게 과소평가한 것이다. 진정 포괄적인 플로는 다양한 시나리오에서 사람들이 과제를 수행하는 과정을 보여준다.

이제 이런 도전 과제를 염두에 두고 플로차트를 만나보자. 어떤 면에서는 위의 세 가지가 플로차트의 한계다. 2차원으로 보여주기에는 한계가 있다. 플로차트는 사용자 경험의 거래적인, 상호 교환적인, 대화적인 측면을 보여줄 때 효과적이다. 이것은 낱개의 화면보다 좀 더 넓고 총체적인 관점을 제시해 준다. 또한 "로그인"이나 "기부하기"과 같은 추상적인 정의를 구체적인 경험으로 끌어올려 준다.

 사례

온라인에서 기부하기

이 장에 이용된 플로차트에서는 자선 단체에 기부하는 사용자 경험을 묘사하고 있다. 여기서 언급된 단체는 매사추세츠에 위치한 NEADS로서, 신체 장애인이나 청각 장애인을 위한 안내견을 훈련하는 기관이다. 웹 사이트에서 발췌한 이들의 사명을 한 문장으로 요약한 글을 보자.

> "안내견은 소유의 개념을 넘어 안전, 자유, 독립심을 줄 뿐만 아니라 다른 사람과 사회적으로 고립됐다는 느낌을 덜어줍니다."

다른 자선 단체와 마찬가지로 NEADS 역시 기부가 필요하다. 인터넷은 이들의 일을 홍보하고 기부를 이끌어 내는 유용한 장소다.

이 장의 플로차트는 NEADS가 온라인에서 어떻게 기부를 접수하는지 보여준다. 구체적인 절차는 내 추측으로 실제 NEADS가 하는 일이나 계획과는 무관하다(최소한 내가 아는 한에서는 그렇다). 하지만 이들의 이야기는 온라인 거래의 복잡함을 살필 수 있는 흥미로운 틀을 제공한다. 무엇보다 강아지가 있지 않은가!

NEADS에 대해 더 많이 알고 싶다면(그리고 강아지 사진을 보고 싶다면!) 웹 사이트(www.neads.org)를 방문하기 바란다.

비즈니스 플로차트

플로차트로 사용자 경험만큼이나(또는 이보다 더!) 비즈니스 프로세스를 잘 그릴 수 있다. 사용자 경험 플로차트는 웹 사이트 상황에서의 프로세스를 그린 것이고 비즈니스 프로세스는 이와 다르게 반드시 기술적인 것과 결부시킬 필요는 없고 대신 목표를 달성하는 데 필요한 단계를 그려준다.

UX 디자이너는 비즈니스 프로세스를 그리면서 웹 사이트에 필요한 과제를 이해할 수 있다. NEADS의 기부 내역을 관리하는 사이트를 만든다면 이들이 기부를 처리할 때 이용하는 비즈니스 프로세스를 알면 좋다. 이런 이해를 바탕으로 사용자 니즈를 가장 잘 반영한 웹 사이트를 만들 방법을 결정한다.

이 장의 내용은 대부분 비즈니스 프로세스에 관심이 있는 사람에게도 적용된다. 몇 페이지 뒤에서 다루는 스윔레인(swimlane)도 보기 바란다. 비즈니스 프로세스에서 책임이나 신뢰는 무척 중요한데 스윔레인은 누가 어떤 일을 하는지 잘 표현한다.

플로차트 해부

사용자 경험을 위한 플로차트는 사용자가 주인공인 이야기로 시작, 중간, 끝이 명확해야 한다. 시작과 끝 사이에는 과제를 완수하거나 마지막 단계에 이르기 전에 사용자가 거쳐야 할 모든 과정이 들어간다.

다른 다이어그램처럼 플로차트도 세 계층으로 나눌 수 있다. 첫 번째 계층에 핵심이 들어가는데 이 중 하나라도 빠지면 다이어그램을 완성할 수 없다. 아무리 간단한 플로차트라도 첫 번째 요소는 모두 들어가야 한다. 두 번째와 세 번째 계층에 추가적인 세부사항과 콘텍스트를 제공하는 정보가 들어가는데 이는 여러분의 독자, 프로젝트 종류, 팀에 따라 포함 여부를 결정한다.

계층 1: 반드시 있어야 할 것	계층 2: 더 자세하게	계층 3: 추가적인 콘텍스트
단계 시작점과 끝점 경로 판단 기점 이름	단계별 특징 단계별 세부사항 스윔레인과 다른 그룹화 에러 경로	촉발제 다른 플로차트로 연결 사용자 동기 화면 식별자 나머지 질문들

표 6.2   세 계층으로 나눈 플로차트의 구성 요소

계층 1: 반드시 있어야 할 것

플로차트는 이 책의 다른 다이어그램처럼 선으로 연결된 도형이라는 노드-링크의 형식을 따른다. 하지만 진척도, 방향성, 적절한 경로로 이끌어 주는 로직이 반드시 들어가야 한다.

단계

플로차트의 기본 단위는 단계로 사용자를 목표에 근접하게 해주는 프로세스의 개별 부분이다. 단계는 보통 직사각형으로 그린다.

그림 6-2   플로차트의 한 단계

단계는 대부분 정보 수집 단계와 응답 단계로 나뉜다. 정보 수집 단계에서는 사용자에게 정보를 묻는다. 여기에는 명시적인 정보와 덜 명시적인 정보가 있는데 명시적인 정보는 기부를 위한 결제 정보를 요구할 때 입력하는 신용카드 정보 등의 자료이고 덜 명시적인 정보는 사용자 행위를 추적하거나 특정한 행동을 관찰하는 것이다. 일반적으로 시스템은 필요한 정보를 수집하면 다음 단계로 넘어간다.

사용자는 정보를 제공하고 응답을 기다린다. 응답 단계에서는 시스템이 이 정보에 반응하면서 생긴 결과를 보여준다. 예를 들면, 신용 카드 번호를 확인하거나 입력한 우편번호에 해당하는 날씨를 보여주거나 선택된 항목에 대한 자세한 정보를 보여준다. 이런 단계의 변형으로 재확인(사용자에게 입력한 정보를 갱신하라고 하기)이나 안내(사용자가 다음에 무엇을 할지 알려주기) 등이 있다.

이런 단계를 조합하면서 플로차트가 구성된다. 이렇게 단계를 조합하며 목표에 다가가는 과정에서 대화문을 보거나 사용자와 시스템 간의 주고받음이 일어난다.

단계는 문구와 함께 도형(직사각형)으로 그린다. 좋은 문구는 그 단계의 목표를 배송 정보, 로그인, 검색 결과와 같이 두 단어 이하로 보여준다. 단계에 이름을 붙이기 어렵다면 처음에는 두 단어를 넘겨도 되고 "수취인 정보 수집", "설정 바꾸기" 등과 같이 목적어와 동사 배열도 생각해 볼 수 있다.

단계 또는 화면?

아마 플로차트의 기본 단위가 단계나 화면이 아닐까?라는 생각이 들 정도로 나는 이 장에서 두 단어를 자주 번갈아 가며 사용할 것이다. 하지만 현실은 이보다 더 복잡하다.

단계란 목표에 근접하려면 반드시 완료해야 하는 시작점과 끝점이 있는 개별적인 활동을 의미한다. "원두 구하기"는 커피 제작에 꼭 필요한 단계다. 원두를 구하면 이 단계는 끝난다. 이 활동의 복잡도는 상황에 따라 달라진다(예를 들면, 원두를 사기로 한 사람의 아내가 원두 사는 것을 잊었다). "문서 편집"도 하나의 단계지만 커피 만드는 과정에 꼭 필요한 건 아니다. 이를 콘텐츠 관리 플로의 일부로 봤을 때 이 단계는 "원두 얻기"보다 훨씬 복잡하고 이 자체로도 하나의 프로세스가 될 수 있다.

화면은 사용자 경험의 일부로 스크롤되는 브라우저 창에 보이는 분량을 의미한다. 웹 초창기에 화면은 한 페이지에 해당됐으나 오늘날 이런 생각은 완전히 구식이 됐다. 현재 화면이라는 개념은 사용자가 여러분이 만드는 애플리케이션에서 특정 순간에 보는 것을 의미한다. 사용자가 뭔가를 보다가 그 화면에 양식이 뜨게끔 유인해서 페이지 위에 양식이 겹쳐졌다면 현재 사용자가 보는 것이 양식이므로 이것을 화면이라고 볼 수 있다.

화면과 단계는 일대일로 대응되지 않는다. 프로세스상의 한 "단계"는 여러 화면으로 구성될 수 있다. 마찬가지로 한 화면이 프로세스에서 여러 단계에 해당되기도 한다.

웹의 능력이 확장되어 개별적인 화면이 줄어들면서 후자의 개념이 더욱 적합해지고 있다. 웹 주소 하나를 띄운 후 한 "페이지"에 많은 일이 벌어졌는데도 주소가 변하지 않는 모습을 흔히 볼 수 있다.

단계에서 무엇이 중요하다고 말할 수 있는 제 일의 법칙은 없다. 이보다는 지나치리만큼 구성 요소에 신경 쓰는 게 낫다. 이 말은 노드의 단위가 작을수록 좋다는 말이다. "문서 편집하기"를 수정하기, 주석달기, 보내기, 토론하기 등으로 나눌 수 있다면 나누는 편이 더 바람직하다.

시작점과 끝점

플로차트의 처음과 끝은 매우 중요하다. 이는 사용자가 어디로 들어와서 어디로 빠지는지 보여준다. 이것이 플로차트와 다른 노드-링크 다이어그램의 차이점이다. 플로는 프로세스, 거래, 한 상태에서 다른 상태로의 전환 등을 의미한다. 플로를 거치면서 책을 소유하지 않은 사용자가 책을 소유하게 된다. 시작점과 끝점은 머리와 꼬리이고 상태 변화를 담고 있어야 한다.

위치(상자가 페이지 어디에 있는지)와 문구(그 상자를 어떻게 부르는지)로 프로세스의 시작점과 끝점을 구분할 수 있다.

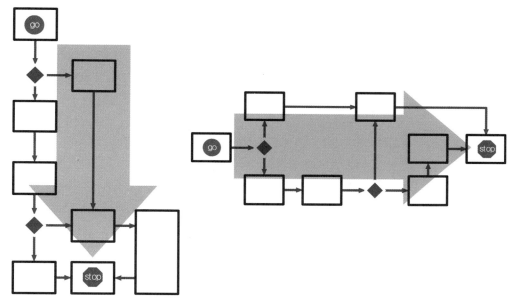

그림 6-3과 6-4   플로차트의 시작점. 시작점은 다이어그램 왼쪽이나 위쪽에 있어야 한다.

- **위치**: 위에서 아래로 그리고/또는 왼쪽에서 오른쪽으로 가는 플로차트가 읽기에 좋다. 왼쪽 위에서 오른쪽 아래로 흘러도 좋다. 이런 구조에서는 시작점이 왼쪽이나 위쪽에 놓이고 끝점은 반대쪽에 놓인다. 사용자가 중앙에 있다가 다양한 측면을 실행하려고 여러 영역으로 뛰어드는 허브 앤 스포크 경험을 설명하는 플로도 있다. 이럴 땐 시작 단계가 중앙에 놓이는 게 더 적절하다.

- **문구**: 여기서 시작점과 끝점을 강조하는 이유는 단순히 레이아웃 때문만은 아니다. 플로가 어디서 시작하는지 명확히 보이면 흐름을 읽어내려가는 데 도움이 된다. 이런 시각적 장치로 이 페이지를 처음 봤을 때 시작과 마지막 사이에 얼마나 많은 단계, 경로, 우회로, 판단 기점이 있는지 보고 플로의 규모를 가늠한다. 그림 6.1의 시작점과 끝점에는 Go와 Stop 아이콘이 있다. 원래는 각각 녹색과 붉은색인데 우리는 여러분이 컬러로 편집된 책을 사느라 돈을 더 쓰지 않기를 바랐다.

시작점과 끝점이 하나 이상인 플로차트도 있다. 예를 들어, 다양한 그룹의 사용자를 지원하는 플로차트에서는 시작점을 분리하기도 한다. 이때는 당사자가 어떤 상황에서 어떤 시작점을 택하는지 분명히 적어줘야 한다.

이밖에 시작점에 변형이 생기는 다른 경우가 있다면 플로차트가 큰 플로차트에 속했을 때다. 마치 다른 페이지에 있는 지역을 가리키는 지도와 비슷하다. 이럴 때는 시작점과 끝점에 사용자가 어디서 왔고 어디로 향하는지 명시해 준다.

경로

대부분의 사람은 도형을 이어주는 선이 경로라는 사실을 잘 알고 있다. 이 선은 "이 단계를 마치고 다음 단계로 넘어가라"고 말해준다. 이를 이해하기 어렵게 만드는 게 있다면 전체적인 레이아웃이다. 경로에 따라 상자가 놓이는 위치에 한계가 생기므로 전체 레이아웃에 영향을 미친다. 플로를 조립하는 기본적인 지침은 다음과 같다.

상자를 넘나들지 마라: 경로가 상자를 넘나들면 플로를 이해하기 어렵다. 독자가 의미를 넘겨 짚을 수 있더라도 기본적인 흐름이 명확하지 않으면 의미 전달력이 감소한다. 경로가 상자를 넘나들지 않게 플로를 잡아라.

장식을 최소화하라: 방향성을 나타내는 경로는 화살표인데, 진척을 의미할 때는 다른 선을 이용하기도 한다. 참고로 나는 가늘어지는 선을 무척 좋아한다.

선 두께, 색상, 스타일을 다르게 할 수도 있지만 플로차트는 간결함이 생명이다. 경로에 변화를 줘야 한다면 두세 가지 스타일을 넘기지 마라. 주요 경로와 부차적인 경로를 변별하는 데는 두 개면 충분하다. 데이터베이스에 데이터를 축적하는 것처럼 뒷 단에서 벌어지는 트랜잭션이 있다면 이 정도에 세 번째 스타일을 사용한다.

중심 구조를 강조하라: 독자들이 핵심 구조에 집중할 수 있게 경로를 설계하라. 이런 구조는 간단하게 단계를 밟아 가는 선형적인 단계일 수도 있고 모든 흐름이 서너 개의 화면에서 가지 쳐 나가는 중앙의 허브일 수도 있다. 어떤 구조든 이 구조가 독자들의 눈에 보이게 설계하라. 사람들은 플로를 보면서 어디서 출발하고 어떻게 과제가 해결되는지 이해할 수 있어야 한다. 중심 구조는 이를 이해하는 데 핵심적인 역할을 한다.

직각 선 vs. 직선: 플로차트에서는 직각 선을 사용하라. 직각 선은 구조보다는 경로의 의미가 강하다. 플로차트에서 연결된 선은 서로 연관됐다는 의미가 아니라 일련의 순서를 뜻하는데 직각 선이 이 의미를 더 자연스럽게 보여준다.

직각 선을 이용하면 단계나 노드를 눈금선에 배치하기도 쉬운데 이를 통해 독자들이 흐름을 더 쉽게 따라갈 수 있다.

플로에 조건이나 상태 변화를 의미하는 문구가 들어가기도 하는데, 이에 대해서는 두 번째 계층에서 다루겠다.

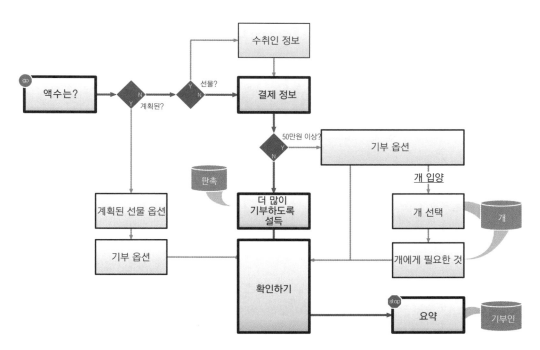

그림 6-6　세 가지 링크 스타일.　이 기본 플로 변형 이미지에서 사용된 세 가지 선 스타일은 경험의 다양한 측면을 보여준다. 화살표는 주요 플로를, 얇은 선은 대체 경로를 보여준다. 가늘어지는 선은 외부의 출처(원통 그림)와 데이터 사이의 플로를 의미한다.

예외

경로가 상자를 넘어갈 때

플로차트를 그리다 보면 경로가 상자를 넘어가는 상황에 부닥치기도 한다. 이는 그다지 놀라운 일은 아니고 2차원으로 복잡한 프로세스를 그리다 보면 흔히 생기는 일이다. 플로가 너무 복잡해서 경로가 넘어갈 수밖에 없다면 사용자 경험의 구조를 다시 생각하거나 문서를 다시 살펴보는 기회로 생각하라. 프로세스가 지나치게 복잡한가? 경험을 간소화할 방법이 있는가? 그렇지 않다면 다이어그램을 보라. 더 작은 조각으로 나뉠지도 모른다(복잡한 플로를 간단하게 하는 방법은 236페이지 참고).

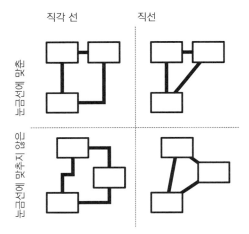

그림 6-7 선의 연결. 직선은 두 도형의 중간 지점을 최단으로 이어준다. 한 도형의 중간 점에서 다른 도형의 한 면을 직각으로 연결하기도 한다. 도형을 눈금선에 맞추기도 하고 그렇지 않기도 한다. 이 네 가지 조합에서 모든 예시를 볼 수 있다.

판단 기점

조건으로부터 자유로운 프로세스는 없다. 아무리 간단한 프로세스도 어디로 갈지 정하려면 "~하면 ~하라"라는 로직이 필요하다. 예를 들어, 예제 플로에서 기부자가 누군가를 위해 기부할 때 선물인지 아닌지 결정해야 한다.

일반적으로 조건은 "이 기부가 선물입니까?"와 같이 예/아니오로 답변할 수 있는 질문으로 표현한다. 판단 기점에는 마름모 기호를 주로 사용하는데 마름모는 예, 아니오로 가지가 뻗어 나가는 곳에 적합하다.

하지만 판단 기점은 사용자가 눈으로 보는 요소가 아니다. 즉, 마름모 옆에 쓰인 "선물?"이라는 글자가 "이 기부를 다른 사람에게 선물하시겠습니까?"라는 인터페이스로 보이지 않는다는 말이다. 판단 기점에서는 사용자가 입력하는 정보로 조건을 판단한다. 예제 플로에서 이 기부가 선물인지 아닌지 사용자가 말하지 않더라도 어딘가에서는 그 정보를 수집한다.

네/아니오 또는 양자택일 조건은 잠정적으로 플로에서 가지가 나가는 곳을 생각할 수 있게 돕지만 전체적인 사용자 경험을 보여주기에는 역부족이다. 판단 기점은 플로의 목표와 타겟에 따라 결정해야 한다. 명시적이거나 이분법적인 조건이 적합하다는 생각이 들면 다음 두 가지 지침을 고려하라.

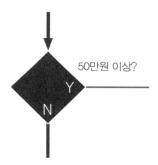

50만원 이상?

그림 6-8   **네/아니오 질문으로 보여지는 판단 기점.**   대답에 따라 경로가 달라진다.

쌓아두기: 나는 판단 기점을 줄 세우길 좋아한다. 그러면 가지치기된 모든 로직이 한곳에 모이면서 이야기가 더 명쾌해지고 이해하기가 쉽다.

그림 6.9에서는 기존의 예제 플로에 기록(기부를 기록하게 할지) 조건을 추가하고 모든 판단 조건을 줄 세워서 플로를 조정했다. 이 플로에서는 전반적으로 기부 유형 결정, 결제 정보 수집, 예외 조건 처리, 기부 옵션 제공, 끝내기의 흐름을 기존의 플로보다 더 이해하기 쉽다.

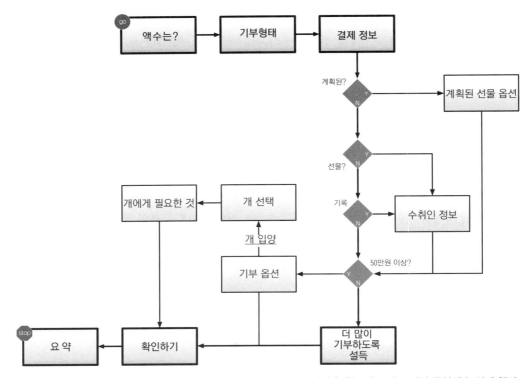

그림 6-9   판단 기점 쌓아두기. 수정안에서는 기본 플로의 판단 기점을 한곳에 모아 로직이 중앙에 놓이게 했다.

판단 조건은 같은 형식으로 하라: 판단 기점을 그리다 보면 응답이 '네'일 때 예외 상황으로 넘어 갈지 '아니오'일 때 예외로 넘어갈지 결정해야 할 때가 있다. 예를 들면, 예시 플로에서 기부 금액이 충분히 큰지 판단할 때 조건을 "50만원 이상?"으로 할지, "50만원 이하?"로 할지 결정해야 한다.

이 플로는 전체적으로 '네'를 선택했을 때 메인 프로세스에서 벗어나게 설계됐다. 사용자는 "선물?"과 "계획된?"에 '네'라고 응답하면 예외를 다루는 추가적인 화면으로 옮겨진다. 따라서 우리는 "기부 금액"에 "50만원 이상?"의 조건이 '네'일 때 별도의 화면이 나오게 설계했다.

한두 개의 단어로 표현할 수 없는 조건도 있다. 문구를 마름모 옆에 적으면 문구가 잘 보일 만한 공간이 생긴다. 아무리 짧은 문구도 마름모 안에 쓰지는 마라. "네/아니요"는 마름모 안에 잘 들어 가므로 이 경우만 예외로 한다.

이분법을 넘어서라: 대부분의 로직은 하나 또는 그 이상의 "네/아니요" 질문으로 설계할 수 있지 만 기본적으로 마름모에는 세 개의 꼭짓점이 여분으로 있다.

이 꼭짓점을 반드시 다 써야 하는 건 아니지만 플로를 사실/거짓 논리로 한정할 필요는 없다. 이 분법을 넘어선 판단 기점은 다음과 같은 경우에 사용할 수 있다.

- **간단한 선택이 필요한 플로**: 육로 배송, 2일 배송 또는 24시간 배송을 선택해야 할 수 있다.

- **가능한 상황이 세 가지인 플로**: 사용자가 로그인했는지, 안 했는지 또는 이전에 왔었는지 판단해야 할 수 있다(이전에 온 사용자인지 판단할 때는 브라우저 쿠키를 이용하기도 한다).

- **양을 기준으로 가지가 뻗어 나가는 플로**: 검색 결과의 양에 따라 인터페이스가 달라질 수 있다.

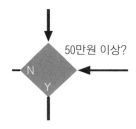

그림 6-10 판단 기점에 문구를 다른 방식으로 적용. "50만원 이상?"이 아닌 "50만원 이하?"로 판단 기점에 문구를 다르게 작성했지만 가독성에 크게 영향을 끼치지 않는다. 문구를 어떻게 입력하느냐는 플로 레이아웃에 영향을 끼친다. 문구의 일관성에 주의하라.

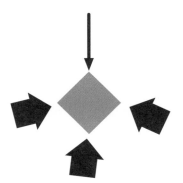

그림 6-11 마름모 도형. 판단 기점에 마름모를 활용하면 레이아웃이 유연해지고 진실/거짓의 구조를 넘어 다양한 가능성을 모색할 수 있다.

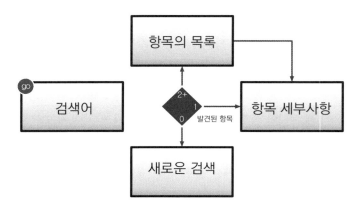

그림 6-12 양을 기준으로 한 옵션 제시. 이 판단 기점은 이분법적인 "네/아니요"를 뛰어 넘었다.

이름

마지막으로 모든 플로에는 이름이 들어가야 한다. 이름은 사람들이 뭔가를 언급하는 편리한 수단이므로 모든 작업물에 필수다. 특히 플로 제목에서는 목표를 요약해서 보여줘야 한다. 플로의 이름을 지을 때는 "이 프로세스로 사용자가 무엇을 달성하는가?"라는 질문을 던진다. 좋은 이름의 예는 다음과 같다.

- 신규 사용자 등록
- 로그인
- 정보 편집
- 기부하기

계층 2: 더 자세하게

기본적인 플로를 잡고 나면 그 다음은 상세하게 매만지는 단계다. 계층 1에서 기본 구조(메인 경로 vs. 부차적인 경로)에 초점을 맞췄다면 계층 2에서는 단계의 미묘한 뉘앙스나 세부사항을 추가한다.

단계 차별화

첫 번째 계층에서 모든 노드는 직사각형이다. 핵심 경로를 강조하려고 직사각형의 두께나 가치를 다르게 하기도 하지만 대부분의 프로세스에서는 간결함을 유지하는 게 좋다. 하지만 다른 매체를 넘나드는 다중적인 참가자나 프로세스를 다룬다면 그 차이를 부각할 필요가 있다. 플로에 외부 시스템이 들어 있거나 결과가 만들어지거나 중요한 분기점이 있을 때도 더 눈에 띄게 그려준다.

이러한 개념적인 차이는 단순한 시각적인 차이에 불과하다.

플로는 사용자가 과제를 완료해 나가는 일련의 단계인데 여기에 나름의 위계질서가 있을 수 있다. 선 두께, 색상, 음영, 서체를 달리하면서 이런 질서를 설명하기도 한다. 이런 시각적 변형으로 독자는 어디에 먼저 집중해야 할지 파악하므로 플로를 더 잘 이해할 수 있다. 단계를 다르게 보여 줘야 하는 이유는 다음과 같다.

- 다른 여러 플로로 넘어가는 중요한 분기점이어서 다른 단계보다 중요할 때
- 플로가 하나의 주요 경로와 여러 개의 부차적인 경로로 구성될 때
- 플로에 기본 단계와 옵션 단계가 함께 들어갈 때

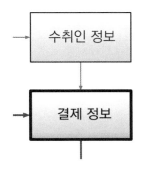

그림 6-13 다른 단계보다 더 중요한 단계. 이런 위계질서에는 시각적인 구분이 필요하다. 왜 그럴까? 이 경우 결제 정보 화면은 모든 사람이 본다. 반면 수취인 정보는 선물 옵션을 골랐을 때만 보는 화면이다.

단계별 세부사항

플로차트에서 자연스럽게 발전할 수 있는 부분은 각 단계에 들어갈 내용이다. 여러 가지 화면 요소를 넣다 보면 작은 사각형에서 벗어나 다양한 화면 요소를 포함한 더 큰 부분을 바라볼 수 있다. 추가적인 세부사항을 제시하는 네 가지 방법은 다음과 같다.

기능적인 메모: 화면별 세부사항으로 들어가기 전에 나는 중요한 단계의 근처에 메모를 적어 놓는다. 이런 메모로 사용자가 각 단계에서 무엇을 할 수 있는지 알려준다.

메모를 구조화할 필요는 없지만 간결해야 한다. 사용자 행위나 플로를 따라 사용자를 다른 노드로 옮기는 화면의 콘텐츠에 초점을 맞춘다.

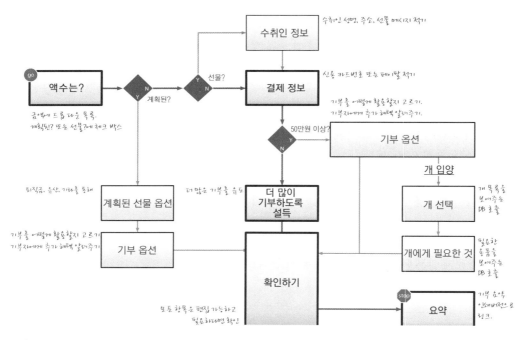

그림 6-14 기능적인 메모를 추가한 플로. 이런! 누군가 플로에 온통 손글씨로 써놨다.

전체 화면: 전체 화면의 모형을 플로에 넣는 극단적인 방법도 있다. 화면 전체를 넣는 이유는 다음과 같다.

- 화면 작업을 진행하다가 콘텍스트를 그리기 위해 다시 뒤로 왔을 때
- 경쟁 제품의 플로를 그릴 때

가지고 있는 화면이 있다면 이를 활용하라. 이렇게 혼용된 문서를 와이어프레임[1]과 플로차트의 합성어로 와이어플로라고 한다. 각 부모 문서에서 유전된 와이어플로의 효용성은 반론의 여지가 없다. 와이어플로는 출처 문서의 부족한 부분을 채워준다.

부분적인 화면: 이 사이 어딘가(그러나 "전체 화면"에 더 가까운)에 레이아웃은 보이지 않지만 화면의 핵심 요소만 플로에 포함하는 방법이 있다. 기입란 몇 개 또는 콘텐츠의 핵심 요소만 담은 사각형을 사용자와 웹 사이트의 대화를 떠올릴 목적으로 사용하기도 한다.

여기서 한 요소가 중요한지 아닌지 판단하려면 그 요소가 플로의 진행에 영향을 미치는지 생각해 본다. 예를 들면, 나는 부분 화면에 거의 "전송" 버튼을 넣지 않는다. 이는 너무 자명한 데다 큰 그림을 파악하는 데 보탬이 되지 않기 때문이다.

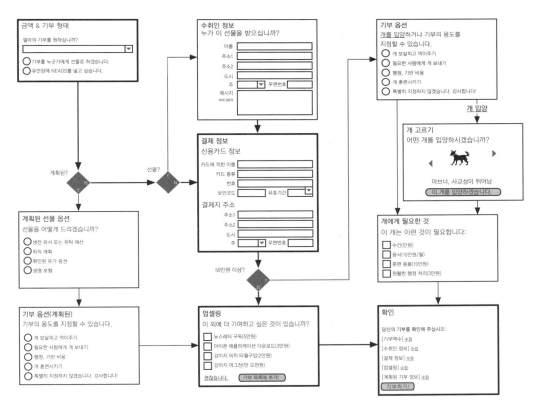

그림 6-15 부분적인 화면이 들어간 와이어플로. 플로차트와 와이어프레임이 만나 너무나도 예쁜 와이어플로가 태어났고, 이 플로의 각 단계에는 화면의 핵심 요소만 들어갔다.

---

1 콘텐츠와 구조를 보여주는 화면 스케치. 그러나 아직 미적으로 훌륭하거나 레이아웃이 정확한 단계는 아니다. 와이어프레임은 7장에서 자세히 다룬다.

스케치 또는 썸네일: 좀 더 추상적인 방법도 있다. 이 방법을 이용하면 화면에 들어간 요소가 직접 보이지는 않지만 기하학적 배열과 문구로 짐작은 할 수 있다.

이 방식을 이용하는 상황은 다양하다. 예를 들어, 이미 디자인이 존재하고 다들 이미 알고 있는 페이지 템플릿을 거론할 때 썸네일을 이용한다.

나는 와이어프레임 작업의 일부를 마치고 썸네일을 이용한 적이 있다. 화면별 상세 기능을 다 보여줄 필요는 없었지만 다양한 사용 시나리오에서 이 화면들이 어떻게 엮이는지 보여주고 싶었다. 프로젝트 관련자들은 이미 몇 주 동안 와이어프레임을 봤으므로 간단한 썸네일만으로도 그 화면을 충분히 떠올릴 수 있었다.

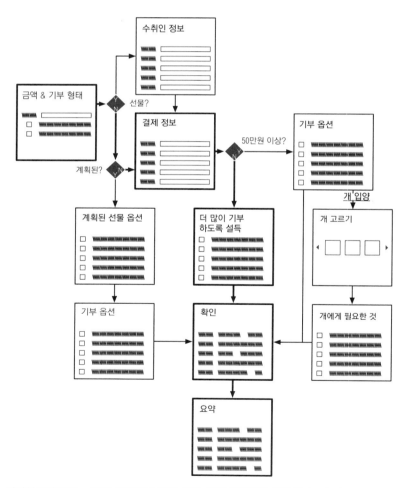

그림 6-16 썸네일 이용하기. 부분 화면이나 전체 화면 대신 썸네일을 이용했다. 이 와이어플로에 실제 콘텐츠가 들어가지는 않았지만 이미지만으로도 각 페이지의 구조와 목표를 떠올릴 수 있다.

경로 세부사항

경로에는 세부사항을 보여줄 기회가 많지 않다. 선을 너무 많이 장식하면 그림을 이해하기 어려워진다. 또한 담아야 할 세부사항이 많아지면 차라리 단계를 분리하는 편이 나을 수 있다. 그럼에도 내가 경로에 세부사항을 추가하는 두 가지 이유는 다음과 같다.

도화선: 어떤 플로는 링크를 클릭하는 간단한 행동으로 흐름이 진행된다. 이런 흐름은 비즈니스 법칙이라기보다는 사용자의 명백한 선택에 따른 것이다. 이 경우 "사용자는 '옵션 추가' 링크를 클릭했는가?"와 같은 조건 제시는 지나치다. 사실이긴 하지만 인터랙션의 본질을 넘어선 것으로 오히려 의도가 묻혀 버린다. 그 경로를 촉발하기 위해 사용자가 클릭해야 한다면 그것을 링크와 같은 형식으로 적어준다.

그림 6-17 경로에 링크나 버튼 같은 형식의 문구를 사용. 사용자가 플로의 이 부분에 어떻게 도달하는지 잘 알 수 있다.

상태 변화: 종종 부차적인 결과가 나오는 단계가 있다. 예를 들어, 어떤 경로를 따르다가 사용자 브라우저의 쿠키를 불러야 할 때 여기에 특정 표시를 해두거나 상태 플래그를 바꿔야 할 수 있다. 이런 부차적인 결과는 미니 단계 같은 것으로 사용자가 아닌 다른 누군가 또는 다른 뭔가가 관장할 수 있다. 이런 표시의 목적은 상태 변화를 심층적으로 보여주려는 게 아니다. (이런 내용을 고려하는 UX 디자이너라면 스윔레인을 고려하라. 스윔레인에 대해서는 다음 문단에서 다룬다.)

그림 6-18 상태 변화. 기부 플로가 아니고 DVR 녹화 프로세스로 바꿨다. 녹화 프로세스는 녹화를 시작하면서 기계에서 불빛이 반짝인다는 것을 알려주는 신호다. 이 상자의 인터페이스는 상태 변화를 거친다.

스윔레인과 다른 그룹화 기법

단계에 세부사항을 추가하기 위해 그룹으로 묶는 방법이 있다. 단계를 수행하는 사람이 같아서 그룹으로 묶을 때도 있고 한 그룹에 속한 화면이 프로세스의 특정 단계를 의미해서 묶기도 한다. 일명 "매크로 단계"인 것이다. 이런 그룹화는 의미가 더 섬세하다. 같은 화면이 상황마다 다르게 보이거나, 한 그룹에 속한 화면이 모두 다른 "뷰"를 갖기도 한다. 화면을 그룹으로 묶을 때 나는 다음 세가지 기법을 이용한다.

스윔레인: 스윔레인은 정교해서 프로세스에 얽인 여러 역할을 잘 보여준다. 행이나 열에 넓게 배경막을 쳐서 행이나 열마다 다른 참가자를 할당하며, 이 열이나 행은 그 단계를 실행하는 사람을 나타낸다. 레인을 넘나들면서 이 프로세스의 목표를 달성하기 위해 서로 다른 사람들이 어떻게 협업하는지 알 수 있다.

열에 웹 사이트를 기재해서 그 사용자 행위에 대해 사이트가 어떤 과제를 지원해야 하는지 제시하기도 한다. 지금까지 "단계"는 사용자가 인터랙션하는 화면 또는 화면의 일부였지만 이처럼 스윔레인으로 온라인 오프라인 프로세스를 명백하게 구분하기도 한다.

그렇지만 스윔레인의 궁극적인 가치는 사람들의 협업 방식을 보여주는 데 있다. 나는 비즈니스 프로세스를 묘사하거나 기존의 프로세스가 새 웹 사이트에서 어떻게 활용되는지 살펴볼 때 스윔레인의 가치를 가장 잘 느낀다. 보통 이런 프로세스는 사용자가 시스템과 어떤 방식으로든 인터랙션을 한 후에 진행된다. 예를 들면, 사용자가 주문을 해야 주문 처리 프로세스가 시작된다.

NEADS에서 사람들의 기부를 한 곳으로 통합하는 사이트를 만든다고 해보자. 사용자는 편리한 양식 하나로 돈, 시간, 용품을 기부할 수 있다(이에 대해서는 조금 뒤에서 다룬다). 이 스윔레인은 사용자가 기부 양식을 제출한 후 어떤 일이 벌어지는 보여준다. NEADS에서는 다음과 같은 부서가 이 작업에 관여할 것이다.

- **자원봉사자의 코디네이터:** 시간을 기부해서 봉사활동을 하려는 자원봉사자 관리
- **회계 부서:** 금전적인 기부 관할
- **사업 개발 부서:** "기부 중앙 부서"로서 들어오는 모든 일 처리

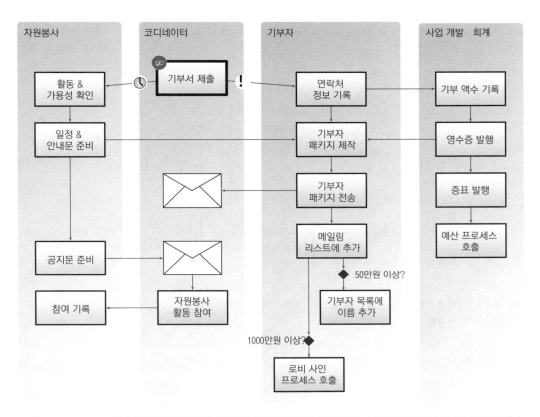

그림 6-19 NEADS에 기부서가 제출된 후 벌어지는 일을 예측한 스윔레인. 비즈니스 프로세스와 이와 관련된 다양한 부서를 보여준다.

배경 상자: 단계를 논리적으로 묶어 뒤 편에 약간의 색상이 들어간 상자를 넣는다. 기능적으로 연결돼 있음을 보여줄 때 이런 접근 방식이 적절하다.

예를 들어, 기부 플로는 다음과 같이 네 개의 그룹으로 나눌 수 있다.

- 기부 기본 정보

- 기부 예외

- 기부 옵션

- 마무리

이런 그룹은 "매크로 단계"의 관점에서 플로를 설명할 때 만들면 좋다. 이때 각 매크로 단계를 분리해서 문서로 작성하기도 한다. 예를 들어, 메인 플로에서 전체 개요를 보고 분리된 두 번째의 플로에서 세부사항을 보는 것이다.

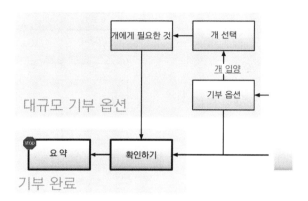

그림 6-20 단계를 묶어 그 그룹에 이름 붙이기. UX 디자이너와 관련자들이 네 가지 "매크로 단계"를 이름을 통해 편리하게 언급할 수 있게 됐다.

단계에 스타일 적용: 논리적으로 그룹을 나누는 방법으로 색상이나 다른 스타일 요소를 적용할 수 있다. 색상이 들어간 곳은 얼핏 봐도 비슷한 스타일의 상자는 어떻게든 연결돼 있다는 사실을 알 수 있다. 그러나 색상은 그룹의 본질을 바로 보여주지 못한다는 점 때문에 적용하기가 난해한 면이 있다.

나는 사용자 경험과는 다른 방식으로 단계를 구분할 때 주로 다음과 같은 접근 방식을 이용한다.

- **제작 관점**: 이미 존재하는 어떤 화면은 수정이 필요 없을 수도 있고 어떤 화면은 대규모 수정이 필요하거나 새롭게 만들어야 할 수도 있다.

- **약간씩 다른 제작 관점**: 어떤 화면은 현재의 콘텐츠 관리 시스템에 있는 템플릿을 이용하고 어떤 화면은 그렇지 않을 수 있다.

- **개발 관점**: 나는 오류가 생겼을 때 보이는 화면을 확실하게 구분한다.

- **구조적 관점**: 로그인 전후의 화면처럼 화면이 다르게 보이는 상황이 있을 수 있다.

- **전략적 관점**: 판매 광고에 좋은 화면이 있을 수 있다.

- **사용성 관점**: 플로에 속한 화면이 목적에 따라 서로 다른 카테고리로 들어갈 수 있다.

오류 시나리오

오류 시나리오는 프로세스가 완료되지 못하게 하는 뭔가를 했을 때 벌어지는 일을 묘사한다. 아마 정보를 기재하지 않았거나 일관되지 않은 정보를 제공했을 수 있다. 따라서 어떤 확인 절차를 거치고 어떤 종류의 오류에 해당하는지 등을 메인 플로에 적기도 한다. 간단하게 점검하고 넘어가는 수준 이상의 오류라면 그 자체로도 상세한 플로가 필요하다.

플로차트에서 가지가 뻗어 나가는 부분(사용자의 선택에 따라 길이 달라지는 부분)과 에러(임시로 플로가 중단되는 부분)는 시각적으로 구분해야 한다. 오류 시나리오에 있는 판단 기점을 일일이 적을 필요는 없다. 이 예제 플로에서는 오류 검증을 해야 할 부분에 상자를 제시했고 오류의 종류는 그 안의 직사각형에 기재했다.

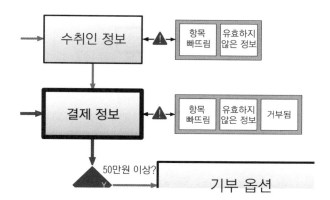

그림 6-21 오류 검증. 이 플로에는 프로세스를 완료하는 과정에서 사용자가 저지를 수 있는 실수가 담겨 있다.

계층 3: 추가적인 콘텍스트

플로에 사용자 경험과 프로젝트의 측면이 어떻게 연결되는지 보여주는 정보가 들어가기도 한다. 플로가 큰 경험에 속한 작은 조각이거나 방대한 사용자 조사의 결과이거나 와이어프레임 활동으로 넘겨야 할 작업이라면 해당 문서와 연관시킬 필요가 있다.

다른 플로와의 연결

복잡한 플로를 간소화하는 가장 좋은 방법은 작은 조각으로 나누는 것이다. "큰" 플로는 높은 수준의 단계를 말하고 각 단계는 상세 플로와 이어진다.

상세한 플로에서는 시작점과 끝점에 부가적인 콘텍스트로 강조해서 무엇이 앞에 오고 무엇이 뒤에 오는지 보여줘야 한다. 전체 플로의 축소판을 상세 플로 근처에 배치하면 손쉽게 콘텍스트를 설정할 수 있다.

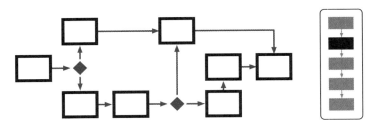

그림 6-22   전체 플로 수립.   전체 플로를 문서의 앞에 실어 콘텍스트를 설정할 수 있다. 상위 플로에 들어간 각 단계를 자세하게 그릴 때 여러분이 어떤 위치에 있는지 알 수 있게 상위 단계의 플로를 작게 축소해 싣는다.

사용자 동기

사용자 조사만큼 플로에 많은 인사이트를 제공하는 건 없다. 플로를 경험하는 사람에 대해 많이 알수록 실제 사용하는 사람의 입장에서 플로를 그릴 수 있다.

사용자 동기는 여러 단계로 보여줄 수 있지만 복잡한 플로라면 가장 상위 단계에 집중하는 게 좋다. 사용자가 특정 플로에 왜 들어 왔는지 보여주는 인용문을(진짜 인용문이 제일 좋고 논리적 근거에 따른 허구적인 인용문도 괜찮다) 플로의 앞에 실어라. 이런 인용문은 콘텍스트를 만들어 주고 일정한 틀에서 플로를 검토하게 만들어준다.

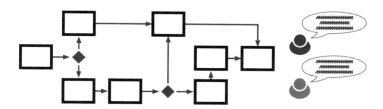

그림 6-23 관련 페르소나의 인용문. 가장 쉽게 플로에 논리적 근거를 제공한다. 캐릭터의 반응을 솔직하게 싣되 플로와 페르소나의 관계가 의미 있어야 한다. "이거 잘 모르겠는걸"과 같은 인용문은 도움되지 않고 "이 곳에 기부했는데 절차가 헷갈린다"와 같은 인용문이 좋다.

화면 식별자

플로의 단계가 와이어프레임과 대응된다면 그 화면을 의미하는 숫자와 문자를 조합한 식별 기호를 할당해 관계를 보여줄 수 있다. 와이어프레임에도 플로에 부여한 코드와 같은 코드를 부여하면 독자들은 크게 문제가 없을 거라고 판단할 것이다.

　그러나 화면에 변화가 생기면 이 조화가 업보가 되어 여러분의 발목을 잡을지도 모른다. 여기기에서 단계를 추가하고 제거하다 보면 번호체계가 망가지고 골치 아픈 일이 생긴다.

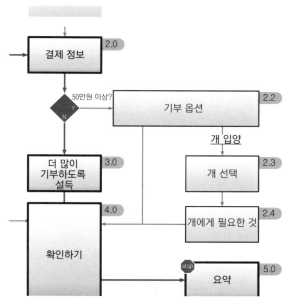

그림 6-24 각 단계에 식별 코드 부여. 각 단계의 근처에 그 화면을 의미하는 코드가 보인다. 이 간단한 코드는 다른 작업물에 들어가 같은 화면을 지칭하는 데 쓰일 수 있다.

나머지 질문들

프로세스에 대해 더 논의가 필요할 때 문서에 이와 관련된 질문을 끼워 넣기도 한다.

플로가 불완전할지도 모른다. 추측성 결정을 하고 플로를 논의를 촉진하는 "허수아비[2]" 역할로 쓸지도 모른다(허수아비의 정의를 왜곡했다. 보통 허수아비는 제구실을 하지 못하고 자리만 차지하고 있는 사람을 비유적으로 이르는 말이다). 이런 방식으로 이해관계자들과 나눌 대화의 주제를 정하기도 한다.

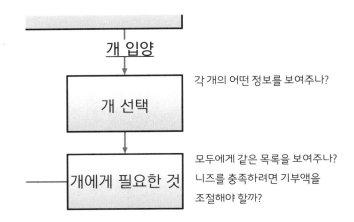

그림 6-25 플로차트에 질문 끼워 넣기. 정말 중요한 내 일 중 하나는 질문하기다. 적임자에게 제대로 된 질문을 던지면 엄청난 정보를 끌어낼 수 있다. 구체적인 UX 콘셉트에 대한 질문은 더욱 강력하다. UX 다이어그램은 논의를 촉진하는 수단이므로 질문을 문서에 직접 적는 게 바람직하다.

---

2 논의를 이끌어 내기 위해 사람들 앞에 예시로 제시하는 입장

전문가에게 묻기

DB: 좋은 플로에는 무엇이 필요한가요?

CF: 좋은 프로세스 플로는 다음과 같습니다.

- "…라면 어떨까?"라는 질문에 가능한 한 많은 답을 줘야 합니다(하지만 너무 많아도 안 됩니다). 가능한 한 모든 결과와 사용자 결정이 들어가야 하지만 타겟에게 필요한 정도로만 제한하십시오. "큰 그림" 담당자는 개발자들이 볼 법한 수많은 세부사항을 보면 혼란스러워 합니다.

크리스 파히 Chris Fahey,
**창업자겸 사용자 경험 디렉터
행동 디자인**Behavior Design

- 읽기 쉬워야 하고 플로를 읽는 사람이 그들 자신을 플로에 대입할 수 있어야 합니다. 문서에서 여러분이 보는 것과 사용자 경험은 일대일로 대응해야 합니다.

- 게임으로 생각하십시오. 플로 읽는 것을 시스템과 상호작용하는 것처럼 느껴야 합니다. 심지어 읽는 게 재미있어야 합니다. 다음에 어떤 일이 일어날지 무언가 달리하면 어떤 일이 벌어질지에 대해 읽는 사람의 눈에서 호기심이 느껴져야 합니다.

플로차트 만들기

플로차트를 그리려면 어디부터 시작해야 할까? 먼저 플로의 콘텐츠와 형식에 대해 기본적인 결정을 내려야 한다.

플로차트를 위한 기초 결정 사항

플로의 요소는 간단하다. 이런 간결함과 익숙한 양식 덕분에 이해하기는 쉽지만 동시에 유동적이기도 하다. 다른 다이어그램과 마찬가지로 플로차트 또한 과하게 흐를 가능성(그림을 너무 크게 그리거나, 시나리오가 너무 다양한 사용자를 대상으로 하거나, 추상화의 수준이 너무 다양하거나)이 수도 없이 많다. 목표, 고객, 콘텐츠를 생각하면서 플로가 중심에서 벗어나지 않게 하라.

목표는 무엇인가?

플로차트의 목적은 여기에 제시된 과제나 사용자 목표가 아니다. 물론 플로차트가 이런 이야기를 전달하는 건 맞지만 프로젝트에서 플로차트의 역할은 제작을 돕는 것이다. 다른 산출물처럼 플로차트도 프로젝트가 진전될 수 있게 기여해야 한다. 플로차트가 프로젝트를 앞으로 끌어 주지 못한다면 이는 플로차트를 그리는 것이 아니다.

다른 시각 자료와 마찬가지로 플로차트에는 두 가지 핵심 목표가 있다(표 6.3을 보라).

- **UX 의사결정 담기**: 플로차트는 사이트의 동작 방식을 보여준다. 즉, 특정 과제나 과제의 집합을 지원하기 위해 가능한 한 최선의 접근 방식을 찾아가는 창의적인 과정을 보여줄 수 있다. 접근 방식을 가다듬거나 UX의 문제를 규명하거나 새로운 아이디어를 접목하면서 플로는 여러 차례에 걸쳐 수정된다. 플로차트가 이런 과정을 마치고 나면 다음 UX 업무의 콘텍스트가 된다.

- **현재 상태 이해**: 플로차트는 사이트가 현재 어떻게 움직이는지 보여주기에도 좋다. 따라서 이 문서는 있으면 좋지만 현재 지원하지 않는 요소에 대한 논의를 이끌 수 있다. 다시 말해, UX 문제를 이해하는 데 플로차트를 활용할 수 있다는 말이다. 이런 목적의 플로차트라면

더 폭넓게 현재의 사용자 경험 대신 새 사이트에 들어가야 하는 현재 비즈니스 프로세스를 다뤄도 좋다. 비즈니스 프로세스를 그리다 보면 다른 관점에서 UX 문제를 이해할 수 있기 때문이다.

실제로 플로의 목표는 더 구체적일 것이다.

목표에 따라 플로의 콘텐츠와 양식을 정하라. 모든 플로에는 첫 번째 계층 요소가 들어가야 하고 두 번째와 세 번째 계층 요소는 선택 사항이다. 어떻게 활용할지에 따라 들어갈 요소를 선택하라.

플로차트에 들어가는 콘텐츠와 목표 사이에는 분명한 연관 관계가 있어야 한다. 플로차트의 콘텐츠와 관련해서 내려야 할 결정은 뒤에 이어지는 "무엇을 보여주는가?"에서 자세히 다루겠다.

UX 의사결정 담기	현재 상태 이해
여러분의 접근 방식에 대해 이해관계자들의 동의 구하기 다른 팀원과 UX 콘셉트 공유하기 화면 디자인으로 넘어가기 전에 사용자 경험 마무리하기 특정한 방향을 택하기 전에 여러 가지 접근 방식 평가하기	비즈니스 프로세스를 지원하는 사이트를 설계하기 전에 그 프로세스를 잘 이해했다고 알리기 UX 디자인이 개선될 수 있게 사용자 경험의 기준선 정하기 새로운 기능이나 프로세스를 기존 체제에 끼워 넣을 방법 또는 이 두 가지를 어떻게 병행할지 보여주기

표 6.3   플로차트의 구체적인 목적 정하기. 여기에 제시된 여러 목적은 다른 UX 문서와 비슷하다.

UX 프로세스에 어떻게 들어가는가?

방법론적인 측면에서 화면을 디자인하기 전에 플로를 그릴지 디자인한 후에 플로를 그릴지 플로에 관한 중대한 결정을 내려야 한다. 대부분은 화면을 그리기 전에 플로차트를 그린다. 전체 구조가 잡혀야 어떤 화면을 디자인해야 할지 알 수 있기 때문이다.

프로젝트 계획에 플로차트를 수정하는 시간을 충분히 잡아놔야 한다. 종이에 프로세스를 그리는 단순한 행위만으로도(그리고 이 플로를 다른 사람에게 보여주는 행위로도) 프로세스에 대한 새로운 아이디어를 촉발할 수 있다. 화면 디자인을 시작한 후라도 플로차트로 돌아와 새롭게 대두된 정보를 바탕으로 내용을 조정한다.

화면 디자인을 시작하고 한참 지나서 플로차트를 만들기도 한다. 이런 플로차트는 화면 디자인의 콘텍스트가 된다. 이미 화면 디자인이 진행되어 전체적인 경험이 자리 잡힌 상태이므로 새로운 내용은 들어가지 않고 대신 이러한 경험을 설명해 준다. 사람들은 이 플로를 보면서 여러분이 그린 화면이 어떻게 짜맞춰질지 이해하게 된다.

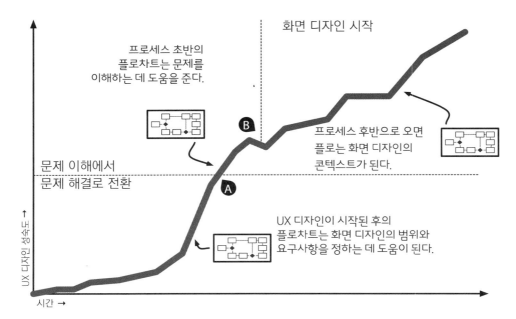

그림 6-26 UX 작업에서의 두 가지 중대한 전환점. (a) "문제 이해"에서 "문제 해결"로 전환하는 시점.
(b) 높은 수준의 콘셉트에서 세세한 세부사항으로 전환하는 시점. 플로차트는 이 두 가지 전환 시점의 이전,
동안, 이후에 모두 중요한 역할을 수행한다.

고객은 누구인가?

목표 다음으로 플로차트의 내용과 구조에 영향을 끼치는 건 타겟 고객이다. 목표와 고객은 플로의
접근 방식에 통합적으로 영향을 끼친다. 일반적으로 자신의 입장에 따라 플로에 바라는 우선순위
가 달라진다.

사업 이해관계자	플로차트가 핵심 비즈니스 문제를 반영 그리고/또는 언급했는가?
다른 UX 디자이너	사이트의 다양한 측면을 어떻게 디자인해야 할지 알 수 있을 정도로 상대적인 우선순위를 플로가 효과적으로 보여주는가?
개발자	플로차트의 로직이 포괄적인가? 그리고 가능한 모든 시나리오를 보여주는가?

표 6.4   입장에 따라 서로 다른 우선순위.   그렇기 때문에 다르다는 것 아니겠는가?

다양한 고객을 다뤄야 한다는 건 큰 도전이다. 나는 명백한 우선순위가 없으면 항상 개발자에게 초점을 맞춘다. 로직과 구조만 잘 잡으면 나머지는 자연스럽게 따라온다.

무엇을 보여주는가?

앞의 계층 논의에서 플로차트에 들어가는 여러 가지 정보를 언급했다. 단계, 판단 기점, 경로, 템플릿을 의미하는 다른 요소들을 레고 블록처럼 조합하면서 플로차트를 만든다. 물론 결정해야 할 요소 중에는 덜 구체적인 요소도 있다.

- **범위**: 광범위한 범위는 프로세스의 끝에서 끝까지 아우른다. 커피를 만드는 것뿐만 아니라 원두를 재배, 운반, 로스팅, 판매하는 전 과정을 다룬다. 좁은 범위는 프로세스의 좁은 한 구역을 말하며 범위는 필요에 따라 미리 결정돼 있기도 한다.

- **추상화 정도**: 범위가 결정됐어도 단계별 프로세스의 다양한 추상화 정도를 보여줄 수 있다. 추상성이란 현실과의 거리감을 나타낸다. 이는 기부에 대한 사고 과정과 기부 실행 화면이나 버튼 사이의 차이 같은 것이다. 프로젝트 초반에는 웹 사이트가 지원해야 할 프로세스를 이해해야 하므로 플로가 추상적이지만 프로젝트가 진행될수록 특정 화면이나 인터랙션으로 초점이 옮겨가므로 구체적으로 변한다.

- **세부사항**: 단계별로 얼마나 많은 이야기를 할 것인가? (비니지스 프로세스는) 매우 상세한 단계에서 수집해야 할 정보의 종류와 여기에 사용된 도구까지 자세히 다룰 때가 있다. 이 단계에서는 사용자에게 보일 정보를 정확하게 묘사하기도 한다. 한 단계에서 얼마나 많은 이야기를 해야 하는가는 플로차트의 목적에 따라 달라진다.

이런 내용을 결정하고 목표를 정하고 고객을 확인하고 나서 플로차트에 담을 내용을 적는다. 물론 단계, 경로, 판단 기점으로 프로세스를 표현하겠지만 어떤 다이어그램이든 다양한 계층의 이야기가 대조될 때 더 재미있다. 각 사용자 그룹이 플로를 어떻게 다르게 활용할 것인가? 새로운 사용자 경험은 기존의 시스템과 다중적으로 결합해야 하는가? 온라인 경험과 오프라인 경험이 평행한가? 이런 질문을 떠올리며 플로차트의 계획을 잡는다. 최초 아이디어 몇 가지를 그리고 나면 다른 요소를 어떻게 겹쳐야 할지 보인다. 너무 많은 정보로 그림에 부담을 주고 싶지 않다면 세부사항의 우선순위도 정해야 한다.

이 외에도 담을 수 있는 내용은 수도 없이 많지만 이야기는 그것이 전달되는 상황 속에 있어야 의미가 있다는 점을 꼭 기억하기 바란다.

어떻게 구조를 잡을 것인가?

플로 디자인은 이 책의 범위를 벗어난다. 플로의 구조, 속도, 순서는 여러분이 결정하라. 인터랙션 디자인에 대한 많은 책, 기사, 워크숍에서 플로 디자인을 다루고 있다. 작은 팁을 주자면 흔히 다음의 두 가지 구조를 이용한다. 이 구조는 일종의 패턴으로, 초보자가 프로세스를 합리적으로 그리는 데 도움이 된다.

하지만 약간 이상하게 들릴지도 모르겠다.

배타적인 플로: 사용자는 특정한 길로 가는 여러 가지 선택의 기로에 서게 된다. 이러한 경로는 서로 분리돼 있으므로 상호배타적이다. 빨간색 알약을 먹는다면 파란색 알약을 먹으면 안 된다는 뜻이다.

시각적으로 배타적인 플로에는 올바른 경로를 판단해 줄 판단 기점이 여러 개 있다. 그림 6.28에서 선물, 계획, 기록 여부에 따라 경로가 달라진다. 특이한 점은 각 경로가 모두 같은 지점인 다음 단계에서 끝난다는 것이다.

배타적인 프로세스라는 사실을 어떻게 알 수 있는가? 경로를 "사용자는 A 또는 B를 하고 둘 다 하지는 못한다"로 묘사할 수 있다면 이는 배타적인 경로다.

포괄적인 플로: 이 플로에서 사용자는 여러 개의 옵션을 선택할 수 있고, 그러한 선택된 옵션에 해당하는 모든 경로를 따를 수 있다. 이것은 포괄적인데, 왜냐하면 사용자가 모든 경로를 선택할 수 있기 때문이다. 그림 6.29가 포괄적인 플로의 예다.

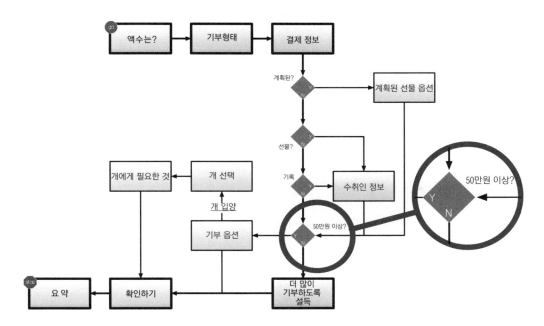

그림 6-28 **배타적인 플로.** 모든 가지가 한 곳으로 연결된다. 포괄적인 플로에서 판단 기점이 모두 다른 곳으로 향하는 것과 비교해 보라.

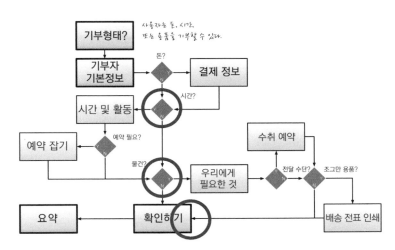

그림 6-29 **포괄적인 플로.** 사용자가 선택하는 대로 모든 옵션을 경험할 수 있다. 강조된 부분은 부차적인 플로가 다음의 판단 기점에서 종료되는 것을 보여준다.

이제 골칫덩어리 같은 논리에서 벗어나자. 우리는 시각적인 사고를 하는 사람으로서 이렇게 지루한 OR나 AND가 달갑지 않다. 그러나 UX 디자인은 패턴에 죽고 사는 분야로서, 이는 UX 문제를 헤쳐 나가고 새로운 방식을 시도하게 해주는 간단한 요리법과 같다.

그림 6.29는 NEADS에 기부하는 새로운 경험을 보여준다. 사용자는 돈, 시간, 그리고/또는 용품을 선택할 수 있다. 이들은 한두 개 또는 세 개를 모두 선택할 수 있으므로 각 경로가 다음 판단 기점으로 이어진다. 금전적인 기부를 선택했다고 자원봉사를 선택하지 못하는 게 아니다.

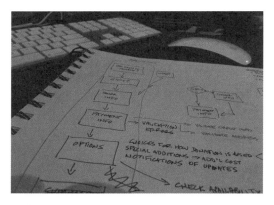

그림 6-30   내 플로차트의 초기 모습.   나의 모든 플로는 이렇게 시작한다. 모든 요소에 꼭 이름을 적어라. 나중에 되돌아왔을 때 뭘 그리려고 했는지 까먹고 싶어하는 사람은 아무도 없다. 나는 가끔 레이아웃이나 방향에 빠져서 이름 적는 일을 잊곤 하는데 이럴 때마다 내 정신 상태를 회의하게 된다.

환상적인 플로차트를 위한 팁

지금까지 전반적인 내용(목표는 무엇이고 고객은 누구이며 무엇을 보여주는지 등)을 훑어 봤으니 이제 쉽게 만들거나 이해할 수 있는 플로를 만드는 방법을 살펴보자.

주요 기점부터 시작하라

어떤 플로든 몇 개의 상자와 선으로 시작한다. 기초를 잡을 때는 펜과 종이로 그리면서 머릿속에서 플로의 모양을 잡아 본다. 주요 기점은 그 프로세스에서 핵심이 되는 단계나 화면을 말한다. 내 그림은 언제나 수직이나 수평으로 놓인 6개 정도의 상자로 시작하는데, 이렇게 초기 스케치를 하고 나서 상자에 주석을 달거나 상자의 양쪽에 작은 상자를 넣는 다음 과정으로 들어간다.

그림 6-31　　**초기 플로.** 　다이어그램 프로그램으로 처음 플로를 그릴 때는 간단하게 시작한다.

　어느 순간이 되면 너무 많은 요소를 추가해서 초기 스케치를 읽기 어려워지는 시점이 온다. 새로운 단계나 판단 기점을 추가해 가면서 플로를 매만진다. 초기 단계에는 플로의 모양이 아직 드러나지 않는다.

　이 시점에서 할 일은 모든 정보를 종이에 적는 것이다. 이 프로세스에 필요한 모든 단계와 판단 기점은 무엇인가?

레이아웃은 간결하게 유지하라

이제 손으로 그린 스케치를 여러분이 좋아하는 일러스트레이션이나 다이어그램 프로그램으로 옮겨 그려라. 이때 단계나 판단 기점은 눈금선에 맞춘다. 눈금선에 맞춰 그리면 논리를 따르기 쉽고 단계를 묶어 배경막을 넣기도 좋다.

시각적 언어를 정하라

다이어그램에 일관되게 사용할 도형이나 그래픽 규칙을 정하라. 의미가 너무 미묘해서 언뜻 보면 이해되지 않는 이미지라도 일관되게 적용하면 그 의미가 전달된다.

다행히 플로차트는 사람들이 오랫동안 사용해온 다이어그램이라 몇 가지 정해진 이미지 규칙이 있다. 많은 사람이 이 이미지 규칙에 친숙해서 플로를 처음 그릴 때 활용하기에 좋다. 간단한 기하학을 이용하면 이런 정해진 규칙에 여러분만의 스타일이나 다이어그램의 니즈를 녹여낼 수 있다.

다이어그램을 해독하는 데 쓰이는 몇 가지 예측 가능한 규칙을 말한다. 앞에서 살펴본 여러 시각적 장치(선 두께, 색상, 그림자, 가중치, 조판)로 요소를 차별화할 수 있다. 중요하게 부각할 내용이 있다면 시각적 장치를 활용하라.

- 주요 경로 vs. 부차적인 경로
- 기본 단계 vs. 오류 시나리오 단계
- 현재 존재하는 화면 vs. 새 화면
- 사용자 1 vs. 사용자 2
- 사용자 과제 vs. 시스템 과제

시각적 언어를 정하기 전에 어떤 부분을 강조할지 정하고 이 부분에 어떤 그래픽을 적용할지 생각하라.

복잡한 플로를 간소화하라

복잡함은 너무 많은 것을 시도하는 데서 비롯한다. 플로가 긴밀하게 연결되지 않아 사람들이 보고도 의미를 파악하지 못한다면 이는 간소화하라는 신호다. 하지만 먼저 뭐가 잘못됐는지부터 진단해야 한다(표 6.5 참고).

플로를 간소화하는 가장 좋은 방법은 명백한 판단 기점을 없애는 것이다. 불과 나는 몇 페이지 앞에서 판단 기점은 플로의 필수 요소라고 했다. 하지만 투덜대지 말고 "명백한" 판단 기점이라고 한 점에 주목하라. 조그만 마름모(판단 기점) 없이도 논리를 전달할 방법이 있다.

앞의 "배타적인" 플로를 약간 다듬어 봤다. 여기서 내가 한 일은 다음과 같다.

- 단계를 일직선으로 구성했다. 이 형태가 플로를 따라가기 더 쉽다.

- 판단 기점에 뻗하거나 분리돼야 할 노드를 놓지 않았다. 이해하는 데 방해될 수도 있는 시각적 요소는 제거했다.

나는 한 곳에서 커닝을 했다. 플로 중간의 검은색 선을 보라. 이는 되돌아가서 연이어 내려야 할 두 가지 결정(기부 종류와 기부 액수)을 의미한다. 나는 이 사이에 단계 없이 순차적으로 일어나는 것임을 보여줄 방법이 필요했다. 이것은 UML(Unified Modeling Language, 소프트웨어 공학적 설계를 묘사하는 다이어그램의 모음)의 액티비티 다이어그램에서 사용된 "포크 fork"라고 부르는 기법이다. 실제로 여기서는 두 가지 경로가 동시에 발생한다는 의미로 사용했다.

상황	문제	해결책
너무 많은 선택이나 시나리오	한 다이어그램에서 너무 많은 이야기를 하려고 한다. 당신의 플로에 몇 개의 과제가 담겨 있는가? 하나의 과제라면 좀 더 작게 나눌 수 있는가?	작은 단위로 나뉜 플로가 전체적으로 엮인 모습을 보여주는 하나의 플로를 그려라. 그리고 조각별로 별개의 플로차트를 그리고 그 플로 조각을 하위 문서에서 어떻게 맞추는지 명쾌하게 보여줘야 한다.
너무 긴 타임라인	플로 규모가 너무 크다. 끝에서 끝까지 너무 많은 것을 보여주고 있다.	플로를 여러 장으로 나눠라.
너무 많은 사용자 그룹	모든 사람이 같은 목표를 향해 가는 길에서 과제를 두고 경쟁한다.	한두 개의 사용자 그룹에 초점을 맞추고 다른 그룹과의 접점을 제시하라.
너무 많은 부차 경로 또는 오류 경로	플로에 가지 또는 상세한 오류 시나리오가 너무 많아 다이어그램이 어지럽다.	배경에 몇 개의 핵심 화면을 강조하는 것으로 부차적인 플로나 오류를 줄여라.

표 6.5 플로차트에서 발생할 수 있는 문제와 해결 방법. 플로에서 잘못될 수 있는 모든 것을 담은 광범위한 플로차트라고는 할 수는 없지만 이 정도로 시작해 봄 직하다.

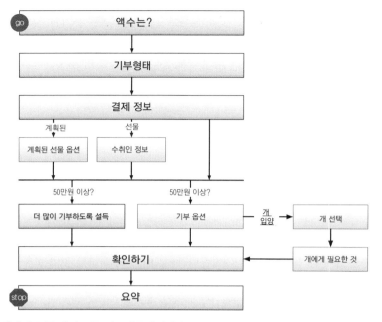

그림 6-32   **판단 요소를 제거.** 플로는 깔끔해졌지만 로직이 묻혀 버렸다. 상황 목적, 타겟에 따라 이렇게 하면 안 될 때가 있다.

뼈대 세우기

웹 사이트는 페이지보다는 애플리케이션처럼 보이고 작동한다. 웹이 이런 방향으로 발달하면서 한 방향으로만 가는 전형적인 플로가 웹 애플리케이션에 존재하는 기능을 표현하기에 역부족이라고 생각했다. 애플리케이션을 구성하는 화면 하나는 한 번에 한 가지 이상의 시나리오를 뒷받침할 때가 많다. 따라서 사용자가 여러 과제를 달성하게 하거나 여러 시나리오에 속한 한 과제를 달성케 하는 화면의 네트워크를 보여주려면 뼈대를 세울 필요가 있다.

  이런 접근법에 따르면 플로가 몇 개의 화면이 연결된 사이트맵처럼 보일지도 모른다. 내 생각에 좀 더 플로처럼 보이게 만드는 요소는 다음과 같다.

- (기부 처리 과정과 같은) 상태 변화를 보여준다.

- 시작점과 끝점이 존재한다. 뼈대에는 여러 개의 시작점과 끝점이 있을 수 있다.

- 연결은 시간에 따른 진척을 의미하지만 수직적인 질서, 분류체계 또는 다른 카테고리의 집합을 의미하지 않는다.

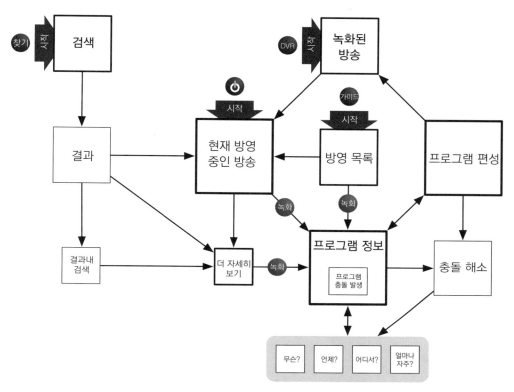

그림 6-33 뼈대에 시작점이나 끝점이 하나로 지정된 건 아니지만 진전되고 있다는 느낌을 준다. 노드 간의 관계는 소속감에 따른 수직적인 구조가 아니며 다른 화면을 가리키는 한 화면은 사이트맵에서처럼 상위 카테고리를 의미하지 않는다.

기부 플로는 뼈대로 좋은 예가 되지 못한다. 사용자 모두 동일하게 단체를 돕는 큰 목표가 있지만 플로는 전적으로 사용자에 의해 달라진다. TV 프로그램을 DVR로 녹화하는 상황을 생각해 보자. 사용자가 직접 여러 가지를 설정하지만 이들이 과제를 달성하는 데는 몇 가지 변수가 있다.

- 어디서 어떻게 녹화가 시작되는가
- 녹화 일정 외에 녹화하는 데 무엇이 필요한가
- 녹화하고 싶어하는 방송의 특성

녹화 플로를 일반화하면 뼈대가 되는 프로세스에는 다음과 같은 공통 영역이 들어간다.

뼈대가 될 수 있는 프로세스	예를 들면
하나의 목표하에 가능한 시작점이 여러 개다.	사용자는 프로그램의 목록을 보거나 검색하거나 현재 상영 중인 프로그램을 보다가 DVR 녹화 프로세스를 시작할 수 있다.
하나의 목표에 초점을 맞추지만 나올 수 있는 결과가 여러 가지이다.	"프로그램"은 한 번 녹화된 적이 있는 방송, 전체 방영 분 가운데 녹화 예정인 하나의 방송 또는 사용자가 지금 녹화하고 있는 방송을 의미할 수 있다.
시작점에 따라 다른 로직이 필요하다.	현재 상영 중인 프로그램을 보다가 "녹화"를 누르면 언제, 어디서, 무엇을 녹화하는지와 같은 자료가 나와야 하지만 검색에서 시작했다면 이 정도의 정보를 제공할 필요가 없다.
애플리케이션이 소수의 핵심 화면을 중심으로 한 허브 앤 스포크 모델을 따를 때	나는 두 개의 핵심 화면인 프로그램을 설명하는 화면과 녹화할 프로그램의 편성표를 보여주는 화면을 중심으로 경험을 구성했다. 제2, 제3의 화면도 많지만 중심은 이 두 가지다.

표 6.6   "뼈대"는 특정 프로세스에 적합한 독특한 종류의 플로다. 뼈대는 플로의 제약으로부터 비교적 자유롭다. 이 표는 뼈대로 보여지기 좋은 프로세스의 특징을 보여준다.

 사례

현실에서의 뼈대

나는 이 책을 쓰는 도중에 대형 하드웨어 제조업체의 프로젝트에 참여했다. 나는 결함이 생긴 하드웨어를 반품하는 애플리케이션을 설계하고 있었는데 이 프로세스에는 다음과 같은 몇 가지 변수가 있었다.

- **반품 유형**: 이 제품에 서비스 계약이나 품질 보증이 있는가?
- **서비스 수준**: 위 계약에 따라 이 제품은 어떤 서비스를 받을 수 있는가?
- **도착지**: 물건을 어디에서 실어야 하는가?
- **특권**: 누가 반품을 신청했는가?
- **기기**: 어떤 하드웨어를 교체해야 하는가?

그리고 몇 가지 더…

수석 디자이너는 이런 변수를 조합한 상황별로 각각 플로우를 그리지 않고 하나의 뼈대를 만들었다.

이 뼈대에 프로세스에 들어가는 모든 주요 화면인 반품의 유형, 배송 정보, 반품될 기기 등이 모든 화면에 들어갔다. 그리고 이 화면들의 논리적인 관계를 그렸다. 그러자 이 화면이 여러 상황에서 골고루 적용되는 마법 같은 일이 벌어졌다. 각 세부 시나리오에 대해서는 이 뼈대가 어떻게 그러한 세부상황을 뒷받침하는지 스토리보드-화면의 순서-로 만들어 보여줬다.

뼈대로 이야기를 풀어나가면 복잡해진다. 뼈대가 가능한 모든 시나리오를 성공적으로 뒷받침해 줘야 하는데 대개 이는 불가능하다. 아무리 조사를 많이 해도 애플리케이션이 지원해야 할 모든 상황을 예측하기는 어렵다. 따라서 조사나 이해관계자들의 지식을 통해 중요하거나 자주 발생하는 시나리오를 알아내고 이를 뼈대에서 보여준다.

플로차트 기량 끌어올리기

아무리 계획을 잘 세워도 막상 플로를 그리다 보면 난관에 부딪힐지도 모른다. 이런 난관에 부딪혔을 때 헤쳐나갈 몇 가지 방법은 다음과 같다.

모든 세부사항 보여주기

지금 설계하는 다이어그램이 진짜 웹 사이트가 되려면 아직도 멀었다. 즉, 이 단계에서 뭔가를 빠뜨려도 다음에 챙길 기회가 얼마든지 많다는 의미다. 물론 생각지도 못한 자그마한 세부사항까지 모두 잡아내는 게 멋져 보인다는 생각이 들 수는 있다.

플로가 처음 모양이 잡히던 순간이 기억나는가? 모든 플로가 한 번에 그려지지 않고 열심히 다듬고 수정하면서 틀이 잡혔을 것이다. 플로차트 만들기는 대충 그린 상자 몇 개에서 시작해 계속 가다듬어야 할 지속적인 프로세스다. 다음과 같은 부분을 지속적으로 가다듬어라.

- 사용자가 제공하는 추가 정보를 반영하는 추가적인 단계

- 두 개 이상의 단계로 나뉘는 단계

- 추가적인 논리

- 평범하지 않은 예외를 설명하는 가지

- 사용자들이 저지르는 오류를 다루는 가지

- 이해관계자가 지금까지 잊고 있다가 첫 번째 플로차트를 보면서 떠올린 새로운 기능을 다룬 가지

- 사용자가 입력한 정보에 반응하는 시스템

- 데이터 출처 밝히기

- 추가적인 사용자 유형을 다루는 가지

- 그리고 그 외 다수

이 모든 것이 기억나는가? 세부사항을 가다듬을 때는 이런 정보를 가다듬어야 한다. 도움이 될 만한 두 가지 팁을 주자면 다음과 같다.

- **누군가에게 플로를 봐달라고 한다**: 다른 UX 디자이너에게 다이어그램을 검토해 달라고 부탁한다. 다른 사람이 보면 여러분이 미처 보지 못한 정보가 보일 것이다. 더 중요한 사실은 다른 사람에게 말로 플로를 설명하다 보면 미처 생각지 못했던 이슈가 떠오른다는 사실이다. 보너스로 동료가 새로운 관점을 제기하기도 한다. 그들의 경험을 들으면서 생각지 못했던 쟁점이 생각나거나 대화하는 가운데 숨겨진 쟁점이 드러나기도 하므로 언제나 피드백할 수 있게 만들어라.

- **플로를 다르게 디자인하라**: 나는 모든 프로젝트의 초기 단계에서 다른 방식으로 접근하도록 나 자신을 담금질한다. 초기에 일직선상의 플로를 그렸다면 허브 앤 스포크 모델로도 접근해보고 어떠한 순서로 플로를 설계했다면 이와 다른 순서로도 그려본다. 이처럼 새로운 관점으로 플로를 바라보면 다음과 같은 질문을 던질 수가 있다. 이 양식은 올바른 장소에 있는가? 사용자에게 올바른 정보를 요청하고 있는가? 여기서 저지를 만한 오류는 없을까? 새로운 관점은 플로에 들어가야 할 모든 세부사항이 들어가게 하는 데 유용하다.

현실 보여주기

플로는 모든 사용자가 다 똑같은 경험을 할 거라는 모습을 담은 플로로 자연스럽게 변하는 경향이 있다. 세부사항에 사로잡히다 보면 사용자는 플로를 독특한 시나리오를 부르는 존재가 아닌 요청만 하면 바로 데이터를 뱉어내는 자동화된 정보 창고로 보게 된다. 이를 완화하는 전략은 다음과 같다.

- **요구사항과 플로를 엮어라**: 플로차트를 요구사항 수집 이후 모든 요구사항을 반영하며 점점 발전해 나가는 존재로 바라봐야 한다. 이렇게 해야 완벽하지는 않아도 최소한 내부적으로 일관되게 그릴 수 있다.

- **플로에 페르소나를 넣어라**: 플로에 사용자를 그려 넣어 여러분이 페르소나의 입장이 되어 보라. 여백에 페르소나의 아바타를 넣고 이 플로가 페르소나의 니즈를 얼마나 잘 대변하는가를 표시하라. 이 외에도 그림 6.35처럼 단계 옆이나 플로의 다른 부분에 조그만 아바타를 넣어 어떤 페르소나의 니즈를 반영했는지 보여주기도 한다.

- **넘어가기**: 플로차트 때문에 애가 타는 지경까지 가지 마라. 대부분의 플로차트는 목적지가 아닌 출발점이다. 방향을 세우고 인터랙션에 대한 초기 아이디어를 끄집어내는 정도로 이용했다면 그 이상은 바라지 마라. UX 디자인은 쉬지 않고 개선해나가는 프로세스다. 플로차트 같은 도구와 이 책의 다른 다이어그램에 너무 많은 걸 바라지 말고 필요한 것을 뽑아내면 바로 넘어가는 게 좋다.

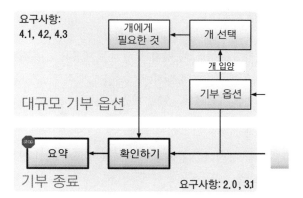

그림 6-34   요구사항 언급 방식. 이 그림에는 단계 근처에 요구사항이 번호로 적혀 있다. "기부 종료"라는 매크로 단계의 요구사항은 2.0과 3.1이라는 사실을 알 수 있다.

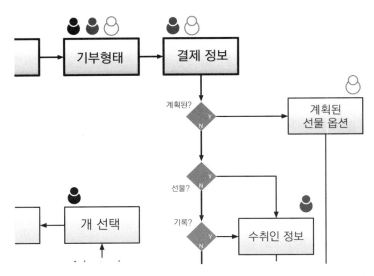

그림 6-35   페르소나의 니즈에 맞게 구성된 플로의 단계.   명암이 다른 아바타는 서로 다른 페르소나를 의미다.

문서를 최신 내용으로 유지하라

플로차트는 UX 디자인이 진화할수록 금세 잊히므로 최신 내용으로 유지하기가 쉽지 않다. 플로차트를 항상 최신으로 업데이트할지 고민하기 전에 업데이트가 꼭 필요한지부터 생각하라. 플로가 UX 프로세스에 시동을 걸어주고 이후에 시스템을 반영하지 않는 문서라면 플로가 바뀔 때마다 최신 내용으로 수정하는 건 큰 의미가 없다.

  플로차트가 시스템의 일부를 구성하는 문서라면 반드시 갱신해 최신 경험을 보여주는 게 좋다. 이때 되움될 방법은 다음과 같다.

- **간소화**: 플로가 너무 정교하면 업데이트하기가 어렵다. 데이터베이스 호출이나 비즈니스 논리에 사용자 니즈까지 섬세하게 반영해서 엄청난 자부심을 느낄 수도 있지만 시스템 문서에는 이런 세부사항이 들어가지 않아도 된다. 프로젝트 초기에는 전체적인 이야기를 하고 이 다이어그램의 간단한 버전을 만들어 미니 버전만 정기적으로 업데이트한다.

- **원본 보존**: 시스템 문서는 가장 최신 버전과 원본을 함께 보존해야 한다. 플로를 제작하다 보면 끊임없이 타협할 일이 생기는데 특히 기술 프로젝트는 더 그렇다. 원본에는 이상적인 상태를 그리고 실제 제작을 할 때는 이상적인 상태를 줄이면서 현실적인 사용자 경험과 끊임없이 타협하라.

플로차트 프레젠테이션

플로차트가 시스템과 사용자 간의 인터랙션이라는 구체적인 내용을 다루지만 이 내용을 추상적으로 표현하므로 팀원이나 다른 프로젝트 참가자 앞에서 플로차트를 발표하는 일은 부담이 된다. 아마 인터페이스 설계에 앞서 인터랙션 디자인에 초점을 맞췄다면 화면 요소가 보이지 않을 것이다. 반면 인터페이스가 있으면 사용자 경험을 이야기하기 더 쉽다. 이 때문에 와이어프레임이나 화면 디자인에서 더 양질의 피드백이 나오기도 한다. 회의 구조에 대한 아래의 팁을 적용해 2장에서 제시한 회의의 틀을 짜보도록 하자.

플로차트 논의 이유	회의 종류	진행 방법
팀원들과 콘셉트 정밀하게 검토하기 여러분의 방향에 대한 초기 반응 듣기 플로 상세하게 가다듬기 상세한 질문에 대한 답 듣기	UX 디자인 피드백 회의	참가자에게 시나리오 상기시키기 UX 디자인에 영향을 준 이전의 활동 상기시키기 이전의 작업이 어떻게 의사결정을 이끌었는지 설명하기 플로를 사람들이 시스템을 이용하는 상황에 대입하기
디자인에 대한 제작측면의 논점 확인하기	기술적 타당성 회의	플로를 전체적으로 한번 빠르게 훑기 플로의 복잡한 부분 파고들기 플로 이면의 가정이나 귀속조건 설명하기
UX 문제를 제대로 짚었는지 확인하기 회사가 플로를 뒷받침할 의향이 있는지 평가하기	운영 타당성 회의	현 상황이나 프로세스를 설명하는 플로차트 발표하기 여러분이 잘못했거나 빠뜨린 부분에 대해 질문을 많이 던지기

표 6.7   플로차트를 검토할 때의 회의 형식과 진행 방법.   플로차트를 검토할 때는 올바른 회의 형식을 택해야 한다.

회의 목표 정하기

플로차트를 논의하는 이유는 크게 다음의 세 가지와 같다. 사용자 경험 디자인 평가하기, 기술적인 측면에서 사용자 경험의 타당성 확인하기, 회사가 이 사용자 경험을 뒷받침할 준비가 됐는지 보기. 이 세 가지 경우에 모두 "이 디자인이 제대로 작동할까?"라는 질문에 답을 줘야 한다.

UX 디자인 피드백: 접근 방식이 괜찮은가?

이 회의에서는 화면의 순서, 사용자 경험 이면의 로직, 사용자가 떠안게 될 잠재적인 부담 등에 대해 이 플로의 접근이 타당한지 확인한다. 이런 UX 리뷰 회의에서의 주요 안건은 다음과 같다.

- **UX 디자인 원칙**: UX 디자인 원칙은 프로젝트 초반에 정한 가이드라인으로서, 이후의 UX 의사결정을 이끈다. 이 회의에서 플로를 만들 때 적용한 주요 원칙을 다시 한번 짚는다.

- **요구사항**: 요구사항은 UX 문제를 정의한 것이다. 이 자리에서 모든 요구사항을 다 짚을 필요는 없고 플로 설계를 이끈 핵심 요구사항 몇 가지만 거론하면 된다.

- **사용자 부담**: 이 플로를 완료하려면 사용자가 얼마나 많은 노력을 기울여야 하는지 말한다. 물론 주관적인 판단이 되겠지만 이 플로에 얼마나 많은 노력이 들어가느냐가 검토 회의를 이끄는 소재가 되기도 한다. 특히 프로세스 합리화를 꾀하는 경우라면 더욱 중요하다.

- **기술적인 위험**: 플로로 인해 예상되는 제작상의 어려움을 말한다. 이런 회의에서는 제작과 관련된 위험을 알린다. 이어지는 기술적 타당성 재고에서 개발자와 제작상의 위험을 논의하는 방법을 더욱 자세하게 다룬다.

기술적 타당성 재고: 이 디자인이 제대로 작동할까?

이 회의에서도 여전히 접근 방식을 평가하지만 이번에는 기술적, 제작적인 관점에서 본다. 개발팀이 플로차트에 담긴 제작 관련 요구사항을 확인할 것이다. 이들은 다른 각도로 사용자 경험을 바라볼 뿐 아니라 멋진 제안을 하기도 한다. 이런 회의의 안건은 다음과 같다.

- **저변에 깔린 전제**: 문서화되지 않았지만 플로에 귀속조건이 깔렸을 수 있다. 예를 들어, 기부 플로가 작동하려면 사용자에 대한 정보가 데이터베이스에 저장돼야 한다는 전제가 깔렸을 수 있다. 개발자들이 이미 다 알고 있는 부분이라도 직접 회의에서 거론하는 편이 좋다.

- **복잡한 인터랙션**: 프로세스에서 특별히 복잡한 부분을 짚어준다. 이는 사용자 관점(사용자가 프로세스를 성공적으로 마치려면 부담이 많은 경우)일 수도 있고 제작 관점(쿼리나 데이터베이스 호출이 많거나 잠재 경로로 이어지는 판단 기점)일 수도 있다. 이런 주제로 회의를 이끌면서 개발자와 함께 난관을 극복할 방안을 모색한다.

- **새로운 것**: 내 경험으로 보면 개발자들은 시스템의 변화에 예민하다. 따라서 현재의 모습(또는 현재의 기준선)과 앞으로 보여지길 바라는 모습을 설명해 줘야 한다.

- **중요한 것**: 회의는 우선순위를 알고 참가해야 한다. 상황에 따라 플로를 정확히 디자인한 대로 개발하지 못할 때도 있다. 따라서 반드시 최종 제품에 반영돼야 할 것을 협상가의 자세로 개발팀과 상의해야 한다.

운영 타당성 재고: 이것이 맞는가?

운영의 관점과 플로를 그리면서 의존했던 뭔가의 관점에서는 두 가지 논의가 진행될 수 있다. 하나는 실제와의 조화로서, 이 플로가 실제 프로세스를 잘 반영하는가?이고, 다른 하나는 끼치는 영향으로서, 이 플로대로 흘러가게 하려면 회사에서 어떻게 해야 하는가?다.

플로는 회사에 새로운 부담이 될지도 모른다. 사용자가 웹 사이트를 어떻게 경험하는지의 이면에는 어떤 의미가 내포돼 있다. 사용자가 금전적인 기부와 자원봉사 신청을 동시에 할 수 있게 해놨다면 회사에서는 이를 처리하기 위한 뭔가를 해야 한다. 이런 회의에서 다뤄야 할 몇 가지 주제는 다음과 같다.

- **모순**: 현재의 운영 방식과 의도적으로 배치되게 설계한 곳이 있다면 이를 주요 안건으로 다뤄야 한다.

- **운영상의 부담**: 플로대로 운영하기 위해 회사에서 지원해야 할 부분이 있다면 이를 거론한다. 예를 들어, 자원봉사 코디네이션 부서에서 온라인으로 봉사활동 시간을 처리하는 프로세스를 만들어야 할 수 있다.

- **출처**: 결정에 대해 논리적 근거를 제공하는 시간이 따로 있더라도 반복적으로 출처를 언급하라. 여러분이 저작권을 침해하지 않았다는 사실을 밝히라는 게 아니라 콘텐츠가 정확하다는 사실을 알리라는 것이다.

기본 회의 틀 적용

플로는 그 자체로 하나의 작은 이야기이므로 이를 중심으로 회의를 구성하기 쉽다. 가장 효과적인 구조는 내러티브 형식이다. 내러티브 형식은 여러분이 사용자가 돼서 플로를 설명하는 방법이다. 그러나 이 외에도 다른 접근법이 많으므로 여러분의 목표나 고객에게 가장 잘 맞는 구조를 선택하면 된다.

1. 콘텍스트를 조성하라

플로차트 회의에서 콘텍스트를 설정할 때는 플로에서 이용한 시나리오와 그 안에 참여할 사용자를 설명하라. 플로의 전반적인 주제와 해결하려고 하는 문제점도 언급한다. 회의를 시작하면서 이 플로가 어떤 것인지 한두 문장으로 설명하라.

- **사업 목표**: 비즈니스 목표를 중심으로 회의 구조를 잡았다면 플로가 그 목표를 어떻게 지원하는지 설명하라. 예를 들어, 목표 중 하나가 신규 회원 등록을 두 배로 늘리는 것이라면 플로를 설계할 때 그 목표를 어떻게 염두에 뒀는지 보여라.

- **사용자 니즈**: 사용자 조사를 하면서 "다음 기능으로 쉽게 넘어가게 해주세요"나 "여러 사용자와 정보를 공유하게 해주세요"라는 광범위한 니즈를 확인했을 것이다. 니즈가 무엇이든 이 플로가 어떻게 니즈를 뒷받침하는지 보여야 한다. 사업 목표와 마찬가지로 사용자 니즈를 회의의 중심 주제로 정하면 플로의 모든 세부사항을 파고들 필요가 없어지고 대신 이런 니즈를 뒷받침하는 요소만 간단히 짚어주면 된다.

- **기술적인 요구사항**: 나는 기술적인 요구를 중심으로 한 시스템 설계를 옹호하진 않지만 여러분의 이해관계자들은 이런 내용을 좋아할지도 모른다. 대개는 플로에 영향을 끼치는 중대한 기술적인 고려 사항이 존재한다. "기존 시스템에서 사용자 계정을 이렇게 정의했으므로 새 플로에도 이 정의가 적용될 수 있게 설계했습니다"와 같은 이야기가 여기에 해당한다. 이는 기술적인 요구를 기반으로 UX를 디자인했다는 것을 보여주라는 말이 아니라 논의의 틀을 기술적 요구를 중심으로 짜라는 말이다.

- **문제 확인**: 클라이언트나 팀원이 절대 양보하지 못하는 문제가 있을 때 플로차트를 이용해 해결책을 찾거나 최소한 이것이 큰 문제라는 점을 인식시킨다. 예를 들어, 클라이언트가 "우

리는 똑같은 작업을 여러 시스템에서 나눠서 하고 있습니다. 이 작업을 통합할 방법이 있을까요?"라고 물었다고 해보자. 각 시스템을 플로차트로 그리고 시스템마다 공통으로 들어가는 작업을 확인한 후 이 질문에 답을 주는 방식으로 회의를 구성할 수 있다.

- **조직적인 영향**: 모든 온라인 플로는 조직에 어느 정도의 영향을 끼친다. 새로운 판매 채널을 그린 플로는 만족도나 고객 서비스에 영향을 미치고 기록 관리 같은 내부 사업 프로세스를 보완하는 온라인 플로는 사람들의 업무 처리 방식에 영향을 준다. 이처럼 클라이언트의 입장에서 그들의 업무가 어떻게 바뀔지를 회의의 중심 주제로 다루기도 한다.

2. 이미지 규칙을 설명하라

세부사항으로 들어가기 전에 사람들이 플로차트를 읽을 수 있게 만들어 줘야 한다. 나는 시작점과 끝점을 강조하고 메인 프로세스를 강조하는 데 사용한 시각적인 장식을 보여준다.

단계, 경로, 판단 기점에 추가 정보를 겹쳐 놨다면 어떤 방식(아이콘이나 스타일 같은)으로 했는지도 거론한다.

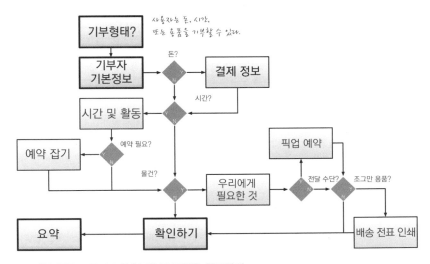

그림 6-36   기부 플로. 표 6.8을 볼 때 이 그림을 참고하라.

3. 중대 의사결정 사항을 강조하라

플로의 주요 특징은 다음과 같다.

- **인터랙션 모델**: 여러분이 택한 인터랙션의 독특한 속성을 짚어줘라. 배타적인가 포괄적인가? 우회로가 별로 없는 선형인가, 가지가 복잡한가? 이 뼈대는 여러 기능을 설명하는가? 허브 앤 스포크 모델인가 아니면 더 복잡한가?

- **높은 단계의 프로세스**: 몇 단계를 그룹으로 묶었거나 스윔레인을 이용했거나 주요 경로가 몇 개의 단계로 구성됐다면 이런 높은 단계부터 설명한다.

4. 논리적 근거와 한계를 제시하라

논리적 근거로 UX 결정을 용의자들(UX 원칙, 사용자 리서치, 업계 표준 등)과 연결해 주는 것 외에도 내부 이해관계자와의 인터뷰를 언급할 수 있다. 이 플로가 내부 프로세스를 그렸거나 내부 프로세스를 뒷받침한다면 특히 더 중요하다.

주제	플로 소개 방법	
사용자 니즈	사용자는 NEADS에 다양한 방법으로 기여할 수 있습니다. 우리는 사용자 조사에서 사용자가 이 기관과의 모든 인터랙션을 한 곳에서 하고 싶어한다는 사실을 알아냈습니다. "개의 열혈팬"인 페르소나가 NEADS에 기부한다고 합시다. 이 사람은 돈, 시간, 용품을 기부하려고 합니다. 우리는 먼저 이 사람의 기본적인 연락처 정보를 수집하고 결제 정보를 묻습니다. 시간을 기부한다고 했으므로 참여하고자 하는 활동과 가능한 시간도 선택하게 합니다. 그다음으로 어떤 용품을 기부할지 묻습니다. 이 사람은 담요만 기부할 예정이라 시스템에서 배송 전표를 발송합니다. 이제 이 사람의 기부 사항을 최종적으로 확인한 후 이 모든 정보를 요약한 내용을 보내줍니다.	
사업 목표	여러분은 3만원만 기부하는 사용자에게는 효율적이면서, 많은 금액을 기부하는 사람에게는 포괄적인 유연한 기부 시스템을 만들어 달라고(사업 목표!) 부탁했습니다. 돈만 기부하는 사용자가 여러 화면을 지나가기 위해 클릭할 필요가 없으며 기부를 많이 하는 사람들도 기부에 필요한 화면만 보면 됩니다.	
기술적 요구사항	우리는 기부자와 관련된 여러 데이터베이스를 통합한다고 가정하고 기부 플로를 그렸습니다. 재무 부서는 기부자 정보를 MySQL 데이터베이스에 저장합니다. 자원봉사 관련자는 자원봉사자 정보를 엑셀 파일로 정리합니다. 운영 조직은 공식적인 데이터베이스 없이 이메일 목록만 있습니다. 이 플로는 데이터베이스를 앞 단으로 빼서 데이터의 통합 관리를 도와줄 것입니다.	

주제	플로 소개 방법
문제 확인	이 예제 플로는 이 기관의 여러 부서가 함께 움직이는 모습을 이상적으로 보여주는 "통합된 모습"입니다. NEADS는 다양한 사람, 사물과 교류하므로 일관돼야 합니다. 특히 한 "고객"이 다중적인 역할을 할 때 더욱 그렇습니다. 이제 플로로 들어가서 NEADS와 고객이 인터랙션할 때 생기는 문제를 제대로 묘사했는지 살펴보겠습니다.
조직적 의미	이 플로는 사용자가 NEADS에 다양한 것(시간, 돈, 용품)을 어떻게 기부하는지 보여줍니다. 그렇지만 그 이면에 어떤 일이 벌어지는지 생각해 볼 필요가 있습니다. 우리는 다음과 같은 질문을 생각해야 합니다. NEADS에서는 이런 방식의 기부를 처리할 수 있는가? 이 플로우대로 처리하려면 NEADS에서 어떻게 해야 하는가? 이제 플로로 들어가서 이것이 사용자에게 최선인지 살펴보겠습니다.

표 6.8 주제에 따른 플로차트를 소개하는 법. 주제가 달라지면 차트를 소개하는 방법도 달라져야 한다. 그렇지만 어떤 방법을 쓰더라도 핵심 중점은 일관되게 전할 수 있다.

5. 세부 사항을 전개하라

세부사항을 묘사할 때 핵심만 예를 들어 설명하는 다른 작업물과 달리 플로차트는 처음부터 끝까지 다뤄야 한다. 가장 간단한 방법은 "행복한 길"을 밟는 것이다. 이는 중간에 새나가지 않고 처음부터 끝까지 핵심 경로만 다루는 방법을 말한다.

- **시작 단계**: 세부 사항으로 들어가기 전에 사용자가 이 플로와 마주치게 되는 시나리오를 알려줘라.
- **각 단계**: 화면에 보일 핵심 정보를 설명하라. 사용자의 행동에 대응해 보이는 정보나 다음 단계를 실행하는 데 꼭 필요한 정보에 초점을 맞춘다.
- **각 판단 기점**: 결정해야 하는 내용, 결정을 내리는 주체, 결정의 기준이 무엇인지 설명하라.
- **마무리 단계**: 사용자가 이 플로를 거치면 어떤 점이 변할지 설명하라. 다른 작업물에서 변화된 부분이 있다면(예를 들면, 돈의 주인이 바뀌었다거나 데이터베이스가 업데이트됐거나 등) 이러한 상태도 언급하라.

플로를 발표할 때 이용할 수 있는 또 다른 방법은 다음과 같다.

플로차트 논의 이유	회의 종류	진행 방법
사람들이 사이트에서 어떻게 경험하는지 알려줄 때.	내러티브 접근	여러분이 이 사이트를 진짜 이용하는 것처럼 플로를 설명하라. 시나리오나 상황을 최대한 구체적으로 다뤄라.
플로에 대한 이해관계자들의 걱정이나 쟁점을 편안히 해주고 싶을 때.	주제 중심 접근	한두 개의 핵심 주제를 중심으로 이 플로가 어떻게 구조화됐는지 설명하라.
포괄적임을 보여주기. 다중적인 플로 설명하기. 사이트의 상황을 벗어나 설명할 때.	인벤토리 접근	플로의 범위를 설명하라. 플로에 들어간 모든 화면과 로직을 설명하라.

표 6.9 주제에 따른 플로차트의 소개 방법. 플로의 내용과 회의의 목적에 따라 플로 제시 방법을 달리하는 게 좋다.

6. 함축된 의미를 전달하라

숫자에 민감한 이해관계자가 플로를 보며 "이 플로가 얼마나 갈까요?"라고 묻는 것을 경험한 적이 있을 것이다. 좋든 싫든 플로는 정확한 클릭 수와 화면 수가 측정된다. 많은 조사에서 사람들이 확신하고 이용할 수만 있다면 클릭 수에 민감해하지 않는다는 사실을 발견했다. 목표를 향해 가는 과정에서 자신감을 갖는 게 숫자보다 더 중요한 것이다.

따라서 이 시점에는 기술적인 제약이나 UX 디자인상의 도전과제와 더불어 다음과 같은 내용도 다뤄야 한다.

- **효율성**: 플로가 사용자에게 얼마나 효율적인지 설명하라. '귀속조건이나 중요도에 따라 인터랙션의 우선순위가 달라지므로 단계나 페이지가 줄어듭니다'와 같이 말할 수 있다.
- **추가적인 요구사항**: 플로를 그리면서 UX상의 추가적인 요구사항을 확인했을 수 있다.

다른 작업물과 마찬가지로 플로에도 조직 운영에 영향을 끼치는 요소가 들어간다. 다른 문서와 다른 점은 이런 조직적인 측면이 플로차트에서는 상당히 명시적이라는 점이다. 이 프로세스를 뒷받침하고자 다른 부서가 어떻게 협조해야 하는지 이 시점에 논의한다.

7. 피드백을 들어라

플로차트에 대한 논의를 나눌 때 나는 다음과 같은 부분에 신경 쓴다.

- **논리에 맞는가?** 복잡한 플로에서 올바른 순서로 올바른 판단 기점을 만들기는 쉽지 않다. 엉뚱한 곳에 있는 판단 기점은 플로를 불필요하게 복잡하게 만들 뿐 아니라 사용자가 이해하지 못하거나 실행하기가 어려운 플로가 되기도 한다. 논리를 바로 세운다는 건 단계들 사이의 귀속조건 때문에 돌아가거나 막다른 길로 빠지지 않게 한다는 것을 의미한다. 작업이 시작되기 전에 판단 기점을 앞이나 뒤로 옮기면 어떤 일이 벌어질지 예측하고 위치가 바뀔 때마다 이해관계자들이 어떻게 반응하는지도 살펴본다.

- **빠진 단계가 있는가?** 이해관계자들은 빠진 내용을 확인해 줄 것이다. 여전히 많은 회사에서 사용자가 불필요하게 많은 정보를 기입해야 하는, 최신 트렌드와 배치되는 복잡한 인터랙션을 제공한다.

- **효율성을 높일 방법이 있는가?** "함축된 의미"에서 논의한 대로 플로의 단계를 줄이는 것도 가치 있는 목표가 될 수 있다. 요구사항을 모두 반영하면 프로세스가 얼마나 복잡해지는지 플로를 이용해서 제시하라. 사용자에게는 더 적게 요구해야 더 좋은 결과가 나온다는 사실을 보여주고 각 단계나 판단 기점 중에서 빼거나 다른 단계와 합칠 부분이 있는지도 논의하라.

8. 리뷰의 틀을 제시하라

플로가 멋진 이유는 프로젝트 팀의 여러 원칙을 담을 수 있기 때문이다. 피드백을 받을 때 이러한 종합적인 플로의 특성을 잘 활용해야 한다.

- **기술자와 개발자:** 이들은 논리적인 성향이 강하고 기반 구조에 대한 다양한 지식이 있으므로 프로세스에 잠재적인 위험은 없는지 또는 현재의 플랫폼에서 구현 가능한지 물어라.

- **비즈니스 이해관계자:** 비즈니스 관련자들에게 숙제를 내는 가장 좋은 방법은 플로와 요구사항을 비교해 보게 하는 것이다. 프로젝트에 적극적으로 참여하는 비즈니스 관련자들은 요구사항을 잘 안다. 플로에 빠진 요구사항이 없는지, 부적합하게 반영된 부분은 없는지 이들에게 확인을 부탁한다.

초보의 실수를 피하자

플로차트 회의를 탈선시키는 데는 두 가지 장애물이 있다. 플로차트가 너무 추상적이면 참가자들은 사용자 경험을 잘 떠올리지 못한다. 피드백의 질은 참가자들이 프로세스를 제대로 파악해야 높아지며, 프로세스를 제대로 파악하지 못하면 회의는 시간 낭비가 된다. 반대로 프로세스를 잘 이해했다면 그들은 생각지도 못한 아이디어를 줄 것이다. 그러나 이때는 범위를 벗어난 아이디어에 어떻게 반응, 반영, 기각할지 재빠르게 판단해야 한다.

추상적인 문서를 구체적으로 만들어라

플로차트의 내용은 구체적이지만 문서 자체는 추상적이다. 회의 참가자가 문서에서 다루는 사용자 경험을 잘 떠올리지 못하면 건설적인 피드백을 기대할 수 없다. 추상적인 문서가 문제가 되느냐 되지 않느냐는 여러분이 클라이언트를 얼마나 잘 아는가에 따라 결정된다. 여러분과 클라이언트가 문득 떠오르는 생각까지 편하게 이야기할 수 있다면 추상적인 내용은 큰 문제가 되지 않는다.

　반면 클라이언트가 이 플로를 가치있게 생각할지 판단이 서지 않을 정도로 클라이언트를 잘 알지 못한다면 아마 회의에서 적나라하게 드러날 것이다. 화면 디자인을 보고 싶다거나 도저히 그림이 안 떠오른다고 불평할지 모른다. 더 심각한 경우에는 자리에 앉아서 모든 걸 다 이해했다는 듯이 고개를 끄덕이며 미소 짓고 있을지도 모른다.

- **함께 플로 그리기**: 순발력을 발휘해 플로 제시 방법을 바꿔라. 예를 들면, 문서를 치워 두고 함께 화이트보드에 플로를 그린다. 이렇게 하면 클라이언트는 문서에 연연하지 않고 한 번에 한 가지씩 집중하며 필요한 질문을 던질 것이다.

- **초점 바꾸기**: 반면 클라이언트의 태도를 보니 이 회의에서 전혀 얻을 것이 없다고 느껴지면 회의의 초점을 바꿔라. 문서를 길게 끌어 봤자 여러분이나 여러분의 팀이 얻을 수 있는 것은 없다. 문서에 초점을 맞추지 말고 대화나 인터뷰로 회의 형식을 바꿔라. 플로를 남은 질문이나 핵심 주제 또는 UX 결정을 상기시킬 용도로만 이용하라. 예제 플로라면 다음과 같은 질문이나 결정을 끄집어낼 수 있다.

질문	UX 의사결정
사람들이 금액 선택 옵션으로 들어왔을 때 금액을 미리 정해줘야 하나요? "대형 용품"을 기부하고 싶어하는 사용자에게는 어떻게 해야 하나요? 어떤 안내문이 필요한가요? 계획된 기부에 대해 좀 더 알려 주십시오. 이건 뭔가요? 회사에 어떤 정보가 필요한가요? 회사는 개를 "입양"하는 기부자와 무엇을 하나요? 주인은 개의 발달사항을 어떤 방식으로 회사에 통보하나요? 영수증 발행에 대해 아직 이야기를 나눈 적이 없습니다. 이메일로 보내나요? 아니면 일반 우편으로 보내나요? 다른 나라에서 들어오는 기부도 받나요? 계획된 기부를 하는 사람도 개를 "입양"할 수 있나요?"	우리는 이 프로세스를 여러 화면으로 나눴습니다. 작게 기부하는 사람은 연락처 정보와 결제 정보를 수집하는 화면 정도만 보게 됩니다. 우리는 훌륭하다고 여겨지는 상거래 관행(기부 확인 화면과 같은)을 따랐지만 복잡한 부분을 좀 더 통합했으면 합니다. 이 프로세스에서는 50만원 이상 기부하는 사람들에게만 "개 입양하기" 선택사항이 보여집니다. 계획된 기부와 정기적인 기부를 더 가깝게 묶고 싶습니다. 이에 대한 정보가 더 필요합니다.

표 6.10   문서에서 벗어나 인터뷰 형식의 회의하기. 문서가 회의 참석자를 더 혼란시키는가? 문서를 치우고 몇 가지 확인할 사항을 묻거나 핵심적인 UX 결정과 관련된 질문을 던져라.

- **다음 기회를 생각하라:** 클라이언트의 기분을 보니 플로 공유를 다음으로 미루는 게 낫겠다는 판단이 들 수 있다. 회의가 모두의 시간을 버릴 것 같다면 회의를 연기하는 것도 나쁜 전략은 아니지만 이 또한 프로젝트에 들어간다. 클라이언트가 어떤 내용을 보고 싶어하는지 감을 잡기 위해 과거에 여러분이 작업한 예제 다이어그램을 미리 공유하라. 산출물을 정리하기 전에 이들에게 무엇이 가장 효과적인지 알아내면 더 효과적으로 진행할 수 있다.

유연한 태도를 견지하라

다른 UX 문서와 마찬가지로 플로차트는 관계자들의 눈을 뜨게 한다. 추상적인 형태로라도 사용자 경험에 노출되면 프로젝트 초반에 나오지 않았던 생각이 쏟아져 나온다. 초기에는 구체적이지 않더라도 이전에 나온 그 어떤 문서보다 최종 제품에 가까운 구체적인 모습으로 변모할 것이다.

이 예제 플로를 이용해 NEADS(안내견 훈련을 위해 온라인으로 기부를 받는 비영리 단체)의 이해관계자와 회의를 한다고 해보자. 이 자리에 커뮤니케이션 부서, 사업 부서, 자원봉사 코디네이터, 개 훈련 부서와 다른 부서 사람들이 앉아 있다. 이들에게 플로를 한번 훑어주면 생각이 샘솟기 시작한다.

"개 훈련 과정을 업데이트할 수 있게 기부자를 위한 아이폰 앱을 만듭시다."

요구사항을 수집할 때는 이런 아이디어가 나오지 않지만 고려할 만하다.

"누구의 개가 훈련에서 높은 점수를 받았는지 후원자들이 볼 수 있게 합시다."

이것은 사업 부서 사람이 한 얘기다. 개 훈련 부서에서 훈련에 경쟁 체제를 도입하는 것을 어떻게 생각할지 모르겠지만 기부자 프로그램에 게임 디자인 요소를 도입하면 흥미로운 결과가 나올 것 같다.

"개한테 트위터 계정을 하나씩 만들어 줍시다."

모두가 눈을 찌푸린다. 회의를 제자리로 돌려놔야 한다.

클라이언트는 이 단계에서 새로운 요구사항을 결합하는 게 얼마나 위험한지 잘 모르기 때문에 이런 상황을 다루기는 쉽지 않다. 하나의 새로운 요구사항이 다른 요구사항이나 디자인에 어떠한 연쇄효과를 불러올지 정확히 예측할 수 없다. 이럴 때는 새로운 요구사항을 플로에 넣어서 잠재적인 위험을 보여줄 수 있다. 물론 보잘것없는 아이디어도 실현될 수 있다고 증명해 줘서 역효과가 나기도 한다.

플로차트 이용과 적용

플로차트는 흔한 산출물 시리즈로서 프로젝트의 중요 부분과 연결할 수 있다. 플로에 이전에 했던 업무를 언급해 줄 수도 있고 앞으로의 업무를 보여주기도 한다. 다음에 나오는 계획을 위한 프로젝트에 프로젝트라는 커다란 틀 안에서 플로차트를 자연스럽게 활용하는 방법을 적어 놓았다.

계획을 세우기 위한 플로차트

프로젝트를 계획하려면 큰 그림 프로젝트의 최종 목적지와 과제와 결과물이 어떻게 여기에 기여하는지 알아야 한다. 적당히 추상적인(너무 자세하지 않다면) 플로는 큰 그림을 잘 보여주므로 계획의 도구로 활용할 수 있다.

계획을 세울 때 활용할 수 있는 플로는 다음을 따라야 한다.

- **로직을 너무 세세하게 파고들지 않는다**: 플로차트를 프로젝트의 계획을 세우는 데 이용한다면 주요 기점, 단계, 프로젝트 팀, 심지어 비용과 같은 추가 정보를 레이어링해서 제시하라.

- **사용자 경험에 프로젝트 일정을 제시한다**: 한 페이지에 모든 기부 옵션이 담겼다 해도 이 자체만으로는 프로젝트 계획에 도움을 주지 않는다.

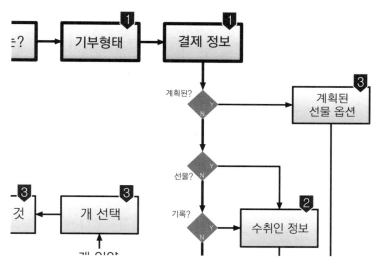

그림 6-37   단계를 표시하는 다른 방법. 이 표시는 어느 단계에서 어떤 디자인이 진행되는지 보여준다. 이 방식은 엔지니어링 자원, 예산 또는 다른 요소에 따른 중요도를 어느 정도 암시한다.

플로차트와 와이어프레임

이 장의 앞 부분에서 화면 디자인과 플로를 결합한 일명 "와이어플로"를 언급한 적이 있다. 와이어플로는 두 산출물의 장점을 결합한 것으로 인터랙티비티와 콘텍스트를 보여주는 플로가 와이어프레임이나 화면 디자인과 결합해 각 페이지의 구조와 목표를 보여준다.

앞의 예제에 나온 플로의 상자가 모두 와이어프레임, 화면 디자인 또는 썸네일로 교체됐다. 물론 와이어플로는 플로차트로서의 면모가 없어지고 화면으로의 전환에 초점이 맞춰지는 반대의 양상을 보이기도 한다.

플로차트로서의 성격이 약해지면서 스토리보드처럼 보이기도 한다. 로직이나 곁가지가 줄어든다. 와이어플로는 전체적인 그림이라기보다 사용자가 특정 상황이나 전환 시점에 보게 되는 내용을 암시한다. 재미삼아 "와이어"와 "플로"가 균일하게 배분된 다이어그램이 어떤 모습인지 살펴보자.

화면 디자인과 플로차트를 균일하게 강조하려면 로직을 설명하는 가지를 일부 남겨둔다. 하지만 신뢰도[3]를 낮추거나 화면 크기를 줄여 화면의 세부사항이 조금만 보이므로 포괄적이라고 할 수는 없다. "플로"로서의 측면을 강조하려고 가독성을 포기한 것이다.

그림 6-38   화면 디자인으로 초점을 이동시킨 플로. 화면 디자인으로 초점이 이동했다고 반드시 화면의 신뢰도나 세부 사항을 높여야 하는 건 아니다. 대신 이 그림에서는 몇 가지 로직이나 부차적인 경로를 정리했다.

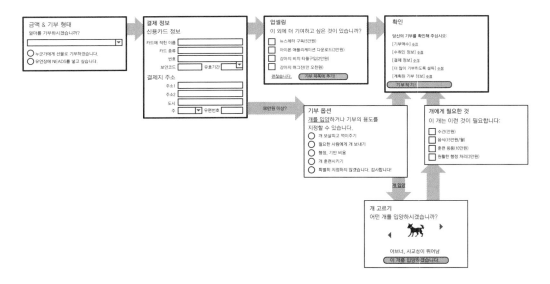

그림 6-39   몇 가지 로직을 남겨둔 플로. 50만원 이상 기부하는 사람에게 어떤 일이 일어나는지 이 그림으로 알 수 있다. 원래 플로에서 몇 가지 세부사항이 빠지긴 했지만 플로가 화면 디자인에 잠식당하지 않았다.

---

3   와이어프레임이나 화면 디자인이 최종 제품과 닮은 정도

대형 포맷 프린터

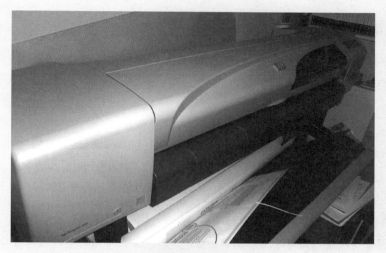

나의 자랑이자 기쁨인 HP 디자인젯 500.

나한테 대형 포맷을 출력할 수 있는 프린터가 있다는 사실이 자랑스럽다. 정확히 말하자면 이 프린터는 회사 소유이고 나한테는 그 반만 소유권이 있다(나는 노랑과 빨강 잉크 카트리지. 네이단은 검정과 파랑). 포스터 크기의 자료를 언제든지 인쇄할 수 있다는 사실은 나를 우쭐하게 한다.

큰 종이를 사용하면 와이어플로를 만들 때 타협할 부분이 줄어든다. 내용이 잘 보이게 하면서 플로의 모든 로직이 담길 수 있게 크기를 조정할 수 있다.

물론 포스터 크기의 산출물은 다루기 어렵다는 단점이 있다. 포스터는 책상에 놓고 보기 어려워서 업무를 주고받아야 하는 UX 디자이너나 개발자들은 포스터와 컴퓨터 사이를 왔다갔다해야 한다.

그렇지만 포스터는 단체로 브레인스토밍하는 수단으로 매우 뛰어나며 다음과 같은 이점이 있다.

- 적을 공간이 많다.
- 벽에 붙이면 사람들을 일으켜 세울 수 있다.
- 공공 장소에 붙이면 많은 사람이 볼 수 있다.

전문가에게 묻기

DB: 와이어플로에 대해 어떻게 생각하세요?

CF: 정말 좋아합니다. 와이어플로는 다음과 같은 이유로 정말 멋지다고 생각합니다.

크리스 파히 Chris Fahey,
**창업자겸 사용자 경험 디렉터
행동 디자인**Behavior Design

- 와이어플로는 UX 디자이너가 실제 제품을 상징적인 상자와 화살표를 이용해 그리는 데 도움이 됩니다. 와이어플로에서는 사용자 행위, 시스템 액션, 시스템 상태, 외부 프로세스, 데이터 출처 등과 같은 서로 다른 형태의 인터랙션을 같은 기호나 상자로 그리기 어려워서 화면과 플로를 동시에 생각하다 보면 화면으로 전환되는 모습에 대해 깊이 생각할 수밖에 없습니다.

- 복잡한 UI를 와이어플로를 이용해 풀어가다 보면 높은 수준의 인터랙션 디자인(플로)을 페이지 수준의 정보나 인터페이스 디자인(와이어프레임)으로 조급하게 전환하는 것을 지연, 완화해 줍니다. 따라서 프로젝트의 진행 속도를 늦추고 여유를 가지고 임할 수 있습니다.

- 와이어플로를 이용하면 와이어프레임으로 바로 뛰어들지 않고 모호한 결정이나 오해의 여지가 있는 부분을 건너뛰지 않고도(상자 안에 단어 몇 개로 인터페이스를 설명하는 플로차트에서는 이런 일이 흔히 벌어집니다) 사용자 경험을 포괄적이고 높은 수준으로 그릴 수 있습니다. 플로차트의 상자가 어떤 인터페이스로 보일지 대략 감이 잡힌다면 플로라는 콘텍스트 안에서 와이어플로로 인터페이스를 그려줍니다.

- 와이어플로는 모바일 앱이나 다른 작은 인터페이스를 가진 것들의 인터랙션 디자인을 온전히 그려줄 수 있습니다. 그래서 플로우와 와이어프레임 두 가지 산출물을 따로 만들 필요가 없습니다.

플로차트와 페르소나

플로차트에 결합할 수 있는 세 번째 요소는 사용자의 동기다. 사용자의 동기는 사용자를 이끄는 플로의 특정 부분을 강조할 때 유용한다. 플로에 페르소나를 결합해 사용자의 사고 과정을 보여준다.

이렇게 결합하면 사용자 경험과 사용자 간의 관계가 명확하게 그려지므로 플로의 논리적 근거가 된다. 이를 "와이어플로 그래픽노블"이라고 말하기에는 너무 거창하므로 나는 "와이어플로 만화"라고 부른다. 페르소나 아바타를 화면 근처에 배치하고 말풍선으로 이 화면에 대한 페르소나[4]의 느낌을 적는다. 이런 느낌에는 다음과 같은 것이 올 수 있다.

- **인상**: 사용자가 콘텐츠를 보고 여기에서 무엇을 하면 좋을지 페르소나의 말투로 설명한다.

- **기대감**: 사용자가 이 화면에서 무엇을 하면 좋을지 페르소나의 말투로 설명한다. 이런 설명은 이 플로가 기존의 잘 자리 잡힌 비즈니스 프로세스를 보완할 때 특히 더 유용하다.

물론 실제 사용자의 인용문이라면 더 강력하다. 믿을 만한 소식통에게서 나온 자료를 사용하면 이 디자인이 그들의 요구를 잘 반영하고 있다는 사실을 과시할 수 있다.

 팁

DesignComics.org

나는 마틴 하디(Martin Hardee)가 운영하는 designcomics.org에서 이 페르소나 그림을 받았다. 이 사이트에서는 사람 그림뿐 아니라 디자인 작업에 쓸 수 있는 일러스트레이션을 무료로 제공한다.

---

4   사용자 니즈, 행동, 목적을 요약 정리한 작업물(3장 참고)

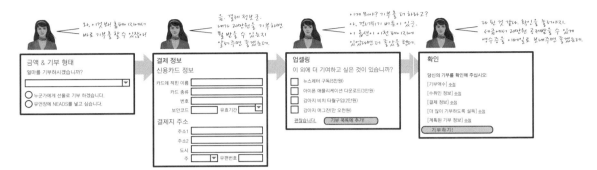

그림 6-40   와이어플로와 페르소나의 결합. 디자인이 생기를 얻은 듯하다. 페르소나를 이용해 경험을 설명하거나 이 그림과 같이 사용자가 화면에서 "보는 것"을 이야기하라. 이런 식으로 활용하면 디자인에 담긴 미묘한 부분이나 세부사항을 파악할 수 있다(ISD 그룹에서 제공한 그림이며 DesignComics.org에서 볼 수 있다).

프로세스의 깊이

웹 초창기 시절에는 사이트가 정보의 저장 창고에 불과해서 내비게이션이 막중한 역할을 했다. 웹이 진화하면서 다양한 종류의 인터랙션이 가능해지자 UX 디자이너와 개발자들은 복잡한 사용자 경험 계획과 문서화를 할 필요가 생겼다. 사이트의 인터랙티브가 풍부해질수록 플로차트의 역할이 더 중요해지고 있다.

그러나 UX 프로세스에서 플로차트가 중요해진 또 다른 측면이 있다. 인터넷은 고객 커뮤니케이션과 내부 비즈니스 운영의 필수 플랫폼으로 비즈니스에 중추적인 역할을 하게 됐다. 웹이 고객 간, 그리고 동료 간의 인터랙션의 본질을 바꿔 놨기 때문에 프로세스 문서화는 필수가 됐고 플로차트는 사람들이 웹 사이트와 인터랙션하는 방법뿐 아니라 운영 전반에 걸쳐 정리할 수 있게 도와주므로 그 역할이 더욱 중요해졌다.

이것은 새로운 현상이 아니다. 경영 컨설턴트들은 수십 년간 플로차트를 이용해 회사의 내부 운영 프로세스를 그려왔다. 그러나 웹이 등장하면서 사람과 기술 사이에 전례 없는 인터랙션이 생겼는데, 웹은 비즈니스의 수행 방식뿐 아니라 비즈니스 자체도 바꿔 놨다. 업무에서 정보가 차지하는 역할이 막중해지면서 회사와 고객의 인터랙션, 그리고 직원 간의 협업 방식이 완전히 바뀌었다. 이제 직원은 할당된 업무만 하는 기계의 톱니바퀴 같은 존재가 아니며, 고객은 팔을 뻗은 곳에서 최소한의 영향력만 끼치는 존재가 아니다.

웹은 비즈니스 도구로서 회사 안팎의 정보를 어떻게 다룰지 고민하게 만들었고 플로차트는 이런 경험을 그려준다.

웹은 이러한 변화의 촉매제로서 직원과 고객의 역할, 그리고 이것이 비즈니스에 공헌하는 바를 다시 생각하게 했다. 플로차트는 이런 형태의 인터랙션을 어떻게 활용하고 어떻게 참여해야 할지 높은 수준으로 보여줘야 한다. 이런 변화를 담아내려면 플로차트에 대한 우리의 인식이 바뀌어야 한다. 플로와 프로세스는 절대로 사라지지 않겠지만 진화된 비즈니스를 담아내려면 플로가 선형적이고 분리된 단계로 구성된다는 우리의 고정관념을 깨야 한다.

애플리케이션 디자인으로 가기

단순한 플로는 앞으로도 계속 쓰일 전망이다. 단순하다는 건 제각기 분리된 과제가 소수의 단계로, 독립적으로 구성된 것을 의미한다. 데스크톱 애플리케이션과 유사한 웹 사이트에도 사용자를 인증하거나 선호도를 설정하는 등의 다양한 과제마다 이처럼 단순한 플로가 필요하다.

데스크톱 애플리케이션을 닮은 웹 사이트가 점점 많아지면서 "데스크톱 애플리케이션"은 과거의 유물이라고 주장하는 사람도 있다. 이들은 은행업무, 쇼핑, 여행 예약이 온라인으로 옮겨진 것처럼 워드프로세서, 스프레드시트, 그리고 수많은 비즈니스 프로세스가 온라인으로 옮겨질 거라고 주장한다. 이러한 변화(네트워크화돼 있으면서 고도로 인터랙티브하고, 업데이트가 눈에 보이지는 않지만 응답은 매우 활발한)는 사용자 경험 디자이너에게 폭넓은 기회를 제공하게 됐고, UX 도구도 이런 현상에 발맞춰 진화해야 한다. 온라인 애플리케이션의 이러한 새로운 힘을 플로가 보여줄 수 있을까?

플로는 태생적으로 유연하므로 오래갈 전망이다. 플로는 필요에 따라 얼마든지 추상적일 수도 있고 구체적일 수도 있다. 필요하다면 비공식적일 수도 있고 공식적일 수도 있다. 한 시간 안에 모든 담론을 담아내면서도 이해하기 쉽게 만들 수 있다.

플랫폼(오늘날의 데스크톱 애플리케이션처럼 수십, 수백 가지의 과제를 지원하는 온라인 생태계)을 제대로 보여주려면 새로운 양식을 발굴해야 할지도 모른다. 플랫폼은 사용자가 같은 목표를 여러 방법으로 달성할 수 있게 했다. 예를 들어, 온라인 뱅킹 애플리케이션에서 잔액을 확인하는 방법이나 주택 담보 대출 상품을 검색하는 방법은 여러 가지다. 따라서 플로는 사용자가 A에서 B로 어떻게 갔는지를 보여주는 대신 정보 생태계가 어떤 방식으로 돌아가는지 보여줘야 한다.

NEADS와 같은 단체에서는 계속해서 웹을 이용해 기부를 받을 것이다. 처리 방식 자체는 상용화되겠지만 단체마다 고유한 색깔, 운영 문제, 마케팅 콘셉트가 있다. 이런 내용을 잘 가다듬고 전달하는 최고의 방법은 이를 사각형, 마름모, 화살표로 종이에 그리는 것이다.

◈ 연습 문제 ◈

플로차트를 프로세스의 세부사항을 알고 그 프로세스를 사용자 경험으로 그리는 두 가지 측면에서 연습해보자.

1. 아침에 일어나서 집을 떠날 때까지 벌어지는 아침 일과를 플로차트로 그려보자. 여기에 요일과 날씨와 같은 여러 가지 전제 조건을 엮어라.

2. 일과 취미를 주제로 친구나 동료와 인터뷰하라. 이 가운데 과제 하나를 정해서 이 과제를 수행하는 새로운 애플리케이션의 플로를 그려라.

3. 그림 6.28의 배타적인 플로를 플로차트의 요소와 실제 화면 디자인을 결합한 와이어플로로 바꿔라. 플로의 레이아웃을 잡고 각 화면을 얼마나 보여줄지, 로직을 어떻게 설명할지도 결정하라.

4. 안내견을 신청하는 플로를 만들어라. NEADS의 현재 웹 사이트(www.neads.org)에서는 안내견을 신청하는 과정을 잘 보여준다. 이들이 웹 사이트에서 어떻게 제공할지 상상하라. 스윔레인을 이용해 고객(장애를 가진 사람), 웹 사이트, 이 단체 간의 인터랙션을 보여라.

07

와이어프레임

Wireframes (명사)

최종 화면에 보일 콘텐츠를 단순화한 문서. 보통 색상, 타이포그래
피, 이미지가 생략되며 스키마틱스, 블루프린트라고도 부른다.

와이어프레임 한눈에 보기

와이어프레임은 웹 페이지에 들어가는 콘텐츠와 콘텐츠들의 상대적인 우선순위를 기술한 문서다. 프로젝트팀은 서로 다른 화면 또는 주로 서로 다른 템플릿의 기능과 동작을 와이어프레임을 그리면서 상상한다. 와이어프레임은 웹 페이지처럼 보이게 그린다.

목적-왜 와이어프레임을 만드는가?

와이어프레임은 많은 일을 하는데 궁극적으로는 프로젝트팀이 웹 페이지에 있는 콘텐츠의 기능, 동작, 상대적 중요도를 결정하는 데 도움을 준다. 이런 식으로 기능의 세부사항을 가다듬고, 콘셉트의 실현 가능성을 타진하면서 본격적인 제작 작업에 들어간다.

고객-누가 이용하는가?

대부분의 웹 디자인 업계에서는 와이어프레임을 사용하기만 한다면 모두가 관여한다. 개발자들은 와이어프레임으로 사이트의 기능을 이해하고 UX 디자이너는 와이어프레임으로 UI 디자인을 준비한다. 비즈니스 이해관계자들은 요구사항이 정확한지 디자인이 목표를 충족시키는지를 본다.

규모-일이 얼마나 큰가?

와이어프레임을 어떻게 활용하고 제작하느냐에 따라 작업이 커지기도 하고 작아지기도 한다. 약간의 시간을 들여 와이어프레임용 표준, 스텐실, 도구를 만들어 놓으면 상세한 와이어프레임도 효율적으로 작업할 수 있다. 그러나 와이어프레임 제작에 걸리는 시간은 여러분이 프로젝트에서 이 문서를 어떻게 활용할지에 더 많이 좌우된다. UX 콘셉트를 구체화하는 용도라면 비교적 빨리 그릴 수 있지만 요구사항이나 UX 디자인에 대한 상세 논의를 끌어내는 게 목적이라면 더 많은 작업을 해야 한다.

콘텍스트-UX 디자인 프로세스 어디에 들어가는가?

와이어프레임은 플로차트나 사이트맵과 같이 높은 수준의 구조를 다루는 작업과 화면 디자인 사이에 만드는 게 이상적이다.

포맷-어떻게 생겼나?

와이어프레임은 시각적 요소와 그래픽 요소가 빠진 웹 페이지처럼 생겼다. 전체 페이지 대신 페이지 일부만 그리기도 하는데 이런 경우는 사용자 인터페이스의 한 조각처럼 보인다. 와이어프레임의 포맷은 웹 페이지처럼 보이는 충실도가 높은 수준부터 직사각형 꾸러미로 보이는 낮은 수준까지 다양하다.

와 이어프레임은 화면 기반의 제품에서 작동에 필수적이지 않은 시각적인 측면을 배제하고 인터랙션만 보여주는 다이어그램이다. 겉으로 보면 최소한의 것과 가장 중립적인 것을 제외한 모든 미적인 요소를 빼서 화면을 간략화한다. 와이어프레임의 목적은 어떻게 보이는지가 아니라 화면이 하는 일에 대해 프로젝트팀의 주의를 끌고 논의를 촉진시키는 것이다.

그러나 이는 이론일 뿐이다.

현실에서 와이어프레임은 UX 디자이너가 활용할 수 있는 도구 중에 가장 논란이 많다. 좁은 정의만 봐도 해석의 여지가 분분하다. UX 프로세스에서 와이어프레임의 역할에 동의하지 않는 UX 디자이너는 이 문서의 행위 전달력과 "최소한"의 미적인 것이 의미하는 바에 의구심을 품는다. 이들은 와이어프레임이 실제의 레이아웃과 근접해야 한다거나 와이어프레임에 실제 콘텐츠가 들어가야 한다는 주장에 동의하지 않는다.

디자이너 댄이 아닌 아빠 댄으로서 충고 한마디 하겠다. 와이어프레임이나 다른 문서의 논쟁에 휩쓸리지 말고 여러분이 할 수 있는 것만 생각하라. 모든 도구의 강점과 약점을 파악해서 여러분의 작업에 적합한 도구를 써라. 배트맨이 망토에 행글라이더를 달았다고 거미줄을 안 쓰고 다닐 것 같은가?(나의 아빠다운 충고는 모두 만화에서 비롯된다).

UX 프로세스가 절대적이라고 말하는 사람이 있다면 그 사람은 이 일을 전문적으로 하지 않는게 틀림없다.

와이어프레임 소개

와이어프레임은 화면 또는 화면 일부를 보여준다. 우리는 사용자들이 웹 사이트를 이용하면서 보게 될 화면을 알려주려고 와이어프레임을 제작한다. 그림 7.1은 동물원 아이폰 애플리케이션의 와이어프레임이다.

와이어프레임은 최종 화면과 어떻게 다른가? 표 7.1에 실제 제품과 와이어프레임을 비교, 대조해 놨다.

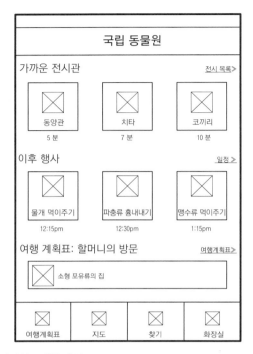

그림 7-1   아이폰 화면의 와이어프레임 예시

와이어프레임	최종 화면	
색상이 없다.	여러 가지 색을 사용한다.	
웹 스타일의 타이포그래피를 사용하지 않는다.	온라인에서 타이포그래피가 적용된 화면을 볼 수 있다.	
미적 요소를 보여주지 않는다.	동물원 브랜드를 연상할 수 있어야 한다.	
기능이 없다.	상호작용할 무언가가 있어야 한다.	
자리를 채워줄 임시 콘텐츠(플레이스홀더)를 넣는다.	실제 콘텐츠가 있어야 한다.	

표 7.1   와이어프레임과 최종 제품 비교.   시각적인 요소도 없는데 와이어프레임은 시간 낭비가 아닐까? 그럼 페이지를 디자인하지 않으면 여러분은 무엇을 디자인하고 있는가?

아마 이런 특징을 결함이라고 생각할지도 모른다. 이 때문에 와이어프레임이 쓸모없다고 생각하는 UX 디자이너도 있다.

이 결함이 UX 디자인의 발목을 잡는다면 이를 극복할 수 있는 무언가를 하면 된다. 와이어프레임과 기능 프로토타입을 결합해 사용자가 버튼을 클릭했을 때 무언가 나타나게 하기도 한다. 가능하다면 필요한 모든 곳에 실제 콘텐츠를 넣거나 문서를 여러 버전으로 만들어 이 디자인이 다양한 시나리오에서 어떻게 다양한 콘텐츠를 지원하는지 보여주기도 한다. 콤포넌트를 이용해 그림 7.2처럼 웹 사이트 디자인에 더욱 가깝게 그릴 수도 있다.

그림 7-2   플레이스 홀더 버튼과 그 외에 디자인까지 가미된 버튼. 두 버튼 모두 본질은 같다. 버튼을 단순하게 그릴 수도 있고 최종 디자인과 비슷하게 디자인을 가미할 수도 있다.

이제부터 와이어프레임이 어떤 역할을 하는지 이야기해 보자.

- 인터페이스 콘셉트를 손쉽고 빠르게 그려준다.
- 저변에 깔린 로직, 행동, 기능을 부각시킨다.
- 빠른 반복 작업(이터레이션)이 가능하다.

와이어프레임으로 인터페이스 아이디어를 빠르고 비교적 저렴하게 표현할 수 있다. 나는 몇 장 정도의 와이어프레임은 엄청난 속도로 그릴 수 있고 아무리 느려도 최소한 비주얼 디자인 프로세스의 보조를 맞출 정도의 속도로는 그릴 수 있다.

와이어프레임은 미적 요소를 제거해서 웹 사이트의 동작 방식과 사이트의 구성요소에 초점을 맞춰 이야기할 수 있게 돕는다. 사람들은 와이어프레임에서 다음과 같은 부분에 초점을 맞춘다.

- 화면에 보이는 정보의 종류
- 활용 가능한 기능의 범위
- 정보와 기능의 상대적 우선순위
- 정보 디스플레이의 규칙
- 디스플레이에 대한 시나리오별 결과

와이어프레임 자체는 대단히 유용하지만 추가적인 정보가 지원될 때만 성공할 수 있다. 와이어프레임은 큰 이야기의 한 부분을 보여주는데 그 이야기를 정교하게 해주는 다른 수단과 결합돼야 한다. 무언가 재현하는 것이 그렇듯이 와이어프레임도 해석의 여지가 다분하다. 따라서 그림과 단어로 이 틈을 메워줘야 한다. 이 장의 대부분은 다이어그램 자체에 초점을 맞추지만 마지막에 그림과 단어를 결합하는 방법을 보게 될 것이다.

 사례

모바일 동물원

우리 가족은 갑자기 워싱턴 DC의 국립 동물원에 자주 가게 됐다. 지하철로 몇 정거장 되지 않고 입장료가 무료인 데다 하루를 다 버리지 않고도 갈 수 있기 때문이다. 내 아들도 이곳을 좋아해서 몇 달 동안은 한 달에 한 번 이상 갔다.

동물원에서 최근에 전시한 동물은 아시아 동물이었다. 여기에는 느림보 곰이라는 귀여운 곰이 나온다. 작년 언젠가 동물원에 갔을 때 나는 느림보 곰의 우리 앞에서 이 곰에 대해 더 알고 싶어 아이폰을 꺼냈다. 위키피디아에서 찾을 수도 있었지만 전화기를 꺼내 바로 찾는 게 내 버릇이다. 나는 다음과 같은 몇 가지 내용이 알고 싶었다.

- 전화기가 내 위치를 파악해서 현재 위치와 가까운 전시를 바로 보여줬으면 했다.
- 이 전시 정보에서 이 곰에 대해 자세히 알려줬으면 했다.
- 다음에 내가 어디로 갈 수 있는지와 가장 가까운 화장실이 어디에 있는지 언제든지 필요하면 알려주길 원했다.

이런 니즈를 해소하기 위해 재 머릿속에서 국립 동물원의 아이폰 앱이 탄생했다. 이 장에 제시된 사례는 내 상상 속의 아이폰 애플리케이션 화면이다(당연히 와이어프레임이 극복해야 할 과제는 화면의 크기와 무관하다). 그렇지만 웹 페이지용 와이어프레임도 함께 제시하기 위해서 nationalzoo.si.edu의 병행 애플리케이션으로 몇 가지 콘셉트를 모형으로 만들어 보았다.

도전 과제

와이어프레임이 이 책에서 소개하는 다이어그램 중 가장 논란이 된다는 말은 다른 다이어그램에도 부분적으로 논란이 있다는 말이지만 와이어프레임은 그 자체로도 논란의 여지가 많은 의견이 분분한 문서다.

와이어프레임의 유용성, 가치, 기능에 대한 논란은 건전하다. 이런 담론을 통해 UX 커뮤니티는 와이어프레임과 이것의 역할에 대해 진지하게 생각하게 됐다. 와이어프레임에 대한 지난 몇 년간의 비판은 크게 두 가지로 압축할 수 있다. 아쉽게도 이 두 가지는 극과 극이라 최선의 접근법이 무엇인지 판단하기 어렵다.

현실

핵심 목표에 초점을 맞추려고 많은 것을 빼다 보면 현실감이 결여될 수 있다. 벡터 그래픽용 프로그램(비지오, 일러스트레이터, 인디자인, 옴니그래플 등)으로 만든 와이어프레임은 웹의 레이아웃을 잘 표현하지 못한다. 벡터 그래픽은 브라우저의 레이아웃을 따라갈 수 없다.

평면 와이어프레임은 인터랙티비티를 효과적으로 보여주지 못한다. 최신 프런트 엔드 기술[1]로 브라우저 자체에서 다양한 인터랙티비티를 구사할 수 있게 됐지만 평면 화면으로는 이런 요소를 잘 보여줄 수 없다. 카루셀[2], 인페이지 탭, 아코디언[3], 익스팬딩 패널[4], 호버[5]와 같은 기법들은 최신 웹 UI 디자인의 중추가 됐다(와, 내가 늙어버린 느낌이다. "애들아, 내가 디자인하던 시절에 이렇게 멋진 자바스크립트는 없었단다? AJAX? 그건 사치지!").

대개 템플릿은 와이어프레임으로 그리는데 실제 콘텐츠가 페이지에서 어떻게 보이는지 보여줘야 한다. 그렇지만 (콘텐츠를 아직 만들지 못한 것 같은) 다른 한계를 감안해도 와이어프레임이 실제 콘텐츠를 잘 보여주지 못하는 것은 사실이다.

---

1   브라우저에서 사용자 인터페이스를 구현하게 해주는 HTML, CSS, 기타 스크립트.

2   (옮긴이) 카루셀 carousel: 여러 이미지를 싣되, 사용자의 선택에 의해 각 이미지를 강조해서 볼 수 있는 디자인 기법. 제한된 페이지 영역을 효과적으로 활용하기 위한 수단이다.

3   (옮긴이) 아코디언accordion: 제한된 영역에 다수의 링크 또는 선택 가능한 아이템을 모두 실을 수 있게 아이템을 펼치고 닫을 수 있는 패널의 모음이다.

4   (옮긴이) 익스팬딩 패널 expanding panel: 평소에는 닫혀 있다가 제목을 클릭하거나 마우스를 갖다 대면 상세 내용이 펼쳐지는 디자인 기법.

5   (옮긴이) 호버 hover: 사용자가 한 대상에 마우스를 갖다 대면 바로 무언가가 보이는 인터페이스 기법.

부담

몇몇 UX 디자이너들은 와이어프레임이 실제 웹 페이지처럼 보이지 않는다는 단점을 극복하기 위해 부단한 시도를 한다. 와이어프레임은 궁극적으로 다음의 두 질문에 대한 답을 제시해야 한다

- 이 페이지에 어떤 유형의 정보가 들어가는가?
- 이들의 상대적인 우선순위는 어떻게 되는가?

동작, 비즈니스 규칙, 상태에 대해 보충하는 말을 넣어 다른 답을 제시하기도 하지만 이 또한 "페이지에 무엇이 들어가는지"의 일부다.

하지만 와이어프레임은 실제 웹 페이지를 닮았기 때문에 다음에 대한 다른 답도 듣고 싶어진다.

- 이 화면에서 실제 콘텐츠가 어떻게 보이는가?
- "폴드[6]"가 화면 어디에서 끊기는가?
- 각 항목마다 몇 자가 들어가는가?
- 이 이미지에 몇 픽셀을 쓸 수 있는가?
- 우리는 이 두 가지를 나란히 줄 세울 수 있는가?
- 이 코너를 둥글게 할 수 있는가?

와이어프레임에 이런 답까지 담다 보면 핵심 목표에서 멀어지고 와이어프레임의 역할을 잘못 생각할 여지가 생긴다.

와이어프레임이 정말 극복해야 할 과제는 이 문서의 능력이 어디까지고 이런 질문을 얼마나 많이 짊어질 수 있는가를 아는 것이다. 단지 방금 본 질문에만 국한된 건 아니다. 웹 디자인이 더 복잡해 짐에 따라 새로운 질문들이 생겨날 것이다. 와이어프레임이 사라지지는 않겠지만(손으로 대충 그린 스케치도 와이어프레임이다) UX 디자이너는 와이어프레임이 그런 질문들까지 답해줄 능력이 되는지 판단해야 한다.

6　(옮긴이) fold: 모니터에서 웹 페이지가 끊기지는 부분. 따라서 "폴드 위 부분"은 해상도나 윈도우 크기와 상관없이 방문자들이 페이지를 처음 열었을 때 보는 부분을 말한다.

와이어프레임 해부하기

페이지 설계 측면에서 벗어나 와이어프레임의 중심 기능으로 들어가 보자. 와이어프레임은 페이지에 들어가는 콘텐츠와 이 콘텐츠의 우선순위를 기술한 문서다. 여기서 "콘텐츠"란 사용자가 페이지에서 보거나 상호 작용하는 모든 요소를 의미한다.

최근에는 대부분 와이어프레임으로 템플릿을 그린다. 템플릿은 유사한 유형의 정보를 보여주는 틀을 말한다. 만약 제품 페이지를 디자인한다면 모든 제품 페이지 또는 카테고리의 모든 제품을 일일이 디자인하지 않고 하나의 템플릿을 만든 뒤 다른 모든 제품 또는 일부 카테고리의 제품을 템플릿에 적용한다.

동물원용 아이폰 앱에는 전시, 행사, 동물이 들어가는 템플릿이 하나 있다. 이 동물원에는 수십 가지의 전시, 행사 그리고 수백 가지의 동물이 있다. 따라서 이런 유형의 정보를 보여줄 때마다 템플릿이 재사용된다.

나는 이 장에서 여러분은 템플릿을 디자인하고 여러분의 페이지는 여러 유형의 콘텐츠를 담아주는 저장 용기라고 가정했다. 와이어프레임 해부는 페이지에 들어가는 요소에 대한 간단한 설명으로 시작하겠다.

계층 1: 직사각형	계층 2: 형태가 있는 직사각형	계층 3: 직사각형을 넘어
콘텐츠 영역 우선순위와 차이 화면 식별자	레이아웃 문구 달기와 구조적인 콘텐츠 예제 콘텐츠 기능적 요소	격자 무늬 우선 순위의 스타일 미적 요소

표 7.2   와이어프레임의 세 계층. 갈수록 복잡도와 어려움이 증가한다.

계층 1: 직사각형

와이어프레임은 페이지나 화면의 영역을 나누고 여기에 여러 콘텐츠를 배치하는 직사각형에서 출발한다. 가장 기초적인 형태는 작은 직사각형으로 나뉜 하나의 직사각형(페이지)이다.

콘텐츠 영역

콘텐츠 영역은 단 하나의 개벽적인 목표를 지닌 페이지의 한 부분을 말한다. 영역별로 한두 개의 문장을 넘지 않는 선에서 콘텐츠 영역의 목표를 설명한다.

- 이 영역은 최신 제목들의 목록을 제공합니다.

- 이 영역은 사용자들이 연락처 정보를 제공하는 곳입니다.

- 이 영역은 사용자들이 이 사이트의 어디쯤에 있는지 알 수 있게 이 페이지의 목표를 보여주는 곳입니다.

- 이 영역은 사용자들이 이 외에 이 사이트에서 무엇을 볼 수 있는지 알려주는 곳입니다.

영역이 하나만 있는 웹 페이지는 거의 없다. 따라서 기초적인 와이어프레임이라도 몇 개의 직사각형이 있는데 모든 직사각형이 똑같지는 않다. 여러분이 다룰 콘텐츠 영역은 다음과 같다.

- **구조 영역**: 사이트에 템플릿이 여러 개 있다 하더라도 아마 템플릿마다 공통된 요소가 있을 것이다. 대개 모든 템플릿에 헤더나 푸터가 공통으로 들어간다. 이렇게 모든 템플릿에 공통되는 영역은 사이트의 전체적인 골격을 구성한다.

- **재사용 영역 또는 공유 영역**: 템플릿마다 반복되지 않아도 최소한 한 번 이상 재사용되는 영역이 있다. 여기에 들어가는 정확한 콘텐츠는 페이지마다 달라지지만 이 영역에 들어가는 정보들은 같은 방식으로 구조화된다. 제목 목록 또는 페이지 상단의 카루셀이 대표적인 예이다.

- **독특한 영역**: 모든 템플릿에서 공통 영역만 짜 맞추면 사이트가 지루해진다. 모든 템플릿에는 나름의 목표가 있으므로 이 목적을 뒷받침하려면 그곳만의 콘텐츠가 필요하다. 동물원의 동물 템플릿에는 큰 사진과 "동물 통계"가 들어가는데 이는 다른 어디에도 들어가지 않는 내용이다.

직사각형에는 목표를 보여주는 문구가 꼭 들어가야 한다. 구조적인 영역은 "글로벌 내비게이션", "헤더"와 같은 고유의 이름이 있다. 한 페이지에 여러 개의 "헤더"가 있을 수 없고 마찬가지로 다른 템플릿에서 "헤더"를 보면 이 영역은 모두 똑같거나 약간만 변형된 채로 보인다는 것을 암시한다.

재활용 영역에도 그 목적을 보여주는 이름이 들어가지만 이것은 반복될 수 있고(예를 들면 하나의 템플릿에 제목 목록이 여러 번 활용될 수 있다) 그 영역에 들어가는 정확한 콘텐츠를 추가로 설명해야 한다.

(내 상상 속의) 동물원 웹 사이트에는 아이폰 앱과 병행하는 애플리케이션이 있다. 여러분은 웹에서 전화기로 여러 개의 여행 계획표를 내려받는다. 사이트에는 여러분이 더 조사하고 골라볼 수 있는 여러 개의 목록이 더 보인다. 웹 사이트에서 이 부분에 대한 첫 번째 페이지에는 아마 두 가지의 여행 계획표 목록이 보일 것이다. 하나는 최신 목록이고 다른 하나는 인기 목록이다. 공유 영역의 이름을 "여행 계획표 목록"이라고 지었다면 이것으로 그림 7.3과 같은 와이어프레임을 만들 수 있다.

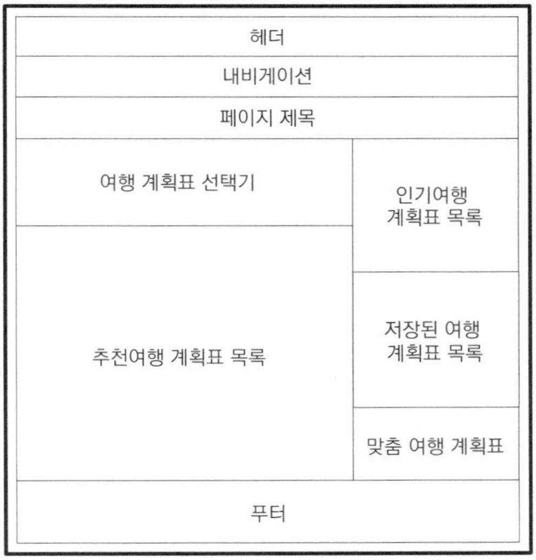

헤더
내비게이션
페이지 제목

여행 계획표 선택기	인기여행 계획표 목록
추천여행 계획표 목록	저장된 여행 계획표 목록
	맞춤 여행 계획표

푸터

그림 7-3   간단한 와이어프레임. 구역별로 이름이 들어간다. 여기에서 "여행 계획표 목록"은 두 번 반복됐지만 각각 다른 계획표가 보인다.

우선순위와 차이

와이어프레임은 콘텐츠 영역을 지정하는 것 외에도 다른 중요한 역할을 해야 하는데 그 역할은 영역들의 상대적 우선순위를 지정하는 것이다. UX 프로세스 후반부에 프로젝트팀이 와이어프레임을 실제 화면의 레이아웃으로 전환할 때를 생각해보자. 이때 UX 디자이너는 레이아웃을 잡기 위해 "이 페이지에서 가장 중요한 정보는 무엇인가?"를 중점적으로 생각해야 한다.

특정한 레이아웃이 연상되는 와이어프레임이라면 이는 우선순위를 전달하려고 디자이너가 노력한 흔적이다.

이를 보여줄 수 있는 가장 쉬운 방법은 가장 중요한 콘텐츠 영역부터 순서대로 적어 보는 것이다. 콘텐츠 영역의 목록만 있는 와이어프레임을 클라이언트에게 보여주지는 않겠지만 와이어프레임을 설계하는 유용한 방법의 하나 임은 확실하다.

아마 "헤더가 제일 처음인가?"라는 의문이 들 수도 있다. 헤더가 페이지의 가장 윗부분에 놓이기는 하지만 가장 중요한가? 나는 이때 두 가지 방법을 쓴다. 먼저 헤더를 우선순위 목록 아래쪽에 배치해 페이지에서 가장 초점이 되는 항목을 먼저 생각하거나 헤더를 앞에 놓기도 하는데 이는 바뀌지 않는 구조적 영역을 상기하기 위해서다.

어떤 프로젝트에서는 콘텐츠 영역별 순위를 시각적으로 보여주는 페이지 디스크립션 다이어그램을 만들기도 한다. 물론 이 다이어그램은 목록보다 강력하지는 않다.

페이지 구역(페이지의 공통된 영역)을 다른 방법으로 지정하기도 한다. 그림 7.4는 동물원 앱의 페이지 구역을 보여준다. 나는 이 구역을 그리면서 두 가지 목표가 있었다.

- **나는 페이지의 기본 구조에 네 개의 영역이 들어간다는 점을 전달하고 싶었다.** 네 개의 영역으로는 페이지를 변별해 주는 헤더, 필수 콘텐츠를 담은 메인 바디, 보조 콘텐츠를 제공하는 사이드바 그리고 페이지에 붙박이로 들어가는 푸터가 있다. 여기에서는 시각적으로 처리했지만 실제로는 개념적인 영역이다.

- **나는 영역별로 우선순위를 나누고 싶었다.** 여행 계획표 선택기가 바디 영역에서 가장 중요한 콘텐츠다.

아마 이외에도 다음과 같은 콘텐츠 영역에서 전달하고 싶은 정보가 더 있을 수 있다.

- **이들의 기능**: 내비게이션, 목록, 콘텐츠, 프로모션 등
- **사이트 운영과 어떻게 관련되는가**: 이 콘텐츠가 들어갈 콘텐츠 관리 시스템은 수동인가 자동인가
- **프로젝트의 논리에 따른 쟁점**: 예를 들어 디자인 단계별로 콘텐츠 영역을 나누기도 한다.

세부사항 없이 콘텐츠 영역만 제시하는 수준에서 차별화할 수 있는 유일한 방법은 색상이다. 각 콘텐츠 영역별로 다른 색을 부여하고 해당 영역의 구조와 기능을 상세화할 때도 같은 색을 적용한다. 만약 보라색이 내비게이션이라면 이 문서를 보는 사람들은 보라색만 보고도 이 문서가 내비게이션을 다뤘다는 사실을 알 수 있게 해준다.

그림 7-4   페이지 디스크립션 다이어그램. 콘텐츠 영역을 중요도에 따라 순서대로 나눴다. 이런 식으로 접근하면 영역별 우선순위 목록을 만들지 않아도 된다.

화면 식별자

와이어프레임의 기본 요건을 마치기 전에 화면에 이름 붙이는 것에 대해 이야기하겠다. 모든 템플릿에는 이름이 있어야 한다. 템플릿은 콘텐츠 영역을 고유한 방법으로 짜깁기한 것이기 때문이다. 나는 주로 페이지의 핵심 목표나 핵심 콘텐츠의 유형을 기반으로 이름을 짓는다.

아주 정교한 사이트라면 추가로 화면을 식별할 필요가 있다.

- **베리에이션**: 제품이나 동물 정보 전시와 같은 단일 기능에 여러 가지 템플릿이 필요할 수 있다. 아이폰 앱을 예로 들면 전시 정보에 실내 전시와 실외 전시 두 개의 템플릿이 있을 수 있다. 차이가 크지는 않아도 두 가지는 서로 다르므로 두 가지 버전이 필요할 수 있다.

- **코드**: 화면이 열 개가 넘어가면 코드를 부여하는 게 좋다. 코드는 화면을 편리하게 언급하면서 내재적으로 베리에이션을 식별할 수 있는 수단이다.

계층 2: 형태가 있는 직사각형

문구가 달린 직사각형만으로 안될 것 같다면 두 번째 계층으로 좀 더 알아볼 수 있게 만들어라. 이 계층은 조심스럽게 다뤄야 한다. 왜냐하면 실제 페이지처럼 보이는 구조를 만들 때에는 위험이 따른다.

레이아웃

직사각형을 웹 페이지와 비슷한 레이아웃으로 배치하면 상대적인 우선순위 이상을 보여줄 수 있다. 이런 와이어프레임은 웹 페이지가 어떻게 보일지 연상시켜준다. 그러나 레이아웃이 있는 와이어프레임이라도 아직은 벡터 그래픽에서 브라우저용 그림으로 도약할 필요가 있다.

우선순위는 배치뿐만 아니라 콘텐츠 영역의 크기에 의해서도 전달되므로 페이지의 레이아웃을 잡을 때는 직사각형의 높이와 너비도 고려해야 한다.

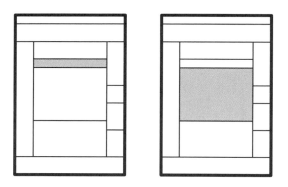

그림 7-5   **우선순위를 위해 직사각형의 크기를 달리함.** 페이지 상단에 있지 않아도 콘텐츠 영역이 크면 더 중요하다는 사실을 알 수 있다.

프로젝트팀은 레이아웃으로 페이지에 들어가는 정보들의 상대적 중요도를 생각할 기회를 가진다. 이때 얻은 인사이트를 바탕으로 디자인을 잡게 된다.

그렇다고 레이아웃을 너무 신뢰하지는 마라. UX 디자인을 할 때는 다른 많은 외압(브라우저 제작 이슈, HTML 표준, 다양한 길이와 포맷의 콘텐츠, 접근성 준수, 적절한 퇴보 등)을 헤쳐나가야 한다. 와이어프레임에서 보기 좋아도 실재 웹 페이지로는 잘 옮겨지지 않을 수 있다.

문구, 구조, 안내를 위한 콘텐츠

화면에 보이는 단어나 그림들은 단지 보이는 것뿐만 아니라 사용자들이 사이트에서 어디에 있는지 알게 해주는 길을 찾는 도구이기도 하다. 이는 내비게이션을 넘어 경험에 대한 기대를 심어주고 특정 기능을 어떻게 활용할지 안내해 준다.

이때 문구는 해당 영역에 어떤 유형의 콘텐츠가 보이는가에 따라 달라지기도 한다. 예를 들어 여행 계획표 목록은 웹 사이트 전반에서 지속적으로 사용되는데 비즈니스 법칙에 따라 보이는 여행 계획표가 달라진다. 이때는 이 영역의 제목이 항상 "여행 계획표 목록"이 되면 안 되고 대신 상황에 따라 들어가는 구조적인 콘텐츠가 달라져야 한다.

특정한 유형의 텍스트, 특히 에러 메시지에 색상을 이용하기도 한다. 에러 메시지는 보통 빨간색으로 강조하는데 이는 사용자의 이목을 집중시킨다(확실히 빨간색은 서구 사회에서 "위험"을 연상시킨다). 하지만 이 색이 최종 디자인에 그대로 적용돼야 하는 건 아니다. 이 색은 텍스트의 기능을 전달하기 위한 것이지 사이트의 미적인 것과는 무관하다.

 예외

디자인 시스템 활용하기

에잇셰이프스에서는 UX 팀에게 그들의 디자인 시스템과 일치하는 와이어프레이밍 도구를 제공한다. "디자인 시스템"은 웹 페이지를 만들 때 사용할 수 있는 기존의 표준화된 컴포넌트를 말한다. 이런 시스템은 대규모의 정돈된 웹 사이트에 많이 존재한다. 이런 컴포넌트는 오랜 시간 테스트됐고 여러 상황에 적용할 수 있을 만큼 유연하므로 UX 팀은 이를 활용해 비교적 정확한 와이어프레임을 제작할 수 있다. 이것은 이미 HTML로 제작한 것이므로 레이아웃의 관점에서 더 정확하다. 완전히 처음부터 와이어프레임을 제작하는 경우라면(예를 들면 기존의 디자인 시스템에 새로 추가하는 경우) 이런 사치를 누릴 수 없다.

예제 콘텐츠

목표에 맞는 한 와이어프레임에 실제 콘텐츠를 넣기도 한다. 하지만 페이지의 모습이 어떨지 보여주려고 1000자짜리 긴 글을 넣는 것은 오히려 해가 된다. 왜냐하면 이는 (a)와이어프레임이 페이지의 레이아웃과 가깝다고 전제하는 것이고, (b)와이어프레임의 목적을 헤치기 때문이다(HTML 템플릿이라면1000자짜리 글도 넣어 볼 수 있다).

그렇다고 와이어프레임에 실제 콘텐츠를 넣지 말라는 뜻은 아니다. 사실적일수록 더 좋다. 프로젝트 관련자들은 실제 콘텐츠를 보면서 화면의 유효성을 확인할 수 있다. 예를 들어 "제목은 여기에"라는 글로 꽉 찬 페이지를 보면 어떤 유형의 콘텐츠가 들어갈지 예측해야 하지만 실제 콘텐츠가 들어가면 상상할 필요가 없어진다.

실제 콘텐츠가 아직 많이 준비되지 않은 때를 위한 선택사항도 있다. 표 7.3을 참고하라.

기법	장점	단점	예시(주소)
더미 콘텐츠 실제 콘텐츠처럼 보이게 만든 가짜 콘텐츠	포맷이 명확한 콘텐츠 (예. 주소, 전화번호), 실제 콘텐츠가 없어도 그 본질을 이해할 수 있다.	복사 또는 표 데이터에 좋지 않다. 실제 데이터로 오인해 회의에서 다른 길로 샐 수 있다. 표를 채우려고 더미 콘텐츠를 복사하거나, 새로운 더미 콘텐츠를 만들기도 하는데 두 경우 모두 독자들에게 혼란만 주고 시간 낭비다.	경기도 파주시 문발동 535-7번지 (우:413-756) 홍길동
상징적인 콘텐츠 입력 항목을 표시하기 위한 반복된 문자나 숫자. 예를 들어 전화번호에 999-9999-9999, 날짜에 년/월/일	표 데이터, 날짜, 인지가 쉬운 포맷의 정보 (예: 전화번호)에 적합하다	국정원에서 작성한 문서처럼 보인다.	XXXXXXXX XXXXXXX, XXXXXXXX XXXXXXXX XXXXXXXXX, XXXXXXXX, XX,99999
문구 보통 대괄호로 둘러싸서 콘텐츠 항목을 설명한다. 크기나 유형과 같은 추가 정보가 들어가기도 한다. 예를 들어 [이름—30]은 이름이 들어가고 30자까지 가능하다는 뜻이다.	거의 모든 것에 적합하다.	문구는 명료하고 유연하며 예제 콘텐츠의 목적을 달성할 수 있어야 한다. 비전문가들이 해석하지 못할 수도 있다.	[도] [시] [동] [번지수] [우편번호] [성] [이름]
그리스/라틴 그래픽 디자인에서 차용한 것으로 가짜 라틴 글을 넣어 진짜인 것처럼 속인다. (어떤 사람은 이를 "그릭트 greeked" 텍스트라고 하고 어떤 사람은 "라틴"이라고 부른다. 이 문장에서 처음 나오는 "lorem ipsum", "lipsum"을 이용해 이렇게 부르기도 한다.	다소 긴 어떤 문장에 적합하다.	표나 주소에 Lipsum이 들어가면 우스워 보인다.	Lorem Ipsum, dolorsit amet lorem, consectecur, st, 999-999

표 7.3   와이어프레임에 예제 콘텐츠를 표현하는 방법. 선택사항이 많아서 쉽지 않다. 이 표는 첫 판의 내용에서 그대로 가져온 유일한 부분이다.

와이어프레임에 예제 콘텐츠를 넣다 보면 영역의 테두리가 없어지기도 한다. 하지만 진짜든 가짜든 콘텐츠가 들어가면 직사각형이 뚜렷하지 않아도 영역은 명확히 구별된다.

예제 콘텐츠를 보여주는 다른 방법도 있다. 바로 꾸불꾸불한 선이다. (그림 7.6 참고)

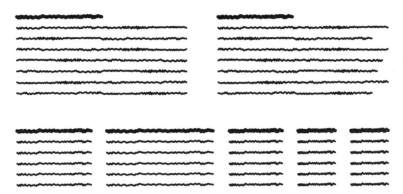

그림 7-6   꾸불꾸불한 선을 이용해 콘텐츠 영역을 나타냈다. 와이어프레임의 규모에 따라 다른 선들과 잘 구분되기만 한다면 선을 활용할 수도 있다.

꾸불꾸불한 선은 스케치할 때도 좋다. 선의 두께로 콘텐츠의 비중도 보여줄 수 있다. 하지만 꾸불꾸불한 선은 콘텍스트나 방향성을 충분히 보여주지 못한다. 상세한 주석이 없는 한 아무 의미가 없다.

기능적 요소

와이어프레임에 위젯과 같은 형태의 인터랙티브 콘텐츠를 넣기도 한다. 이런 인터페이스 장치(그림 7.8)로 화면에서 보일 행위의 범위를 예측할 수 있고 사용자가 입력해야 하는 정보의 범위를 알 수 있다.

콘텐츠와 마찬가지로 기능 요소 또한 다양한 수준의 충실도로 표현할 수 있다. 가장 기초적인 방법은 그 위젯을 연상시키는 가장 간단한 그림을 이용하는 것이다.

시각적으로 중립적인 간단한 양식은 인터랙션의 본질은 전달하면서 다르게 표현할 수도 있다는 가능성을 열어 준다. 예를 들어 그림 7.7에서는 단체의 규모를 슬라이더 대신 드롭다운 메뉴로 고르게 했다. 이 인터랙션에 대한 다른 아이디어가 없는 한 드롭다운 메뉴도 괜찮아 보인다. 기능의 본질(사용자가 여러 옵션 중에서 반드시 한 개를 선택해야 한다)이 전달됐다면 UX 팀은 다른 장점이 있는 위젯도 찾아 볼 것이다. 인터랙션은 단순한 양식을 넘어선다. 최근 웹 디자인 업계에서는 정교한 인터페이스를 와이어프레임에 추가하는 추세다. 이 중에는 표준화되지 않은 것도 있다. 카루셀은 떠오르는 인터페이스 요소 중 아직 자리를 잡지 못한 좋은 예이다. 표 7.4에 와이어프레임에 들어가는 새로운 인터페이스 요소의 가이드라인을 적어 놨다.

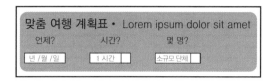

그림 7-7   인터랙션을 보여주는 간단한 표준화된 양식.   인터랙션의 이면에 담긴 생각을 보여주고 다른 인터페이스 옵션을 탐색할 수 있게 해준다.

이렇게 하라	카루셀을 예를 들어 보면
행위의 범위가 명료해야 한다.	사용자는 슬라이드를 수동으로 돌릴 수도 있고 특정 슬라이드로 바로 건너갈 수도 있다.
사용자의 행동이 무엇을 유발하는지 제시해야 한다.	슬라이드에 커서를 올리면 슬라이드의 이름과 함께 툴팁이 나타난다. 따라서 와이어프레임에 커서를 그렸다.
사용자의 행동에 어떤 인터페이스 반응이 일어나는지 보여준다.	어떤 슬라이드가 활동 중인지 알려주는 표시가 들어간다. 최종 디자인에 이 표시가 보이지 않더라도 사용자가 행동을 하면 이 컴포넌트에 어떤 반응이 일어나는지 말하고 싶다.

표 7.4   기능적인 요소를 표시하는 방법.   카루셀을 예로 와이어프레임에서 기능적인 요소를 표시하는 방법을 제시하고 있다.

　기능적 요소에는 대개 하나 이상의 상태가 있다. 예로 들어 링크는 방문한 곳과 방문하지 않은 곳이 있고 사용자가 커서를 갖다 댔을 때의 상태인 호버도 있다. 탭이라면 활성화 상태, 비활성화 상태 또는 제공되지 않을 수 있다. 상태를 보여줄 때는 다음과 같은 점을 주의해야 한다.

- **와이어프레임의 시나리오를 정확히 반영해야 한다.** 활성화된 탭에 부정확한 콘텐츠가 있거나 항상 사용할 수 있어야 하는 탭이 보이지 않는다면 프로젝트팀은 혼란스러워한다.

- **화면 하나를 위한 와이어프레임에서 인터페이스가 제공하는 모든 상태[7]를 다 제시하면 안 된다.** 탭과 같은 요소는 상태별로 분리해 작은 와이어프레임으로 다시 만든다.

---

7   특정한 인터페이스 요소가 조건에 따라 변형되는 모습

에러 메시지에 빨간색을 쓰는 것처럼 기능 요소에도 약간의 색을 적용할 수 있다. 링크나 클릭할 수 있는 항목은 파란색으로 하라. 어찌됐건 있는데 파란색은 이제 하이퍼링크와 클릭할 수 있는 항목의 색으로 자리 잡았다. 클릭이 되는 요소에 파란색을 쓰면 와이어프레임을 검토할 때 이 부분에 더 집중할 수 있다. 사용자가 상호 작용해야 하는 요소가 많아지면 와이어프레임이 파란색으로 꽉 차기도 한다. 이럴 때 나는 핵심 기능을 유발하는 요소나 파란색이 없으면 클릭이 되지 않는 것처럼 보이는 요소에만 파란색을 이용한다.

계층 3: 직사각형을 넘어

이 계층의 요소들은 와이어프레임을 세련되게 만들어 주지만 와이어프레임의 궁극적인 목표 수행에 꼭 필요한 건 아니다. 화면 콘셉트가 프로젝트의 다른 측면과 평행해지게 돕지만 다른 활동을 방해하기도 해서 주의 깊게 적용해야 한다. 이 계층은 어떤 측면에서는 와이어프레임을 멋지게 만들어 주기도 하지만 여러분이 전달하고자 하는 바를 흐리기도 한다.

그림 7-8　　**간단하면서 와이어프레임에 바로 쓸 수 있는 양식.**
인터랙션 방식은 지정하되 미적인 가능성은 열어둔다.

그리드

그리드는 페이지에 들어가는 요소를 정렬해 주는 시각적 틀이다. 그리드는 그래픽 디자인 업계에서 오랫동안 사용해 왔고 CSS 덕분에 웹에서도 실현 가능해 짐으로써 많은 웹 디자이너가 이용하고 있다.

와이어프레임에서 그리드의 역할은 아직도 새롭다. 페이지 레이아웃을 잡을 때 사용하는 그리드를 와이어프레임에서 그대로 사용해야 하는가? 와이어프레임과 HTML/CSS의 그리드가 정확히 일치하지 않아도 레이아웃을 비슷하게 그려야 하는가? 그리드는 기능적이어야 하는가("바디" 컬럼, "내비게이션" 컬럼)? 또는 페이지를 같은 비율로 나눠야 하는가(예를 들면, 여덟 개의 컬럼)?

그래픽 디자인에서 사용하는 그리드는 사람들이 보기 편하게 비율을 정해준다. 그리드를 기준으로 페이지 요소를 정렬하고 때로는 정렬을 깨서 시각적인 긴장을 조성하기도 한다.

콘텐츠 영역을 세심하게 배열하면 다음과 같이 두 가지의 상반된 효과를 볼 수 있다. 와이어프레임이 세련돼지고 우선순위가 잘 보이지만 한편으로는 이 모습이 향후 웹 페이지의 모습이라는 착각을 하게 된다. 어떤 프로젝트 팀에게는 이런 오해가 독이 될 수 있다.

하나 더 생각할 점이 있다. 그리드를 적용하면 디자인이 쉬워진다. 여러분의 초점이 그래픽 디자인보다 구조나 콘텐츠에 있다면 그리드는 와이어프레임에서 유용한 도구가 될 것이다. 그러나 그래픽 디자인의 다른 콘셉트(컨트라스트, 하양 여백, 타이포그라피 등)처럼 그리드 역시 어설픈 디자이너에게 맡기면 무책임하게 적용될 수 있다.

나는 이 장에서 제시하는 웹 페이지 사례에서는 웹에서 내려받은 템플릿에 12칼럼 그리드를 적용했다. 최종 웹 페이지가 이 레이아웃을 따르지 않아도 그리드가 와이어프레임을 세련되고 일관되게 만들어 주는 것 하나는 확실하다.

 팁

960 그리드

웹에서는 어떤 것도 표준화될 수 없다고 하지만 960 그리드는 최근 모범적인 기준으로 떠오르고 있다. 이 틀은 많이 쓰이는 그리드로 짐작대로 960픽셀을 의미한다. 쉽게 나눌 수 있고 칼럼을 여러 방면으로 짜깁기할 수 있다. 960 그리드에 대해 더 알고 싶다면 http://960.gs를 방문하라. 이곳에서는 여러 드로잉 프로그램에서 사용할 수 있는 템플릿을 내려받을 수 있다.

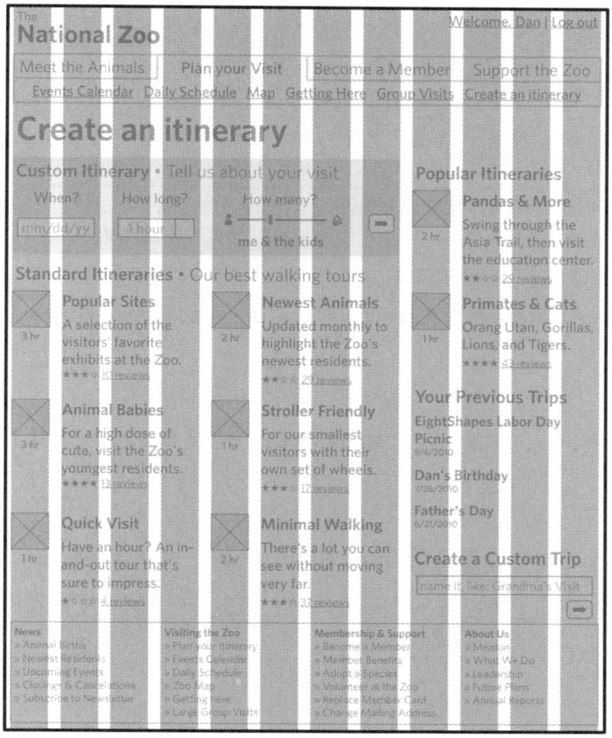

그림 7-9 이 장의 사례에서는 960의 틀에 12칼럼 그리드를 이용해 레이아웃을 잡았다. 최종 디자인에서 960그리드를 사용하지 않아도 12칼럼 레이아웃은 다른 픽셀에서도 쉽게 적용된다.

우선 순위의 스타일

위계질서를 표현하는 수단이 배치밖에 없다면 와이어프레임은 꽉 차 보일 것이다. 간단한 미적 요소로 어떤 디자인 결정을 더 명확하게 보여줄 수 있지만 실제보다 페이지가 더 무거워 보일 수도 있다. 타이포그래피, 그레이 스케일, 선 두께로 다른 시각적 요소 없이 페이지 내 정보의 위계질서를 설명할 수 있다.

표 7.5에 그림 7.13의 예제 와이어프레임에서 사용한 우선순위의 스타일을 설명하고 있다.

기법	목적	이유	
회색 배경	기능적인 영역을 나머지 콘텐츠와 구분	테두리가 있는 상자는 시각적인 소음을 발생시킬 것 같다	
폰트 굵기	제목을 돋보이게 하거나 메인 제목과 설명성의 하위 제목을 구분	제목 내용만 봐도 전체적인 톤을 알 수 있지만 제목이 더 중요한 부분이라는 것을 독자들이 알 수 있기를 바랐다.	
아이콘	여행 계획표 선택기에 대해 내가 어떤 생각을 하고 있는지 알림	생각하는 UX 콘셉트가 있었는데 플레이스 홀더 이미지만으로는 그 생각을 효과적으로 전달할 수 없었다.	
폰트 크기	콘텐츠의 위계 질서를 명확하게 표현	크기가 다양하지 않으면 지나치게 엉성하게 보인다.	
회색 글자 (양식 안에)	양식안에 예제 텍스트가 들어갔다는 것을 보여주기 위해	예제 텍스트를 사용자가 선택한 것으로 오인하지 않기를 원했다.	
밑줄	링크를 표현	이것은 근본적으로 웹이다.	

표 7.5 기능과 우선순위에 스타일을 적용. 와이어프레임이 선으로 뒤엉키고 시각적 소음으로 가득 차는 상황을 막을 수 있다.

우선순위와 기능에 스타일을 적용할 수는 있지만 단순한 직사각형을 넘어설 때는 어떤 논리적 근거를 가지고 스타일을 적용했는지 자문해야 한다. 예를 들어 맞춤 여행 계획표에서 상자의 모서리를 둥글게 한 근거가 확실하지 않다.

미적 요소

미학은 날씨와 같다. 언제나 그 자리에 있지만 그 존재는 가끔만 느껴진다. 색상, 타이포그래피, 이미지, 스타일이 적다고 미적으로 떨어지는 건 아니다. 와이어프레임을 만들 때는 스타일에 대한 구체적인 언급을 하지 않을 수 있게 가장 단순하고 범용적인 기준을 적용해야 한다. 행동, 구조, 우선순위에 초점을 맞추기 위해 미적 요소는 최소화하는 게 좋다.

두 번째 계층(구조적인 콘텐츠, 기능적 요소)에서 색상에 대해 논의한 바 있다. 색상을 사용해 구분하는 것은 중요하다. 와이어프레임은 몇 가지 요소의 기능이나 목적을 전달하는데 색상에 의존하고 있다.

세 번째 계층에서 말하는 색상은브랜드와 연관된 색상을 말한다. 국립 동물원에서는 중심 색을 녹색으로 하고 주변을 흙의 느낌으로 둘러쌌다. 여기에서 내가 제기하는 질문은 와이어프레임에 이 색상 체계를 활용해야 하는가이다.

약간의 스타일을 가미할 때는 위험이 따르지만(서체나 그래픽이 핵심에 집중하는 것을 방해하는가?) 그만의 고유함을 부여할 수 있다.

와이어프레임 만들기

아무리 기본적인 요소만 넣어도 보이는 모습은 천차만별이다. 그럼 기본 요소는 어떻게 뽑아낼까? 핵심에 집중하는 데 도움이 되는 몇 가지 기초적인 의사결정 사항부터 알아보자.

기초적인 의사결정

다른 장에서 기초적인 의사결정은 달성하고자 하는 목표로 시작했었다. 하지만 이 장에서는 목표와 고객에 앞서 콘텐츠 범위를 결정하는 것부터 시작하겠다.

규모: 페이지 또는 콘텐츠 영역

와이어프레임 해부에서 나는 모든 와이어프레임이 완결된 한 페이지를 그린다고 가정했었지만 항상 그렇지는 않다. 페이지 일부만 그린 와이어프레임도 있다. 이 말은 단일 콘텐츠 영역의 와이어프레임을 만들기도 한다는 말이다 (그림 7.10 참고)

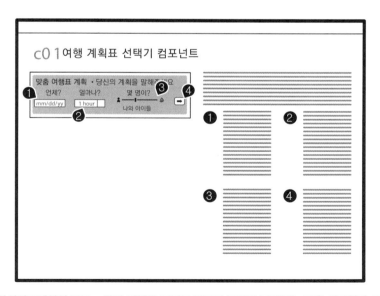

그림 7-10 와이어프레임의 규모. 화면 전체를 그릴지 일부만 그릴지 결정하는 것을 의미한다. 작은 규모에서는 기능을 더 상세하게 보여줄 수 있고 베리에이션까지 다룰 수 있지만 이 컴포넌트가 처해 있는 상황(웹 페이지)을 놓칠 수 있다.

사이트에서 개별 컴포넌트를 반복적으로 사용한다면 별도로 그리는 편이 좋다(근데 왜 반복적으로 사용하지 않는가?). 이렇게 함으로써 일관성을 확보하고 다른 디자인 요소나 제작 프로세스에 효율성을 불러올 수 있다.

물론 사람들은 이 컴포넌트를 보면서 컴포넌트가 처한 상황을 알아야 한다. 단편적인 그림만으로 제대로 검토하기는 어렵고 이때는 화면과 컴포넌트 사이를 왔다갔다하며 작업을 병행해야 한다.

문서 측면에서는 와이어프레임을 어떤 수준(화면이냐 콤포넌트냐)으로 그리더라도 똑같은 문제에 부딪힐 것이고 같은 기법을 적용할 수 있다. 산출물은 이야기를 어떻게 전하는가에 따라 달라진다. 개별 영역을 담은 와이어프레임은 각 컴포넌트가 어떻게 결합되고 서로 다른 화면에 어떻게 들어갈지 분명히 언급해야 한다.

부분적인 페이지를 그릴 때는 사람들이 발췌 화면을 보고 있다는 시각적 신호(그림 7.11)를 제시해야 한다.

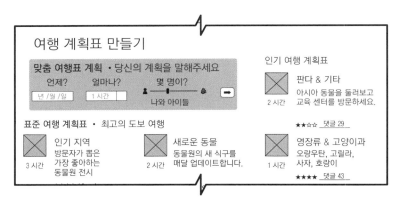

그림 7-11   발췌 화면을 보고 있다는 시각적 신호. 윗부분의 테두리를 삐쭉삐쭉한 모양으로 처리해 화면에 이것 말고도 다른 부분이 있다고 알려준다.

 팁

모듈로 된 웹 디자인

네이단 커티스의 책 『모듈로 된 웹 디자인』(ModularWeb Design, 뉴 라이더스, 2009)에서는 웹 디자인을 레고 블록 조립으로 생각한다. 커티스는 이 책에서 웹 디자인 측면뿐 아니라 정교한 디자인 시스템의 컴포넌트 라이브러리를 만들고 운영하는 측면에서도 어떻게 모듈식으로 접근할 수 있는지 설명하고 있다.

충실도: 실제와 얼마나 가까운가

와이어프레임 해부에서 스타일을 제한하라고 조심스럽게 언급했지만 어떤 디자이너는 최종 제품과 유사한 와이어프레임을 선호한다. 보이는 모습이 얼마나 최종 제품과 닮았는가는 충실도와 연관된다. 충실도 높은 와이어프레임은 실제의 그래픽 요소를 넣어 최종 버전과 비슷하게 보여주고 충실도가 낮은 와이어프레임은 직사각형과 문구에 국한돼 있다.

이 장에서 소개한 첫 번째 와이어프레임을 충실도 높게 그리면 둥근 모서리, 작은 아이콘, 그라데이션 등과 같이 아이폰 인터페이스를 연상할 수 있는 요소가 추가될 것이다. 그림 7.12에서 대략적인 모습을 볼 수 있다.

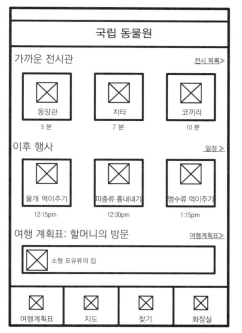

그림 7-12 충실도 높은 와이어프레임. 충실도 높은 와이어프레임에는 미적 요소가 들어간다. 동물원의 기본 화면을 아이폰 인터페이스처럼 보이게 그리면 아마 설득력이 높아질 것이다. 여기저기 그라데이션나 둥근 모서리, 클립아트를 적용해 충실도가 높아졌다.

와이어프레임에 시각적 스타일을 적용하는 작업은 시간이 오래 걸리고 여러분이 사용하는 소프트웨어에 따라 달라진다. 어도비 일러스트레이터 같은 프로그램에서는 대상에 여러 가지 스타일 옵션을 적용할 수 있지만 옴니그래플나 MS 비지오는 옵션이 더 적다.

최종 디자인과 비슷하게 만들려는 노력에 영향을 끼치는 요소는 외형적인 것 외에도 다음과 같은 것들이 있다.

- **목표**: 실제처럼 보이는 웹 페이지가 어떤 목표를 달성시켜 주는가? 예를 들어 새로운 UI 콘셉트를 제시하는 것이 목표라면 굳이 최종 디자인과 비슷하게 보일 필요가 없다. 그러나 와이어프레임으로 사용성 테스트를 한다면 실제와 비슷해야 효과가 높을 것이다. 보통의 경우처럼 동작을 기술하는 와이어프레임이라면 스타일이 많이 가미되지 않아도 된다.

- **소비자**: 와이어프레임의 최종 고객은 누구인가? 그들은 높거나 낮은 충실도의 와이어프레임으로 무엇을 배우는가? 경험이 없는 사람에게 충실도 낮은 와이어프레임은 어렵고 그렇다고 스타일이 너무 많이 들어가면 최종 제품에 준비되지 않은 기대감만 심어줄 수 있다.

- **프로젝트 상황**: 충실도는 프로젝트의 본질에 따라 좌우되기도 한다. 팀의 규모가 크거나 새로운 제품을 디자인할 때는 의도적으로 충실도를 낮게 하는 것, 즉 비주얼 디자인에 들어가기 전에는 기능에 초점을 맞추는 것도 도움이 된다. 이미 안정된 디자인 시스템에 있는 컴포넌트를 다시 만드는 경우라면 충실도를 높게 그리지 않을 이유가 없다.

추상화 정도: 콘텐츠가 얼마나 구체적인가

그림 7.11의 와이어프레임은 추상화 정도가 낮다. 완전히 정확하지는 않지만 어느 정도는 실제 콘텐츠를 이용했고 내용도 구체적이며 명확하다. 이 문서의 독자들은 이 템플릿이 다른 콘텐츠에 어떻게 일반화할 수 있는지 궁금해할 수도 있지만 이 페이지는 콘텐츠 예제로 페이지를 정확하게 보여주는 것이 목적이다.

그림 7.13에 같은 와이어프레임을 추상적으로 그려 봤다. 구조 영역은 그대로지만 콘텐츠의 상당 부분이 구체성이 떨어지고 상징적인 문구로 대체되었다.

추상적인 와이어프레임은 시각화하기는 어렵지만 기능, 행동, 상태는 더 잘 보여줄 수 있고 화면의 어떤 콘텐츠가 움직이고 어떤 텍스트가 고정된 것인지 잘 보여준다. 추상적인 콘텐츠는 행동의 범주를 설명하는 기능의 상세 내역을 보여 주기에 좋고 구체적인 콘텐츠는 UX 프로세스 초반에 인터랙션을 시각화해서 보여줄 때 좋다.

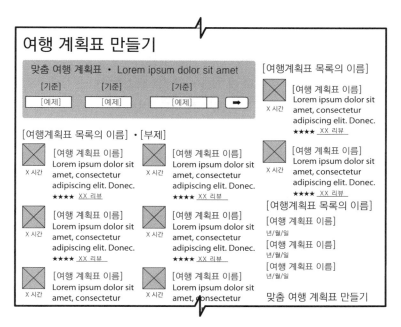

그림 7-13   추상적인 와이어프레임. 와이어프레임에 들어가는 추상적인 내용이란 구체적인 정보를 상징적인 글로 대체한 것이다. 세 가지 유형의 예제 콘텐츠를 보라. 문구(각괄호), 상징 기호(시간, 댓글 수, 날짜), 라틴 텍스트(여행 계획표 설명)

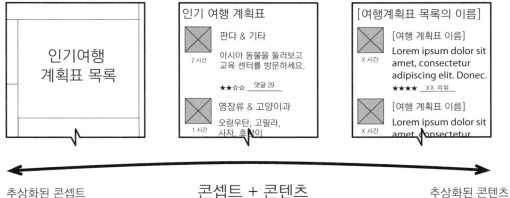

추상화된 콘셉트   **콘셉트 + 콘텐츠**   추상화된 콘텐츠

그림 7-14   와이어프레임의 추상화. 와이어프레임의 추상화는 두 방향으로 갈 수 있다. 콘셉트 추상화는 내부 구조에 대한 느낌을 빼고 비교적 주제를 구체적으로 보여주거나 그 부분에 보일 콘텐츠에 초점을 맞춘다(왼쪽). 실제 콘텐츠를 빼고 구조를 보존하면 제목, 이미지 등의 정보 유형에 대한 감은 잡을 수 있지만 초점은 명확하지 않다.

깊이: 얼마나 베리에이션이 많은가

와이어프레임 표면에서 사용자 경험의 최소한만 보여준다면 심층에서는 최종 세부사항까지 상세히 보여준다. 표면에서 전형적인 시나리오에서 벌어지는 일을 기술한다면 심층에서는 추가적인 시나리오에서 일어나는 여러 가지 세부사항을 보여준다. 표면에서 핵심 화면만 보여준다면 심층에서는 내가 얻을 수 있는 정보까지 보여준다.

- **2차 화면**: 예를 들면 로그인 화면처럼 사용자 경험을 이해하는 데 필수적인 요소는 아니지만 이것이 없으면 이 제품은 실패한다.

- **페이지 수준의 베리에이션**: 상황에 따라 페이지가 바뀌기도 한다. 검색 결과 페이지라면 결과의 양에 따라 베리에이션이 생길 수 있다. 결과가 1, 10, 100, 1000개일 때 페이지가 다르게 보여야 하는가?

- **컴포넌트 수준의 베리에이션**: 시나리오마다 화면 일부가 바뀌기도 한다. 사용자가 로그인 여부에 따라 글로벌 내비게이션이 다르게 보일 수도 있고 사용자가 실수를 저지르는 것에 따라 양식의 요소가 달라지기도 한다.

목표

위의 4가지 측면(규모, 충실도, 추상화 정도, 깊이)을 보면서 여러분은 와이어프레임에서 결정할 내용에 대해 감을 잡았을 것이다. 와이어프레임은 다른 다이어그램과 다르게 범위가 구체적이다. 이 네 가지로 여러 가지를 할 수 있는데 이번에는 각 항목별로 결정을 내릴 때 어떤 점을 고려해야 할지 알아보자.

와이어프레임을 조율하면서 가장 주요하게 생각할 부분은 목표다. 왜 와이어프레임을 사용하는가? 나는 보통 다음 두 개 중 한 가지를 생각한다.

- **청사진**: 와이어프레임은 상세한 기능 안내 문서다. 이 문서는 개발자들이 웹 사이트를 개발하는 데 필요한 마지막 세부사항까지 제공하며 비즈니스 로직, 편집 지침, 상태 설명, 행동을 주석으로 꼼꼼하게 제시한다.

- **콘셉트**: 와이어프레임은 전체적인 UX 디자인에 대한 생각을 담은 문서다. 기술적으로 실현 가능한지, 요구사항이 잘 반영되었는지 등의 전체적인 접근 방향에 대한 피드백을 듣는데 이 문서를 활용하거나 그저 이 생각이 괜찮은지 확인하기도 한다.

다른 목적으로 와이어프레임을 사용하기도 하는데 바로 테스트다. 좋든 싫든 내가 청사진이나 콘셉트를 위한 와이어프레임을 만들고 나면 프로젝트 팀은 와이어프레임으로 테스트하자고 결정할 때가 있다. 대개 테스트에 와이어프레임을 이용하자고 하고 나서는 곧 후회하는데 이는 테스트 목적으로 만들어지지 않은 와이어프레임으로 테스트하려면 실제 콘텐츠를 넣고 테스트 시나리오별로 화면을 분리하고 분리된 각 화면을 연결하는 등 많은 편집을 해야 하기 때문이다.

고객

먼저 명확히 하자면 와이어프레임의 고객은 여러분이 디자인하는 사이트의 고객이 아닌 이 다이어그램을 볼 사람을 말한다.

와이어프레임의 고객을 고려할 때는 사람마다 추상적인 와이어프레임에 대한 태도가 다르므로 프로젝트에서의 그들의 역할 이상을 생각해야 한다.

훌륭한 와이어프레임을 위한 팁

효과적인 와이어프레임을 만들려면 주의 깊게 계획하고 준비해야 한다. 몇 개의 목록을 적거나 먼저 시간을 들여 스케치한다. 어떤 방법이든 다이어그램 프로그램부터 먼저 열지 말고 펜과 공책을 들고 조용한 장소로 가서 이 팁을 떠올려라.

먼저 스케치하라

펜과 종이로 시작하라는 말이 당연하게 들릴 수도 있지만 내가 아는 많은 웹 디자이너는 바로 소프트웨어로 작업한다. 초기의 생각을 스케치하면 방향을 잡을 수 있고 본격적인 소프트웨어 작업 전에 밑그림을 그릴 수 있다.

스케치의 양은 얼마가 적당한가? 이는 사람에 따라 다르고 웹 디자인 업계에서 이 방법이 르네상스를 맞은 만큼 종류도 다양하다. 내게 잘 맞는 방법은 다음과 같다.

한 번의 작업에서는 스케치를 최소로 하지만, 반복 작업을 최대한 많이 한다.

내 스케치의 요지는 반드시 고쳐야 할 UX 문제를 해결하기 위한 페이지의 기초 골격을 세우는 것이다. 나는 접근 방식을 달리하여 여러 번 반복하지만 하나의 접근 방식하에서는 많은 것을 하지 않는다. 나에게 스케치는 질이 아닌 양이며 아이디어를 내고 평가하는 수단이다. 몇 개의 세부사항을 끄집어내기 위해 단일 접근하에서 몇 번 반복하기도 하지만 한 와이어프레임에서 과도하게 세부사항을 파헤치는 건 되도록 삼가는 편이다.

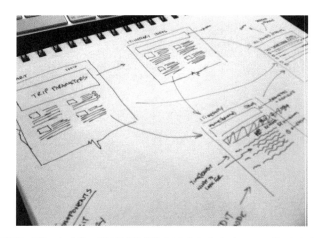

그림 7-15　　펜과 종이로 하는 스케치.　와이어프레임 프로세스에서 아주 중요한 단계다.

페이지 목표 수립

페이지 스케치하기에 앞서 나는 "이 화면이 해야 할 단 한 가지 일은 무엇인가?"를 묻는다. 중심 기둥을 세워 놓으면 페이지와 특히 우선순위와 관련한 UX 결정을 내리는 데에 도움이 된다.

전체 프로젝트가 하나의 큰 UX 문제로 구성된다면 각 페이지는 작은 문제다. 비전 설정하기와 같은 바람직한 작업 프로세스를 하단의 업무에서라고 적용하지 않을 이유가 없다. 컴포넌트 수준에서도 목표를 정하라(물론 수준이 깊어질수록 목표 설정이 쉬워진다).

쉬어가는 이야기

문서 작업을 위한 스케치

나는 최근에 내가 그린 스케치를 모두 스캔해 문서로 엮었다. 이 방법은 콘셉트가 아직 가다듬어
지지 않은 프로젝트 초기에 특히 효과적이다. 스케치는 비공식적인 문서이므로 이해관계자들은
기꺼이 비평하고 제안해 준다.

다르게 접근할 수 있는 방식으로 내 동료는 공식적인 와이어프레임을 "스케치한 듯이" 그린다.
이는 다이어그램이나 일러스트레이션 프로그램으로도 쉽게 할 수 있다(어도비 일러스트레이터
에는 연필 브러쉬가 내장돼 있어 PDF에도 아주 쉽게 적용할 수 있다).

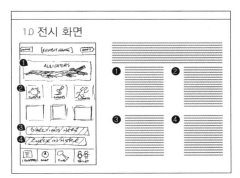

그림 7-16   스케치를 문서에 스캔해 넣기.
스케치를 문서에 스캔해 넣으면 세부 사항을
보여줄 수 있을 뿐 아니라 콘텍스트를 잃지
않고 사람들과 빠르게 콘셉트를 공유할 수
있다.

**그림 7-17   스케치한 듯한 와이어프레
임.**   실제 손으로 그린 듯한 느낌이 든다.
좀 더 공식적으로 보여야 할 필요가 제기돼
도 쉽게 변환할 수 있다.

UX 원칙 상기

프로젝트 초기에 어떤 발굴 작업을 했다면 기본방향과 원칙을 담은 디자인 개요를 만들었을 것이다. 나는 화면 디자인으로 깊이 들어가기 전에 노트 여백에 이 개요를 적어 놓는다. 단순히 적는 행위만으로도 내 머릿속에서 이 원칙들이 선명해지고 웹 페이지 디자인에 대한 좋은 아이디어가 떠오른다.

페이지 내용의 목록 작성

와이어프레임은 페이지에 들어가는 몇 가지의 목록으로 압축할 수 있다. 최종 산출물에는 이 목록이 들어가지 않겠지만 좋은 출발점으로 사용할 수 있다. 나는 노트 여백에 UX 원칙과 함께 이 목록을 적어 놓고 중요한 것에는 동그라미를 친다. 복잡한 컴포넌트라면 이 안에서의 우선순위를 서브 항목으로 적는다.

현실적인 시나리오 사용

동물원의 웹 사이트에는 여러 종류의 여행 계획표 목록이 들어간다. 일명 목록 템플릿이다. 이 템플릿은 다음과 같이 여러 시나리오에서 사용될 것이다. 사용자가 여행 계획표를 검색할 때, 여행 설계 기준을 입력할 때, 저장된 여행 계획표 목록을 볼 때 또는 "더 보기"나 "모두 보기"를 클릭했을 때 등 이 템플릿은 많은 일을 해야 한다.

아마 모든 시나리오를 다 보여주고 싶다는 유혹이 들지도 모른다. 즉 하나의 템플릿에 가능한 모든 상황을 짜맞추는 것이다. 이는 유용해 보이지만 화면을 협소하게 바라보게 된다. 모든 시나리오가 가능한 모든 요소를 제시할지는 모르지만 적합한 행동을 제시하지는 못한다.

여러분의 와이어프레임은 단일의 현실적인 시나리오를 보여주고 주석으로 이 시나리오를 명확히 밝혀야 한다. 만약 다양한 시나리오를 뒷받침하는 템플릿이라 베리에이션이 생긴다면 와이어프레임을 따로따로 그려준다.

예를 들어 동물원의 목록 템플릿에서 사용자가 어떻게 이곳에 도달하는지에 따라 페이지 상단에 다른 컴포넌트가 보일 수 있다. 검색 기준이 보이거나 저장된 계획표를 관리하는 툴바가 보일 수 있다. 이때는 한 와이어프레임에 두 컴포넌트(모든 시나리오)를 모두 보여주지 말고 한 문서에 두 버전의 와이어프레임을 따로 그린다.

와이어프레임 기량 끌어 올리기

와이어프레임은 그 능력과 융통성 덕분에 개선의 여지가 무한하다. 만들 때 쓸 수 있는 기법도 마찬가지다. 여기에 우리가 잘 이용하는 몇 가지를 적어보았다.

모듈식 접근

모듈식 접근에서는 와이어프레임을 낱개의 합칠 수 있는 조각을 화면으로 조립하는 레고 블록으로 본다. 와이어프레임을 만든다는 건 낱개의 조각을 디자인하고 이 조각들이 들어갈 페이지의 틀을 디자인하는 것이다. 이 컴포넌트는 페이지 템플릿이라는 콘텍스트에서 합친다.

헤더와 푸터는 범용적인 컴포넌트고 내비게이션 요소도 그렇다. 특정 콘텐츠(예를 들면 비디오)의 인터페이스를 위한 범용적인 컴포넌트를 만들기도 한다.

전체적인 관점으로 UX 디자인에 접근해 왔다면 이런 사고가 힘들 수도 있다. 모듈식으로 접근할 때는 다음의 세 가지 팁을 새겨 두기 바란다.

- **콘텍스트를 모르면 컴포넌트는 소용없다.** 레고 설명서에서 언제나 조립된 전체 모형을 먼저 보여주듯이 문서에는 컴포넌트가 가동되는 상황이 들어가야 한다. 콘텍스트를 이해하고 나면 이 컴포넌트가 어디에 들어가는지 또는 같은 콘텍스트에서 어떤 베리에이션이 필요한지에 대해 의미 있는 대화를 나눌 수 있다.

- **컴포넌트에는 엄격한 식별 체계가 있어야 한다.** 웹 사이트에 템플릿이 6개 있다면 컴포넌트의 수는 그 열 배가 넘을지 모른다. 코드 체계를 세심하게 만들어야 라이브러리를 질서 정연하게 관리할 수 있고 올바른 컴포넌트를 선택할 수 있다.

- **특정한 기능이 있는 컴포넌트가 페이지의 특정 영역에 들어가야 할 수 있다.** 네이단 커티스는 책 모듈로 된 웹 디자인 8장과 9장에서 템플릿을 쪼개는 방법과 컴포넌트를 영역이나 기능에 맞게 분류하는 방법을 기술했다.

예를 들어 그림 7.18의 여행 계획표 설명은 여행 계획표를 요약하는 영역마다 반복적으로 사용된다.

인기 지역

방문자가 뽑은
가장 좋아하는
동물원 전시

3 시간

★★★☆   댓글 10

그림 7-18   웹 사이트에서 재활용되는 컴포넌트[8]. 플레이스 홀더 콘텐츠로 같은 페이지에 같은 컴포넌트가 여러 번 배치될 때 이것으로 대체하거나 예제 콘텐츠를 "[여행 계획표 이름]"과 같은 변수로 대체할 수 있다.

 팁

야후 디자인 패턴 라이브러리

야후 개발자 네트워크에는 태그, 내비게이션, 정보 디스플레이와 같은 전형적인 사용자 인터페이스를 위한 디자인 패턴 라이브러리가 있다. 이곳은 라이브러리를 제작하는 좋은 출발점이 될 수 있다.

다른 라이브러리 중 야후 개발자 네트워크 YUI 라이브러리에서는 탭이나 카루셀과 같은 전형적인 인터페이스의 컨트롤 코드 일부를 제공한다. 이 저장 창고는 이런 요소를 디자인하기 위한 용도라기보다는 코드를 보기 위해 활용하면 좋다.

http://developer.yahoo.com/yui/

스타일 설정

타이포그래피를 일관되게 적용하기 위해 (워드에서처럼) 간단한 스타일 모음 만들면 모든 헤더, 본문 글자, 링크, 다른 글자에 같은 포맷을 적용할 수 있다.

우선순위를 보여주는 데에 어떤 요소(예를 들어 명암이 있는 직사각형)를 이용했다면 이것의 스타일도 정하라. 직사각형을 만들고 "배경 항목" 스타일을 선택하면 문서의 모든 배경 항목에 같은 포맷이 적용될 것이다(나는 종종 스타일 설정을 잊었다가 "내가 모서리를 둥글게 하는데 4픽셀을

---

8   특정한 목표나 기능을 제공하는 웹 페이지의 한 부분

사용했던가? 6픽셀을 사용했던가?"하고 궁금해한다. 이런 생각을 하느라 골머리가 썩어서 결국에는 "와이어프레임이잖아! 누가 신경 쓰겠어!"하고 결론을 내리지만 결국에는 잠을 못 잔다. 즉 스타일 포맷은 노이로제를 막아준다).

드로잉 프로그램마다 스타일 설정을 지원하는 방식이 다르다. 대부분 프로그램에 스타일 옵션의 저장 기능이 있는데 이 정도면 충분하다. 좋아하는 프로그램을 안팎으로 배워서 그 프로그램에 있는 능력을 한껏 활용하기 바란다. 아마 효과적이고 일관된 와이어프레임을 만드는 장인이 돼 있을 것이다.

라이브러리 제작

대부분 다이어그램 프로그램에서는 스텐실이나 라이브러리에 모양을 저장할 수 있다. 물론 명칭은 프로그램마다 다르다. 와이어프레임을 신속하고 일관되게 만들려면 이런 기능을 잘 활용해야 한다. 여기에는 개별적인 간단한 양식부터 내비게이션 바, 공통의 검색창 또는 크기 조정이 가능한 플레이스 홀더 이미지처럼 정교한 짜깁기가 필요한 것도 있다.

라이브러리를 제약으로 생각하지 않으려면 다음 몇 가지를 기억해야 한다.

- **라이브러리의 요소는 출발점이다.** 제목 목록은 그다지 많이 변하지 않아서 표준 포맷을 정해 놓으면 와이어프레임에 빠르고 쉽게 배치할 수 있다.
- **요소는 이미 효과가 입증된 디자인 규칙이다.** 드롭다운 메뉴를 새로 개발하지 말고 UX 문제를 해결하는 데에 이 요소를 어떻게 활용할지 생각하라.
- **와이어프레임의 목표는 최대한 빨리 기능을 전달하는 것이다.** 라이브러리를 활용하면 새로운 화면도 더 효과적으로 디자인할 수 있다.

디자인 스튜디오 개최

스케치 작업의 성공을 원한다면 협력적인 접근을 고려하라. 디자인 스튜디오를 열어 프로젝트팀을 불러 모으고 이들과 함께 스케치를 그린다. 이 방법은 메시지퍼스트의 토드 자키 워펠이 나와 우리 회사에 소개해 준 기법으로 잘 정립된 협력적 디자인 기법을 변형한 방법이다.

- **결과물**: 스케치 작업은 꼬박 하루가 걸리고 끝날 무렵에는 쓸 만한 아이디어가 한 무리 생길 것이다. 스튜디오는 질보다 양을 강조하는데 다양한 관점으로 여러 원칙을 모으다 보면 (UX 디자이너만 모으는 것이 아니다) 새로운 아이디어나 접근 방식이 떠오를 것이다.

- **구조**: 디자인 스튜디오는 참가자를 여러 팀으로 나눈다. 팀별로 두 개에서 네 개의 시나리오를 그린다. 진행자는 시나리오를 설명하고 필요한 정보(타겟 고객과 같은)를 제공한다. 팀마다 다른 아이디어를 스케치하고 이 아이디어에 대해 논의하고 방향을 잡고 다시 다른 콘셉트의 스케치 작업으로 넘어간다.

- **준비**: 스튜디오 진행자는 몇 가지 책임이 있다. 일단 시나리오를 준비하는데 이는 UX 문제를 얼마나 잘 아느냐에 따라 달라진다. 사용자의 상황이나 원하는 결과물을 구체적으로 언급한 시나리오가 가장 좋다.

문서에 스튜디오 요소는 어떻게 담을 것인가?

- **스케치 = 기대감 심기**. 스케치 작업에 참여한 사람은 여러분이 어떤 작업물을 만들지 더 잘 이해하게 된다.

- **시나리오 = 콘텍스트 이해**. 자신들의 디자인을 위한 시나리오를 곰곰이 생각하다 보면 여러분이 제시한 UX 콘셉트의 콘텍스트를 더 잘 이해하게 된다.

- **협업 = 설득**. 프로세스에 참여하면 주인 의식이 생긴다. 그 사람의 아이디어를 사용하지 않더라도 콘셉을 탐험하고 접근 방향을 평가하는 과정의 일원이라는 인식을 갖게 된다.

UX 프로세스 초반에 디자인 스튜디오를 열어서 발생하는 한 가지 기분 좋은 부작용은 화면 콘셉트를 검토하는 문화를 조직에 내재화할 수 있다는 것이다. 와이어프레임을 검토할 때쯤 이들은 최소한 몇 번은 프로세스에 노출됐을 것이다. 이제 이들의 경험은 뒤로하고 와이어프레임을 발표하는 방법으로 넘어가 보자.

와이어프레임 프레젠테이션

"프레젠테이션"은 적당한 단어가 아니다. 와이어프레임은 가장 현실적인 작업물이라 어떤 작업물보다 논의가 활발하게 일어나고 디자인 협업 도구로 활용되기 때문이다. 그렇지만 이 섹션에서는 회의를 주관하는 여러분의 입장을 설명하려고 한다.

회의 목표 정하기

와이어프레임 검토의 목적은 사용자 경험을 논의하는 것이다. 이 책의 순서대로 다이어그램을 만들고 있다면 와이어프레임은 시스템을 구체적으로 보여주는 첫 번째 모험작이 될 것이다. 프로젝트가 어떤 단계인가에 따라 와이어프레임은 다양한 논의를 이끌 것이며 디자인을 진행함에 따라 초기 콘셉트 검토에서 구체적인 기능 명세로 주제가 바뀔 것이다.

콘셉트 논의하기

와이어프레임은 빠르고 거의 정확하며 사용자 인터페이스를 의미 있게 그려준다. 그러므로 와이어프레임은 디자인 방향을 제시하는 훌륭한 도구이다.

전체 콘셉트 회의라면 여러분은 아마 와이어프레임을 많이 가지고 있지 않을 것이다. 고객과 시스템이 상호 작용하는 모습을 대략 파악할 수 있는 정도면 충분하다. 이때 여러분이 전할 메시지는 다음과 같다.

- **일치**: 와이어프레임은 앞에서 언급한 UX 문제를 추적, 조사해야 한다. 와이어프레임은 초반에 결정된 UX 원칙으로 가득하고 요구사항을 준수하면서 제약과 경계를 지켜야 한다.

- **복잡성**: 사용자 인터페이스의 주요 부분에만 초점을 맞춰 몇 장의 와이어프레임으로 이야기를 전달하다 보니 표면에는 보이지 않던 엄청나게 복잡한 것이 이면에 깔렸을 수 있다. UX 비전 때문에 새로운 과제가 야기된다면 이를 회의에서 솔직하게 밝혀야 한다.

- **남아 있는 것**: 열정적인 프로젝트 팀은 방향이 무척 마음에 들어 바로 제작에 착수하기도 한다. 인정하기 싫지만 열정이 판단을 앞서서 나도 이런 실수를 자주 저지른다. 콘셉트 회의 이후에 앞으로 남은 일을 상위 단계에서 논의하는 자리를 최소한 한 번은 더 만들어야 한다. 초기 콘셉트는 좋은 출발점이지만 코딩이 시작되기 전에 더 나눌 이야기가 남아 있다.

와이어프레임은 훌륭한 설득 도구다. 플로차트나 다른 다이어그램과는 다르게 많이 가다듬지 않아도 사용자 경험을 떠올릴 수 있다.

상위 단계에서 경험 논의하기

콘셉트를 제시할 때 이용한 와이어프레임을 사용자 경험을 살펴볼 때도 사용할 수 있다. 이 회의에서는 정해진 목표, 요구사항, 한계를 떠올리며 디자인을 평가한다. 여러분은 적어도 아래의 질문에 답을 줘야 한다.

- **모든 목표를 언급했는가?** 목표를 달성하기 위해 이 접근법이 적합한지 다른 사람의 시선으로 평가하라. 예를 들면 웹 기반의 여행 계획표 선택기(picker)의 목표는 동물원이 아이폰 앱 스토어로 수익을 올릴 수 있게 앱 사용을 독려하는 것이다. 하지만 여행 계획표 웹사이트는 사람들에게 앱을 사용하고 내려받으라는 홍보를 잘하지 못한다는 비판을 받고 있었다.

- **이 접근 방식은 UX 원칙과 우수 디자인 사례를 따르고 있는가?** 여행 계획표 와이어프레임을 만들고 이틀이 지나 다시 보니 너무 빽빽해 보였다. 상관은 없지만 이 문서가 프로젝트 원칙과 웹 디자인의 유행을 잘 따르고 있는지 검토 회의를 통해 다시 확인하는 편이 좋다.

- **요구사항을 재검토해야 하는가?** 화면을 눈으로 보기 전에는 인지하지 못했던 문제나 요구사항이 화면을 보면서 떠오르기도 하고 요구사항에 반영되지 않았던 내용이 떠오르기도 한다(예를 들어 아이폰 앱에서 사용자와 다른 전시와의 거리를 분 단위로 알려주는 기능).

- **이 화면은 어떤 뜻을 내포하고 있는가?** 화면 디자인을 세심히 관찰하다 보면 귀속조건에 따른 새로운 요구사항이 드러나기도 한다. 예를 들어 여행 계획표 선택기가 작동하려면 입력 정보에 따라 다른 계획표가 생성되는 비즈니스 법칙이 필요할 수 있다. 요구사항에서 이 내용이 있었더라도 디자인을 구체화하면서 그 의미가 더 명확해진다.

프로젝트팀은 이런 질문을 바탕으로 더 상세한 버전의 와이어프레임을 만든다. 그러나 이런 논의 만으로 충분하지 않은 시점이 생기는데 기능 상세 명세서가 개발팀으로 넘어가기 전에 자잘한 것 까지 모두 다뤘는지 더 깊이 확인할 필요가 있다.

와이어프레임을 여기에서 끝내는 팀도 있다. 반쯤만 만든 와이어프레임은 추후 디자인과 개발의 촉매 역할을 한다. 프로젝트의 종류, 규모, 팀과의 조율, 디자인 문화, 기타 다른 요소에 따라 와이 어프레임을 반복할 필요가 없는 경우도 있다.

더 깊은 수준에서 디자인 논의하기

깊은 논의는 이 콘셉트가 제작의 혹독함을 견뎌낼지 테스트하는 것으로 압축할 수 있다. 이런 검 토는 너무나 지루한 세부사항을 다루고 이 과정에서 누가 심한 강박 장애를 앓는지도 알게 될 것이 다. 이런 회의에서 다룰 만한 깊은 수준의 몇 가지 질문은 다음과 같다.

- **가능한 시나리오를 모두 언급했는가?** 한 시나리오에는 화면 디스플레이에 영향을 미치는 모든 조건이 들어가고 좋은 UX 디자인에는 가능한 모든 시나리오가 투영된다. 이는 다차원 적인 과제로 UX 디자이너는 사용을 기반으로 온갖 이상한 시나리오를 상상하고 기술과 운 영을 책임지는 사람은 예외적인 시나리오를 잡아낸다(예를 들면 데이터베이스 X가 다운되 었는데 데이터베이스 Y는 계속 작동된다면 어떻게 되는가? 고객 전화에 응대할 사람이 없 으면 어떻게 되는가?).

- **비주얼 디자인에 들어갈 만큼 정보가 충분한가?** 시나리오를 모두 반영해야 한다는 말은 디 스플레이 방식을 모두 다룬 와이어프레임을 추가로 만들어야 한다는 의미이기도 하다. 비 주얼 디자이너는 픽셀과 싸우는 분야이므로 화면을 그리는데 융통성이 많지 않다. 이들은 깨짐 없이 구현되는 인터페이스를 디자인하기 위해 가능한 모든 디스플레이 방식을 완전히 이해해야 한다.

- **이 인터페이스에는 어떤 콘텐츠가 필요한가?** 인터페이스를 샅샅이 파헤치다 보면 필요한 메시지와 콘텐츠가 생긴다. 실제 콘텐츠는 말할 것도 없고 내비게이션 문구, 안내 문구, 양 식에 들어갈 문구, 양식 완료에 필요한 힌트, 에러 메시지, 확인 메시지, 페이지 타이틀을 누 군가는 만들어야 한다.

사실 자잘한 사용자 경험을 다루다 보면 이런 검토만 평생 할 수도 있다. 얼마 만큼이 적당한가? 검토에는 데드라인이 있다. 바람직한 프로젝트는 단계가 전환될 시점을 잘 알고 잘 따른다. 일정때문에 정신 못차리고 있다면 이는 세세한 와이어프레임에 너무 많은 시간을 투자하고 있다는 경고이다. 이외에 다른 경고 신호는 다음과 같다.

- **와이어프레임을 세 번 이상 수정했다.** 단일 와이어프레임의 수정 횟수를 보라(아주 복잡한 시스템에서는 수정을 다섯 번씩 하기도 한다). 수정을 오래 하면 불분명한 목적이나 요구사항이 드러나기도 한다. 이는 프로젝트에 더 깊은 문제가 숨어 있다는 신호다.
- **결정을 한 번 이상 번복했다.** 드롭다운으로 합시다. 아니, 슬라이더로 합시다. 흠. 드롭다운이 낫겠네요. 다음으로 넘어갈 때다.
- **핵심 이해 관계자들이 더 이상 회의에 참석하지 않는다.**
- **한 시간 안에 검토가 끝나지 않는다.** 처음이나 두 번째 상세 검토(이때는 한 시간 넘게 걸릴 수 있다)가 지나면 구체적인 질문이나 논점만 거론하면서 빠르게 넘어가야 한다.

솔직히 이 중 몇 가지는 임의적인 기준이다. 와이어프레임에서 쳇바퀴 돌고 있다는 것은 프로젝트 어딘가가 불안정하거나 명료하지 않다는 뜻이다. 와이어프레임을 다음 단계로 가지 못하는 핑계로 대서는 안 된다.

프레젠테이션에 적용

와이어프레임 회의의 틀은 다른 다이어그램 회의와 같다. 큰 그림이나 논리로 시작해서 세부사항과 함축된 의미로 넘어가는 틀은 와이어프레임 검토에도 잘 적용된다. 높은 수준에서 사용자 경험을 다루든 지끈거리는 세부사항을 다루든 전체 지형과 주요 주제로 시작함으로써 회의가 초점에서 벗어나지 않게 하라.

1. 콘텍스트를 조성하라

회의 초반에는 프로젝트에서 어디쯤 있고 이 회의의 목적이 무엇인지 상기시킴으로써 콘텍스트를 설명한다. 와이어프레임 검토에서도 오늘 어떤 화면을 검토할 것이고 이는 어떤 시나리오에 속했는지 상기시킨다.

2. 이미지 규칙을 설명하라

와이어프레임이 익숙하지 않은 프로젝트 팀에게는 포맷을 간단히 소개한 후 화이트보드에 와의어프레임에서 논의할 부분과 논의하지 않을 부분을 적는다.

이때 규모, 충실도, 추상화 정도, 깊이에 대해 내린 결정도 설명한다. 이 와이어프레임이 각 그리드의 어디에 해당하는지 알리면 어떤 내용이 나오고 나오지 않는지 예측할 수 있다. 이때는 쉬운 단어로 설명하라. 와이어프레임을 많이 경험하지 않은 참석자에게 "충실도"라는 말은 큰 의미가 없다.

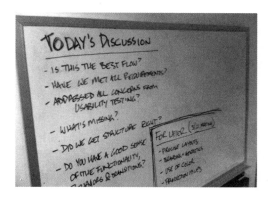

그림 7-19   회의 초반에 와이어프레임을 미리 예측하도록 도와주면 논의가 어려워지는 것을 방지할 수 있다.

3. 중대 의사결정 사항을 강조하라

세부사항로 들어가기 전에 빨리 한 번 짚어준다. 이때는 다음과 같은 내용을 이야기한다.

- **전체 주제**: 핵심 UX 결정 사항을 어떻게 특징지을 수 있는가? UX 아이디어를 이끈 주도적인 콘셉트는 무엇인가?

- **주요 목표, 원칙, 요구사항**: 가장 상위의 목표나 원칙은 무엇인가? 이 UX 디자인에서 반영하려고 한 주요 요구사항은 무엇인가?

- **페이지 목표**: 페이지 디자인에 들어가기 전에 어떤 목표를 설정했는가?

- **중요한 디자인 혁신**: 이 디자인에서 가장 멋진 부분은 어디인가? 가장 자랑스러운 결정은 무엇인가?

여기서 이야기할 수 있는 정보는 많지만 간결하게 하고 넘어가라. 개요만 전달하고 깊이 있는 논의를 나눌 필요는 없다. 다음 검토부터는 이 부분을 빨리 넘기고 지난 논의 이후에 크게 변한 것만 요약한다.

4. 논리적 근거와 한계를 제시하라

이 시점에는 이 화면을 디자인하면서 감안했던 중대한 도전 과제들을 설명한다.

어떤 UX 원칙이 특정 화면에서 의사결정을 내릴 때 큰 역할을 했다면 이 콘셉트도 언급한다(화이트보드에 적어도 된다).

5. 세부 사항을 전개하라

이제 세부사항으로 들어갈 차례다. 표 7.6을 이용해 이 논의의 방향을 잡아 보기 바란다.

화면 검토의 틀이 필요하다면 영역-원칙-사용자(area-principle-users, APU)를 기억하라. 영역에 초점을 맞춰서 그 안의 기능을 설명하라. "축소"해서 이 영역과 연관된 원칙, 목적, 요구사항을 설명하고 다시 "확대"해서 사용자가 경험하는 것처럼 이 영역을 검토한다.

그림 7-20　표 7.6을 볼 때 이 그림을 참조하라.

단계	설명	예시(그림 7.20을 참고)
1	화면에서 핵심적으로 초점 맞춘 부분을 다시 언급하라.	이 메인 화면의 목적은 방문자들의 주변에 무엇이 있는지 알려주는 것입니다.
2	회의 참가자가 틀이나 일반적인 템플릿을 잘 알고 있다면 그것을 상기시켜라.	이 화면은 타이틀 헤더와 툴바가 아래에 있는 대다수 아이폰 앱의 디자인을 따르고 있습니다. 이 툴바는 앱 대부분 화면에서 사용됩니다.
3	페이지 중앙에 있거나 전체 페이지의 목표에 직접적으로 기여하는 요소부터 시작하라. 사용자 플로에 맞춰 화면을 설명한다면 사용자가 이 프로세스를 착수하게 되는 부분부터 설명하라.	이 화면은 세 개의 주 영역인 전시, 행사, 여행 계획표로 나누어졌습니다. 전시와 행사에는 근처에 있거나 곧 열릴 전시화 행사의 세 가지 아이콘과 제목이 보입니다. 또한 전시장이 얼마나 멀리 있는지 또는 행사가 얼마나 금방 열리는지의 정보도 보입니다.
4	원하는 논의의 깊이에 따라 콘텐츠 영역의 각 항목을 설명하라.	여기에는 아이콘이 있지만 실제 사진이 더 좋을 것 같습니다. 전시회까지 도보 시간을 알려주는 것은 상당히 중요합니다. 애플리케이션이 일일이 계산하지 않게 이 정보를 데이터베이스에 저장했으면 합니다.
5	각 항목마다 사용자가 입력해야 하는 정보의 범위 또는 보이게 될 콘텐츠의 범위를 설명하라.	행사에서는 어떤 행사가 보여야 하는지 명확한 규칙이 필요합니다. 다음 주 행사는 보일 필요가 없고 매일 행사가 있다고 가정했으므로 항상 이 자리에 무언가가 보일 것입니다.
6	저변에 깔린 비즈니스 법칙이나 애플리케이션 로직을 설명하라.	어떤 전시회를 보여줄지 결정하는 로직이 필요합니다. 이는 앱이 동물원 안에서 사용자의 위치를 인식할 수 있느냐에 달려 있습니다.
7	이 영역이 전체 사용자 경험의 어디쯤에 해당하는지 알 수 있게 다음에 벌어지는 일을 설명하라.	사용자는 이 다음에 전시 또는 행사를 묘사하는 화면 2.0 또는 4.0으로 이동할 것입니다.
8	다른 주요 영역으로 넘어가서 3단계부터 반복하라.	("여행 계획표" 영역으로 넘어가 설명을 시작하라.)

표 7.6   세부사항 논의를 구조화하는 방식

6. 함축된 의미를 논의하라

하나의 의사결정은 연쇄 효과를 부른다. 일반적인 접근에서 설명한 바와 같이 이 영향은 기술적인 효과일 수도(어떻게 만들까?) 있고 운영적인 효과일 수도(어떻게 지원할까?) 있다. 간단해 보이는 기능도 보기보다 개발이나 운영이 복잡할 수 있다.

회의 전에 가장 연쇄 효과가 큰 부분에 메모하고 가장 중요한 기능에도 메모하라. 참가자에게 이 두 부분에 집중해 달라고 요청하라. 복잡한 기능이 의심되면 모두 끄집어내 잠재적인 위험을 모두 다뤘는지 전문가에게 확인하고 가장 중요한 기능이라면 여러분의 접근이 유효한지 꼼꼼히 확인해 나중에 불필요한 타협이 생기지 않게 하라.

7. 피드백을 들어라

와이어프레임을 검토할 때 반응은 극과 극이다. 어떤 때는 참가자들이 쉬지 않고 말하고("초보의 실수를 피하자" 참고) 어떤 때는 아무 말도 하지 않는다.

사람들의 침묵을 만족했다거나 동의했다거나 설득된 것으로 받아들이지 마라. 사람들이 의견을 주지 않는 이유는 여러 가지가 있다. 표 7.7에 그 원인과 완화할 방법이 있다. 참가자를 "시험"하지는 마라. 참가자가 바보가 된 느낌을 받는 것처럼 생산적인 논의를 가로막는 건 없다. 마음의 상처를 받지 않게 사용자를 논의에 끌어들여라.

침묵 이유	해결책	
이해 부족 1: 와이어프레임의 기능을 이해하지 못했다.	화면에서 이해되지 않는 부분이 있는지 묻거나 화면에서 사용자가 이해하지 못할 것 같은 부분이 어디인지 물어라.	
이해 부족 2: 이 와이어프레임이 전체 사용자 경험에서 어떤 역할을 하는지 이해하지 못했다.	모든 시나리오를 담았는지 사람들이 이 화면에 도달하는 방법을 모두 기술했는지 질문하라. 이 질문으로 이에 대해 한 번 더 언급할 수 있고 상세한 부분까지 설명하는 기회를 가질 수 있다.	
과민함: 여러분의 감정을 상하게 하고 싶어하지 않는다.	참석자들이 받들어야 할 사람은 고객이라는 점을 상기시켜라. 여러분의 디자인에 서슴지 않고 비판할 수 있는 사람을 불러라. 때로는 솔직한 의견 하나가 의견을 봇물 터지게 할 수 있다.	
정치: 다른 이해 관계자들 앞에서 이야기하고 싶어하지 않는다.	내용을 모두 숙지한 후에 생각을 공유하는 두 번째 회의를 잡자고 말한다. 이렇게 하면 사람들은 기꺼이 의견을 이메일로 보내준다. 여러분이 정치를 고쳐볼 수도 있다. 하하.	
경험 미숙: 디자인 비평을 해 본 적이 없다면 비평이 어렵다. 어떤 이야기를 할지 어디에 초점을 맞춰야 할지 모를 것이다.	UX 디자인의 관점에서 물어볼 만한 질문을 준비하라. 여러분이 원하는 피드백의 예시도 들려준다. 사람들이 따를 만한 모델도 주지 않고 범위에서 벗어난다고 의견을 자르면 생산적인 논의가 불가능하다.	

표 7.7 참가자가 피드백을 주지 않는 이유와 해결방법. 회의가 조용해지지 않으려면 사람들이 왜 이야기를 하지 않는지 진단할 수 있는 섬세함이 필요하다.

8. 리뷰의 틀을 제시하라

와이어프레임이라는 문서는 깊이가 있고 복잡하여 회의에서 모든 내용을 다루기는 어렵다. 사람들에게 숙제를 낼 때는 무엇을 봐야 하고 어떤 피드백을 원하는지 구체적으로 알려줘라(검토 회의 전에 검토를 미리 해달라고 부탁할 때도 마찬가지이다).

보통 사람들에게 들어야 할 다섯 가지 내용은 다음과 같다.

- **목표와 일치하는가**: 목표를 달성하는 데에 빠진 부분이 있는가?

- **사용성 쟁점**: 사용자들은 인터페이스 디자인 중 어떤 부분을 가장 어려워할 것인가?

- **콘텐츠와 우선순위 쟁점**: 콘텐츠 구성이나 상대적 우선순위에서 잘못된 부분이 있는가?

- **기능적인 쟁점**: 시나리오 X에서 항목 A, B, C에 어떤 일이 벌어질 것인가?

- **실현 가능성**: 어떤 부분이 가장 제작하기가 어렵고 왜 그런가?

(무언의 찬성을 피하려고 예/아니오 질문을 쓰지 않은 것을 보라.) 구체적이고 대상을 정확히 지적할 수만 있다면 이런 질문을 와이어프레임에 주석으로 제시할 수도 있다. 주관식 질문으로 적고 문서에서 이를 강조하라.

초보의 실수를 피하자

이 장에서는 "초보"라는 단어가 적당하지 않다. 여기에서 다루게 될 실수는 노련한 UX 디자이너들도 프로젝트를 할 때마다 저지르는 것이다. 결국 추상과 구체의 사이, 문제와 문제의 해결 사이에서 이루어지는 논의는 UX 논의 중 가장 어려운 부분이기도 하다.

이 절에서는 와이어프레임 디자인과 그래픽 디자인을 분리된 단계로 가정한다. 웹 디자인 업계에서는 와이어프레임이 완성되면 비주얼 디자이너에게 넘겨서 이들이 이 구조를 해석하고 다른 정보(브랜드 전략과 같은)와 결합해 최종 인터페이스를 그린다. 콘텐츠를 만드는 사람과도 이런 방식으로 작업한다. 콘텐츠 전략가들은 와이어프레임 위에 산출물을 만든다.

아래의 어떤 팁도 회의 참석자가 프로젝트 초기부터 회의에 참석하지 않았다면 적용되지 않는다. 참석자를 회의에 몰입하게 하는 것도 중요하다. 프로젝트 초반부터 회의에 참석했더라도 이 일을 심각하게 받아들이지 않거나 필요한 정보를 제공하지 않는다면 소용이 없다.

목표에 대한 기대감을 심어라

회의의 콘텍스트 단계(1단계)에 회의에서 얻어야 할 내용을 분명히 언급하라. 삼천포는 저절로 빠지는 게 아니라 초점을 잃거나 진행이 미비할 때 따라오는 것이다.

목표를 전달하는 시점에 답을 얻어야 하는 질문을 던져라. 이 질문으로 회의를 구성하면 회의의 톤과 초점을 정할 수 있다.

어떤 삼천포나 마찬가지로 이 때 여러분이 취할 수 있는 몇 가지 입장은 다음과 같다.

- **논의하지 않기**: "이 주제는 범위를 벗어났습니다. 논의가 필요한 질문은 이것입니다. 그렇지 않으면 논의가 진전되지 않을 것입니다."

- **다음 기회로 미루기**: "정말 좋은 지적이지만 주제를 벗어났습니다. 이 내용을 적어뒀다가 다음 기회에 다시 논의하겠습니다."

- **끝장 보기(결과와 함께)**: "저는 이 논의를 꺼리지 않으나 지금 나누던 논의는 마치지 못할 것 같습니다. 회의를 다시 한번 하든지 이 내용은 이메일로 피드백을 받겠습니다."

회의를 제자리로 돌리는 일은 어렵고 때로는 나쁜 사람이 돼야 한다. 주제를 고수하는 일이 범죄는 아니지만 자신이 간절히 원하는 것을 보고 싶어하는 사람에게는 이런 조치가 절망스럽다.

말뚝 박을 의도는 아니지만 필요에 의해 콘텐츠나 그래픽 요소를 집어넣기도 한다. 추상적인 상태로는 우선순위나 구조에 대해 대응하거나 논의하기가 어렵기 때문이다. 그러나 사람들을 이해시키거나 피드백을 얻어낼 목적으로 와이어프레임에 무언가 해 놓으면 논의가 그 주제로 흘러갈 위험이 있다.

콘텐츠에서의 삼천포

아무리 목표를 잘 정의해도 논의가 산으로 갈 수 있다. 주된 범인은 굳이 참가자들이 반응할 필요가 없는 와이어프레임의 요소에 반응하는 것이다. 단어(구조, 안내, 예제 콘텐츠 등)는 (a)반응하기 쉽고, (b)저마다 의견을 갖는 부분이다.

회의가 시작될 때 논의의 대상이 무엇인지 알려라. 현실감있게 진짜 콘텐츠 예제를 넣었을 수 있지만 이것을 깊이 파고들 필요는 없다.

제목, 내비게이션 같이 구조적인 콘텐츠와 항목 이름, 에러 메시지 같은 안내성 콘텐츠가 논의의 대상이 되기도 하지만 보통은 중재하기가 어렵다. 단어 속까지 파고들지 않으면서 콘텐츠의 톤이나 메시지에 초점을 맞추는 것이 좋다.

콘텐츠는 항상 주제에서 벗어나는가? 콘텐츠를 빼놓고 제대로 와이어프레임에 대한 논의를 할 수 있을까? 콘텐츠의 세세한 부분들(콘텐츠 유형은 다양하고 와이어프레임은 어느 정도씩은 다 이런 내용이 있다)이 절대적인 위치를 선점해서는 안 된다. 반면 항상 논의 대상에 포함해야 하는 콘텐츠도 있다.

시각 디자인에서의 삼천포

와이어프레임에 단어가 있듯 그림도 있다. 이 두 가지는 피할 수 없다. 어떤 면에서는 비주얼 요소가 더 큰 방해가 된다. 사람들이 걱정하는 부분이 최종 디자인에 영향을 끼치지 않는다고 확신시키기 어렵기 때문이다. 간격, 글자 크기, 흰 여백에 대한 문제 제기는 정당하지만 와이어프레임이 이 문제를 제기할 적당한 도구가 아니라는 게 문제다.

구조, 미학, 목소리: 겹치는 부분을 관리하라

웹 디자인이라는 주제를 잠시 제쳐두고 와이어프레임을 다시 보면 경험을 구성하는 요소를 세 가지로 나누는 게 이상할 수도 있다. 세 가지 요소인 구조, 비주얼 스타일, 전반적인 목소리는 한 번에 총체적으로 경험하게 된다.

여러분이 저지를 수 있는 실수는 이 세 가지 요소를 분리해 개별적으로 바라보는 것이다. UX 디자이너는 전체적인 경험의 모습을 잡아야 하는데 매체의 속성상 이것을 한 번에 조금씩 해야 할 수 있다.

이것을 회의에서 명시적으로 제기하든 하지 않든 와이어프레임을 살아 숨 쉬는 제품으로 만들려면 와이어프레임을 살을 붙여 나가는 뼈대로 생각할 시간이 필요하다.

피드백을 무시하고 방어적인 태도를 보인다

어떤 경우에도 참가자들의 피드백을 과소평가하지 마라. 다른 사람이 주는 아이디어를 기꺼이 받아들이지 않는 모습은 여러분 자신을 장애물로 만드는 것이다. 사람들은 다음부터 여러분을 빼고 가야겠다고 생각할 것이다. 나는 이런 광경을 자주 목격했다.

사람들은 여러분이 틀린 것을 지적하려는 것이 아니라 다만 그들의 목소리가 전달되기를 바란다. UX 디자이너로서 여러분은 그들이 목소리를 찾고 아이디어를 논의하고 더 좋은 것에 매진할 수 있게 도와야 한다. 사람들을 건전한 비판가, 생산적인 팀원이 되게 하려면 좋은 피드백을 줄 수 있게 격려해야 한다.

위원회의 격론이나 민주적인 투표로 결정하면 초점을 잃을 수 있다. UX 결정에는 논리와 명료함이 있어야 하고 비전과 일치해야 한다. 따라서 UX 결정은 다음을 기준으로 결정해야 한다.

- 단일 비전. 즉 비전을 추진할 권한이 있는 프로젝트 관리자나 책임자가 내리면 더 좋다.
- 테스트와 확인 과정을 거쳐 유효성을 인정받은 표준.
- 의미 있고 적합하고 적절한 테스트 절차.

최소한 이 중 하나라도 지켜야 논의가 생산적으로 흘러간다. UX 디자이너가 자신의 "전문성"으로 정당화하다 보면 논의는 비생산적으로 흐르고 이런 환경에서는 방어적인 태도와 교만함만 생긴다. 여러분이 "단지 디자인을 잘 모르는" 다른 사람을 적대시하고 있다면 총대를 메고 이들이 논의에 기여할 수 있게 도와야 한다. 이것만이 UX 친화적인 기업 문화를 창조할 방법이다.

와이어프레임 적용과 이용

와이어프레임은 만들고 논의하는 것으로 끝나지 않는다. 와이어프레임은 아이디어를 현실화하고 사용자 경험에 대한 논의를 활성화할 수 있을 때 그 가치가 빛난다. 콘셉트를 가다듬고 이후 활동에 방향을 제공하고 심지어는 테스트 용도로 프로젝트 내내 활용하기도 한다. 하지만 어떤 방식으로 활용하든 주석이 좋아야 한다. 주석이란 디자인 요소의 주변에 그 활동을 설명하는 텍스트를 적는 것을 말한다.

와이어프레임에 주석 달기

다른 다이어그램과 마찬가지로 와이어프레임도 홀로 설 수 없다. 와이어프레임은 콘셉트 모델보다 덜 추상적이고 플로차트보다 명확하고 페르소나보다 더 실제 같지만 아직 화면의 묘사일 뿐이다. 특히 종이에 그린 와이어프레임은 인터페이스의 구체적인 행위나 기능을 보여주지 못한다. 이 차이를 메워주는 것이 주석이다. 와이어프레임에 주석을 다는 많은 방법 중 오랫동안 애용된 방법은 중요한 부분에 표시하고 그 옆에 상세 내용을 적는 방법이다.

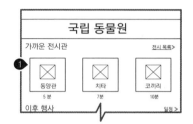

그림 7-21　　오랫동안 애용된 와이어프레임 주석.　번호, 표시, 메모가 들어간다.

　어떤 경우에는 좀 더 넓은 영역을 강조해야 할 때가 있다. 여러분이 개별적인 영역의 의미를 모두 알고 있더라도 와이어프레임이 너무 상세하면 그 의미가 전달되지 않을 수 있다. 주석은 작은 한 조각을 가리키기도 하고 다양한 영역을 한꺼번에 가리키기도 한다.

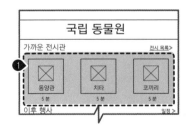

그림 7-22　　넓은 영역을 강조하는 주석.　반투명의 큰 상자로 주석의 영역을 넓게 잡았다.

　와이어프레임의 복잡도에 따라 당연히 위의 두 가지 방법을 혼용할 수 있다. 한 방법으로 큰 영역에 주석을 달고 페이지를 분리해 각 컴포넌트에 주석을 다는 것이다. 그림 7.23에서 이를 보여준다.

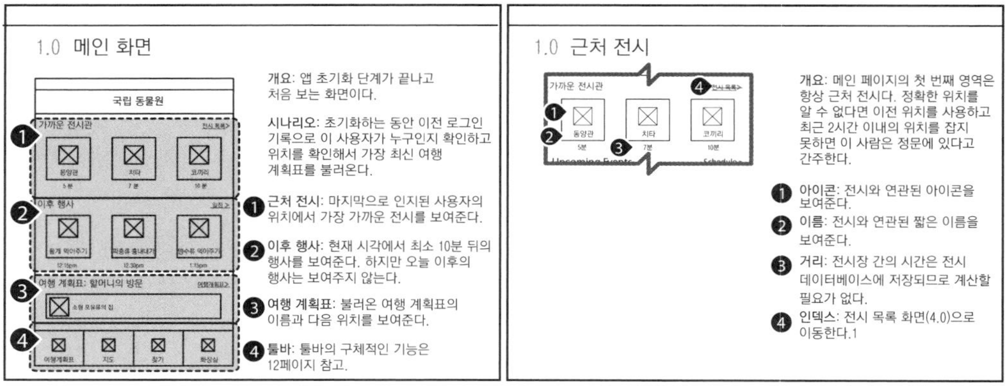

그림 7-23   간단한 주석으로 충분하지 않을 때. 와이어프레임을 분리해 적당한 수준으로 세부사항을 설명하라.

모듈식으로 접근하면 각 컴포넌트를 충분히 설명할 공간이 생긴다.

와이어프레임은 규모, 추상화 정도, 깊이, 충실도의 네 가지 차원에 따라 달라진다고 언급한 바 있다. 이와 마찬가지로 주석도 "무게"에 따라 달라진다. 가벼운 주석은 화면의 기능과 행위를 간단하게 기술한 것으로 시나리오들을 대략만 설명하고 와이어프레임에서 보일 만한 상태를 다양하고 폭넓게 다루지 않는다. 무거운 주석은 개발해도 될 정도로 상세한 깊이로 기능을 설명한다.

여러분이 주석의 무게를 결정하겠지만 최종 판단은 사이트를 만드는 사람에게 달려 있다. 여러분은 충분히 무겁다고 생각해도 개발팀은 더 상세한 정보를 요구할 수도 있다.

주석에서 다뤄야 네 가지 주제인 개요, 화면의 행위, 콘텐츠 법칙, 상태를 살펴보자.

개요

와이어프레임의 목표를 설명하는 짧은 문구로 콘텍스트를 정하고 개요를 한 문장으로 축약하라. 하지만 부가적인 항목이 들어간 추가적인 콘텍스트를 제공할 때는 한 문장을 넘기기도 한다.

- **"언제 이용하라"와 "언제 이용하지 마라"에 대한 안내:** UX 디자인 프로세스가 점점 모듈식으로 접근함에 따라 여러 사례에서 레고 블록이 조합되는 모습을 설명할 필요가 늘어났다. 사용 지침을 제공하면 하나의 템플릿 또는 컴포넌트가 서로 다른 상황에서 어떻게 쓰이는지, 또는 어떻게 쓰여야 하는지 파악할 수 있다. 예를 들어 여행 계획표를 길게 설명하는 컴포넌트는 익숙하지 않은 여행 계획표가 제시될 때만 나오고 사이드바 목록에는 나오지 않는다고 주석을 단다.

- **시나리오**: 이 화면을 바라보는 사용자의 상황을 설명하라. 여러 상황이 담긴 화면이라면 개발팀을 위해 모두 기술하라. 로그인, 사용자의 역할, 사용자가 어디에서 왔는지처럼 화면의 콘텍스트가 되거나 화면을 보여주는 데 영향을 끼치는 시나리오의 부분에 초점을 맞춰라.

- **참고 자료**: 산출물에 참고 문헌을 적는 일도 쉽지 않다. 특히 복잡한 경험이라면 한 페이지에 다 적기 어렵다.

화면의 동작

사용자의 입력에 따라 인터페이스가 변하는 모습을 기술한 주석이 화면의 "동작"이다. 동작에는 다음과 것이 있다.

- **링크**: 가장 간단한 동작 주석은 "이 링크를 클릭하면 어디로 가는가?"에 답을 주는 것이다. 이 답변에서 주로 다른 와이어프레임, 또는 이 사이트의 다른 페이지를 언급한다.

- **양식의 요소**: 양식에 무엇이 허용되고 무엇이 허용되지 않는지 알려야 할 경우가 있다. 글자의 길이나 검증 기준을 알리는 주석을 텍스트 상자에 넣기도 하고 전체 선택 범위를 보여주기 위해 드롭다운 메뉴에도 주석을 넣는다.

- **양식 전송**: 이 주석도 링크처럼 "사람들이 이 양식을 제출하면 어떤 일이 벌어질까?"라는 질문에 답을 준다.

- **전환**: 복잡한 인터랙션을 가능케 하는 프런트 엔드 기술이 발달함에 따라 전환하는 장면을 주석으로 설명할 때가 많아졌다. 예를 들어 여행 계획표에 마우스를 갖다 대면(호버이벤트가 발생하면) 부가적인 정보를 담은 말풍선이 나올 수 있다. 이 말풍선은 얼마나 빨리 나타나는가? 나타나기만 하는가 아니면 안에 움직임이 있는가? 화면에 얼마나 오래 머무르는가? 등의 부가적인 정보가 와이어프레임의 범위에 포함된다면 주석에서 이런 질문들에 답을 줘야 한다.

- **다른 법칙**: 특정 인터페이스에만 해당하는 규칙이 있을 수 있다. 예를 들면 여행 계획표 선택기에서는 다른 곳에서는 적용되지 않지만 이 컴포넌트를 위해 여행 규모를 선택하는 슬라이더의 행동과 상태를 묘사해야 할 수 있다(이 슬라이더는 부드럽게 움직이는가, 또는 "그 안을 클릭할 수 있는가?" 세팅 조건은 몇 개인가? 세팅마다 개별적인 아이콘과 문구가 들어가는가?).

콘텐츠 규칙

기본으로 돌아가보자. 와이어프레임은 템플릿의 콘텐츠 영역을 규정한다. 한 영역에는 비슷한 정보가 들어가지만 페이지가 만들어질 때마다 항상 똑같지는 않다. 콘텐츠 법칙은 한 영역에서 콘텐츠를 고르는 기준과 보여줘야 하는 콘텐츠 유형을 설명해야 한다. 콘텐츠 규칙을 규정하는 기준은 다음과 같다.

- **최신성**: 어떤 시점을 기준으로 콘텐츠를 불러오는가?

- **양**: 어느 정도 양의 콘텐츠를 보여주는가?

- **유형**: 콘텐츠가 특정 유형이어야 하는가?

- **주제**: 콘텐츠에 특정 키워드가 들어가야 하는가?

- **다른 메타데이터**: 이 콘텐츠는 특정 저자의 것인가? 제품이라면 특정 가격대인가?

- **사용과 인기도**: 사람들이 가장 많이 보는 콘텐츠를 불러와야 하는가?

- **디폴트**: 기준에 맞는 대상이 없을 때는 무엇을 불러와야 하는가?

이 중 어떤 기준은 다른 기준보다 부하가 더 심하다. 사용과 인기도는 사이트가 정보를 추적하는 능력에 따라 결정되는데 사용 관련 정보를 잡아내고 해석하는 시스템이 없다면 이는 콘텐츠 선택의 기준으로 이용할 수 없다.

콘텐츠 영역에 보일 상세 정보가 정해지지 않았다면 보여줄 정보도 구체적으로 정해야 한다. 상거래 사이트의 추천 제품 목록에는 하나의 썸네일 이미지, 제품명, 가격이 들어갈 수 있고 여행 계획표 사이트라면 연관 이미지, 여행 계획표 이름, 짧은 설명, 사용자 평점, 총 댓글 수가 들어갈 수 있다.

더 구체적으로 개별적인 정보를 지정하는 변수를 넣기도 한다. 예를 들면 페이지 상단의 계정 영역에 "환영합니다, 홍길동님"이라고 보일 때 와이어프레임에는 "환영합니다, [이름]님"이라고 적혀 있을지 모른다. 이 규칙은 당연해 보이지만 주석에서 다음과 같은 부가 정보를 제공해야 한다.

- **출처**: 이 정보는 어디서 불러왔는가? 이 정보의 데이터베이스가 있는가? 아니면 사용자 데이터베이스의 특정 필드에서 가져왔는가?

- **포맷**: 이 정보의 포맷에 대한 특별한 규칙이 있는가?(예를 들면 데이터베이스에 입력된 정보와 상관없이 첫 번째 글자는 항상 대문자다).

- **디폴트**: 이에 해당하는 정보가 없다면 무엇이 보여야 하는가?(예를 들어 전체 문장이 "개인 정보를 업데이트하시겠습니까?"로 바뀐다).

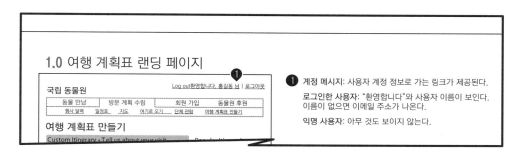

그림 7-24   구체적으로 변수 설정. 구체적으로 변수를 정해야 개발자가 어디서 정보를 불러올지 정확히 알 수 있다.

상태

페이지에서 한 영역이 상황별로 다르게 보이는 것을 "상태"라고 부른다. 상태는 페이지나 컴포넌트가 보이는 데 영향을 미치는 시나리오로 콘텐츠 규칙처럼 상태에도 기준이 필요하지만 이 기준은 애플리케이션의 특징에 따라 달라진다. 콘텐츠 규칙과 다른 점은 페이지나 컴포넌트는 고유한 상태의 집합를 가지게 되고 상황이나 디자인에 미치는 영향에 따라 이름이 지어진다는 점이다. 예를 들어 양식에는 빈칸, 미리 채워짐, 에러 세 가지 상태가 있다.

문서 제작의 측면에서는 와이어프레임을 상태별로 만드는 게 좋다. 특히 상태 간 차이가 명확할 수록 더 그렇다. 컴포넌트 수준이라면 여러 상태를 문서 한 페이지에서 보여줄 수 있는데 이 문서는 사람들이 변화된 모습을 비교하고 이렇게 된 상황을 이해하는 데도 도움이 된다.

페이지들의 상태를 문서화 할 때 문서 한 장에 모든 것을 보여주기는 어렵다. 이때는 개요 페이지에서 각 상태의 상황을 정의하고 그다음 페이지에 화면별 세부사항을 실어준다.

와이어프레임과 다른 산출물 연결하기

와이어프레임은 사용자 경험을 상세하게 그린다는 면에서 강력하지만 순서나 콘텍스트를 모르거나 특히 여러분이 그리지 않았을 때 검토가 쉽지 않다. 독자들은 전체 플로, 섬세한 인터랙션 또는 다양한 상황에 대처하는 방법에 대해 감을 잡지 못할 수도 있다.

플로차트를 다루면서 와이어프레임과 플로차트를 결합한 와이어플로에 대해 논의한 바 있다. 여기에서는 와이어프레임과 다른 다이어그램을 연결하는 방법을 알아보자.

페이지의 콘텍스트 제공하기

와이어프레임을 이해한다는 말은 와이어프레임이 전체 사용자 경험에서 어디에 속한 것인지 이해한다는 말이다. 사이트맵이나 플로차트는 페이지나 템플릿이 서로 어떻게 연결됐는지 보여주므로 와이어프레임의 콘텍스트가 될 수 있다.

페이지에 콘텍스트를 제공하는 몇 가지 팁은 다음과 같다.

- **연관된 부분 확대.** 특히 플로나 사이트맵이 너무 커서 크기를 줄였더니 부분들이 잘 안 보일 때 이렇게 한다. 심지어 나는 바로 전후에 나온 것을 제외한 나머지를 다 지우기도 한다.

- **스타일이나 포맷의 대부분 또는 모두 제거.** 아마 사이트맵에서 노드를 강조하려고 다른 색이나 두꺼운 선을 썼을지도 모른다. 하지만 크기가 작아지면 이런 스타일이 오히려 방해되므로 구조만 파악할 수 있게 최소한의 스타일만 남겨라.

- **연관된 페이지만 강조.** 여러 페이지를 다뤘어도 지금 설명하는 페이지만 어두운색으로 강조한다.

그림 7-25　**와이어프레임 가장자리에 플로차트를 넣기.**　사람들은 이 화면이 전체 경험에서 어디에 있는지 알 수 있다.

컴포넌트의 콘텍스트 제공하기

컴포넌트의 콘텍스트는 페이지다. 페이지가 모여 구조가 되듯 컴포넌트가 모여 페이지가 된다. 어떤 페이지의 어떤 컴포넌트를 강조한 작은 썸네일을 넣어 이 컴포넌트가 어디에 위치한 것인지 보여줘라. 대부분 그림 7.26처럼 실제 와이어프레임의 축소판을 넣는다.

컴포넌트가 여러 템플릿에서 사용된다면 그 레이아웃의 원형을 작게 축소해서 보여준다. 이 원형은 영역들이 들어가는 페이지의 구조를 담고 있기 때문에 이 구조 안에서 해당 컴포넌트가 어느 곳에 위치하는지를 잘 보여준다.

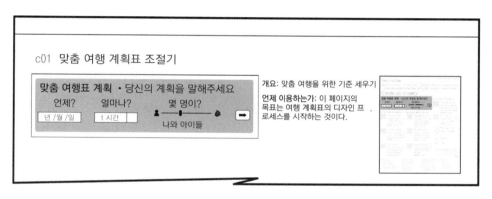

그림 7-26   개별 컴포넌트의 콘텍스트 제공. 와이어프레임을 썸네일로 제시해 이 컴포넌트가 이 레이아웃의 어디에 해당하는지 보여준다.

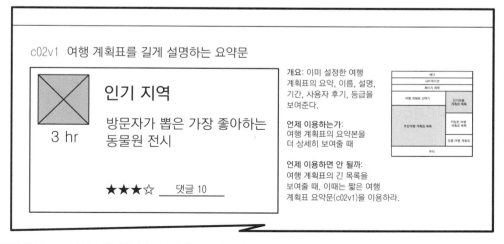

그림 7-27   재활용되는 컴포넌트의 콘텍스트 제공하기. 화면을 작게 줄인 썸네일에서 해당 컴포넌트가 들어갈 만한 위치를 강조한다.

와이어프레임으로 프로토타입 만들고 사용성 테스트하기

이 장에서는 와이어프레임이 우선순위와 기능을 묘사한다는 점을 주력으로 설명하고 있지만 와이어프레임으로 좀 더 인터랙티브한 것을 시도할 수 있다. 행위와 플로 묘사뿐만 아니라 다른 문서와 엮어서 시연까지 할 수 있다. 이 방법은 이 책의 범위를 벗어났지만 토드 자키 워펠의 '프로토타이핑: 실무자를 위한 가이드'(로젠펠트 미디어, 2009)에 인터랙티브 프로토타입을 만들 수 있는 다양한 방법이 있다. 나는 몇 가지 생각할 점만 제시하겠다.

- **시나리오 정하기**: 테스트에서 시나리오를 다룰 때는 와이어프레임 문서 작업에서 시나리오를 다룰 때와는 다르게 다뤄야 한다. 문서에서는 단순히 상태의 변화가 있다는 것만 알리기만 하면 되지만 프로토타입에서는 변화를 보여줘야 한다. 여러분이 만들 것의 범위를 예측할 수 있도록 처음부터 여러분이 보여줄 시나리오를 요약 정리하라.

- **프로토타입 접근 방식 선택하기**: 비지오나 옴니그래플에서 와이어프레임을 만들었다고 인터랙티브 프로토타입으로 변형할 수 없는 건 아니다. PDF, 플래쉬 또는 파워포인트나 키노트와 같은 슬라이드 기반 프로그램에서도 어느 정도는 기능이 구현되는 모습을 보여줄 수 있다. 포맷마다 장단점이 있지만 선택한 소프트웨어의 역량을 이해하면 문서 작업에 도움이 된다.

- **범위를 벗어난 페이지 결합하기**: 범위에는 들어가지 않지만 새로운 콘셉트 전달에 필요한 페이지가 있을 수 있다. 예를 들어 메인 페이지나 로그인 페이지는 새로 디자인할 필요는 없지만 사용자 경험의 귀속조건이 될 수 있다. 팀에 예상치 못한 부담을 주지 않는 선에서 이런 페이지를 결합하라.

즉석 와이어프레임

여러분이 소프트웨어를 얼마나 능숙하게 다루느냐에 따라 화면 디자인에 새롭고 재밌는 기법을 쓸 수 있다. 이 능숙함을 협동 디자인에 활용하는 건 어떨까? 협동디자인이란 바로 회의 중에 사람들과 함께 와이어프레임을 그리는 디자인 방법이다. 효과적으로 의사결정을 내리고 전체 팀이 참여하게 즉석에서 아이디어에 반응하고 결합하는 것이다. 메모를 적은 후 자리로 돌아가서 문서에 반영하는 게 아니라 회의에서 바로 다음 버전을 만드는 것이다.

이때 주의할 점이 있다면 제작에서 UX 디자이너로서 여러분의 역할이 축소될 수 있다. 디자인 논의의 끈을 놓지 말고, 사람들의 피드백을 긍정적으로 반영하려면 여러분이 공헌하고 있다고 적극적으로 알려라.

내 사업 파트너인 네이단 커티스가 이것을 정말 잘한다.

직사각형으로 화면 디자인하기

와이어프레임을 핵심만 요약해 보면 직사각형과 선으로 화면의 어디에 무엇이 놓이는지 스케치하는 것이다. 정보 디스플레이의 내용과 우선순위는 모든 UX 프로젝트에 필수다. 프로젝트 관련자가 "사용자가 이 화면에서 무엇을 보는가?"라고 물으면 이들은 "여기에서 내가 볼 수 있는 것"을 알고 싶은 것이다. 와이어프레임은 혼자만을 위한 문서인가? 그럴 수도 있고 아닐 수도 있다. 하지만 와이어프레임은 페이지에서 무엇이 어디에 오는지 확실히 말뚝을 박는 수단이다.

와이어프레임은 융통성 덕분에 확실하게 UX 문서의 자리를 지키고 있고 콘텐츠, 행동, 우선순위를 담고 있는 형태에 많은 가능성을 보여준다. 또한 와이어프레임은 UX 디자이너와 팀의 구미에 따라 스타일이 달라지는데 팀이 단합이 잘 되거나, 성숙한 디자인 시스템(웹 사이트의 비주얼 표준)을 가지고 있다면 커뮤니케이션 프로세스를 단순화한 비공식적인 와이어프레임을 만드는 반면 제품이 복잡하거나 제작 프로세스를 일일이 열거해야 할 때는 공식적인 문서로 만든다. 어떤 문서가 더 좋다고 할 수는 없다. 더 큰 비중을 차지하는 것이 가치 있는 것이다.

범용적으로 사용하는 제작 프로그램으로도 와이어프레임을 쉽게 만들 수 있으며 접근 방식도 다양하다. 벡터 그래픽 디자인 프로그램인 어도비 일러스트레이터 또는 어도비 인디자인, 와이어프레임 저작 도구인 마이크로소프트 비지오 또는 옴니그룹의 옴니그래플, 프로토타입 저작 도구인 악슈어에 끼워 넣는 등 다양한 접근 방법이 있다.

와이어프레임은 간편하고 휴대할 수 있는 포맷이라 여러 가지로 재사용될 수 있다. 우리는 플래시 프로토타입이나 클릭이 되는 PDF의 출발점으로 와이어프레임을 이용하기도 하고 포맷의 간편함 때문에 와이어프레임을 만드는 데 HTML과 같은 도구를 활용하기도 한다. 또한 평면적인 다이어그램이라 다른 인터랙티비티와 결합하면 복잡한 행동도 담을 수 있고 콘셉트를 테스트하는 도구로도 활용한다.

와이어프레임은 인터랙티브 콘텐츠를 여러 개의 직사각형으로 간단하게 보여준다. 화이트보드 앞에 서거나 스케치북을 가지고 자리에 앉아 직사각형 몇 개로 화면을 그린다. 이 직사각형 화면을 벽에 걸거나 손바닥에 올려서 대략적으로 콘텐츠를 표현할 수 있다. 앞으로도 이런 기기가 정보 디스플레이의 주된 공간이 될지는 모르지만 직사각형은 태생적인 간단함으로 인해 굳건히 주력 도형의 자리를 지킬 것이다.

최근 유행을 보면 화면은 앞으로도 굳건히 자리를 지킬 것이다.

- 기술 혁신으로 우리는 한 화면에 더 많은 정보를 담을 수 있게 되었다(고해상도). 고선명도 비디오는 10년 전에는 새로웠지만 지금은 널리 퍼졌다.
- 화면은 출력뿐만 아니라 입력 장치도 겸하는 추세다. 최근의 핸드폰은 대부분 터치 스크린을 가지고 있다.
- 반대 방향의 혁신도 일어나고 있다. 주머니 속에 프로젝트를 넣고 다니다가 어디서나 정보를 보여준다.

이런 기기 중 어떤 것을 맡는다 해도 우리는 직사각형을 그릴 것이다.

변화한 것은 직사각형 위에 존재하는 정보의 행위, 상태 변화, 인터랙션에 대한 반응과 같은 정보다. 사람들이 디스플레이 대상을 치거나, 클릭하거나, 흔들거나, 말을 하는 새로운 인터랙션 행위가 생겨도 콘텐츠는 직사각형 안에 갇혀 있을 것이다.

하지만 화면을 넘어서면 어떨까? 기술의 진전으로 어디에나 컴퓨터가 내장된 유비쿼터스 컴퓨터를 더 싸게 살 수 있게 됐다고 해보자. 정보가 소리 하나로 전달되는 사용자 인터페이스를 어떻게 그릴 것인가? 인터랙션은 복잡한데 냉장고 같이 화면이 없는 소비자 제품의 인터랙션 모델은 어떻게 설명하겠는가? 정보의 전달이 화면이나 시각적 자극을 뛰어넘을 때 UX 디자이너가 정보 제시를 위한 다른 방법을 개발할 수 있을지 궁금하다.

와이어프레임은 화면을 재현한 것이지만 궁극적으로는 보이는 정보의 종류와 그들 간의 상대적 우선순위 그리고 이와 더불어 사용자가 활용할 수 있는 행동의 범위를 보여준다. 와이어프레임은 정보와의 상호 작용(화면)을 보여주는 최우선의 수단이 될 것이고 다른 매체도 표현할 수 있게 진화할 것이다. 오늘날 우리가 알고 있는 와이어프레임은 내일과 똑같지 않을 수도 있지만 그 핵심은 유지될 것이며 다른 UX 도구와 마찬가지로 이 도구가 어떤 형태를 보이든 궁극적으로는 복잡함 속에 가려진 후미진 곳을 밝혀 줄 것이다.

◈ 연습 문제 ◈

1. 여러분이 좋아하는 사이트에서 한 페이지를 뽑아 상자로 콘텐츠 영역을 그리는 와이어프레임 역설계를 하라. 이 연습은 대규모 콘텐츠 사이트를 대상으로 할 때 좋지만 다른 유형의 사이트에서도 구조에 대한 흥미로운 인사이트를 얻을 수 있다. 충실도는 낮게 그려서 중요 부분만 강조하고 의미 있는 이름을 짓는 것에 초점을 맞춰라. 콘텐츠 유형, 내비게이션, 콘텐츠, 양식 등과 같은 정보의 계층도 추가하라. 정적인 콘텐츠와 동적인 콘텐츠 그리고 재활용되는 컴포넌트를 구별하고 이름과 같이 사이트를 인지할 수 있는 주요 정보를 제거한 후 동료에게 보여줘라. 기능에 대해 여러분에게 이런저런 질문을 하게 한 후 이 사이트를 제대로 짐작하는지 보라.

2. 충실도 낮은 와이어프레임을 두 장의 충실도 높은 버전으로 바꿔라. 하나는 추상적이고 다른 하나는 전혀 추상적이지 않은 것이다. 첫 번째 와이어프레임에는 실제 콘텐츠를 거의 빼고 가능성과 범위를 보여주는 변수와 플레이스 홀더만 남기고 두 번째는 원래 페이지의 실제 콘텐츠를 이용해 최대한 구체적으로 하라. 실제 페이지와 똑같을 필요는 없지만 단순한 직사각형 이상이어야 한다.

3. 좋아하는 사이트의 캡쳐 화면을 와이어프레임이라고 생각하고 주석 다는 연습을 하라. 이것을 문서에 삽입하고 기호와 메모를 적는다. 주석은 여러 버전으로 만들어라. 하나는 동작을 보여주는 것이고 다른 것은 콘텐츠 규칙을 보여주는 것이다. 동료나 스터디 그룹과 함께 주석이 담긴 화면을 공유하면서 모든 행동, 인터랙션, 비즈니스 규칙을 이해하는지 보라.

Communicating UX DESIGN

2부

UX 디자인 산출물

08

산출물 기초

Deliverable (명사)

UX 프로젝트를 하면서 커뮤니케이션을 촉진하고 의사결정을 내리고 논의를 이끌기 위해 만드는 문서

이 책의 초판에서는 UX 작업물을 개별적인 산출물(UX 과정에서 만들어진 별개의 문서)로 다뤘다. 하지만 2005년에 첫 판을 쓴 이후로 많은 것이 바뀌었다. UX 프로세스나 방법론이 획기적으로 바뀐 건 아니지만 프로젝트를 진전시키기 위해 산출물과 프로세스가 어떻게 함께 작용하는지 깨닫게 됐다.

이 깨달음 뒤에는 에잇셰이프스 파트너인 네이단 커티스가 있다. 그는 모듈식 산출물 작업을 통해 우리가 전달하려는 이야기(산출물)와 그 이야기 속의 등장인물(작업물)을 잘 구별하곤 했다.

사이트맵, 플로차트, 와이어프레임, 그 외의 다이어그램들은 그 자체로도 작은 이야기이지만 "더 큰 전체"의 일부다. 반면 산출물은 독립적인 문서로 그 자체로 완결되는 이야기다. 따라서 산출물에는 하나하나의 다이어그램이 전체 프로젝트에 어떻게 기여하는지 담겨야 한다.

작업물과 산출물의 이러한 차이로 문서를 만드는 방식도 달라진다. 대부분의 UX 방법론에서는 이론적으로 각 단계가 끝날 때마다 한두 개의 문서를 만들 것을 요구한다. 예를 들어, 조사는 조사 보고서나 페르소나로 끝나고 발굴 작업은 사용자 경험 전략서로 끝나며, 정보 설계는 몇 장의 와이어프레임으로 끝난다.

산출물에 대해

2부의 나머지 네 개의 장에서는 상황별 산출물을 구체적으로 다루겠다. 사용성 계획서는 사용성 테스트를 시작할 때 나오고 사용성 보고서는 테스트가 끝날 때 나오며 경쟁 분석과 디자인 브리프는 프로젝트 초반에 컨텍스트를 설정하면서 나오는 문서다.

여기서 한눈에 봐도 기능 상세 명세서가 빠진 것을 알 수 있다. 지금 읽고 있는 이 장에서는 기능 상세 명세서를 안내하려고 한다. 기능 상세 명세서는 화면이 어떻게 움직이고 콘텐츠는 어디에서 나오며, 내부적으로 어떤 규칙이 있는지 등의 웹 사이트 디자인에 들어가는 모든 세부사항이 담긴 문서다. 나는 그러한 부분을 염두에 두고 이 장을 썼다.

지금부터 기능 상세 명세서를 소개하겠다. 나는 남들과 조금 다르게 일을 한다. 개별적인 산출물을 여러 개 만드는 대신 프로젝트 동안 문서를 하나만 만든다. 이 문서를 UX 디자인 상세 명세서라고 하는데, 이 문서는 프로젝트가 진행될수록 프로젝트와 함께 진화한다. 반대로 프로젝트가 마무리되거나 덜 중요해지면서 축소되기도 한다.

왜 문서를 하나만 만드는가?

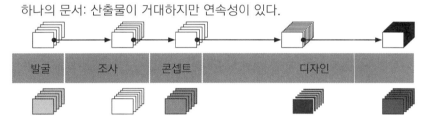

하나의 문서: 산출물이 거대하지만 연속성이 있다.

| 발굴 | 조사 | 콘셉트 | 디자인 | |

여러 개의 문서: 연속성은 떨어지지만 개별성이 크다.

그림 8-1　　**프로젝트 일정에 따른 산출물.**　문서 하나가 될 수도 있고 여러 개가 될 수도 있다.

- **유지 보수**: 하나의 문서가 더 관리하기 쉽다. 산출물을 하나만 만들면 다른 문서를 참고하는 과정이 생략되므로 귀속조건을 파악하기가 더 쉽다. 페르소나 문서(아니면 그 문서에 어떤 일이 일어났는지 아는 사람)를 보라고 말하지 않아도 하나의 산출물에 이미 페르소나가 들어 있다.

- **컨텍스트**: 산출물마다 따로 컨텍스트를 정하지 않아도 그 문서에 이미 프로젝트의 "역사"가 담겨 있다.

- **초점**: 중요한 내용에 초점을 맞춰 문서의 내용을 조정할 수 있다. 이는 전체 프로젝트에서도 마찬가지다. 많은 방법론에서 결과가 아닌 결과물을 다루는데 문서는 활동의 부산물이지 궁극적인 결과가 아니다.

- **연속성**: 문서를 여러 개로 관리하다 보면 흐름을 놓치기 쉽지만 문서를 하나로 만들면 프로젝트를 진행하면서 내린 의사결정과 발맞춰 갈 수 있다.

물론 하나의 문서에는 다음과 같은 전제가 있다.

- **포맷의 유연함**: 시간이 지날수록 문서가 성장하고 변하게 돼야 한다.

- **하나의 팀**: 여러분의 팀이 문서의 내용이나 디자인 결과물을 책임지는 유일한 팀이다.

- **한 파일의 소유자**: 문서 취합을 책임지는 사람이 한 명이다.

- **하나의 경로**: 여러분의 팀은 작업을 범위에 따라 나누지 않고 단일 흐름으로 운영한다.

문서 접근 방식(하나의 문서 vs. 여러 개의 문서)을 선택할 때는 표 8.1에 제시한 장단점을 고려하라.

접근 방식	상황	장점	단점
여러 개의 산출물	활동별로 문서를 분리해 만든다. 활동 범위 안에서만 문서를 수정한다.	활동을 정확히 묘사	문서별로 일관성이 떨어지고 모든 산출물에서 같은 이야기를 하기가 어렵다. 모든 활동이 하나의 비전을 향할 수 있게 일관성을 확보하기가 어렵다.
모든 것을 포괄하는 하나의 산출물	프로젝트가 진행됨에 따라 내용도 함께 진화하는 하나의 문서를 만든다.	하나의 문서에서 추적과 관리가 가능 모든 정보가 한 문서에 들어간다	활동별로 책임 주체가 다르면 산출물을 각자 만들고 싶어할 수 있다. 여러 활동이 동시 다발적으로 일어나면 결과를 취합하기가 어렵고 문서 크기가 거추장스럽게 커지기도 한다.

표 8.1   산출물 전략 비교. 프로젝트 동안 문서를 하나만 만들지, 여러 개 만들지 각 전략의 장단점 비교

 도구

에잇셰이프스유니파이

우리 회사 에잇셰이프스에서는 에잇셰이프스유니파이라는 어도비 인디자인용 템플릿 콜렉션을 배포했다. 이것은 주로 산출물을 정리하고 산출물 속에 UX 작업물을 끼워 넣는 용도의 템플릿이다. 우리의 의도대로 활용한다면 행정적인 자잘한 일처리도 줄일 수 있고 문서 작업이 최대한 자동화되므로 문서 제작이 무척 편해진다.

에잇셰이프스유니파이든 다른 제품이든 아니면 직접 만든 템플릿이든 템플릿 세트를 이용하면 산출물을 만드는 과정에서 도움이 된다.

이 템플릿에 대한 정보는 http://unify.eightshapes.com에서 더 볼 수 있다.

여러 개로 분리된 문서 만들기

다음과 같은 이유로 여러 개의 문서를 만들 수밖에 없거나 좋아하는 경우가 있다.

- **기업 문화**: 문서에 대해 자신들만의 문화를 구축했을 수 있다. 대기업이나 관료적인 회사에서는 상부에서 문서를 관리하므로 프로젝트 당사자가 의견을 내지 못한다. 그러나 대부분의 회사에서는 산출물의 양식에 크게 관여하지 않아서 문서를 하나로 관리해도 문제가 없다. 하지만 기업 문화에 따라 활동별 보고서나 UX 문서에 대한 요구사항을 지시하기도 한다.

- **다수 업체**: 한 프로젝트에 다수의 협력 업체가 들어와 서로 다른 작업을 하는 경우가 있다. 정보 설계와 인터랙션 디자인, 그래픽 디자인, 테스트와 리서치를 서로 다른 회사가 맡는 것이다. 이렇게 작업할 때는 클라이언트가 이 업체를 내부적으로 관리한다. 이때 프로젝트에 관여한 모든 사람이나 모든 팀이 문서 하나로 프로젝트의 처음부터 끝까지 관리하기는 어려우므로 각 회사가 맡은 부분에 대해서만 하나의 문서로 운영한다. 프로젝트 부분별로 자금 주체가 다를 때도 문서를 단계별로 분리하기도 한다.

- **제작 현실**: 좋든 싫든 현재의 기술은 파일의 최종 "소유자"가 한 명이라는 가정으로 운영된다. 많은 응용프로그램에서 개별 작업의 취합을 쉽게 제공하려고 노력하지만 아무래도 하나의 문서에서 여러 사람이 서로 다른 부분을 맡기는 쉽지 않다. 네이단과 내가 한 산출물에서 각자 다른 부분을 맡는다면 일단 나눠서 작업하고 취합을 책임지는 "최종 소유자"를 둘 중의 한 명으로 정한다.

- **다양한 경로**: 큰 프로젝트에서는 UX 디자인을 다양한 경로로 접근하기도 한다. 경로 하나가 파이의 한 조각이 되는 것이다. 앞의 '한 팀에 소유자 한 명'처럼 하나의 경로가 필수적인 것은 아니지만(다양한 경로로 접근하는 프로젝트에서도 하나의 문서로 운영하는 방법이 있다) 더 쉬운 것은 사실이다.

문서별로 접근 방식을 조금씩 달리해야 하는 상황은 이 외에도 여러 가지가 있다. 이런 상황에서는 연속성을 확보할 수 있게 다음과 같은 몇 가지 조처를 취해야 한다.

- 프로젝트 초반에 문서 표준이나 범용적인 규칙을 정하라.

- 문서 작업에 참여하는 모든 사람에게 일관되고 일목요연한 개요 페이지를 만들게 하라. 개요 페이지는 한 문서의 핵심을 다른 문서에서도 보여주는 가장 쉬운 방법이다.

좋은 산출물의 요건

좋은 다이어그램의 요건인 가독성, 적합성, 실행 가능성은 좋은 산출물의 요건이기도 하다. 다이어 그램처럼 산출물에서도 간결함이 생명이다.

좋은 산출물에는 이야기가 있다

좋은 산출물에는 이야기가 있는데 이야기를 잘 만들기는 어렵다. 황금 시간대에 TV를 켜고 진지하 게 관찰해보자. 아마 좋은 이야기보다 나쁜 이야기가 훨씬 더 많을 것이다. 그럼 UX 디자인 프로젝 트에서 좋은 스토리텔링이란 무엇인지 알아보자.

주제

좋은 이야기에는 주제, 즉 "이 이야기가 무엇인지"가 담겨 있다. 한마디로 주제란 단편적인 생각을 엮어서 거기에 의미를 부여하는 개념이다. 주제는 다이어그램, 작업물, 논의를 핵심에서 벗어나지 않게 해주는 편리한 수단이므로 여러 앞선 장의 핵심 주제라 할 수 있다. 주제는 의사결정의 방향 을 제공한다. 주제 없이 UX 프로젝트를 매끄럽게 진행할 수 있을까? 내 경험상 하나의 통합된 주제 가 있으면 프로젝트가 초점을 잃지 않을 수 있었다.

   프로젝트에 전체적인 주제가 있어도 산출물마다 주제가 있어야 한다. 이는 단순한 산출물의 목 표인 가장 최근의 UX 아이디어 논의하기, 피드백 듣기, 의사결정 촉진하기 이상이다. 산출물의 주 제는 독자들이 문서를 읽고 가져가야 할 한 가지 내용이다. 그 예는 다음과 같다.

- **대세에 거스르기**: "이 프로젝트에는 외부적인 어려움이 가득합니다. 이런 제약을 고려했을 때 달성할 수 있는 것에는 이런 것들이 있지만 이것이 최선이 아닌 이유가 있습니다."
- **신선한 시선**: "이 UX 과제는 너무 복잡해서 새로운 관점으로 볼 필요가 있습니다. 이 문제 를 바라보는 새로운 방법과 이 방법이 주는 시사점은 다음과 같습니다."
- **모순된 접근**: "이 접근 방식으로 모든 요구사항을 반영할 수는 없지만 사용자 조사에서 알 게 된 사용자 요구사항은 반영할 수 있습니다."

계획을 세울 때 이런 내용을 명백히 언급하는 편이 좋다. 주제가 문서에서 잘 보이지 않으면 팀 분위기에도 영향을 끼친다.

처음, 중간, 끝

이야기가 있는 산출물은 이전에 무엇을 했는지 알려주는데, 이는 단지 프로젝트 팀이 이전에 했던 일을 알리는 것 이상의 의미가 있다. 이전 일을 언급하면 현재 작업의 신뢰도가 높아지고 프로젝트 팀이 공유하는 기본 전제를 떠올리게 해서 궁극적으로 디자인을 더 이끌게 된다.

이전 업무를 제시하는 한 방법은 이전의 업무와 비교하는 것이다. 두 번째 버전은 이런 방식으로 첫 번째 버전으로부터 발전한다. 버전 기록이 있으면 디자인을 추적할 수 있을 뿐 아니라 어디에 초점을 맞춰야 할지도 알 수 있다. 프로젝트의 복잡성이 증가할수록(요구사항, 기술적인 역량, 이해관계자의 수, 조직의 깊이) 지난번에 한 일을 되짚어주는 메시지는 사람들에게 중요한 사항을 상기시켜준다.

또한 최근 업무는 다음 활동으로 이어진다. 사이트맵은 와이어프레임의, 페르소나는 플로차트의 준비물이다. 산출물의 "끝"은 그 활동의 정점이자 다음 단계의 컨텍스트가 된다.

갈등, 대조, 비교

최근 무서운 장면이 나올까봐 광고물 하나를 안 보려고 눈을 감던 내 아들이 가끔 이렇게 묻곤 한다. "영화에는 왜 무서운 장면이 있는 거야?" 내 아들은 이미 어린 나이에 극적인 요소의 정체를 깨달은 것이다. 갈등이야말로 이야기를 재미있게 만드는 요소다. 희망없는 논픽션, 생동감 없고 폭발과는 무관한 UX 문서에도 참가자들에게 좋은 인상을 주는 갈등 요소를 이용할 수 있다(파워포인트의 3D 애니메이션을 말하는 건 아니다).

갈등은 비교와 대조에서 나오는데 프로젝트에서 비교하는 한 가지 방법은 시간을 활용하는 것이다. 오늘날의 디자인 상태와 이전의 디자인 상태를 비교하고 현재 디자인 활동과 앞으로의 디자인 활동을 비교한다. 하지만 산출물을 비교, 대조하는 방법은 이 밖에도 여러 가지가 있다.

- **다른 접근 방식:** 한마디로 UX 문제를 해결하는 두 가지 방식을 제시한다. 선택사항을 나란히 제공해 긴장감을 조성하고 이 중 한 방식을 선택하게 한다.

- **우선순위 간의 갈등**: 아무리 간단한 문제도 갈등이 존재한다. 서로 다른 사람, 서로 다른 목표, 수많은 사용자 리서치의 시사점 사이에서 UX 팀은 모순된 요구사항을 만나기 마련이다. 요구사항 간에 존재하는 갈등을 해결하려면 두 가지 다른 접근 방향이 필요할지도 모르고 아니면 이 둘을 중재하는 하나의 해결책이 나오기도 한다. 갈등을 제시하는 방법은 많지만 어떤 것을 선택하든 문서에는 이 차이에서 비롯된 해결책이 드러나야 한다.

- **요구사항의 모호함**: 다른 종류의 갈등으로 현실(현재 가진 것)과 이상(앞으로 가지고 싶은 것)의 차이가 있다. 시작할 때 이상을 그리면 이해관계자들은 어떤 부분이 부족한지 알 수 있다. 여러분은 이 부족분을 메울 수 있는 리서치나 브레인스토밍을 제안할 수도 있고 아니면 이 부족한 부분에서 이상적인 디자인 방향이나 결론에 이르는 접근 방식을 설명할 수도 있다.

긴장은 사람을 집중시킨다. UX 프로세스에 내재한 긴장을 문서의 틀로 활용하면 프로젝트 팀의 참여를 더 이끌 수 있다.

등장 인물

이야기에는 등장인물이 있는데, 등장인물은 겉보기에는 멋대로 보이지만 독자들이 좋아하고 빠져드는 깊이와 사연이 있다. 나는 오랜 시간이 지나도 여전히 매력적으로 느껴지는 등장인물이 있는 쇼, 영화, 책에 가장 끌린다. 산출물에서의 등장인물은 진짜 등장인물이 나오는 줄거리를 만들라는 의미가 아니고 이들은 누구고 어떤 결정을 했는지 등장인물을 정의하라는 말이다.

페르소나나 팀원을 등장인물로 떠올리기 쉽지만 이들은 산출물에 악영향을 끼친다.

UX 작업물이 등장인물이 되는 건 어떨까? 가장 간단한 수준에서 나는 디자인 콘셉트에 이름을 붙이는 멋진 아트 디렉터를 본 적이 있다. 좋은 이름은 정확하고 객관적인 설명을 배제하고 추상적이면서 콘셉트를 불러일으키는 이름이다(멋진 색상을 제안하는 디자인 콘셉트를 "모서리가 둥근 회색과 암녹색"보다 "블리자드"라고 부르면 어떨까?).

작업물이 모습을 드러내기 시작하면 이것들을 전체 UX 콘셉트의 주제에 갖가지 방법으로 기여하는 개별적인 인물로 생각하라. 작업물 하나만으로는 큰 주제를 완전히 설명할 수 없고 전체적인 주제를 전달하려면 서로가 필요하다. 여러분은 이들의 저자로서 같은 이미지 규칙을 사용하고 같은 전제를 세우며 같은 목표를 향해 가는 큰 은하계의 일부임을 보여야 한다.

UX 문서에서의 스토리텔링

그러므로 이 과정에서 오랫동안 함께 하지 않은 사람이라도 산출물을 읽고 나면 다음과 같은 내용을 파악할 수 있을 것이다.

- 프로젝트의 현 상태.
- 현재의 의사결정이 이전의 활동과 어떤 관련이 있는지와 어떻게 다음 활동으로 이어지는지.
- 프로젝트의 전체 주제.
- 가장 중요한 의사결정과 그 의사결정은 전체 주제와 어떤 관련이 있는지.
- 이 프로젝트가 직면한 가장 중요한 논점.

산출물은 이런 목표를 달성할 수 있는 내용으로 엮여야 한다.

좋은 산출물은 대화를 촉진한다

모든 UX 디자이너들은 산출물이 충분히 설득력 있고 사려 깊고 잘 쓰여서 활발한 대화를 이끌기를 바라지만 현실에서는 프로젝트 변수(일정이나 예산), 제약(요구사항), 도전과제가 그들의 문서화를 가로막는다. 물론 이런 것 역시 프로젝트 팀이 UX 디자인을 발전시키는 과정에서 반드시 집중해야 할 부분이다.

그 자체만으로도 돋보이는 훌륭한 산출물이 있다. 훌륭한 산출물은 훌륭한 아이디어(그리고 잘 계획된 예산과 일정)가 들어 있고 이것은 생산적인 브레인스토밍을 가능하게 한다. 모든 프로젝트의 모든 문서가 이렇게 훌륭할 필요는 없다. 모든 문서를 훌륭하게 만들면 아마 여러분이 미쳐버릴 것이다. 그렇지만 좋은 논의는 바라기만 해서는 안 되고 산출물이 구체적으로 이끌 필요가 있다.

왜 이렇게 논의를 중시하는가? 산출물의 목적은 프로젝트를 앞으로 이끄는 것이다. 영화에서 별볼 일 없는 아이가 오래된 도서관 책에 꽂혀 있는 보물 지도를 찾아내는 장면처럼 산출물의 목표는 줄거리를 이끄는 것이다. 제품 출시에 한 발짝 다가가게 해주지 못한다면 왜 만드는가? 다음 단락에서 말할 거리를 만드는 몇 가지 방법을 소개하겠다.

eightshapes

동물원 방문자를 위한 아이폰 애플리케이션

버전 1, 2010. 7. 24, 댄 브라운(dan@eightshapes.com)

2/32

목차

made with eightshapes | unify

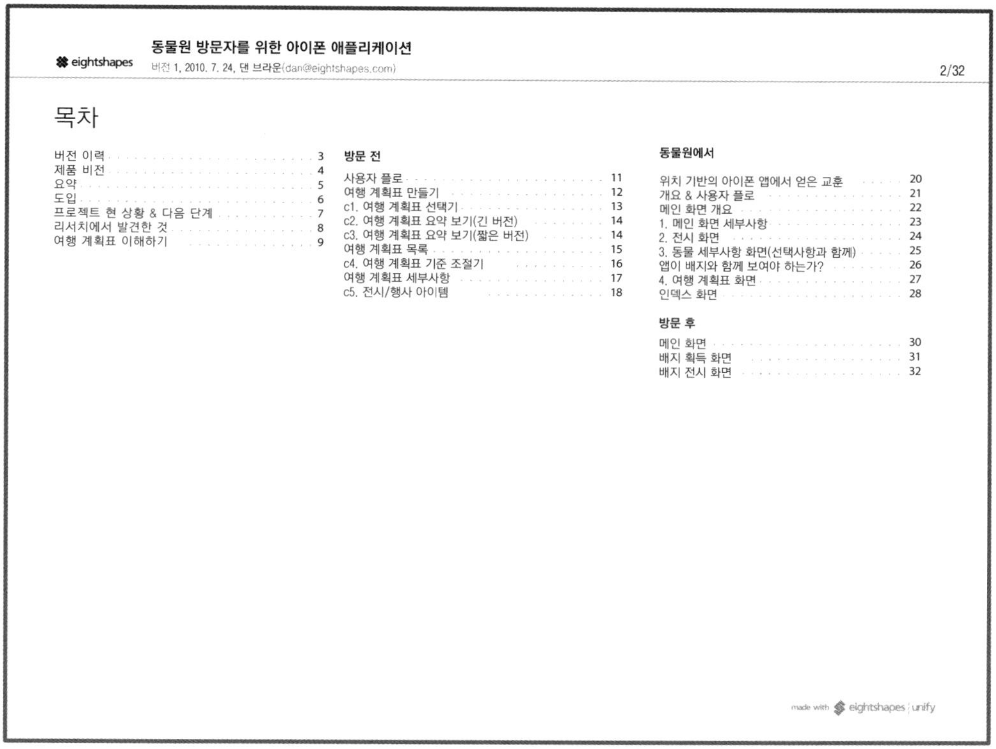

그림 8-2 목차는 회의의 주제로 사용하기에도 좋다. 나는 이 산출물을 회의 시간대별로 나누고 이 순서대로 진행했다.

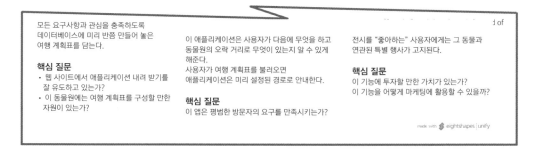

모든 요구사항과 관심을 충족하도록 데이터베이스에 미리 반쯤 만들어 놓은 여행 계획표를 담는다.

핵심 질문

- 웹 사이트에서 애플리케이션 내려 받기를 잘 유도하고 있는가?
- 이 동물원에는 여행 계획표를 구성할 만한 자원이 있는가?

이 애플리케이션은 사용자가 다음에 무엇을 하고 동물원의 오락 거리로 무엇이 있는지 알 수 있게 해준다.
사용자가 여행 계획표를 불러오면 애플리케이션은 미리 설정된 경로로 안내한다.

핵심 질문

이 앱은 평범한 방문자의 요구를 만족시키는가?

i of

전시를 "좋아하는" 사용자에게는 그 동물과 연관된 특별 행사가 고지된다.

핵심 질문

이 기능에 투자할 만한 가치가 있는가?
이 기능을 어떻게 마케팅에 활용할 수 있을까?

made with eightshapes | unify

그림 8-3 질문 끼워 넣기. 산출물에 질문을 끼워 넣으면 논의를 시작하기 쉽다.

목차

목차의 가치는 어떠한가? 목차는 좋은 회의 주제가 될 수 있다. 네이단이 이 방법을 내게 소개해 줬다. 회의의 첫 5분 동안 목차를 짚으면서 이후 25~55분 동안 논의할 주제를 소개한다.

명시적인 질문

산출물을 질문으로 꾸며라. 이 방법은 "무차별 침입(brute force)"으로 알려진 접근법으로서, 질문을 넣음으로써 다음과 같은 이점이 생긴다.

- 논의가 필요한 남은 논점을 떠올릴 수 있다.
- 대화 책임의 반을 참가자에게 전가해 논의할 마음을 불러일으킨다.

질문은 다음과 같이 배치한다.

- 구체적인 질문이 있는 UX 작업물의 근처에 배치.
- "우리는 이 질문에 대한 답을 찾아야 합니다"와 같이 회의 주제를 정하는 수단으로 문서 앞부분에 배치.
- 가장 최근에 수행한 작업을 살피고 대화를 시작할 목적으로 문서의 끝 부분에 배치

문서에 끼워 넣을 수 있는 질문의 종류를 알고 싶다면 이 전의 각 장에 나오는 "~프레젠테이션"을 살펴보기 바란다. 그곳에서는 회의 주제를 전달하는 부분에서 피드백을 듣는 방법과 개별 작업물과 관련된 질문을 던지는 방법을 다룬다. 일반적으로 이런 질문은 다음의 세 가지 범주에 해당한다.

- **UX 문제 확인**: UX 문제를 규정하고 나면 불가피하게도 그 문제가 더 두드러져 보인다. 문제를 풀면 풀수록 문제가 더 많이 보이고 문제를 알면 알수록 풀기 어려워지는 것은 창조 작업에 따르는 불편한 진실이다. 철학적인 수수께끼는 그만두고 이런 노력으로 UX 문제에 대한 다음과 같은 추가적인 질문을 떠올릴 수 있다.

- **빈틈 확인**: "빈틈"이란 범위를 의미하는데, 빈틈을 확인하기 위한 질문은 다음과 같다. 지금까지 디자인한 것 중에서 빠뜨린 건 무엇인가? 이 디자인은 모든 시나리오를 반영했는가? 모든 요구사항이 관철됐는가? 아주 중요한 정보 중에 빠뜨린 것은 없는가?

- **접근 방향의 유효성 확인**: 접근 방향이 제대로 됐는지 질문에 담기도 하는데, 이 질문은 이전 질문의 부모격이다. 접근 방향의 유효성을 확인하기 위한 질문은 다음과 같다. 당신이 문제를 제대로 짚었는가? 무엇인가를 빠뜨려 디자인을 "잘못되게" 하고 있지는 않은가?

의사결정 사항

단계에 따라 교차점을 제시하는 산출물도 있다. 교차점이란 프로젝트의 여러 방향 가운데 어느 방향으로 밀고 나갈지 결정해야 하는 상황을 말한다. 디자인 콘셉트가 두 가지 있는데 그중 한 가지를 골라야 할 수도 있고 프로젝트에 세 가지 측면이 있는데 책임자가 그중 하나를 고르도록 종용해야 할 수도 있다.

산출물에 의사결정 사항을 넣을 때는 다음 사항에 유의한다.

- **선택사항을 명확하게 제시**: 여러분은 동쪽으로 갈 수도 있고 서쪽으로 갈 수도 있다. 산출물에 이 부분을 명확히 제시해야 한다. 물론 프로젝트에 세세한 변수가 많아 깔끔하게 나눠지지 않을 수도 있지만 먼저 선택사항을 제시해야 이해관계자가 의견을 더 쉽게 낼 수 있다.

- **각 선택사항별로 함축된 의미 기술**: 하나를 선택하면 다른 것에 물결치듯 영향을 미친다. 이전의 각 장에 나온 "~프레젠테이션"에서 함축된 의미를 논의하는 방법을 다뤘고, 1장에서도 하나의 의사결정이 어떤 영향을 끼칠지 대략적으로 소개했다. 하나의 의사결정이 다른 것에 어떻게 영향을 끼치는지 파악할 때 이를 참고하라.

- **추천안 제공**: 어떤 선택사항을 선호하는 이유가 무엇인지 제시하라. 이 의견에 반대하는 사람도 있겠지만 많은 경우 내부 및 외부 고객들은 내 의견을 존중해 줬다. 추천안은 강력한 근거가 있을 때 더 효과가 크다.

좋은 산출물은 실행 가능하다

실행 가능성은 네이단에게 공을 돌려야 하는 또 하나의 개념으로서, 프로젝트를 매끄럽게 진행하는 문서의 능력을 말한다. 실행 가능한 문서란 문서 마지막에 "다음 단계"가 적힌 문서보다 훨씬 더 구체적인 문서다. 여기에는 다음 활동에 영향을 끼치는 시사점, 결론, 의사결정이 들어가야 하고 엄격하게 말하면 다음 의사결정에 영향을 끼치지 않는 요소는 아무것도 들어가서는 안 된다.

- 조사 결과가 담긴 산출물이라면 디자인이 어때야 하고 어떠면 안 되는지 명백한 방향성을 제시해야 한다.
- 웹 사이트의 구조를 담은 산출물이라면 디자인해야 하는 템플릿 목록이 모두 나와야 한다.
- 기능 상세 명세를 담은 산출물이라면 개발자가 콘셉트를 구현할 수 있을 만큼 충분한 정보를 제공해야 한다.

이는 UX 작업물이 홀로 존재할 수 없는 이유이기도 하다. 예를 들어, 사이트 구조를 그린 다이어그램이라면 그 구조가 프로젝트에 어떤 영향을 끼치는지 정확히 알 수 없다. 문서를 실행 가능하게 만들려면 다음 사항에 유의하라.

- **명령형을 이용하라**: 이 글머리 목록의 제목처럼 동사를 명령형으로 써라. 다소 무례해 보일지도 모르지만 문서의 목적은 편안하고 부드러운 말로 친구를 만드는 게 아니고 프로젝트를 앞으로 이끄는 것이 궁극적인 목적이다.
- **문서 앞부분에 핵심을 적어라**: 조사 문서는 사용자 연구나 사용성 테스트에서 얻은 내용을 한 페이지로 요약해서 서문으로 제공하기 좋다. 그러나 이 밖의 다른 문서에서도 꼭 기억해야 할 내용은 분명하게 한 페이지로 요약하는 편이 좋다.
- **페이지마다 목표와 결론을 제시하라**: 문서의 모든 페이지에서 다음 단계의 방향성을 제시해야 한다. 조사 문서가 이러한 용도로 안성맞춤이다. 즉, 발견한 내용을 제시하되 한 가지 핵심으로 결론을 맺는다. 그리고 이 결론을 시각적으로 구분하라. 심각도, 중요도, 방향성을 나타내는 아이콘도 좋다. 하지만 모든 페이지에 실행의 아이디어를 담을 수는 없다. 그런 페이지에서는 이 페이지가 왜 여기에 있고 전체 주제 또는 문서의 목적에 어떻게 기여하는

지 목표를 제시하라. 이것은 결론이라기보다 요약이나 개요와 비슷하다. 독자들이 페이지에서 이 부분만 읽는다고 할 때 이 페이지에서 얻어가야 할 것은 무엇인가?

문서에 목표를 담아라

실행 가능한 산출물이 되려면 무엇을 향해 가고 있는지, 즉 목표로 시작해야 한다. 사실 좋은 산출물의 요건인 스토리텔링, 논의, 실행 가능성은 모두 이 한 가지로 귀결된다. 문서를 만드는 단 하나의 이유가 반드시 있어야 한다.

프로젝트 동안 하나의 문서를 조금씩 키우고 있다면 버전별로 목표가 달라지겠지만 어쨌든 목표는 항상 있어야 한다. 문서를 열심히 만드는데 왜 만드는지 모르겠다면 잠시 멈춰서 이런 질문을 던져라.

- 이 문서는 프로젝트에 어떻게 보탬이 되는가?

- 다음 과제를 하려면 다른 사람에게 어떤 정보를 얻어야 하는가?

- 이 문서는 그 정보를 얻을 수 있는 방향으로 만들어졌는가?

- 사람들은 나중에 이 문서에서 어떤 정보를 이용할 것인가?

목표와 주제는 다음과 같은 차이점이 있다. (표 8.2 참고)

목표	주제
UX 프로세스에서 이 문서의 역할을 기술한다. 프로젝트 활동을 분명히 언급한다. 실행 가능하도록 내용을 정리한다.	목표를 뒷받침하는 전체적인 메시지를 기술한다. 프로젝트 활동은 그다지 중요하지 않다. 핵심 메시지가 부각되게 내용을 정리한다.

표 8.2   목표와 주제의 차이점

문서에는 이 두 가지가 모두 들어가야 한다.

산출물 해부

이제 어떤 문서가 좋은 문서인지 알았으니 산출물의 두 가지 전제를 살펴보자.

1. **저장 용기라는 전제**: 산출물은 작업물의 저장 용기다. 하지만 작업물 외에도 추가적인 정보가 들어가야 한다.

2. **포맷이라는 전제**: 산출물은 표준 규격에 맞게 작성한 여러 페이지짜리 문서다.

물론 이 두 가지 전제가 모두 깨질 때도 있다. 사이트맵만 담은 한 페이지짜리 포스터를 만드는 경우도 있고(물론 이 산출물의 가치는 의심스럽다) 클릭이 되는 와이어프레임을 만들기도 한다(포맷=전자적인).

이 전제를 깨는 순간 이 산출물은 다른 차원의 산출물이 된다. 이런 산출물도 가치가 있고 의미 있지만 이 책의 범위를 벗어난다.

이 전제가 제한적으로 보일 수는 있지만 그 외 격식의 수준, 세세한 정도 등의 다른 속성에는 특별히 정한 기준이 없다. 이러한 전제는 웹 디자인이라는 컨텍스트에서 좋은 이야기를 전달하는 틀을 변별해 준다는 사실만은 꼭 명심하라. 이제 이 틀을 가장 적절한 방법으로 적용해 보자.

제목 페이지와 다른 식별 요소

산출물의 첫 번째 쉬트는 제목 페이지다. 제목 페이지에는 다음과 같은 항목이 들어간다.

- 고객 이름
- 프로젝트 이름
- 산출물 이름
- 작성자 이름

- 작성자 연락처 정보

- 배포 날짜

- 버전 정보

왜 문서 작성자의 이름을 넣는지 알고 싶다면 터프티의 서적을 참고한다.

처음 여섯 개 항목은 자명하지만 문서 버전에는 논란이 많다. (과장된 감이 있지만) 버전은 짜증이 날 만큼 (그리고 불필요하게) 복잡하다. 프로젝트 팀이 복잡한 버전 체계를 선호한다면 프로젝트 초반에 모여서 기준을 정하라. 문서의 큰 변화와 사소한 변화를 구분하는 방법을 가장 많이 사용한다. 버전 4.3은 4번째 큰 변화이자 이 버전의 3번째 수정 작업이라는 의미다. 여러분의 팀이 큰 변화와 작은 변화를 잘 구분할 수 있다면 이 방법을 선택할 만하다.

 쉬어가는 이야기

버전을 넣느냐 마느냐 그것이 문제로다

버전은 궁금증을 유발한다. 겉으로만 보면 독자들은 최신 문서를 본다고 느끼지만 작성자가 앞에 없다면 이는 바보 같은 생각이다. 버전 13.2의 숫자만 보고 이 문서가 가장 최신 버전이라는 것을 알 수 있을까?

버전이 진척도를 보여주므로 나는 사람들이 버전을 좋아한다고 생각한다. 버전 13.2라고 말하면 멋져 보인다. "우리는 이 작업을 많이 했습니다. 우리는 당신의 문제를 많이 생각했고 당신의 문제는 우리에게 중요합니다."

최신 프로젝트 관리 기술 덕분에 버전 이력을 보존하면서도 한 버전을 저장하기가 쉬워졌다. 클라우드 기반 기술은 이 분야에서 특히 활발하게 쓰인다.

버전이 없어도 될까? 나는 버전 번호가 꼭 필요하다고 생각한다(뒤에 나오는 "버전 이력" 참고). 진척도를 표현하는 더 좋은 수단이 생기기 전까지 버전은 목표를 향한 편리한 이정표가 될 것이다.

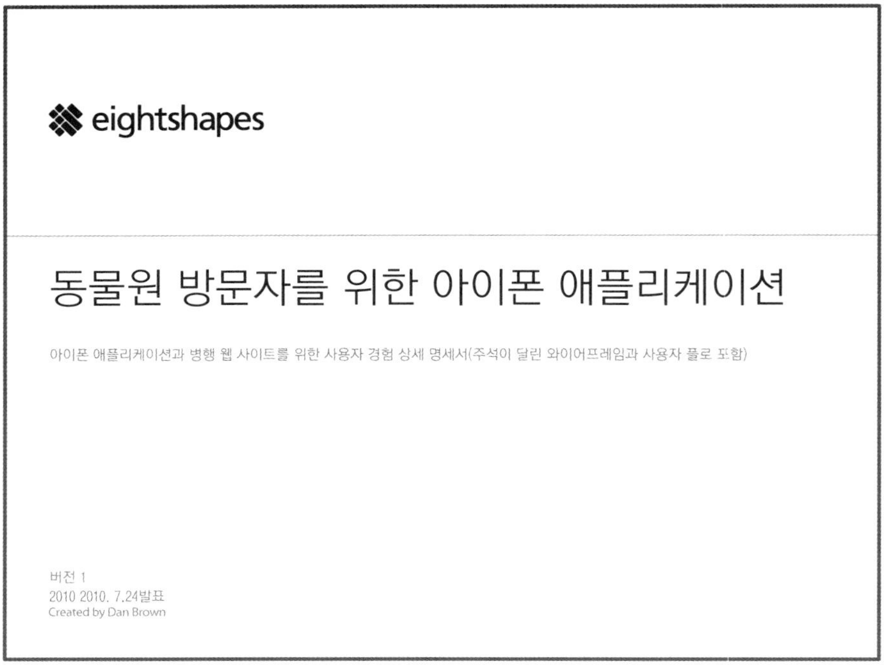

그림 8-4   산출물 표지. 모든 필수 정보가 다 들어갔다.

우리 팀에서는 각 버전을 한 자리 정수로 표현한다. 내부 검토를 거치면서 번호를 추가하기도 하지만 고객에게 전달할 때는 제거한다. "버전 1.5"든 "버전 6"이든 형태만 달리할 뿐 둘 다 버전을 의미한다.

또 하나 고려할 항목은 "만료일"이다. 만료일은 내가 가르치던 워크숍에서 나온 개념이다. 이 문서의 정보가 언제쯤 쓸모없어질지 안다면 버전 정보와 함께 이 날짜를 문서에 넣는다. 상위 단계의 프로젝트에서도 만료일이 전달하는 의미는 상당히 직접적이다. 이 날짜를 보면 다음 작업이 언제 끝나고 그다음 활동이 언제 시작할지 알 수 있다. 마지막 작업은 프로젝트가 끝나면서 완료된다(마지막 버전에 "만기일: 없음"이라고 쓰고 싶은 생각이 들 수도 있지만 추후 문서를 업데이트했을 때 문제가 생길 수 있다. 또한 이 버전이 이 문서의 최신 버전이라고 혼자 가정하기보다는 작성자에게 더 새로운 버전이 있는지 묻는 편이 좋다).

문서의 메타데이터

제목 페이지에서 거론한 요소가 문서의 메타데이터다. 메타데이터는 문서의 모든 시트[1]에 들어가야 한다. 문서에 포함할 다른 한 가지 정보로 페이지 번호가 있다.

메타데이터에 대한 몇 가지 팁은 다음과 같다.

- **배경/마스터 이용**: 대부분의 다이어그램이나 레이아웃용 프로그램은 페이지에 "배경"을 적용할 수 있다. 배경에 몇 가지 요소를 넣으면 이 배경이 적용되는 모든 페이지에 이 요소가 들어간다.

- **문서의 변수 이용**: 다른 유용한 기능으로 문서 변수가 있다. 문서 변수는 일반 시트나 배경 시트에 모두 넣을 수 있다. 많이 쓰는 변수로는 [페이지 번호], [총 페이지 수], [오늘 날짜]가 있다. 보통 프로그램의 메뉴에 이 기능이 있고 배경의 메타데이터 영역에 이 정보를 넣으면 저절로 그 정보가 적용되어 모든 페이지에 들어간다.

- **시각적인 위계질서 수립**: 메타데이터는 그 자체로 작은 이야기이고 메타데이터 사이에도 위계질서가 있다. 산출물에 대해 이런 차이를 담은 제목 상자를 만들어라. 타이포를 약간 변형하는 것으로 충분히 이 목적을 달성할 수 있다.

| ❈ eightshapes | 동물원 방문자를 위한 아이폰 애플리케이션
버전 1, 2010. 7. 24, 댄 브라운(dan@eightshapes.com) | 5/32 |

그림 8-5   문서의 메타데이터. 메타데이터는 문서의 모든 페이지에 들어간다. 이 메타데이터는 첫 페이지의 정보와 일치해야 한다. 물론 페이지 안에는 페이지 번호가 있어야 한다.

---

1   산출물의 한 페이지. 웹에 있는 페이지와 구분해서 쓴다.

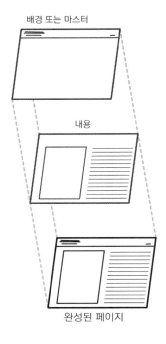

배경 또는 마스터

내용

완성된 페이지

그림 8-6 배경이나 마스터. 다른 페이지에도 적용되는 특별한 페이지다. 배경이 적용되는 모든 페이지에서 배경의 요소를 볼 수 있다.

산출물 앞 부분의 중요성

문서의 컨텍스트를 설정하려면 문서 앞부분에 버전 이력과 목차가 들어가야 한다. 버전 이력과 목차가 꼭 필요한가? 이유를 설명할 테니 결정은 여러분이 하라.

이 컨텍스트 설정 요소는 이야기의 구조가 된다. 회의에서 주제를 전달할 때 앞에서 설명한 목차를 이용하기도 하고, 문서를 처음(또는 수백 번) 보는 사람은 이런 컨텍스트로 문서의 전체 지형을 파악할 수 있다. 버전 이력에서는 지난 검토 이후로 무엇이 변했는지 보여주고 사람들의 피드백을 잘 기억한다는 인상을 줘서 신뢰감을 줄 수도 있다.

버전 이력

나는 버전 이력을 목차 앞에 둔다. 버전 이력은 검토의 자연스러운 흐름이다. "이 부분이 바뀌었습니다"에서 "이제부터 이 부분에 초점을 맞추겠습니다"로 흘러간다.

버전 이력에는 다음과 같은 내용이 들어간다.

- 버전 번호

- 버전 날짜

- 새 버전의 작성자

- 변경한 내용

처음 세 가지는 아주 명확하다(이니셜은 모호하므로 작성자 부분에는 이름 전체를 다 써야 한다. 우리 팀만 해도 JM이라는 이니셜을 쓰는 사람이 두 명이나 있다).

내용이 바뀔 부분은 '변경한 내용'이다. 변경한 내용은 대략 기술할 수도 있고 머리가 지끈거릴 정도로 상세하게 기술할 수도 있다. 이 부분은 작성자의 개성과 이 문서를 이용하는 사람에 따라 달라진다. 내 경험으로 보면 개발자들은 개발하지 않을 것을 확인하기 위해 아주 세세한 부분까지 요구한다.

변경된 내용을 간단히 기술	변경된 내용을 상세하게 기술
페이지 6: 관계자들이 준 피드백을 이 페이지에 전반적으로 적용했다.	페이지 6: 빠진 부분을 포함해 링크 업데이트. 로그인 버튼의 세 가지 상태(로그인 상태, 사용자가 확인된 상태, 사용자를 모르는 상태)별로 와이어프레임 제공. 사용자를 인지했으나 다른 사용자 이름으로 로그인했을 때의 에러 메시지 포함 사업팀으로 확인 이메일을 보내는 전송 버튼의 주석 변경

표 8.3   간단히 기술한 이력 기록과 상세하게 기술한 이력 기록의 비교. 문서에서 변경한 부분을 보여주는 버전 이력은 간단히 기술할 수도 있고 상세하게 할 수도 있다.

그러나 두 가지 방법 모두 어떤 페이지가 변경됐는지 명시했다.

쉬어가는 페이지

페이지 수준에서의 버전

나는 타고난 게으름 때문에 갖가지 방법의 버전 이력을 시도해 봤다.

- **교정한 부분과 논의 사항 반영**: 줄을 쭉 치는 스타일(이것처럼)과 다른 색 글자 등을 이용해 이전 버전과 비교해 다음 버전의 각 페이지에서 교정된 부분을 표시한다.

- **마이크로 이력**: 문서 앞에 거대한 이력을 넣는 대신(또는 더불어) 페이지마다 작은 이력을 추가한다. 작은 이력은 이전 버전에서 변경한 부분에만 아주 상세하게 넣는다. 이렇게 할 때는 이전 버전에 무엇이 있었는지 분명히 알려줘야 한다. 예를 들면, 버전 5에서 6페이지를 교정했는데 버전 6에서는 교정하지 않았어도 버전 5의 수정 내역까지 마이크로 이력에 포함한다.

- **버전 주석**: 버전 이력이 있는 시트에 아이콘이나 "도장"을 찍는다. 버전 이력의 목적은 변했다는 사실에 주의를 집중시키는 것인데 이런 기호를 이용해 "여기 봐! 이게 새로운 거야!"라는 의미를 집약적으로 전달할 수 있다. 이 경우에는 버전별로 적절하게 업데이트했는지 세심하게 관찰해야 한다. 써볼 만한 도장으로는 승인됨, 승인 대기 중, 버전 [xx] 이후로 업데이트, 피드백 필요함 등이 있다.

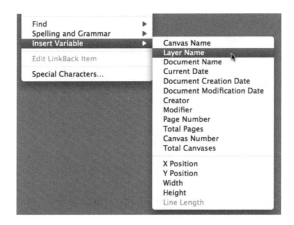

그림 8-7   옴니그래플의 문서 변수.   옴니그래플의 문서 변수에는 X, Y, Z가 있다. 문서 변수는 문서의 메타데이터로서, 페이지 자동 번호 매기기부터 각 시트에 이름을 넣기까지 많은 것을 할 수 있다.

목차

운이 좋다면 여러분이 사용하는 프로그램에 목차 생성 기능이 있을 것이다(나는 정말 운이 좋다. 에잇셰이프스유니파이에는 스타일까지 적용되는 목차 포맷이 내장돼 있기 때문이다. 꼭 내려받기 바란다!).

목차 생성 기능의 원리는 모두 같지만 설계 방식은 소프트웨어마다 조금씩 다르다. 이는 산출물에서 "제목" 스타일을 어떻게 규정했는가에 따라 달라진다. 우리 팀에서 사용하는 템플릿 에잇셰이프스유니파이에는 장, 페이지, 하위 페이지, 그 밖에 몇 가지가 들어간다. 어도비 인디자인은 스타일에 따라 세 단계의 목차를 생성한다(물론 이 스타일을 일관되게 적용해야 한다).

당연히 목차는 문서의 구조를 반영해야 한다. 이에 대해서는 잠시 후에 이야기하겠다. 목차는 진단 도구라는 점만 알아두자. 구조 없이 페이지 목록만 길게 늘어뜨리고 있다면 이는 문서를 나누라는 신호다. 구조는 스토리를 전달하고 회의 주제를 정해주는 유용한 도구다.

요약

상세한 주석으로 가득 찬 수많은 와이어프레임과 산출물을 준비하는 데 2주의 시간밖에 없는 대담한 정보 설계사가 있다고 해보자. 기술팀이 개발할 수 있게 하루 10시간씩 일하면서 마감일을 맞추려고 필사적으로 준비한다. 용감무쌍한 정보 설계사가 넘어야 할 하나의 관문은 핵심 비즈니스 이해관계자와의 상세 검토 시간이다. 회의 날이 됐다. 문서를 보고 피드백을 듣는 데 할당된 시간은 두 시간이다.

어찌됐건 이 이해 관계자는 프로젝트 내내 참여한 적이 없다. 이 멋진 정보 설계사는 걱정이 태산이다. 설정 페이지에서 비즈니스 규칙이 담긴 시나리오를 모두 다루지 못한 것도, 감사 메시지가 들어간 화면이 잘 나오지 않은 것도, 뒷머리가 삐친 것도 걱정이다.

이해관계자는 5분이 지나 도착했다. 이 정보 설계사는 차분하게 프로젝터를 켜면서 갓 인쇄한 산출물을 나눠줬다. 그는 이해관계자에게 목차로 가달라고 했다. 이해관계자는 목차를 잠시 훑어보더니 이렇게 말했다. "지금 회의 두 건이 중복으로 예약됐습니다. 곧 다른 회의도 가야 하는데 제가 어떻게 했으면 좋겠습니까?"

한마디로 두 시간짜리 회의를 5분으로 압축해서 이야기할 수 없다면 여러분은 지금 일을 잘못하는 것이다.

문서에 첫 번째 페이지에는 다음과 같은 내용이 들어가야 한다.

- 문서의 중요한 부분을 기술하라. 주요 의사결정이나 방향 등이 중요한 부분이 여기에 해당한다.
- 분석 작업에서 얻은 발견 점, 관찰, 결론을 요약하라.
- 이해관계자에게 던져야 할 핵심 질문을 정리하라.

문서가 14장이든, 44장이든, 144장이든 요약 페이지는 꼭 있어야 한다.

요약 페이지 만들기는 문서 작성에서 가장 어려운 부분이다. 요약하고, 압축하고, 통합하고, 간소화하다 보면 완벽한 아이디어도 묻혀버리기 쉽다. 위와 같은 상황은 정보 설계사가 잘생긴 것만큼이나 일어나지 않는다. 아마 논의가 초점을 벗어나거나 한 번도 프로젝트에 참가한 적이 없는 핵심 관계자와 두 시간 동안 앉아 있게 될 것이다. 산출물의 "5분 법칙"은 300초라는 시간 동안 중요한 논의를 나누는 수단이면서 이야기의 초점을 지키고 중요한 부분을 부각하는 수단이기도 하다.

요약 페이지는 핵심 정보를 제공하는 정보성이 있어야 하고 다음에 무엇을 할지에 답변을 주도록 실행할 수 있어야 한다. 더 많은 내용을 넣기 위해 글자 크기를 줄이거나 여백을 조정하는 자신을 발견한다면 잘못 짚은 것이다.

요약

동물원에서 풍부한 경험을 한다는 건 방문자가 원하는 순간에 연관 정보를 제공하는 것을 의미한다.
느림보 곰의 식습관이 궁금한가? 여우원숭이가 왜 일광욕을 하는지 궁금한가?
이것을 알고 싶다면 전시장 앞에서 앱을 켜기만 하면 된다.

방문 전
동물원 여행 계획을 짜기 위한 웹 기반
애플리케이션

이 애플리케이션의 핵심 기능은 사용자의
요구에 맞춘 여행 계획표를 만드는 것이다.
모든 요구사항과 관심이 충족되도록 이미
반쯤 만들어 놓은 수십 개의 여행 계획표를
데이터베이스에 넣는다.

핵심 질문
• 웹 사이트에서 애플리케이션 내려 받기를
  잘 유도하고 있는가?
• 이 동물원에는 여행 계획표를 구성할 만한
  자원이 있는가?

동물원에서
위치 파악용 아이폰 앱으로 동물원에서
방문자의 현재 위치를 알려준다.

핵심 기능은 현재 보고 있는 동물에 대한
정보 제공이다.
이 애플리케이션으로는 사용자가 다음에
무엇을 하고 동물원의 오락거리로 무엇이
있는지를 알 수 있다.
사용자가 여행 계획표를 불러오면
애플리케이션은 미리 설정된 경로로
안내한다.

핵심 질문
• 이 앱은 평범한 방문자의 요구를
  만족시키는가?

방문 후
전시와 행사에 앱을 통해 발도장을 찍은 방문자는
"배지"를 획득한다.

후속 활동을 하면 가지고 있는 배지로 상이나
다른 것을 받을 수 있다.
시스템이 이전의 여행을 경로를 기억했다가
다른 여행 계획표를 추천한다.
전시를 "좋아하는" 사용자에게는 그 동물과 연관된
특별 행사가 고지된다.

핵심 질문
• 이 기능에 투자할 만한 가치가 있는가?
• 이 기능을 어떻게 마케팅에 활용할까?

made with ❋ eightshapes | unify

그림 8-8   문서 요약 페이지. 핵심 정보와 방향성이 들어가야 한다.

도입과 컨텍스트

도입은 요약과 비슷한 것 같지만 다르다. 도입은 "5분 안에 이해관계자가 알아야 할 것을 설명하기" 가 아닌 "이제부터 내가 할 이야기"다.

도입	요약
전체 지형을 짚어 줌으로써 세부사항을 더 쉽게 끌어낼 수 있다. 앞으로 나올 내용에만 초점을 맞춘다. 이어지는 세부사항을 예측하게 한다.	문서의 핵심만 뽑아서 정리한다. 문서에서 중요한 부분과 함께 질문, 시사점, 제안, 의사결정이 요구되는 사항을 기재한다. 이 자체로 따로 떼어내서 자립할 수도 있고 이 페이지만 복사해서 다른 문서에 붙여 넣을 수도 있다.

표 8.4   도입과 요약의 차이

문서의 도입에는 두 가지 방법이 있다. 하나는 그 장의 내용을 기술하는 방법이고 하나는 프로젝트 계획안에서 이 문서의 입장을 기술하는 방법이다.

챕터 기반의 도입

문서가 여러 장으로 나눠져 있다면 도입부에서 각 장의 내용을 요약한다. 도입부는 그 문서의 전체 그림을 제공하는 것으로 더 상세한 목차라고 할 수 있다.

이 방식은 문서에 새로운 내용이 많거나, 사람들이 크게 관여하지 않은 활동의 결과를 제시할 때 좋다. 도입에서는 결론에서처럼 활동 자체를 크게 강조하지는 않는다.

프로젝트 기반의 도입

이해 관계자가 깊숙이 관여하고 프로젝트가 빠르게 진행되는 프로젝트라면 프로젝트 기반의 도입이 더 좋다. 이때는 프로젝트 전체의 끈을 놓치지 않게 프로젝트 계획과 비교해 팀이 어디쯤에 있는지 기술한다. 이때의 핵심 메시지는 "우리는 현재 여기에 있고 이쪽으로 가고 있습니다"이다.

이런 유형의 도입에는 프로젝트 일정을 축소한 그림을 넣으면 좋다. 일정표를 보면서 이전 활동과 이후 활동을 비교하면 현재 어디에 있는지 분명히 알 수 있다. 이런 도입부에서는 결과의 내용보다는 이 결과가 다음 활동에 끼치는 영향에 더 초점을 맞춰야 한다(그림 8.9 참고).

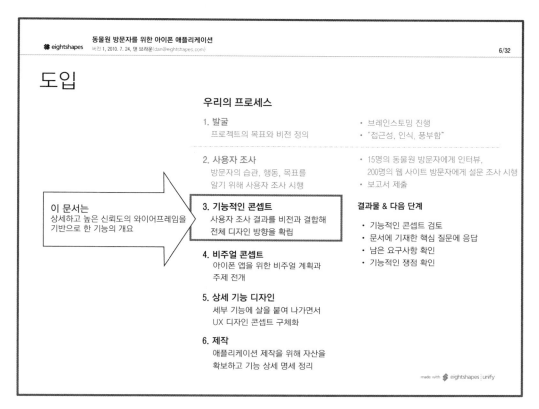

그림 8-9 프로젝트 기반의 도입. 프로젝트 계획에서의 산출물의 위치를 보여준다.

프로젝트의 상세 일정을 잘 안다면 문서에 바로 간트 차트²를 넣어도 된다. 그림 8.10에 프로젝트 일정, 현재 팀의 위치, 논의 주제 그리고 다음 단계를 제시한 페이지가 보인다.

챕터

앞에서 문서에 대해 나눈 이야기 모두 챕터에 적용할 수 있다. 챕터는 문서 안의 문서로서 앞에서 문서 전체에 적용하듯이 방향을 잡고, 요약하고, 소개한다. 여기서 진짜로 다룰 내용은 어떤 챕터가 들어가야 하는가와 각 챕터에 어떤 내용을 넣어야 하는가다.

---

2   (옮긴이) 간트 차트(Gantt chart): 프로젝트 일정을 정리하기 위해 업무의 시작과 끝을 막대로 그리는 막대 그래프다.

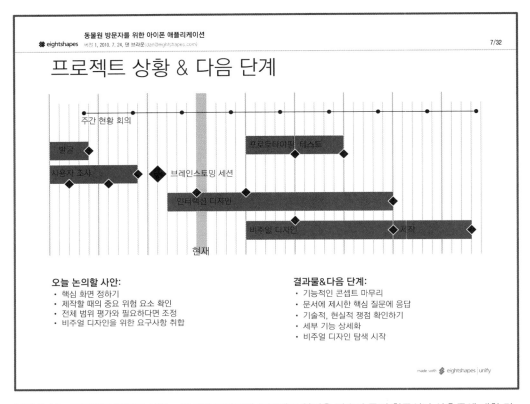

그림 8-10 프로젝트 일정표 사용. 문서의 도입부에 프로젝트 일정을 넣으면 특정 활동이나 산출물에 대한 컨텍스트를 설정할 수 있고 전체 프로젝트 과정에서 현 상황을 파악할 수 있다.

챕터 구조 잡기

문서 계획의 대부분은 구조 잡기다. 내용을 어떻게 나눌 것인가? 두말할 나위 없이 내용에 따라 결정해야 한다. 기능 상세 명세서의 골격은 조사 보고서의 골격과 같을 수 없다. 문서를 구조화하는 단 하나의 옳은 방법은 존재하지 않는다.

구조를 잡는 몇 가지 팁은 다음과 같다.

- **여러분이 필요하다고 생각한 시간보다 더 많은 시간을 할애하라**: 챕터를 어떻게 구조화하고 싶은지 15분 단위로 생각하라. 어떤 방향을 잡았다면 이번에는 다른 방향의 장단점도 생각하라. 이런 식으로 이 이야기에 가장 효과적인 구조를 찾아라.

- **주제와 목표를 뒷받침하라**: 예를 들어, 주제가 "우리에게는 생각보다 더 어려운 문제가 있습니다"라면 이 문제를 중심으로 문서를 구조화하라.

- **단지 생각만 하지 말고 그림을 그려라**: 우리는 문서 계획을 세울 때 화이트보드에 썸네일로 시트를 그린다. 이렇게 하면 각 페이지에 어떻게 정보를 제공할지 깊이 생각할 수 있으므로 구조에 대한 논의를 진전시킬 수 있다. 대상을 이리저리 옮기고 싶다면 떼었다 붙일 수 있는 스티커를 이용하라.

- **문서 작업을 하는 사람들과 함께 구조를 결정하라**: 아무것도 없는 상태로 시작할 필요는 없다. 조금이라도 문서 작업에 참여하는 사람이 있다면 브레인스토밍하는 데 15분 정도만 참여해 달라고 요청하라.

- **문서를 이용할 사람에게 그림을 보여줘라**: 나는 "콘텐츠 소비자"라는 말을 싫어하지만 이 단어는 문서를 가장 많이 활용할 사람을 정확히 규정한다. 콘텐츠 소비자는 업무용으로 문서를 이용하는 사람을 말한다. "여기요"라고 말을 시작해서 "지금까지 제가 그린 그림입니다. 이것 말고 다른 필요한 것은 없을까요? 이 구조가 잘 이해되나요?"라고 물어라.

- **앞으로 들어갈 내용은 공간을 비워둬라**: 아직 내용을 결정하지 않았다고 그 부분을 감추지 말고 골격에 포함하라. 앞으로 계획된 무언가가 있다면 그 자리도 비워라(이에 대해서는 잠시 후에 설명하겠다).

구조가 점차 드러나게 하라

풀리지 않는 문제: 예측 불가능한 프로젝트의 속성을 문서에 어떻게 반영해야 할까? 프로젝트는 태생적으로 불확실한데 구조를 미리 정해놓고 문서 하나로 (내가 앞에서 추천한 대로) 관리하는 방법이 가능할까?

- **비전**: 앞으로 어떤 일이 일어날지 아는 곳은 플레이스홀더 콘텐츠로 메워라. 발굴 단계에는 문서가 지루하겠지만 결국에는 사이트맵, 와이어프레임, 사용성 보고서로 채워질 것이다. 가장 이상적인 방법은 빈 챕터로 놔뒀다가 작업물이 만들어질 때마다 하나씩 채워넣는 것이다.

- **현실**: 프로젝트는 완전히 예측 불가능해 무슨 일이 생길지 아무도 모른다. 이것은 프로젝트가 없어지는 것과 같은 큰일이 아니라 작게 벌어지는 불확실성을 말하는 것이다. 요구사항의 범위가 좁혀지거나 사소한 데드라인을 지키지 못했거나 새로운 요구사항이 생기는 일 등이 작은 불확실성에 속한다. 이런 불확실성 때문에 몇 주나 몇 달 전에 만든 구조를 그대로 따르기 어려울 때도 있다.

- **실행**: 목차는 변할 수 있다. 초반에 구조를 잡으면 프로젝트 팀은 프로젝트 동안 어떤 정보가 보일지 기대할 수 있다. 구조에 변화가 생기면 회의를 소집할 필요가 있다. 문서가 왜 바뀔 수밖에 없는지 논의하다 보면 기대하는 결과물과 실제 결과물 사이에 어떤 변화가 있는지 알 수 있다.

챕터별 표지

전체 문서의 도입이 그렇듯 챕터의 도입부에서도 전체 지형을 보여줘야 한다. 다음 몇 페이지에서 독자들이 볼 내용은 무엇이고 핵심 주제는 무엇인가?

나는 앞에서 개요와 도입을 구분했다. 이 두 시트는 서로 연관이 있지만 목표가 다르다. 챕터의 표지는 개요보다 도입에 가깝지만 명백한 조치나 미결정 사안이 있다면 이런 내용을 포함해도 된다.

챕터 도입부에는 글머리 기호로 된 목록 정도만 있으면 되지만 어떤 챕터는 그림 8.11처럼 시트 두 개를 이용할 정도로 자세하다. 첫 번째 시트에 핵심 메시지가 들어가고 그다음 시트에서 그 챕터의 내용을 설명하고 있다.

그림 8-11 챕터 기반의 도입. 챕터 제목 시트에서는 그 챕터의 주요 내용을 글머리 기호 목록으로 제시하면서 이 장을 소개하고 있으며, 그다음 시트에서는 챕터의 개요를 제공했다.

다음 단계

UX 디자인 문서에는 결론이 없다. 최소한 고등학교 작문 선생님이 기대하는 수준에서는 그렇다. 그러나 산출물의 마지막임을 알려주는 이정표는 들어가야 한다.

문서를 작성할 때는 개그맨보다 기자의 자세가 필요하다. 좋은 UX 문서는 처음에 결론을 끄집어서 보여준 후 나머지 부분에 이를 보완하는 내용을 담는다.

문서는 여기서 다음에 어디로 갈지를 기술한 "다음 단계"로 끝난다. 문서의 모든 내용은 다음 활동으로 가는 징검다리가 돼야 한다.

징검다리를 하나씩 건너다 마지막에 "이제 뭘 하면 되지?"로 결론을 내린다.

다음 단계는 여러분이나 여러분의 상사가 결정할 것이다. 다음 단계에 해당하는 활동은 다음과 같다.

- **유효성 입증 활동**: 문서에서 언급한 접근법, 방향, 결론이 올바른지 확인한다.
- **상세화 활동**: 문서에 들어간 것을 더욱 상세하게 가다듬는다.
- **방향성 결정 활동**: 문서에 제시된 두 가지 이상의 선택사항 중에서 선택한다.

적절한 다음 단계는 다음과 같아야 한다.

- **책임 소재가 분명해야 한다**: 다음 단계의 책임자가 분명해야 한다.

- **측정 가능하고 한계가 분명해야 한다**: 성공의 정의가 명확하고 책임 그룹이 한계선을 잘 이해해야 한다.

- **구체적이어야 한다**: 이 과제에서 무엇을 만들어야 하는지 분명해야 한다("추가 화면"이 아닌 "주석이 달린 다섯 개의 추가 와이어프레임").

다음 단계와 진화하는 문서

프로젝트 동안 문서를 하나만 만들면(활동마다 새로운 문서를 만드는 대신) 문서 마지막에 들어가는 다음 단계는 활동마다 바뀌게 된다. 이전 활동의 다음 단계와 현재 활동의 다음 단계는 다른데, 이런 점이 문서에도 반영돼야 한다.

이 방법의 좋은 점은 이전 기점에서 설정한 다음 단계의 속성을 설명할 수 있다는 점이다. 그림 8.9에서 앞으로 올 다음 단계와 이전의 다음 단계를 함께 제시한 것을 보라.

최종 문서

앞에서 말한 모든 것을 한데 묶은 구조는 그림 8.12처럼 보일 것이다.

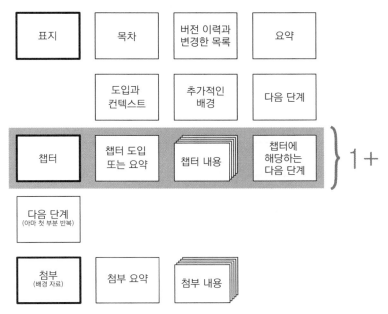

그림 8-12 문서의 구조. 각 열이 한 챕터다. 선이 두꺼운 직사각형은 챕터 표지고 회색 상자는 한 개 이상의 챕터에 동일하게 적용되는 구조다.

페이지 배치

문서를 만들 때 구조를 세우는 것 외에도 이야기의 "포인트"를 잘 전달할 수 있는 페이지 배치도 생각해야 한다.

우리 팀은 문서의 전체 구조와 각 시트에 적용하는 배치를 설명하는 문서의 콘셉트를 "레시피"라고 부르며, 대부분의 산출물에서 같은 배치가 반복적으로 적용된다는 생각을 바탕으로 배치를 "페이지 패턴"이라고 부른다.

에잇셰이프스유니파이의 템플릿에는 상상할 수 있는 거의 모든 상황에서 쓸 수 있는 수십 가지 페이지 유형이 있다. 복잡한 생각을 전달하는 새로운 방식을 고안할 때마다 라이브러리에 추가하며 일반적인 형태로는 다음과 같은 페이지 유형이 있다.

설명 페이지

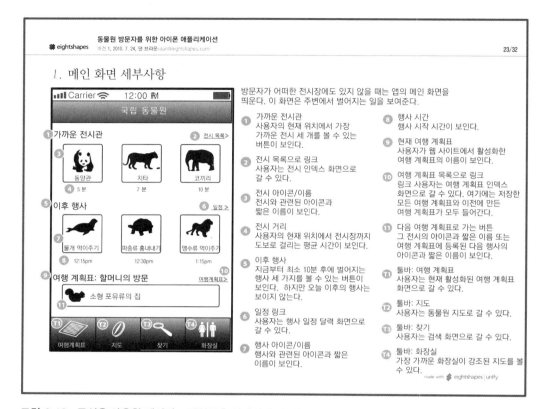

그림 8-13 주석을 사용한 페이지. 작업물을 상세하게 설명할 때는 주석을 이용한다.

작업물의 세부사항을 구체적으로 설명하는 설명 페이지에서는 주석을 이용해 중요한 요소를 가리키고 이에 대해 상세히 설명한다. 작업물 위에 숫자로 된 기호를 넣고 설명 옆에도 같은 기호를 넣는다. 보통 와이어프레임이나 화면 디자인에서 쓰는 방법인데 추상적인 작업물에도 활용할 수 있다.

이 배치는 기능 상세 명세서를 작성할 때 우리가 자주 사용하는 방식이다. 다이어그램 자체로 모든 것을 보여줄 수 있으면 좋겠지만 다이어그램만으로 다 보여줄 수 없다면 주석으로 설명한다. 이 포맷은 화면의 작동 원리를 보여주는 높은 수준의 설명("가벼운 주석"이라고 알려진)뿐 아니라 페이지의 복잡한 부분까지 파고드는 상세한 수준까지 사용할 수 있다.

이야기를 효율적으로 전달하기 위해 주석을 기능 또는 디자인 영역으로 그룹을 나누기도 한다.

평가 페이지

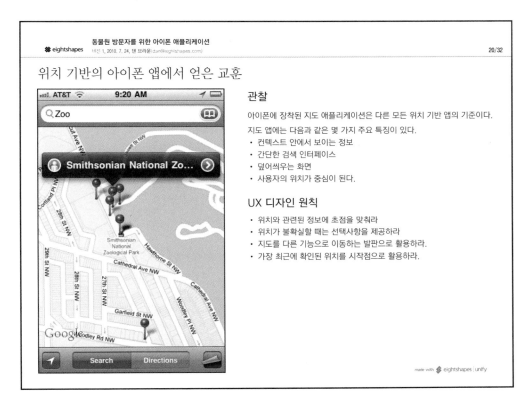

그림 8-14 주석으로 평가하기. 주석으로 평가할 뿐만 아니라 강력하고 실행 가능한 요점으로 결론을 맺었다.

설명 페이지처럼 평가 페이지에서도 작업물, 주로 화면에 대한 비평을 제공한다. 설명 페이지와 비슷한 포맷으로 주석을 넣으면 되지만 심각도나 우선순위와 같은 부가적인 정보가 들어가기도 한다.

이런 배치는 산업계 표준이나 UX 디자이너로서의 경험을 바탕으로 현재 디자인을 평가하는 경쟁 분석(뒤에 나오는 "비교 페이지" 참고)이나 전문가 검토에 유용하다.

평가 페이지는 이 평가를 하면서 얻게 된 시사점을 핵심 요지로 결론을 맺는다.

소개 페이지

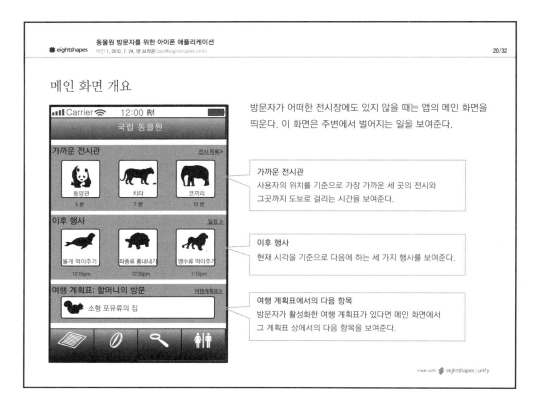

그림 8-15 개별 구역 사용. 페이지에 개별 구역을 설정해 여러분이 소개하는 요소에 대한 짧은 개요를 제공한다. 상단에는 이 구역을 모두 통합하는 메시지가 들어간다. 이 배치에서는 독특한 접근 방식, 점차적인 진행 등 구역 간의 관계를 보여줘야 한다.

세부사항을 다루는 설명, 평가 페이지와 다르게 소개 페이지에서는 전체 지형을 보여줘야 한다. 한 걸음 뒤로 물러서서 넓은 관점으로 내용을 설명한다. 상단의 소갯글에서는 가장 중요한 부분이나 주요 기점을 제시하고 소갯글은 상세 콘텐츠를 더 큰 주제나 메시지로 묶는다.

몇 가지가 묶여 전체가 되면서 최소한 그 자체로도 한 페이지가 될 만큼 충분한 세부사항이 있는 개념을 설명할 때 이런 페이지 포맷을 이용한다. 예를 들면, 페르소나 갤러리 또는 플로에서 가장 중요한 네 장의 스토리보드를 설명할 때 이런 포맷을 이용할 수 있다.

비교 페이지

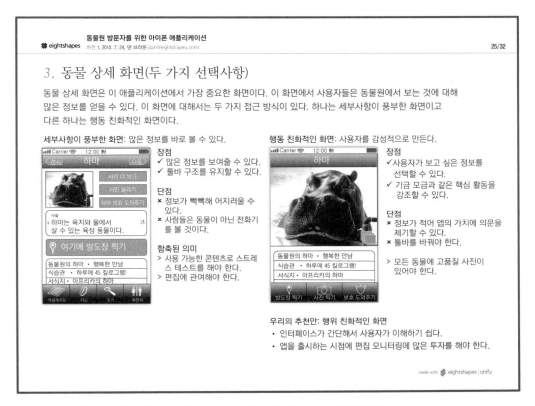

그림 8-16 나란히 배치한 작업물. 차이를 보여주려고 작업물을 나란히 배치했다.

디자인 작업을 하다 보면 방향이 여러 개로 갈라질 수 있다. 조사하다가 경쟁자의 새로운 접근 방식을 발견한다. 아무리 못해도 현재 웹 사이트와 원하는 웹 사이트 상을 비교할 수 있다. 주석으로 비교하므로 이때도 역시 주석이 중요하다.

이런 포맷은 같은 문제를 해결하는 방법을 최소한 한 개 이상 보여줘야 하는 경쟁 분석에 적당하다. 두 명의 사용자를 관찰한 사용자 테스트 비교 분석에서도 이 배치를 사용한다.

비교 페이지는 결론이 강력해야 한다. 비교하고 느낀 바가 없다면 왜 비교를 하겠는가? 다른 설명 페이지는 전체 주제나 목표를 강조하면서 디자인 콘셉트의 방향을 잡아가지만 비교 페이지에서는 "그래서 뭘 어쩌라고?"에 대한 답을 부각해야 한다.

의사결정이 필요한 페이지

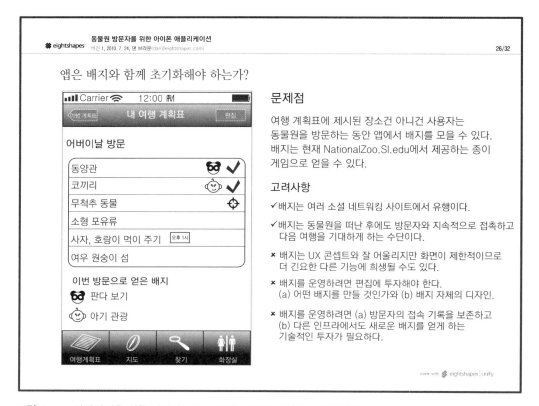

그림 8-17 **의사결정을 위한 페이지.** 문제를 기술하고 선택사항을 제시했다.

비교 페이지는 다른 점을 비교하면서 시사점을 끌어내는 반면 의사결정 페이지는 질문을 제기하고 이에 대한 충분한 정보를 제공하면서 답을 끌어낸다. 비교 페이지는 차이점과 유사점에 초점을 맞추지만 의사결정 페이지는 의사결정을 위한 기준을 제공한다.

아마 의사결정 페이지를 만드는 게 달갑지 않을 수 있다. 디자인 방향이 한 페이지로 좌지우지되면 안 된다고 생각할 수도 있고 의사결정의 기준을 간단한 목록으로 축약하기 어려울 수도 있다. 산출물의 목적은 논의를 진전시키는 것이다. 의사결정 페이지는 투표를 유도하기 위한 페이지가 아니라 필요한 선택이나 논의 주제를 제시하는 수단이라고 생각하기 바란다.

산출물 프레젠테이션

여태까지 개별 작업물 발표에 대해 알아봤다. 이러한 내용은 그 회의가 산출물의 한 측면에 초점을 맞춘 것이라고 전제했다.

그럼 전체 문서를 둘러볼 때는 어떻게 해야 하는가? 2장의 다이어그램 기초에서 제시한 회의 구조는 전체 산출물을 둘러볼 때도 적용할 수 있다. 위에서 언급한 문서의 구조를 따랐다면 이 순서로 회의를 진행할 수 있다. 표 8.5는 산출물을 발표하는 틀을 보여준다.

회의 단계	논의할 부분
컨텍스트 설정	이 문서가 프로젝트의 어떤 단계에 해당하고 이 회의에서 문서의 어떤 부분을 이야기할지 전달한다.
이미지 규칙 설명	문서에서 특별한 형식을 사용했다면(로그아웃이 필요한 페이지에 기호를 달았다거나 하는) 이를 언급하라. 또한 개별 페이지에 어떤 패턴을 적용했다면 이것도 설명하라.
의사결정 강조	문서에서 주요 의사결정 사항을 언급한 부분이 있다면 이 단계에서 훑어본다.
논리적 근거 제공	변함 없음: 의사결정 뒤에 담긴 근거를 제공한다.
세부 사항 전개	시간 때문에 건너 뛰어야 하는 페이지가 있다면 빠르게 한번 훑어줘라.
함축된 의미 논의	의사결정으로 인한 영향 외에 프로젝트에 암시하는 바도 이야기해야 한다. 검토는 언제 완료해야 하는가? 팀에 변화가 생기면 어떤 일이 벌어지는가?
피드백 듣기	문서에 끼워 넣은 질문이 있다면 이것을 지적하라.
검토의 틀 제시	목차로 돌아가서 어떤 부분에 초점을 맞춰야 하는지 알려라.

표 8.5 UX 산출물 발표의 틀. UX 산출물을 발표할 때도 UX 디자인 회의의 기본 틀을 적용할 수 있다.

산출물 프레젠테이션 vs. 작업물 프레젠테이션

그럼 당신은 산출물을 발표하는가, 작업물을 발표하는가? 이 책은 둘 다를 포괄하지만 실제 상황에서는 무엇이 "올바른" 접근 방식일까? 당신은 둘 중 한 상황, 또는 두 상황에 모두 대면하게 될 것이다. 상황에 따라 어떻게 접근해야 할지 모르겠다면 표 8.6을 참고하라.

작업물 회의를 할 때	산출물 회의를 할 때	
회의 참가자들이 프로젝트에 매일 관여할 때와 큰 컨텍스트가 당장 필요하지 않을 때.	이해 관계자들과 회의를 자주 하지 못할 때와 작은 의사결정이라도 산출물이 컨텍스트가 될 때.	
새 다이어그램의 효율성을 보려고 첫 시안을 동료와 검토할 때.	회의는 자주 하지만 작업물 하나에만 초점을 맞출 수 없을 정도로 프로젝트 규모가 클 때. 여러 회의에서 프로젝트의 여러 측면을 다뤄야 할 수 있다.	
이 작업물에 내린 구체적인 의사결정에 대한 피드백이 필요할 때.	의사결정이 다이어그램 하나의 규모를 넘어설 때.	
이 작업물이 다음 산출물 회의의 기초를 다져줄 때.	다이어그램에 대한 상세한 컨텍스트가 필요할 때. 모든 참석자의 배경 지식을 맞추기 위해 배경이 되는 몇 페이지를 검토한다.	

표 8.6 산출물을 발표할지 작업물을 발표할지 결정하기 위해 고려할 사항

 경고

제멋대로인 산출물

나에게는 이 상황이 대낮만큼이나 훤히 보인다. 템플릿 하나에 콘텐츠 유형을 세 개까지 담았고 템플릿은 영역별로 나눠져 있다. 각 영역은 (탭, 목록, 필터 등으로) 패턴화됐고 영역별 모습은 콘텐츠 유형에 따라 달라진다. 템플릿 하나가 9개의 시나리오를 반영한다! 추상적인 사고의 기쁨이라니!

그래서 다른 모든 사람이 잘 이해하지 못했다.

그럼에도 나는 여러 단계의 추상적인 개념을 담은 다이어그램을 만들어 가면서까지 이 모델에 집착했다. 핵심 관계자에게 보여주며 '오!' 하는 감탄사를 기다렸다. 그러나 그의 표현은 '어?'에 가까웠다. 정확하게 그가 내뱉은 말은 "이걸로 뭘 해야 할지 모르겠어요"였다. 이런.

이 산출물은 나에 의한, 나에 대한, 나를 위한 문서였고 철저하게 자아도취적이었다. 동료의 간단한 검토로 이런 사태를 미리 방지할 수 있다.

산출물의 일생

산출물은 머릿속에 있다가 태어난다. 산출물이 멋지게 성장하면 결국 다른 좋은 산출물이 가는 길인 큰 보관용 하드디스크로 간다. 아마 문서에 생명이 없다고 생각할지 모르지만 나는 그렇게 생각하지 않는다. 나는 이 장을 요람에서 무덤까지라는 비유에 맞게 구성했다. 조금만 참고 들어주길 바란다.

산출물이 얼마나 성숙했는지 즉, 산출물의 일생은 세 가지 요소에 의해 좌우된다.

- **플레이스홀더 콘텐츠의 비율**: 초기 문서는 실제 콘텐츠보다 플레이스홀더 콘텐츠가 더 많다. 마침내 플레이스홀더가 하나도 남지 않을 때까지 계속 실제 콘텐츠로 대체하면서 산출물이 성장한다. 이런 방법으로 산출물의 단계를 측정하기도 한다.
- **프로젝트 계획과의 관계**: 문서에 콘텐츠를 추가할 수 있느냐 없느냐는 프로젝트 활동과 직결된다. 사용성 연구를 수행하지 않고 결과를 산출물에 넣을 수는 없다. 그렇지만 어떤 활동이 프로젝트 계획에서는 벗어났지만 프로젝트 목표를 향해 팀을 그 어느 때보다 가깝게 모아준다면 산출물이 계속 성장할 수 있게 작업을 계속한다.
- **프로젝트 목표 뒷받침**: 문서의 성장을 평가하는 마지막 기준이다. 이 산출물은 계획대로 진행하고 있는가? 디자인 상세 내역서에는 기능 상세 명세가 충분히 담겼는가?를 평가한다. 예를 들면, 사용성 결과 보고서가 테스트 이후 UX 팀이 수행해야 할 명령을 내리지 않는다면 이는 완전히 성숙한 문서라고 볼 수 없다.

앞으로 논의할 산출물의 단계는 위의 세 가지를 기준으로 느슨하게 짜봤다. 이는 여러분이 어디쯤에 있고 문서를 성장시키기 위해 어떤 일을 할 수 있는지 감을 잡는 데 도움될 것이다.

문서의 일생은 상황이나 조직 문화에 따라 달라진다. 상황에 따라서는 구식이거나 쓸모없게 느껴질 수 있다. 특히 생명주기의 마지막 부분으로 갈수록 더 그렇다.

나는 이 부분을 쓰면서 최신 소프트웨어 엔지니어링 방법론을 관찰했는데, 여기서는 산출물의 일생이 훨씬 압축돼 있다. 최신 방법론에서의 산출물은 매우 구체적이고 명확한 목표가 있다. 산출물의 역할(커뮤니케이션, 조율 등)은 같지만 주기가 훨씬 짧다. 최신 개발 방법론에서는 "보수파의" 마지막 단계에 흔히 일어나는 갈등이 생기지 않는다. 여기서는 문서가 쉽게 처분되므로 문서를 업데이트한다는 개념은 그리 적합하지 않다.

수정(受精): 문서 구상

문서를 만들기 시작하는 단계에는 다른 단계와 마찬가지로 모든 게 혼란스럽다. 이때는 문서 작업을 함께할 사람들과 화이트 보드 앞에서 같이 작업하는 방법이 가장 좋다. 이 단계에는 전체적인 구조(목차)와 섹션별로 사용할 페이지 배치(이 구조로 간다면)를 구성한다. 이 작업을 마치면 아마 그림 8.18과 같은 그림이 화이트보드에 그려져 있을 것이다.

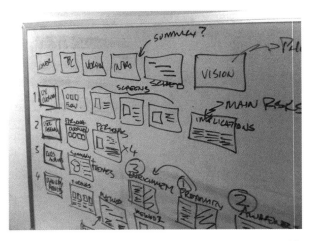

그림 8.18 화이트 보드에 문서를 구상하며 그린 스케치. 새로운 문서를 고안하는 일은 어떤 새로운 개념을 세울 때처럼 즐겁지 않고 혼란스럽다. 브레인스토밍하면서 다른 사람과 함께 문서의 구조를 그려라. 이 스케치에 정돈된 느낌은 없지만 이 문서의 구조가 어떨지 각 페이지가 어떤 모습을 할지 감을 잡는 데 도움이 된다.

이 단계가 가장 일찍 끝난다. 문서의 기본적인 그림을 그리고 대략의 모습을 페이지 배치용 프로그램으로 옮기는 데 몇 시간이면 될 것이다. 이 단계의 문서는 상당히 기초적이어서 아마 콘텐츠가 조금밖에 없을 것이다.

나는 누군가가 뱃속에 있는 아이의 성별을 말해주면 어떻게 대답해야 할지 모르겠다. 어떤 경우에도 축하해야 하고 "정말 잘 됐다"는 말은 뻔하지만 어떤 말을 해도 그렇다. 그러나 이와 반대로 다른 팀원이 나에게 갓 태어난 초기의 산출물을 보여줄 때는 최대한 피드백을 많이 하려고 노력한다. 내가 팀원의 초기 문서를 보면서 평가하는 내용은 다음과 같다.

- 문서의 목표를 명확히 기술했는가?

- 이 구조는 목표를 뒷받침하는가?

- 다음 단계를 제시한 페이지가 있는가? 문서 초반과 끝이 모두 있는가?

- 챕터의 구조가 자연스럽게 흐르는가?

- 이 배치는 목표에 적합한가?

- 페이지를 통합할 부분이 있는가?

- 페이지를 분리할 부분이 있는가?

- 새로운 챕터나 개념마다 한두 장의 도입 페이지가 있는가?

탄생: 첫 번째 프레젠테이션

처음 문서를 공개할 때는 수정 단계보다 조금 더 많은 내용을 담아야 한다. 문서가 제 역할을 할 수 있을 정도로 충분한 내용은 없지만 핵심 메시지와 생각은 들어 있다.

새 문서의 초기 버전을 볼 때는 다음과 같은 몇 가지 내용이 눈에 들어와야 한다.

- **잠재성**: 문서는 여러 방향으로 흘러갈 수 있지만(엉망만 아니라면 어떤 방향이라도 우쭐할 것이다) 앞으로 들어갈 내용은 일단 플레이스홀더로 채웠을 것이다. 이런 플레이스홀더는 엄청난 작업량을 연상시키지만 어떤 기회가 있는지도 보여준다. 여러분은 새로운 뭔가를 만들고 있고 이를 성공하게 하려면 무엇을 해야 하고 어떤 정보를 제공할지 알게 된다.

- **계획과 일치**: 플레이스홀더는 새로운 기회를 제공하지만 이후의 프로젝트 활동과 일치해야 한다. 초기 문서에는 내용이 많지 않지만 이 문서만 보고도 프로젝트 계획이 떠올라야 한다. 문서 하나만으로도 프로젝트가 어디로 가는지 알려줄 수 있다.

- **중요한 도전 과제, 제약, 변수**: 이야기가 모습을 갖추기 시작하면 여러분과 목표 사이에 놓인 잠재적인 장애물을 발견할 것이다. 아무리 기초적인 수준이라도 이야기를 정리하다 보면 프로젝트를 제약하는 것과 해결해야 할 문제가 더 잘 보이면서 이야기를 어떻게 가다듬어야 할지 떠오른다.

아마 처음 문서를 발표하는 자리에서는 이 세 가지를 언급하고 싶지 않을 수도 있다. 그렇지만 단지 예상하는 것을 표현한 문서라 해도 종이에 뭔가를 적다 보면 이전에 생각하지 못한 통찰력을 얻을 수 있다. 기본 회의 틀의 첫 번째, 두 번째, 세 번째 단계에서 이런 생각을 전달할 수 있다(앞의 "산출물 발표하기" 참고).

사춘기: 아직 조금 더 성숙해야 한다

문서가 군데군데 뚫려 있으면 사춘기로 볼 수 있다. 문서에는 프로젝트가 탄력을 받아 다음 활동으로 넘어갈 수 있을 만큼의 이야기가 담겨 있다. 초기 프로젝트 활동에서 얻은 시사점과 결론을 토대로 다음 단계로 가기 위해 반응하거나, 입증하거나, 명확히 하거나, 또는 결정을 내릴 수 있다.

문서는 이 단계에서 오래 머문다. 얼른 채울 거라고 생각했던 플레이스홀더는 건드리지도 않은 채로 남아 있다. 혼자 없앨까도 생각한다(문서는 사람과 다르게 여행하지 않은 길을 후회하지 않는다). 경영진의 결정이 필요하지 않겠다는 생각이 들면 피드백 단계 즈음에 이 내용을 언급한다. 이런 부분이 있다면 다음과 같이 질문한다.

- 이것은 향후 활동과 연결되는가?
- 문서의 다른 부분에서 이런 요구사항을 다루고 있는가?
- 향후의 활동을 더 잘 이끌어 가기 위해 통합하거나 다시 쓸 부분이 있는가?
- 이 곳의 핵심 포인트를 기존의 다른 섹션으로 옮길 수 있을까?

성숙: 모든 콘텐츠가 드러나다

완전히 성숙한 문서는 플레이스홀더가 모두 실제 내용으로 채워진 문서다. 그렇다고 더 업데이트하거나 추가하면 안 된다는 의미는 아니다. 문서가 성숙했다는 의미는 문서가 처음 의도한 비전과 맞춰진 상태를 말한다.

　문서 수정은 프로젝트 활동의 부산물이다. 성숙한 문서라도 활동에 따라 계속 성장하고 변화할 수 있다. 그렇지만 문서에 영향을 끼칠 만큼 프로젝트 계획이 많이 남아 있지는 않을 것이다.

문서에서 은퇴할 부분

프로젝트 기간에 문서를 하나만 만들 때 생기는 위험은 시간이 지나면서 실용성이 떨어지는 부분이 생긴다는 점이다.

　문서가 사용자 조사 결과를 요약하는 장으로 시작됐다고 해보자. 아마 조사 유형, 시사점, 후속 분석을 수 페이지에 걸쳐 설명했을 것이다. 본격적인 디자인 단계로 들어서면서 이러한 정보는 (a)불필요한 페이지로 간주되거나, (b)새로운 내용을 산만하게 만든다.

　프로젝트를 진행할수록 이전 활동의 결과물은 적합성이 떨어진다. 이 때문에 도입 페이지가 더욱 필요하다. 도입 페이지는 모든 활동에서 배운 점을 요약해서 보여준다. 이전 활동 내용을 줄여서 도입 페이지에서만 보여주면 자잘한 세부사항으로 문서의 발목을 잡지 않으면서도 그 활동의 정신과 가치를 온전히 보존할 수 있다.

생의 마감: 문서가 책꽂이에 꽂히다

문서는 조용하고 티 안 나게 생을 마감한다. 어느 순간 사람들은 문서를 열지 않고 프로젝트는 여러분이 다른 활동에 집중할 것을 요구한다. 산출물의 데드라인이 지나고 팀이 관심을 다른 데로 옮기면서 문서를 보겠다는 욕구가 줄어든다.

　이 경우 "내가 죽었다는 말은 심하게 과장된 것이다[3]"라는 옛 격언을 적용할 수 있을까? 산출물에서 이 말은 사실이다.

　책장으로 들어갔다고 생각한 문서도 실제로는 계속 활용된다. 디자인이 끝나고 여러분이 문서를 작성하지 않는다고 해서 문서의 일생이 끝난 건 아니다. 오히려 다른 팀(엔지니어링, 품질 감수, 심지어 고객 서비스나 훈련 부서)에서 문서를 지속적으로 활용할 것이다. 산출물의 실용성은 디자인 도구를 넘어서 이에 수반되는 다른 활동 또는 그 이후의 활동에서 활용될 때 진정한 가치를 발휘한다.

3　(옮긴이) 원문은 "The reports of my death have been greatly exaggerated"로 뉴욕 저널에 자신의 부고가 실린 것을 보고 마크 트웨인이 한 말이다.

여러분이 "최종 버전"을 제출하고 한참 후에는 다음과 같은 일이 생길 수 있다.

- **확인**: 여러분은 잘 모르는 발신자 번호로 전화를 받거나 그다지 익숙하지 않은 발신인으로부터 이메일을 받을지도 모른다. 오래전 회사 일로 만난 적 있는 사람인 것 같고 기술팀에서 이 이름을 몇 번 언급한 적이 있다. 그렇다. 품질 검수팀 직원이다. 이들은 자신들의 업무에 여러분이 작성한 문서를 이용한다. 이들은 명백한 시나리오 하나가 어디로 갔는지 물을 것이다.

- **업데이트**: 또 품질 검수팀 직원이다. 그는 디자인을 테스트 시나리오로 바꾸는 중이다. 와이어프레임 6페이지 주석에 드롭다운의 정확한 값을 제시하지 않은 치명적인 실수가 있었다. 그는 이 실수를 수정해 문서를 수정해달라고 요구한다. 여러분이 망설이면 그는 다섯 명의 품질 검수팀이 이 문서를 활용해 개발 환경에서 시스템 테스트를 해야 하니 정확한 문서가 필요하다고 할 것이다.

- **다음 프로젝트 착수**: 품질 보증팀에서 버그를 한가득 발견했더라도 첫 버전의 출시를 막을 수는 없지만 다음에 출시할 때는 이를 반영해야 한다. 아니면 사업 부서 사람들이 찾아와 엄청난 양의 수정사항 요청 목록을 보여줄 수도 있으며, 프로젝트 매니저가 전화해서 "다음 버전에 업그레이드할 부분을 이 문서에 메모해 놨습니다"라고 말할지도 모른다.

이런 시나리오가 약간은 "보수적"이라고 생각될지도 모른다. 주기가 긴 구식 소프트웨어 개발 방법론은 오늘날의 방법론에서는 통하지 않는 부분이 있다.

유지 보수: 건강을 지키자

내가 강의하는 UX 산출물 워크숍에서는 문서의 유지보수에 대한 주제가 자주 거론된다. 프로젝트 기간에 문서를 최신으로 업데이트하는 질문은 많지 않다. 어떤 팀이든 파일과 업데이트 일정을 공유하는 나름의 방법이 있다(여러분의 팀도 그렇지 않은가?). 대부분 사람들의 질문은 문서의 죽음 이후에 대한 부분이다.

한 문서에 제품의 향후 모습이 기록됐다면 계속 최신으로 업데이트해야 한다.

- **제작 중에 디자인을 변경한 부분**: 뭔가 실행하다 보면 디자인을 변경하게 된다. 문서에 있는 모양 그대로 태어나는 것은 아무것도 없다.

- **불충분한 문서 작업**: 조금 전에 언급한 품질 검수와 같이 프로세스 후반에 문서에서 불충분하거나 부정확한 곳이 어디인지 확인한다.

- **제작 중에 변경한 부분**: 조그만 버그를 고치거나 수정하면 문서와 작업물 사이에 차이가 생긴다.

여러분이 문서 유지보수의 책임자인가? 가장 좋은 충고는 누군가가 업데이트를 요구할 때 이런 질문을 하면 안 된다는 것이다. 대신 프로젝트 개시 회의에서 이 주제를 거론하고 다음과 같이 질문한다.

- 제 마감일은 5월 20일이고 제품은 8월에 출시합니다. 지금 그리고 그 이후에 누가 이 문서를 활용하나요?

- 5월 30일 이후 사람들의 질문에 응대하는 사람은 누구입니까?

- 제작 기간에 문서를 어떤 식으로 업데이트하길 원하십니까? 문서에 문제가 발견되면 부록으로 다루기를 원하십니까? 아니면 새로운 버전을 만들기를 원하십니까?

- 8월에 제품을 출시하고 나면 문서와 실제 제품 간의 차이를 누가 확인하나요?

- 8월에 제품을 출시하고 나면 문서는 어떻게 되나요? 다음 버전의 기초 자료로 활용하나요?

전문가에게 묻기

DB: 지나친 문서 계획과 관리는 어느 정도를 의미하나요?

NC: 작업물(사이트맵, 사용자 플로, 화면 디자인, 컴포넌트 베리에이션, 기타 작업 등)이 너무 많이 들어간 문서는 계획을 세우는 데 도움을 줄 수 없습니다. 또한 문서를 예측하고 효과적으로 진화시키기도 어렵습니다. 처음 문서를 시작할 때는 가볍고, 산뜻하고, 활기차고, 심지어 재미있기까지 하지만 시간이 지나면서 뒤죽박죽 하게 풍선처럼 부풀어 오르면서 재미없고, 뚱뚱하고, 거추장스럽고, 바꾸기도 어려워집니다.

네이단 커티스,
회장 겸 창립자,
에잇셰이프스, LLC

"하나의 산출물"을 진화시키는 일을 너무 어려워하거나 서두르지 마십시오. 대신 주어진 시간에 디자인 과정이나 팀의 요구에 발맞춰 갈 수 있게 (예상컨대 단일) 산출물에 대한 법칙을 깨는 방법이 있습니다.

한 번에 끝내도 좋습니다

상황이 허락하지 않는데 문서의 일생을 길게 늘이려고 길고 상세한 계획을 짤 필요는 없습니다. 예를 들어, 프로젝트 범위와 디자인 아이디어가 아직 불안정하다고 해봅시다. 현재 알지도 못하는 페이지 목록이나 6주 후에 필요한 세부사항을 예측하느라 애쓸 필요가 없습니다. 여러분은 책을 쓰는 것이 아니라 경험을 디자인하고 있으므로 이런 유혹을 과감히 떨쳐버리십시오. 때로는 그림이나 몇 개의 정보성 기호면 충분합니다. 보여주고, 피드백을 얻고… 문서를 버리십시오. 이 방법도 잘 통할 수 있습니다.

중심 축을 정하십시오

커뮤니케이션 목표는 시간이 지나면서 바뀝니다. 처음에는 높은 수준의 개념에서 어렵고 힘든 세부사항으로, 또는 이해관계자 설득에서 개발자 전달로 바뀝니다. 문서 또는 문서의 페이지 목표 또한 소개, 비교, 결정에서 엄청난 양의 상세 설명으로 옮겨갑니다. 이렇게 목표가 바뀌면서 커뮤니케이션 방법도 바뀌고 페이지 배치나 주석도 마찬가지입니다. 따라서 익숙한 배치는 잠시 잊고 "이 페이지는 목표를 충족하는가?"라고 자문하십시오. 아니라면 과감히 배치(솔기에서 마구 터져 나온 실밥 같은)를 다른 효과적인 배치(측량할 수 있고 공식적인 목록. 특히 이런 것을 아주 많이 만들어야 할 때)로 바꾸십시오.

취합하기 전에 수정하십시오

대규모 UX 프로젝트에서는 업무를 독립적으로 운영되는 작은 덩어리로 나눕니다. UX 디자이너 간에 업무를 분담하기도 합니다. 이런 상황에서는 작고 독립적인 문서가 더 자유롭고 초점을 맞추기도 좋습니다. 예를 들어, 우리 팀에서 대규모 UX 디자인 업무를 한 적이 있는데 저는 독립적이고 기능이 집약된 컴포넌트인 비디오 카루셀을 맡았습니다. 첫 번째 산출물에서는 좋지 않은 안들을 비교했고 두 번째에는 목표에 맞는 새로운 아이디어를 제안했으며, 그 이후에는 프로젝트 참가자에게 익숙하면서 다른 산출물과 일관된 형태로 상세 주석을 겹쳐 놓았습니다. 이 문서를 완성하고 나서는 팀에서 작업하던 더 큰 UX 문서의 한 장으로 이것을 끼워 넣었습니다. 이로써 유지 보수의 짐을 덜고 문서 발행 계획에 지장을 주지 않을 수 있었습니다.

산출물의 미래

이 장을 시작하면서 산출물의 정의에 대해 명백한 전제를 내렸다. UX 방법론에 대한 최근 유행을 생각하면 이런 전제가 뒤쳐져 보이지만 이 책만 해도 나는 아직도 PDF로 작업하고 표준 크기의 페이지에 배치하기도 하며, 때로는 인쇄해서 보기도 한다.

"산출물(deliverable)"이라는 단어는 누군가에게 전달하기(deliver) 위해 만드는 것이라는 의미를 내포한다. 산출물에 정해진 형식이나 스타일이 있는 것은 아니고 당연히 발전의 여지도 많다. 아직도 오래된 습관에 집착하는 UX 팀은 세태에 뒤처지지 않기 위해 고군분투하고 있다. 문서는 궁극적으로 다음 4가지가 상호작용하는 것이므로 기존 산출물의 뼈대를 조금 변형하는 것만으로 충분하지 않을 때도 잦다.

- **제품**: 문서는 여러분이 디자인하는 것을 잘 묘사해야 한다.

- **사람**: UX 팀, 개발팀, 그리고 제품을 출시하기 위해 협력하는 다른 모든 사람은 웹 사이트 제작 방향에 동의해야 한다. 제품의 청사진은 주문자와 제작자 모두에게 공통의 언어로 작용하므로 두 그룹에게 모두 유용하다.

- **회사 상황**: 산출물은 프로젝트 팀만이 아닌 기업 환경이라는 큰 생태계의 일부다. 공식화 정도, 완벽성, 책임 소재, 이력이 모두 회사에서 나오며 이것이 산출물의 토대가 된다.

- **방법론적인 동향**: UX 활동의 틀을 어떻게 잡느냐에 따라 그 활동의 부산물에도 영향을 준다. 긴 일정, 넓은 범위, 다각적인 기여가 필요할 때 요긴한 형태의 문서가 있고 작은 목표로 빨리 소진되는 방법론에서는 다른 형태의 문서가 요긴하게 활용된다.

그러나 "산출물"에는 한계가 존재한다. "문서 작업"이라는 말에는 단방향성과 종결성의 의미가 내포돼 있다. 산출물은 전달하는 것이다. 그러나 실무에서 우리는 산출물로 논의하고, 협업하고, 프로젝트의 과정에 따라 진화시킨다. 이때 산출물이라는 이름은 이런 실무적인 의미를 보여주지 못한다.

아마도 "공유물(shareables)"이라는 단어가 더 적합할 것 같다.

UX 디자이너로서 궁극적으로 책임져야 할 것은 산출물이 아닌 제품이다. 우리는 제품 사용자에게만 책임이 있지만 사용자까지 가는 길에는 비슷한 목표를 다르게 생각하는 사람들로 가득 차 있다. 산출물은 그 길을 헤쳐 가는 데 도움이 된다. UX 아이디어를 논의하고 최대한 갈등 없이 세부사항을 논의하는 일은 우리의 책임이다.

◈ 연습 문제 ◈

1. 최근에 했던 프로젝트를 떠올리고 그 프로젝트에서 나온 산출물 하나를 꺼내서 그림 8.1의 그래프대로 내용을 떠올려라. 산출물을 고안하는 데 얼마나 걸렸는가? 몇 번 수정했는가? 이 문서에 어떤 일이 일어났는가? 아직도 진행 중인가?

2. 최근에 했던 한(여러 개 말고) 프로젝트를 위해 단일 산출물을 만든다고 해보자. 초기 활동과 미래 활동 모두 포함해 단일 산출물의 목차를 짜라. 최대한 상세하게 짜고 각 장에 들어갈 내용을 정하라. 연습용이니 프로젝트 계획을 중심으로 챕터를 구성하지 말고 사용자 경험의 여러 면모를 중심으로 구성하라. 이 문서의 타겟 고객으로는 실제 인물을 이용하라. 그럴 수 없다면 이 문서의 독자로 생각하라. 문서의 구조를 잡을 때 이들의 역할과 성격을 고려하라.

3. 위에서 연습한 목차의 항목마다 "페이지 배치하기"에서 설명한 페이지 배치를 부여하라. 선택할 수 있는 패턴은 6개가 있다. 각 항목에서 어떤 이야기를 하는지 생각하며, 가장 적합한 배치를 정하라. 배치별로 썸네일을 만들고 이를 모아 그 문서의 구조를 보여주는 다이어그램을 만들어라. 이를 동료나 스터디그룹원에게 보여주면서 이 구조에 대한 피드백을 들어라. 그들이 기대하는 내용과 일치하는가? 이야기가 논리적인가? 이 구조가 상상의 타겟 고객과 의사소통하는 데 효과적인가?

09

디자인 브리프

Design Briefs(명사)

UX 문제점을 기술하고 목표, 원칙, 요구사항의 토대를 세우는
문서

디 자인 브리프는 프로젝트 초반에 UX 디자인 관점에서 디자인의 목표와 변수를 요약하기 위해 작성하는 문서다. 디자인 브리프에서는 다음과 같은 내용을 여러 수준으로 다룬다.

- 프로젝트 목표 명시

- 프로젝트에 콘텍스트 제공

- UX 문제 언급

- 타이밍과 같은 다른 변수 설정

- 기술, 콘텐츠, 사용자 요구사항과 같은 입력 정보 요약

- UX 디자이너가 취해야 할 방향이나 접근법 제시

디자인 브리프는 프로젝트의 초기 활동 이상으로 보이지 않는다는 점이 문제다. 이 문서는 UX 문제를 규정하고 방향을 제시하는 유용한 도구지만 일단 "진지하게" UX 활동을 시작하면 이 문서를 별로 참고하지 않는 것 같다.

나는 이 장에서 디자인 브리프가 가상의 휴지통으로 들어가는 신세를 면하게 하고 싶다. 잘 만든 디자인 브리프는 프로젝트를 진행하는 동안 어떤 것이 큰 목표나 방향과 일치하는지 알려주므로 UX 디자이너가 올바른 문제에 초점을 맞추는 데 도움이 된다.

좋은 디자인 브리프의 요건

디자인 브리프를 멋지게 만드는 마법의 묘약 같은 것은 없다. 이 문서가 직면한 과제를 한마디로 말하면 디자인 브리프는 의욕이 넘쳐난다는 것이다. UX 디자이너는 디자인 브리프를 정말 엄청나고 압도적이며 의미 있는 문서로 만들고 싶어한다. 의욕이 넘쳐나는 미적인 브리프는 놀랍지만 이런 문서가 반드시 오래가는 건 아니다. UX 디자인 프로젝트의 문서로 퓰리처상을 받을 필요는 없다.

중요한 것은 실용성이다.

문제 규정

디자인 브리프에서 단 한 가지만 해야 한다면 문제를 규정해야 한다. 문제와 해결책의 관점으로만 UX 디자인을 바라보면 UX를 과소평가하는 것이지만 확실히 팀원 모두가 같은 목표를 바라보게 된다.

여러분은 UX 문제를 한 문장으로 진술하거나 다이어그램으로 집약할 수 있어야 한다. 그러나 문제를 해결하려면 문제의 틀을 제대로 짜기 위해 막대한 양의 진술이 있어야 한다. 즉, 디자인 브리프에는 UX 목표를 요약한 한 문장짜리 진술과 그림을 더 완벽하게 만드는 요구사항, 제약, 목표와 같은 추가 정보가 들어간다.

문제를 묘사한 한 문장짜리 진술의 예는 다음과 같다.

- 고객 서비스를 위한 새로운 웹 기반 애플리케이션에서는 기능적으로 두 개로 분리된 기존의 애플리케이션(업데이트와 배포)을 하나로 통합해야 한다.

- 새로운 마케팅 사이트에서는 모바일 제품의 특징과 활용 가능한 모바일 플랫폼의 범위를 사용자에게 더 자세히 제공해야 한다.

- 현재 클라이언트-서버 애플리케이션은 보기에도 안 좋고 배우기 어려우며 구식이다. 새로운 애플리케이션은 최신 기술과 디자인 동향을 반영할 필요가 있다.

이러한 진술을 토대로 UX 팀은 앞으로 무엇을 위해 일해야 할지 분명히 알 수 있다. 문서의 나머지 부분에서 이 문제를 더욱 자세하게 풀어나간다. UX 문제를 깊이 이해하려는 노력은 UX 디자이너에게 매우 중요한 과정이다.

2년 전 한 프로젝트에서 프로젝트의 범위를 완전히 잘못 이해한 적이 있다. 우리는 두 페이지를 디자인해야 했는데 나는 20페이지를 디자인해야 한다고 생각했다. 그리고 기대사항을 규정하는 처음 한 달 간 논의하느라 아주 힘든 시간을 보냈다. 다행히도 우리는 계획보다 적게 하면 됐기 때문에 "돈을 이것밖에 안 주잖아"보다는 "잠깐, 우리가 어디에 초점을 맞춰야 한다고?"를 중심으로 논의할 수 있었다.

이럴 때 사이트맵이 정말 도움이 된다.

이 책의 1부에서 다룬 다이어그램은 모두 UX 문제를 규정하는 유용한 도구가 될 수 있다.

- **사이트맵**: 내비게이션이나 콘텐츠 같은 분류의 문제를 다룬 현재 구조
- **플로차트**: 과제 완수를 어렵게 만드는 현재의 비즈니스 프로세스나 사용자 플로
- **콘셉트 모델**: 콘텐츠가 생략된 저변 구조
- **페르소나**: 미처 고려되지 않은 사용자 요구. 특히 사용자 요구를 직접 다루는 콘텐츠나 기능에서 무엇이 부족한지를 보여주는 멘탈 모델

디자인 브리프는 온갖 종류의 진술, 주장, 원칙, 가이드라인으로 가득하다. 핵심을 잘 전할 수만 있다면 그림도 활용하라.

예시로 진술을 보완

문제를 규정하고 가능한 해결책을 제시하고자 디자인 브리프에서는 진술문을 만든다. 이 진술문은 UX 디자이너들이 옳은 길로 가는 데 도움이 된다.

디자인 브리프에는 다음과 같은 진술이 들어간다.

- **목표**: 신규 제품군의 인지도를 높인다.

- **지침**: 사람들이 실제로 제품을 사용하는 모습이 담긴 사진을 항상 함께 보여준다.

- **요구사항**: 사용자 조사를 하면서 사람들은 제품을 비교하고 싶어한다는 사실을 알아냈다.

모두 좋은 원칙이다. 이 원칙들을 예시로 뒷받침하면 효용성이 올라가고 디자인 브리프도 강력해진다. 독자들이 의지할 수 있는 뭔가를 제공하라.

예시를 고르는 일은 어렵다. 예시는 원칙을 잘 보여주면서 이해관계자들이 쉽게 이해할 수 있어야 한다. 대규모 사이트에서 콘텐츠 전략을 어떻게 세우는지 보여주고 싶은가? CNN.com이나 WashingtonPost.com과 같은 뉴스 사이트가 좋은 예가 될 수도 있지만 아무리 문제가 비슷하더라도 기술 분야의 마케팅 사이트와 관련된 사람들은 이런 예시와 잘 연관 짓지 못할 수 있다. 예시를 고르는 몇 가지 방법은 다음과 같다.

예시는 어디에서 구하는가

디자인 브리프가 경쟁 분석이 되어서는 안 된다. 브리프의 많은 내용이 경쟁 분석 결과에서 나오지만 목적은 훨씬 광범위하다. 경쟁사를 좋은 예시 출처로 활용하되 디자인 브리프는 원칙을 설명하고 UX 디자인 팀이 방향을 잡을 수 있는 내용으로 구성해야 한다.

경쟁사 사이트만 예시가 되는 건 아니다. 사람들이 잘 아는 다른 사이트도 얼마든지 예시로 활용할 수 있다.

- **다른 사이트**: 다른 사이트의 모범이 되는 웹 사이트가 있다(예를 들어, Amazon.com이나 CNN.com). 이런 사이트에는 다른 사이트와 공통된 경험이 있다(모든 것을 아우르는 사이트가 아니더라도 대부의 사람들이 Amazon.com에서 뭔가를 구매해봤을 것이다). 또한 이런 사이트는 UX 디자인의 선두주자로서 새로운 UX 디자인이 가장 먼저 시도되고, 이것이 성공하면 업계 표준으로 자리 잡는다.

- **다른 제품**: 모범 사이트처럼 모든 사람이 잘 아는 인터랙티브 제품군(전화기, 디지털 캠코더, MP3 플레이어 등)이 있다. 이런 제품은 메뉴 시스템과 같은 인터페이스의 좋은 기준이 될 뿐더러 한 제품이 큰 시나리오에서 어떻게 움직이는지 보여주기도 한다.

- **다른 경험**: 나는 도서관에서 책을 빌리거나, 유모차를 조사하거나, 인테리어 계획을 세우는 것과 같이 종류가 다른 경험과 비교하는 것도 좋아한다. 몇 장의 사진은 이런 경험을 떠올리게 하면서 프로젝트와 연관 지어 준다. 회의 참석자 중에는 도서관 사서와 연체료 때문에 싸워 본 사람이 분명히 있을 것이다. UX 디자인이 모든 측면을 아우르기 위해 이런 경험도 유용하게 활용할 수 있다.

- **예시의 강력함**: 예시는 디자인 브리프에 담긴 진술(목표, 요구사항, 가이드라인 등)을 기업 깊숙이 자리 잡게 만들어준다. 회의에서 예시를 지속적으로 반복해서 거론하라. 특히 다른 사람이 또 다른 사람과 공유하면 더욱 좋다. 하지만 광범위한 원칙을 끌어내는 예시를 보여줄 때는 그 예시가 "우리는 아마존처럼 되고 싶어요!"가 되지 않게 주의해야 한다.

 주의

"부적절한" 예시 다루기

참석자들은 동종 업계에서 나온 예시가 아니면 무시하기도 한다. 같은 방법으로 고객과 소통하는 곳이 아니라는 이유로 쓸모없는 예시로 치부하는 것이다. 반대자들에게는 비교로 얻는 가치를 설득하기 싫어질 수 있다. 비슷한 것과 비교해 달라고 대놓고 이야기하는 사람도 있다.

이 경우 디자인 브리프의 목적은 핵심 원칙을 정리하는 것임을 상기시켜라. 예시의 목적은 UX 디자이너가 이런 원칙을 잘 이해하도록 돕는 데 있다. 그리고 핵심 원칙으로 초점을 되돌려 이 원칙을 가장 잘 보여주는 사이트, 제품, 경험에 대한 생각을 나눠라.

예시 활용

디자인 브리프에 진술을 제시하는 방법에는 두 가지가 있고 각 방법은 서로 상반된다.

- **한 페이지에 하나의 원칙과 연관된 예시들**: 한 페이지에 원칙(또는 목표, 요구사항) 하나가 들어간다. 페이지의 나머지 부분에서 이 원칙을 설명하고 하나 이상의 관련 예시를 제공한다. 이 방법은 주장하는 바가 한정적일 때 좋다.

- **한 페이지에 하나의 예시와 연관된 원칙들**: 하나의 예시가 하나 이상의 주장을 뒷받침한다면 주제별로 페이지를 배분한다. 예시는 이 주제를 보여주고 이와 연관된 모든 원칙(또는 목표 등)이 페이지에 들어간다. 이때 주의할 점은 경쟁 분석 문서를 만들면 안 된다는 것이다. 원칙, 지침, 요구사항이 이 예시를 설명하는 것이 아니고 예시가 이런 내용을 뒷받침한다.

하나의 원칙과 세 개의 예시

하나의 예시와 여러 개의 원칙

그림 9-1   디자인 브리프에 진술을 제시하는 상반된 두 가지 방법. UX 원칙을 뒷받침하기 위해 예시를 이용하고 있다. 원칙 하나를 한 페이지에서 보여줄 수도 있고 한 예시로 여러 원칙을 보여줄 수도 있다.

추적 가능성

디자인 브리프는 UX 디자이너를 이끌 목표, 모범 사례, 요구사항, 제약, 프로젝트 변수, UX 콘셉트, UX 비전, 그리고 다른 여러 주장으로 구성된다. 이는 프로젝트의 방향을 매우 높은 수준으로 정리한 의사결정일 수도 있지만 대부분의 경우에는 한계를 규정한다. 한계는 UX 디자이너들의 조절 범위를 벗어난 것으로서 설계 과정에 압력을 가하고 창조적인 작업의 경계선을 그어주며 결과를 판단하는 잣대가 된다.

UX 디자인을 한 관점에서 보면 아주 구체적인 일련의 의사결정 과정으로 볼 수 있다. 초기에는 "우리가 수행해야 할 과제"를 정하고 디자인이 진행될수록 어떤 화면이 필요한지, 화면 배치를 어떻게 구성할지, 버튼의 색상을 어떻게 할지 정한다. 이런 의사결정에는 나름의 위계질서가 있다. 이전의 의사결정이 없었다면 지금의 결정이 있을 수 없다.

좋은 디자인 브리프는 다음과 같은 질서를 보여준다.

목적 →	요구사항 →	UX 디자인 의사결정
이 프로젝트에서 무엇을 달성해야 하는가. 이 제품이나 웹 사이트 제작으로 사업이 어떻게 변할 것인가.	제품에서 구현해야 하는 것에 대한 구체적인 요구로 시스템의 작동에 초점을 맞춘다. 한계에서 요구사항을 도출하기도 하지만 그 외 모든 요구사항은 프로젝트 목표에서 나온다.	팀은 요구사항별로 의사결정을 내린다. 하지만 요구사항 하나당 반드시 의사결정이 하나인 건 아니다. 어떤 의사결정은 하나의 의사결정으로 다수의 요구사항을 충족시키고, 어떤 요구사항은 여러 개의 의사결정이 필요하다. 의사결정에도 위계질서가 있는데, 이는 추상화 정도로 표현할 수 있다. 템플릿 집합 결정과 같이 광범위한 의사결정이 있는가 하면, 템플릿에 들어가는 특정 배치와 같이 아주 구체적인 것도 있다.

표 9.1   진술의 위계질서. 모든 의사결정은 목표로 거슬러 올라간다는 사실을 알 수 있다. 외부 요소나 한계점에서 도출된 요구사항을 대한 의사결정은 임의적이거나 반직관적으로 보일 수도 있는데 이 또한 프로젝트가 성공하는 데 꼭 필요하다.

주장의 위계질서

UX 진술에서 단 하나의 변하지 않는 객관적인 위계질서가 존재할까? 한계나 요구사항의 유형을 보여주거나 모든 의사결정의 추상화 정도를 표시한 단계가 있을까? 도저히 알 수는 없지만 이것은 대개 표 9.1에서 설명한 패턴을 따른다.

위계질서를 지나치게 의식할 수도 있다. 그렇지만 원칙이 생겨날 때마다 복잡한 위계를 일일이 부여할 필요는 없고 의사결정의 근거만 명확하면 된다. 의사결정의 근거를 전달하면서 "그냥 내 생각이 그래서…"라고 이야기하는 UX 디자이너가 있다면 그 생각은 흘려버려도 좋다.

빈틈없는 의사결정이란 여러 방식으로 접근해봤고 문제를 가장 잘 해결해 주는 방법이며, 이전의 의사결정을 근거로 이 접근법을 정당화하는 결정을 말한다.

위계질서 반영

이전 자료를 인용하는 가장 단순한 방법은 항목을 최대한 잘게 나눠 번호를 매기고 그 항목을 의미하는 식별자를 만들어 문서에 적절하게 삽입하는 형태다.

- 플로차트에는 요구사항을 가리키는 식별자를 넣어 어떤 문제가 해결된 것인지 보여준다.
- 와이어프레임에는 디자인 표준을 가리키는 식별자를 넣어 라이브러리의 어떤 컴포넌트가 사용되는지 보여준다.
- 요구사항에는 목표를 가리키는 식별자를 넣어 특정 기능이나 특징의 근거로 제시한다.

이처럼 다른 문서를 삽입하는 기법은 세부사항에 충실하고 주의를 많이 기울였다는 사실을 보여줄 수 있는 한도 내에서만 유용하며, 어떤 프로젝트팀은 이런 엄격함을 요구하기도 한다.

인용 자료를 고르고 취합하는 작업은 골머리를 앓을 정도로 힘들지만 진짜 큰 문제는 추상적으로 흐를 수 있다는 점이다. 와이어프레임이나 화면 디자인에 요구사항 ID를 넣어 봤자 이 문서를 만들거나 식별자를 정한 사람이 아니면 어떤 맥락인지도 알 수 없다.

이런 추상성을 극복하는 한 가지 방법은 끼워 넣는 자료의 정체를 확실히 알려주는 것이다. 즉, 의사결정 근처에 끼워 넣는 자료 전체를 제시한다. 물론 와이어프레임에서 요구사항 전체를 볼 필요는 없다(요구사항이 바뀌었을 수도 있고 다른 해석이 개입될 여지도 있으며, 솔직히 페이지에 자리도 많지 않다). 그 대신 나는 요구사항이나 목표를 요약하는 문장이나 구절을 이용한다.

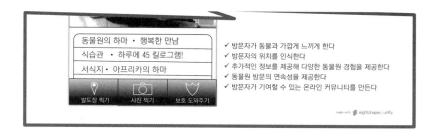

그림 9-2   목표 진술문을 간단히 축약하기. 축약한 목표 진술문은 이후 프로세스에서도 계속 활용할 수 있다. 추상적인 식별자보다 이렇게 정리해서 인용한 내용이 목표나 원칙에 대한 이전의 논의를 잘 상기시켜 주므로 의사결정의 논리력이 극대화된다.

그러나 디자인 표준은 여기서 예외다. 우리 회사에서는 회사 내부의 표준을 포함한 라이브러리를 만드는 일을 여러 번 했다. 디자인 표준을 시스템 코드로 정리한 라이브러리는 UX 문서에 끼워넣어도 좋다. 코드의 근거만 충분하다면 사람들은 코드를 보고 어렵지 않게 컴포넌트를 떠올릴 것이다.

경계선 분명히 긋기

좋은 디자인 브리프는 UX 팀이 해야 할 일과 하지 말아야 할 일에 분명한 선을 그어준다. 새로운 창조 작업을 하다 보면 끝도 없이 문제가 생기므로 경계선이 매우 중요하다. 경계선이 있기에 프로젝트 팀은 실용적인 사고를 할 수 있다. 경계선을 그을 때 일정과 기능으로 제한하는 방법을 많이 쓴다. 내가 이 두 가지 방법에 집중하는 이유는 이를 그림으로 잘 표현할 수 있기 때문이다.

일정

아마도 프로젝트 중간에 작업을 중단하는 가장 간단한 방법은 마감일을 거론하는 것이다. 관리를 잘하는 UX 팀은 "목표"와 "마감일" 사이에서 "무엇이 가능한지"를 잘 측량한다. 디자인 브리프에서는 반드시 마감일을 미리 정해야 한다.

기능

경계선을 긋는 또 다른 방법은 어떤 경험에 노력을 기울일지 정하는 것이다. 우선순위 목록은 좋은 출발점이 될 수 있지만 상세할수록 좋다.

- **화면이나 템플릿으로 경계선 긋기**: 프로젝트 범위를 특정 화면의 모음(때로는 정말 화면 하나)에 국한할 수 있다. 하나의 기능을 정확한 화면의 개수로 측량하기는 어렵지만 이런 작업을 하다 보면 디자인 브리프를 보면서 노력을 어느 정도 투입해야 할지 대략 어림잡을 수 있다.

- **사용자 시나리오로 경계선 긋기**: 좀 추상적이지만 사용자의 어떤 경험을 뒷받침할지 범위로 정하기도 한다. 이 역시 규정하기 쉽지 않지만 사용자 경험을 좀 더 현실적으로 측량할 수 있고 사용자가 무엇을 원하느냐의 관점으로 대화를 나눌 수 있다. 시나리오의 복잡도(귀속조건, 입력, 출력, 결과)에 따라 어느 정도의 노력이 들어가는지도 계산할 수 있다.

추가적인 제약사항

UX 팀이 집중할 대상, 제작할 분량, 일정에 영향을 미치는 다른 요소도 있다. 프로젝트에 투입 가능한(또는 불가능한) 인원과 같은 조직적인 요소가 바로 여기에 해당한다. 프로젝트에서 중요 부분을 다루는 시기가 의사결정권자의 출장과 겹친다면 마감일을 조정해야 한다.

기업 문화도 제약사항이 될 수 있다. 법률 부서나 다른 검토자에 의한 내용 검수, 마감일을 정하는 개발 주기, 특정 요구사항에 적용해야 하는 기술적인 틀 등이 여기에 해당한다.

 쉬어가는 이야기

프로세스 디자인

조슈아 프린스 라무스는 시애틀 공립 도서관을 설계한 빌딩 건축가로서, 2007년 라스베이거스 IA 정상 회의에서 발표한 적이 있다. 그때 그가 말한 한마디가 아직도 내 머리를 맴돈다. 바로 "제가 하는 일은 프로세스 디자인입니다. 빌딩 디자인이 아닙니다"라는 말이다. 그는 문제에 어떻게 접근할지를 디자인한다(아마 그가 처음일 것이다). 나처럼 여러분에게도 이 말이 맴돈다면 디자인 브리프에 프로세스를 담아라. 아마 이 작업이 우리가 하는 일에서 가장 중요한 부분일지도 모른다.

계획

좋은 디자인 브리프는 프로젝트 팀이 정한 경계선 안에서 목표를 어떻게 달성할지 보여준다. 이는 프로젝트 팀이 UX 디자인에 대해 아는 바를 모두 *끄*집어내어 특정한 디자인 문제에 적용할 수 있는 기회다.

계획은 구체적일수록 좋지만 디자인 브리프에 세세한 기점까지 다 담을 필요는 없다. 나중에 구체적인 계획으로 옮겨갈 수 있게 핵심 활동, 산출물, 책임, 인수인계와 같은 높은 수준의 계획만 있으면 충분하다. 일정과 관련해 문서에서 전달할 부분은 다음과 같다.

- **활동**: 어떤 과제를 수행할 것인가
- **산출물**: 그 과제의 결과물은 무엇인가
- **사람**: 과제의 수행은 누가 책임지는가

목표없는 계획은 무의미하다는 사실을 명심하라. 이 계획이 어떻게 목표를 향해 가는가가 중심 메시지가 돼야 한다.

계속되는 진화

디자인 브리프는 모든 디자인의 토대를 제공하지만 디자인하려면 도전과제를 끊임없이 더욱 세밀하게 이해해야 한다. 이 말은 디자이너를 더욱 구체적인 방향으로 이끌도록 비전과 원칙을 끊임없이 가다듬고 구체화해야 한다는 뜻이다.

디자인 브리프를 쉽게 업데이트하게끔 만드는 두 가지 방법은 다음과 같다.

- **변화를 수용할 수 있는 문서의 틀이 있어야 한다.** 미적인 디자인 브리프가 프로젝트의 모습을 더 잘 보여줄지는 모르지만 변화를 수용하도록 의식적으로 노력을 기울이지 않는다면 업데이트하기가 쉽지 않을 것이다.
- **문서가 실용적이어야 한다.** 즉 사람들이 문서를 최신 내용으로 업데이트할 이유가 있어야 한다. 사람들은 실용적이지 않은 디자인 브리프는 금세 잊는다.

디자인 브리프의 목표가 UX 디자인의 비전을 보여주는 것이라면 절대로 뒤처지게 놔둬선 안 된다. 모두가 이것을 핵심 목표로 동의했다면 문서를 만들 때 다음과 같은 점을 고려해야 한다. 원칙이 바뀌면 어떻게 되는가? 원칙이 추가되면 어떻게 되는가? 그 비전을 구체화할 공간이 있는가? 새로운 목표의 타당성을 측정하는 기준은 무엇인가? 범위가 정해졌을 때 요구사항에 정보를 추가할 수 있는가? 좋은 디자인 브리프는 이런 변화를 잘 수용할 수 있는 틀이 있어야 한다.

프로젝트의 성격 정의

좋은 디자인 브리프는 프로젝트의 성격을 잡아준다. 이것은 눈으로 확인할 수 있는 일이 아니다. 따라서 전체 요약 페이지에서 '이 프로젝트의 성격은 가끔 심각하지만 대체로 가볍다'라는 의미를 전달하기란 어렵다.

대신 디자인 브리프의 격식 정도, 구조, 세련미 정도로 앞으로 프로젝트 팀이 어떻게 커뮤니케이션할지 대략 감을 잡을 수 있다. 세심하게 꾸민 디자인 브리프를 어지럽고 주석도 없는 스케치로 바꾸기란 어려운 법이다.

디자인 브리프는 앞으로 사용할 프로젝트 관리 도구를 소개하기에도 좋은 공간이다. 프로젝트 관리 도구는 다음과 같은 용도로 사용한다.

- 프로젝트 부분별로 완료 정도 파악하기

- 목표 달성을 위한 활동 계획하기

- UX 문제점이 명확해질 때마다 범위 수정하기

- 위험이 발생할 때마다 위험 관리하기

- UX 작업물에 대한 피드백 문서화하기

- 팀원들의 업무 목록 정리하기

- 활동별 자금과 인력 배분하기

어떤 도구를 사용하든 디자인 브리프는 이를 소개하기에 좋은 장소이며 발췌본이나 예제를 제시할 수도 있다. 정보가 충분하다면 도구를 제시하면서 기초적인 정보도 싣는다.

도구를 보여줄 때의 고려 사항

작업물을 발표할 때 프로젝트 관리 도구 주변에 레이어로 정보를 추가하기도 한다. 이때 들어가야 할 정보는 다음과 같다.

- 이것은 무엇을 위한 것인가
- 누가 유지보수를 책임지는가
- 누가 이용해야 하는가

예시: 진척도를 제시하라

예를 들어, 어떤 팀에서는 프로젝트의 여러 부분을 얼마나 완료했는지 기록하는 표를 이용한다. 프로젝트의 틀을 짜는 방법은 많다. 산출물을 기준으로 프로젝트의 틀을 짜기도 하지만 내가 참여한 대부분 프로젝트에서는 디자인 분야별로 흐름을 다르게 진행했다. 어떤 때는 출발하면서 목표 부분에서 멈칫하기도 하고 피드백을 늦게 주는 사람이 생기면 마지막에 멈칫하기도 한다. 그림 9.3에서는 동물원 아이폰 앱 프로젝트에서 와이어프레임 작업을 세 개의 큰 흐름(아이폰 앱, 보조 웹 사이트, 콘텐츠 제작)으로 잡았다.

디자인의 각 흐름은 상품의 서로 다른 부분을 기반으로 한다. 팀마다 작업을 분류하는 좋은 방법은 다르지만 프로젝트를 진행하면서 틀이 계속 바뀌기도 하고 디자인 방식에 따라 다른 접근법이 필요할 때도 있다. 또한 타당성 평가를 통해 특정 부분이 프로젝트 범위에 벗어나는 것으로 드러나기도 하며 이해관계자가 우선순위를 재정리해 달라고 요구하기도 한다.

eightshapes 동물원 방문자를 위한 아이폰 애플리케이션
Version 3 published July 25, 2010 by Dan Brown (dan@eightshapes.com)

7 of 7

진척도 표

작업 단위별로 진척도를 파악하고자 팀에서는 아래의 진척도 표를 이용할 것이다.

과제	검수자	요구사항	와이어프레임	비주얼 디자인	기능 상세 내역
아이폰앱		(마감일이 정해진 경우에는 날짜를 기입)			
-메인 화면	사라 B				
-동물 세부 사항	사라 B				
-전시 세부 사항	장 마르크				
-사실	장 마르크				
-이벤트 세부 사항	아담				
-인덱스 템플릿	사라				
여행 계획표 사이트	장 마르크 E				
-메인 페이지	장 마르크 E				
-세부 사항	장 마르크/사라/아담				
-검색 결과	장 마르크/사라/아담				
여행 계획표 내용	리사 B				
-시작할 때의 여행 계획표 목록	리사 B				
-여행 계획표 예제	리사 B				
-기술 검토	알렉시스				
-마케팅 검토	매리 엘렌				
-카피 제작	리사/리차드				
-비주얼 방향	조라				
-여행 계획표의 비즈니스 규칙	리사/알렉시스				

진척도 표 이용의 지침

- 프로젝트 매니저가 표를 업데이트한다.
- 프로젝트 멤버들은 진척도, 지연, 위험을 프로젝트 매니저에게 통보한다.
- 이 표는 모든 사람이 볼 수 있는 장소에 걸릴 것이고 표를 변경할 경우 프로젝트 매니저에게 통보한다.

made with eightshapes | unify

그림 9-3 진척도 표 사용. 프로젝트의 초기 틀을 토대로 진척도 표에 샘플 정보를 넣어서 보여주기도 한다. 이 경우에는 추가 정보를 제공하는 페이지에서 이 표를 제시했다.

디자인 브리프에 얼마나 많은 노력을 기울여야 하는가

디자인 브리프에 얼마나 많은 노력을 기울일지 생각하라. 이때 고려할 점은 다음과 같다.

- **목표**: 모든 디자인 브리프에는 문제, 목표, 그리고 UX 디자인의 방향이 담겨야 한다. 이 문서는 프로젝트 기간 내내 성서처럼 받들어질 수도 있고 프로세스의 시동만 걸어주는 단순한 수단이 될 수도 있다. 만약 후자라면 디자인 브리프에 많은 노력을 기울이지 않는다.

- **전체 예산**: 디자인 브리프에 많은 예산을 쏟으면 그 이후부터 많이 먹지도 못하고 다른 활동도 희생해야 할 것이다. 그러나 디자인 브리프는 더욱 효율적이고 초점을 맞출 수 있게 이후 활동의 방향을 제공한다.

- **입력 정보**: 프로젝트 초반에 앞으로 일어날 일만 대략 알려주고 브리프 작업을 빨리 마칠 수 있다. 반면 일련의 요구사항, 조사, 발굴 작업의 개요로 디자인 브리프를 활용하기도 한다.

- **가치**: 나는 디자인 브리프에 초기 디자인 콘셉트를 담으려고 항상 노력한다. 그래야 고객에게 필요한 정보를 달라고 요구하는 것 이상으로 보일 수 있다. 디자인 브리프에 목표와 요구사항 이상의 것이 많이 담기지 않는다면 투입하는 노력을 줄여야 한다.

적절한 투입 예산은 전체 프로젝트 예산의 20퍼센트 정도다. 총 400시간이 주어졌다면 디자인 브리프에 80시간을 투입한다(80시간은 한 사람이 2주간 종일 일하는 분량이다. 대부분이 다른 일과 병행하지 않는 한, 이 정도면 아주 많은 일을 할 수 있다). 이보다 많은 시간을 들이면 다른 활동에 영향을 끼치고 10퍼센트 미만으로 내려가면 머릿속에서 문제를 명확하게 정리하지 못하게 된다.

물론 이것은 하나의 기준일 뿐이다. 브리프는 훨씬 더 간단해질 수도 있고 엄청난 노력(예를 들면, 사용자 조사)을 기울여야 할 수도 있다.

우선순위 전달

디자인 브리프가 전달해야 할 메시지 중 하나는 UX 원칙별 우선순위다. 우선순위를 보여주는 방법은 많지만 무엇을 사용하든 한 원칙이 다른 원칙보다 UX 프로세스에서 더 강력한 영향력을 행사한다는 결과는 같다.

나는 우선순위를 정확한 중요도로 제시하기보다 대략적인 가중치(숫자나 원 그래프)로 제시한다. 가장 중요한 것이 앞에 나오며 자주 반복되고 목록의 앞에 놓인다.

다음에 나올 "디자인 브리프 해부"에서는 문서에 들어가는 여러 유형의 정보를 살펴보겠다. 그곳의 주요 메시지는 우선순위인데 이는 유형별(목적, 지침, 한계점, 요구사항 등)로 수십 개씩이나 되는 원칙이 있기 때문이다.

원칙을 마음대로 배열하면 UX 디자인 팀에 도움이 되지 않는다.

숫자로 된 가중치는 괜찮아 보일 수 있지만 이 역시 별 도움이 되지 않는다. UX 팀은 디자인 브리프를 끊임없는 영감과 방향의 원천으로 활용한다. 디자인 브리프에서 가장 중요한 메시지는 다른 것에 묻히지 않고 드러나 보여야 한다. 한 콘셉트가 다른 콘셉트보다 더 중요하다는 사실을 알리는 신호로 특별한 글머리 기호나 아이콘을 활용해도 좋다.

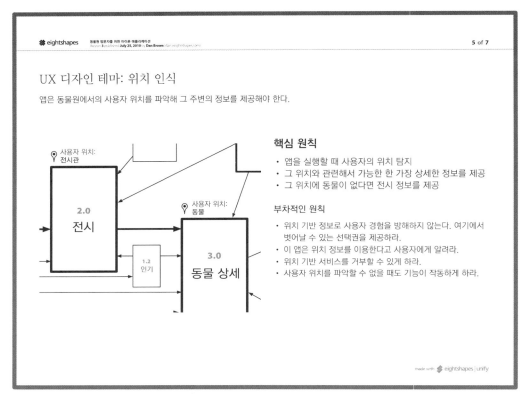

그림 9-4   문서의 구조로 우선순위 제시.   문서의 배치와 구조에서 상대적인 중요도를 암시해야 한다. UX 디자인 테마 중 하나를 강조한 이 예시에서 더 중요한 요소는 페이지 위에 있고 글자 크기도 더 크다.

디자인 브리프 발표를 위한 팁

여러분이 디자인 브리프를 만드는 사람이라면 디자인 브리프가 프로젝트 팀과 처음으로 공유하는 문서일 것이고 이전에 프로젝트 팀과 일한 적이 없다면 이 회의가 정말 중요하게 느껴질 것이다. 프로젝트 팀은 여러분의 작업물을 처음 보며 피드백을 실시간으로 주고 프로세스가 어떻게 진행되는지 살필 것이다. 또한 여러분이 UX 문제를 얼마나 잘 파악했는지 판단하고 초기 콘셉트에 큰 기대를 갖기도 할 것이다. 아니면 디자인 브리프가 뭔지 잘 몰라서 무엇을 보여주는지 모르고 회의에 들어오기도 한다.

아마 많은 사람이 회의에 큰 기대를 걸고 들어올 것이다. 그만큼 잘못될 가능성도 많다(솔직히 나는 이 발표 시간을 가장 싫어한다).

먼저 비공식적으로 콘셉트를 공유하라

잘못되는 위험을 줄이고자 나는 공식 회의를 열기 전에 핵심 관련자와 브리프의 내용을 설명하는 시간을 마련한다. 이로써 콘셉트를 평가할 수 있고 브리프에 대한 기대감을 심어주며 내용에 대한 피드백을 들을 수 있다.

이 대화에서는 비전 진술, UX 디자인 목표, 핵심 UX 원칙, 범위 규정 등의 높은 수준의 콘셉트에 초점을 맞춘다. 또한 핵심 이해관계자가 프로젝트 팀을 어떻게 생각하는지도 들어본다. 이때 다음과 같은 사항을 겨냥한 질문을 던진다.

- 이 중에 프로젝트의 전반적인 이해와 상충하는 것이 있습니까?

- 이런 생각을 논의하기에 너무 이른가요?

- 우리의 비전은 "접근성, 인식, 풍부함"입니다. 이 콘셉트를 처음 들은 느낌이 어떤가요?

- 우리는 프로젝트 계획을 예상보다 몇 주 길게 잡았습니다. 어떻게 하면 이 계획을 설득할 수 있을까요?

- 이 문서의 목표는 구체적인 UX 아이디어를 제시하는 게 아니라 UX 문제를 제대로 진단하는 것입니다. 프로젝트 팀이 이 생각에 동의할 거라고 생각하십니까?

다른 방법으로 이 시간에 목차를 공유하기도 한다. 목차를 보면 디자인 브리프에서 다루는 주제를 더욱 확실히 이해할 수 있다. 그리고 어떤 정보가 빠졌고 어떤 생각이 성급하며, 어떤 내용이 프로젝트 팀의 관심을 제일 많이 받을지도 알려줄 것이다.

프로젝트 이해관계자와의 친밀도에 따라 문서의 초안을 공유하기도 한다.

이 대화와 무관하게 회의를 하기 전에 브리프의 목차에서 끌어낸 회의 주제를 사람들에게 보낸다. 그리고 이야기하기를 원하는 내용이 모두 다 언급됐는지 관계자들의 의견을 듣는다.

"짜잔!"을 피하라

초기의 개념적인 방향이든 문제를 제대로 파악하기 위한 스케치든 중심이 되는 비전 진술이든 디자인 브리프 회의를 완전히 정리된 생각을 공개하는 자리로 생각하지 마라. 정말 슬프게도 여러분의 생각을 여러분만큼 좋아할 사람은 아무도 없다(정말 한 명도 없다. 아니 엄마 한 명 있다). 다른 프로젝트 팀원들은 자신의 관점으로 콘셉트를 해석하는데 이 과정에서 실망하기도 한다.

모든 사람이 이 제품이 어떻게 돼야 한다는 저마다의 생각을 품고 회의에 들어온다. 여러분이 제시하는 생각을 받아들일 준비가 되거나, 기꺼이 받아들이거나, 받아들일 수 있는 사람은 거의 없다(오히려 나는 다른 팀원이 내 생각에 받아치지 않을 때 더 의심스럽다). 여러분이 보여주는 것이 그들의 머릿속에 있는 것과 부딪히는 일은 불가피하다. 때로는 완전히 다른 생각이고 때로는 더욱 상세한 것을 요구하기도 한다(그들은 "기본적인 부분에 이렇게 공을 들였다고? 세부사항은 어디 있어?"라고 생각할 수도 있다).

따라서 "짜잔!" 대신에 다음과 같이 하라.

- 콘셉트를 앞으로 만들 디자인의 토대로 생각하라.

- 콘셉트와 문제를 긴밀하게 연결하라. UX 콘셉트나 비전을 단독으로 제시하지 말고 문제 해결의 첫 단계로 제시하라. 또한 문제의 요소별로 관계를 만들고 이 비전이 이 문제를 어떻게 다룰지 설명하라.

- 프로젝트 목표가 유효한지, 여러분이 달성해야 하는 바를 제대로 이해했는지 확인하는 수단으로 UX 콘셉트를 이용하라.

전문가에게 묻기

DB: 좋은 디자인 브리프의 요건은 무엇인가요?

RU: 디자인 브리프는 업무 명세서와 많이 비슷합니다. 누가 쓰고 어떤 경험을 했고 가장 중요한 것을 어떻게 바라보느냐에 따라 내용이 달라집니다. 좋은 디자인 브리프에는 꼭 들어가야 하는 핵심 정보가 있습니다. 저는 다음과 같은 내용을 디자인 브리프에 꼭 넣습니다.

**러스 웅거,
사용자 경험 이사,
해피코그**

- 프로젝트 요약/개요

- 타겟 고객

- UX 디자인/인터랙션의 목표

- 비즈니스 목표와 UX 디자인 전략

- 뒷받침하는 조사와 자료

- 관련 페르소나의 사진

프로젝트 요약/개요는 여러분이 어떤 일을 할지 정확히 알고 있다는 사실을 고객에게 보여줍니다. 아마 쌍방이 이미 동의했지만 아직 문서로 만들지는 않았을 것입니다.

타겟 고객은 꼭 필요합니다. 고객이 "모두가 타겟입니다"라고 말할지도 모릅니다. 모두를 위한 디자인은 여러분만을 위한 디자인처럼 즐거워 보일 수 있지만 전혀 그렇지 않습니다. 첫 번째, 두 번째, 세 번째 타겟을 정의하지 않았다면 고객과 심층 논의를 하십시오.

UX 디자인/인터랙션의 목표는 콘텐츠의 우선순위를 정하는 데 도움이 되고 콘텐츠 전략에 인사이트를 주기도 합니다(이 중 하나라도 있기를 바랍니다!). 더불어 목표는 해결책을 모색하는 길을 제시합니다.

비즈니스 목표와 UX 디자인 전략은 모든 페이지에 넣고 싶은 정보입니다. 표지에, 진한 글씨로, 가능하면 내용을 깜박이게 하는 <blink> 태그도 넣으세요. 피터 L. 필립의 책 "완벽한 디자인 브리프 만들기(Creating the Perfect Design Brief)"에는 "이것은 '계약'과도 같다. 여러분의 실험에 동의를 끌어내고 다양한 콘셉트를 추구할 기회이며 최종 승인을 받는 마지막 프레젠테이션에서 가장 중요한 재료이기도 하다"라고 적혀 있습니다. 저는 이 말에 전적으로 동감합니다. 비즈니스 목표를 정하고 목표별로 확실한 UX 전략을 세울 수 있게 고객과 함께 작업하십시오.

뒷받침하는 조사와 자료가 들어가는 것은 좋지만 주의를 기울이지 않으면 문서가 이것으로 꽉 찰 수 있습니다. 조사나 자료의 요약, 개요를 제공하면서 다른 외부 문서를 참고하라는 메모를 적어주면 주요 결과물을 파악하면서도 필요한 사람은 더 깊이 살펴볼 수 있습니다. 마지막으로 가능하면 관련 페르소나의 사진을 넣습니다. 이를 통해 타겟 고객, 뒷받침하는 조사와 자료에 대해 다른 생각을 해볼 수 있습니다. 주요 인구 통계 정보와 개인 인용문이 담긴 썸네일(상세한 정보가 담긴 문서를 참고하라는 메모와 함께)은 디자인 브리프의 논리력을 한층 더 끌어올릴 것입니다.

마지막으로 "브리프(brief)"라는 단어는 브리프 문서가 짧아야 한다는 착각을 하게 만듭니다. 그러나 브리프에는 정보들 간의 관계를 명확하고 간결하게 제시할 수 있는 모든 내용이 들어가야 합니다.

'어떻게'를 꼭 넣어라

조리법을 알려줄 때 대화의 초점을 어디에 맞추는가? 디자인 브리프 회의에서는 앞에서 전달한 팁 말고도 "어떻게"가 반드시 들어가야 한다. "프로세스 디자인하기" 상자에서 언급한 대로 UX 디자이너는 프로젝트 목표를 달성하기 위해 어떻게 접근할지 규정해야 한다.

범위, 활동, 산출물을 설명하는 시간보다 많이는 아니더라도 그 시간만큼 다른 프로젝트 팀원과 겹치는 부분을 설명하라. 여러분의 UX 디자인 철학(아마 여러분이 고용된 이유였을 것이다)은 여기서 구현된다.

프로세스가 담긴 페이지를 설명하는 데 많은 시간을 쏟았다면 이는 성공적인 회의라는 신호다.

디자인 브리프 해부하기

디자인 브리프에는 프로젝트를 이끄는 원칙이 들어간다.

디자인 브리프 구조 잡기

다음은 잘 만든 디자인 브리프의 목차다.

장	페이지
전문	표지 목차 전체 개요
비전	UX 디자인 주제 세상을 더 좋아지게 할 방법 콘텍스트: 어떤 일이 일어나고 있는가?
도전과제	범위 요구사항 한계점
UX 디자인 원칙	하나의 페이지에 하나의 원칙
계획	프로젝트 계획 활동 설명 산출물 설명

표 9.2　디자인 브리프 목차. 전체 비전과 주제는 앞에서 제시하고 원칙이나 한계는 이후에 상세하게 제시한다.

 디자인 브리프의 틀은 이 책에서 소개한 문서의 철학(핵심으로 시작해 구체적인 내용은 뒤에서 다룬다)을 그대로 따른다.

 UX 문제를 설명하는 도전과제부터 시작하고 싶을 수도 있다. 도전과제로 시작하는 것도 좋지만 이때는 다음과 같은 몇 가지를 고려해야 한다.

비전으로 시작하기	도전과제로 시작하기
고객 측 이해관계자가 여러분과 여러분의 UX 팀이 도전과제를 잘 이해했다고 확신하면 비전부터 시작하는 편이 더 강력하다.	UX 팀이 도전과제를 잘 이해했다는 사실을 보여줘야 한다면 고객 측의 이해관계자 앞에서 재차 언급하는 편이 좋다.
고객이 도전과제부터 바로 시작하기를 원하지 않고 UX 디자인의 앞부분이 얼마나 진행됐는지 보고 싶어한다. 강력한 비전 설명은 도전과제를 반복하는 것보다 더 일이 진전된 것처럼 보이게 해주고 특히 출범 회의와 이해관계자와의 인터뷰에서 이 주제를 다뤘을 때는 더욱 그렇다.	고객이 미처 생각하지 못한 새로운 방식으로 도전과제를 정리했다면 도전과제부터 시작하라. 여러분의 접근법이 전체가 아닌 부분에 초점을 맞췄다면 도전과제부터 시작하는 편이 좋다.

표 9.3　비전으로 시작할 때와 도전과제로 시작할 때. 비전 또는 도전과제는 이야기의 가장 첫 부분이다. 어떤 것으로 시작할지는 프로젝트의 현재 상태와 지금까지의 활동, 그리고 고객과의 관계에 따라 결정한다.

UX 디자인 목표, 주제, 원칙

원칙이 모여 방향이 정해지고 원칙은 프로젝트의 비전에 다양한 관점을 제공한다.

디자인 방향은 UX 디자이너에게 영감을 주고 제안을 하며 디자인을 이끌어 준다. 디자인 방향은 "버튼에 언제나 동사를 이용하라"와 같은 규칙 수준일 수도 있고 "이 제품은 동료들이 프로젝트 정보를 공유할 수 있게 돕는다"와 같은 콘셉트 수준일 수도 있다.

앞의 "좋은 디자인 브리프의 요건은 무엇인가"에서 설명했듯이 단순한 글머리 기호 목록을 넘어 디자인 방향을 정확하게 제시하는 편이 더 좋다. 예시도 디자인 방향의 요소를 알려주고 콘텍스트를 제공하므로 좋다. 이 외에 더 고려해야 할 사항은 다음과 같다.

- **분류:** 원칙을 "내비게이션"처럼 주제별로 분류하면 프로젝트 영역별로 방향을 정할 수 있다. 또한 UX 디자이너들은 이 그룹을 보면서 어떤 원칙이 어떤 UX 문제에 초점을 맞췄는지 알 수 있다.

- **우선순위:** 프로젝트를 진행할수록 계속 새로운 원칙이 생겨난다. 처음부터 원칙의 우선순위를 정하고 중요한 것에 가중치를 주면 프로젝트 기간 동안 초점을 지키기가 훨씬 수월하다.

- **언어:** 원칙은 명령형으로 적는다. 문장을 최대한 간단하게 만들고 최대한 구체적이면서 대상을 명확히 지정하라. 예를 들어, "친절하게 대하라"라는 원칙은 모호하지만 "절제되고 따뜻한 계열의 색상, 기하학적 패턴을 추구하라"라는 원칙은 덜 모호하다.

- **스케치:** 원칙을 스케치로 표현하라. 나는 종이에 그린 그림을 스캔해서 문서에 잘 싣는다.

비전 진술

비전 진술은 전체 방향을 요약하는 한 방법으로서 이후의 의사결정을 이끄는 중심 주제다. 비전을 표현한 한 문장이나 구절은 아이디어나 새로운 요구사항이 타당한지 평가할 때 모습을 드러내며 기준이 된다.

다음은 우리 팀에서 썼던 비전 진술문이다:

- 필요하다면 강력하게

- 조직을 연결하는 다리가 되어줌

- 전문가가 자잘한 행정적인 잡무에서 벗어나 다시 전문가적인 일을 할 수 있게 함

여러분은 이 프로젝트를 잘 모르므로 이 문장을 봐도 별 느낌이 없을 것이다. 비전은 그 프로젝트의 맥락에서만 의미가 있다. 비전 진술문이 모든 사람과 소통될 필요는 없으며 프로젝트에 참여하는 사람에게만 의미가 있으면 된다.

우리는 비전 진술문을 더 강력하게 만들기 위해 시각적인 메타포를 활용하기도 한다. 때로는 큰 사진 위에 놓인 간단한 한 문장이 비전을 확실하게 보여줄 수 있다.

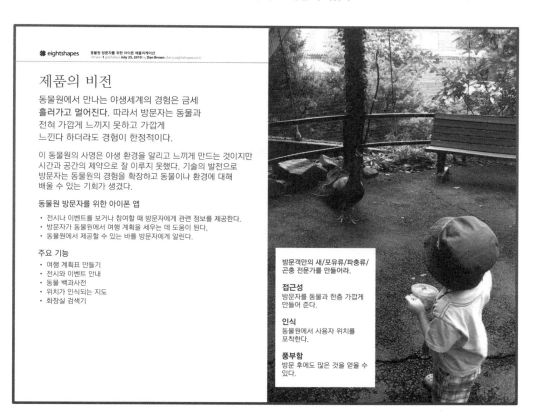

그림 9-5   사진과 함께 있는 비전은 UX 디자인의 강력한 토대가 된다.   여백 없이 꽉 찬 사진은 더 강력하다. (이 사진은 순진한 어린 아이가 교미철에 들어선 수컷 공작과 마주한 사진이다.)

UX 디자인 콘텍스트와 범위

두 번째 원칙의 집합은 프로젝트 변수를 감안한 경계선이다. 경계선은 방향이라기보다는 무엇을 하면 안 되는지를 알려주는 것이다. 변수는 프로젝트마다 다르고 마감일 같은 작업상황이라기보다는 초점을 맞춰야 하는 영역에 가깝다. 경계선을 정할 때 고려할 사항은 다음과 같다.

- **구체화**: 경계선을 좀 더 구체적으로 보여줄 방법을 찾고 있다면 양으로 제시하라. 화면 개수, 인터페이스 컴포넌트의 개수, 수정 작업의 횟수, 중요도순 등을 이야기하다 보면 최소한 이 프로젝트의 규모가 어느 정도인지 파악할 수 있다.

- **출처**: 어떤 경계선은 다른 경계선보다 제멋대로다. 왜 출시 시점에는 보도 자료에만 초점을 맞추는가? 왜 헤더는 건드리지 못하는가? 메모의 출처를 문서에 적어 두면 쉽게 근거를 추적할 수 있다.

- **가중치**: 다른 UX 디자인 원칙과 마찬가지로 콘텍스트와 범위를 규정하는 원칙에도 가중치가 있어야 한다.

그림으로 범위를 제시하기도 한다. 어떤 프로젝트에서는 사이트의 어떤 부분에 초점을 맞췄는지 사이트맵, 플로차트, 콘셉트 모델에서 보여주기도 한다.

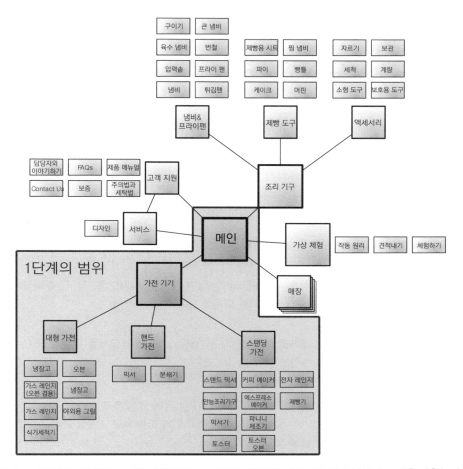

그림 9-6 프로젝트 경계를 표시한 사이트맵. 프로젝트 1단계에 사이트의 어떤 부분에 초점을 맞췄는지 5장의 사이트맵 예시를 이용해 제시했다.

UX 디자인 콘셉트

UX 디자인 프로세스를 두 가지 핵심 과제(문제 이해와 문제 해결)로 규정하기 쉽다. 이 책에서는 여러 다이어그램과 문서의 역할을 이해시키기 위해 이분법을 많이 활용한다. 그렇지만 UX 디자인 프로세스는 의심할 여지 없이 아주 복잡하다. 솔직히 이 말은 거론할 필요도 없다.

 쉬어가는 이야기

잠깐, 뭐라고?

디자인 브리프에 디자인 콘셉트를 실으라고? 먼저 문제부터 파악해야 하는 거 아닌가? 요구사항이 적합한지도 봐야 하지 않나? 우리는 아직 제약사항도 완전히 이해하지 못했다고!

맞다. 우리 회사에서 새로운 철학을 시험하고 있다. 일명 "닥치고 디자인해!"다. 더 구체적으로 진행하기 전에 콘셉트를 실어야 한다는 근거는 다음과 같다.

- **콘셉트를 이용해 여러분이 제대로 이해했는지 평가하라**: 처음부터 문제를 해결할 필요는 없다. 종이에 생각을 쓰면서 무엇이 좋고 무엇이 좋지 않은지 보라. 이 과정에서 비교할 점을 뽑아낼 수 있을 것이다.

- **노력을 최소화하라**: 처음부터 문제를 해결할 필요가 없다(이 말 방금 하지 않았나?). 두어 시간 동안 몇 가지 아이디어를 생각하라. 프로젝트 팀과 함께 이런 사고 과정을 거치다 보면 브리프의 다른 측면도 가다듬을 수 있다.

- **프로젝트 팀을 일찍 참여시켜라**: 초기에 종이에 생각을 적으면 안 된다는 생각은 다른 프로젝트 팀원이 프로젝트에서 손을 놓는 핑계가 된다. 프로젝트 팀은 디자인이 잘 작동하는지만 보면 된다. 이들의 손에 되도록 빨리 물을 묻히게 하라.

이런 복잡성을 고려하면 디자인 브리프에 "문제를 언급하는" 데 그쳐서는 안 된다. 강력한 디자인 브리프는 디자인 방향이 담긴 초기 디자인도 살짝 보여준다. 디자인보다 디자인 방향을 더 잘 보여주는 것은 없다. 수긍이 잘 안 된다면 "잠깐, 뭐라고?" 상자를 다시 보라.

독자는 UX 디자인 콘셉트를 보고 다음과 같은 사항을 이해할 수 있어야 한다.

- **경험**: 하지만 너무 자세히 흐르는 것을 경계하라. 이것은 다소 현실적인 제안이다. 세부사항을 가다듬을 시간과 돈이 충분하지 않으므로 디자인 브리프에서 세부사항까지 작업할 수가 없다(시간과 돈이 충분하더라도 디자인 브리프에 모두 쏟아붓고 싶지는 않을 것이다).

- **도전과제**: UX 콘셉트를 보면 한계와 논점이 더 잘 보이고 문제는 해결할수록 더 잘 보인다. 왜 귀찮은 문제가 거론될 때까지 기다리는가?

- **범위**: 콘셉트는 프로젝트가 어디서 시작되고 어디서 끝나는지 알려줘야 한다. 사이트의 새 구조를 담은 그림에 여러분이 어떤 작업을 하고 어떤 작업을 하지 않을지 명확히 보여야 한다.

콘셉트를 프로젝트 초반에 노출하면 위험이 따른다. 하지만 비전을 명확히 하고, 방향을 정하고, 사람들의 반응을 볼 수 있는 등의 장점이 위험을 훨씬 능가한다. 콘셉트가 감당 못할 상황으로 가는 사태를 막으려면 다음을 고려하라.

- **하나의 화면에 집중하라**: 콘셉트를 제시할 때는 애플리케이션의 크기와 상관없이 한 화면에만 집중하라. 단 프로젝트 범위나 애플리케이션의 핵심이 담긴 중요 화면으로 골라야 한다(로그인 화면은 디자인 방향을 잘 보여주지 못한다).

- **스케치한 듯이 그려라**: 콘셉트를 손으로 그리지 못하겠다면 소프트웨어를 활용해 콘셉트를 "스케치"한 듯이 그려라. 완벽하게 가다듬은 콘셉트는 브리프에 적합하지 않다. 더 건드리지 못할 정도로 완벽한 브리프를 만들고 싶다는 유혹도 들지만 잘 알다시피 시간이 지날수록 문제가 다르게 보인다. "스케치한 듯한" 스타일은 아직 완결되지 않았다는 의미를 내포할 수 있다.

- **특정한 방향으로 빠지는 것을 피하라**: 나는 UX 디자인 콘셉트를 한 번 쓰고 버리는 일회용으로 간주한다. 문제의 틀을 잡고 올바른 방향으로 인도하는 유용한 문서지만 상당한 후속 작업이 필요하다.

구조적인 콘셉트

디자인 브리프에 화면 대신 구조를 스케치(플로, 스토리보드, 만화, 사이트맵, 콘셉트 모델 등)로 넣기도 한다. 이런 다이어그램은 현 상태를 보여주고 프로젝트의 초점이 되는 문제 영역을 지적하기에도 좋지만 디자인 비전이 어떻게 구조로 실현되는지도 보여준다. 비포 앤 애프터 플로는 새로운 접근법이 디자인 문제를 얼마나 더 잘 해결하고, 더 방향을 잘 잡는지도 보여준다.

앞에서 논의했듯이 사이트나 애플리케이션의 어떤 부분부터 다룰지 계획할 때 이 모델을 활용할 수 있다. 이것은 프로젝트의 첫 번째 의사결정으로 프로젝트의 초석을 쌓는 역할을 한다.

요구사항 요약

요구사항은 원래 "시스템은 ~할 것이다"와 같은 형태로 작성했다. 갈피를 못잡은 개발자가 무의미한 문장을 칠판에 쓰고 또 써서 혼나는 것처럼 나도 이런 문장을 만들어야 하는 프로젝트에 참여한 적이 있다. 나는 그 프로젝트에서 "…할 것이다"로 모든 행동, 비즈니스 규칙, 목적, 문제를 보여줘야 했다.

이런 문서는 내 기억에서 사라졌지만(정신적인 트라우마로 아직도 남아 있다) 아직도 이런 문화가 존재하는 기업이 있다. 아무리 관념적으로 기술하는 관행이 남아 있더라도 이는 UX 디자이너가 목표를 수행하는 데 도움이 되지 않는다.

하지만 벼룩 잡으려고 초가삼간까지 태워 먹지는 마라. 요구사항은 UX 디자인 문제를 규정하고 프로젝트 팀이 계획, 범위, 한계, 실행 가능성에 대해 논의를 나눌 수 있게 만들어준다. 요구사항을 꼭 어려운 엔지니어링 방법론에서 도출할 필요는 없다. 다음과 같은 곳에서도 요구사항을 찾을 수 있다.

- 사용자 조사
- 비즈니스 요구와 목표
- 운영 이슈
- 기업의 디자인 표준
- 기술

이런 정보는 UX 디자인의 방향을 더 잘 잡아주므로 초반에 이것을 요약 정리하는 편이 좋다. 정보를 요약하는 방법은 다음과 같다.

- **주제를 도출하라**: 여러분에게 세부사항을 누락시키라고 말하고 싶은 생각은 추호도 없다. 그러나 디자인 브리프에는 주제만 있으면 충분하다. 7장 와이어프레임에서 논의한 모바일 동물원 애플리케이션을 예로 들면 이 앱은 위치 파악이 중요하다. 상세한 기술 요구사항 문서에서 모든 세부 사항까지 다루겠지만 디자인 브리프에서는 '이 앱은 위치 파악이 중요하다'라고만 써도 충분하다.

- **명령형을 이용하라**: "이 시스템은 ~할 것이다"라는 문장은 소극적이다. UX 디자이너는 구체적인 방향을 좋아한다. "이 애플리케이션은 위치를 추적한다는 점을 사용자들에게 알려라."라든가 "콘텐츠의 우선순위를 정하는 데 위치 데이터를 이용하라."와 같이 구체적으로 기술하라.

- **사용자의 관점으로 표현하라**: 요구사항이 사용자 조사 혹은 어떤 곳에서 도출됐든 이를 고객의 관점으로 다시 표현할 수 있다. 사용자가 무엇을 달성하고 싶어하는지 그들은 무엇을 보고 싶어하는지로 문제를 다시 기술하라.

나는 UX 문제를 그림으로 보여줄 수만 있다면 문서가 너무 많은 요구사항으로 어지러워지는 것을 피한다. 앞에서 논의했듯이 콘셉트만 명확하게 전달할 수 있다면 요구사항을 요약할 필요도 없을지 모른다. 때로는 시스템이 할 수 있는 것과 할 수 없는 것에 대한 논의를 끌어가는 데는 그림 하나면 충분하다.

한계점 요약

요구사항과 한계의 차이는 크지 않다. 두 가지 모두 궁극적으로 경계선을 그어주지만 차이라면 한계는 사람의 능력 밖에 있다는 것이다. 예를 들어, "이 일정으로는 현재의 콘텐츠 관리 시스템에 새 템플릿을 추가할 수 없다"는 기술적인 한계가 여기에 해당한다. 한계는 대부분 기술적이지만 가끔 운영상의 한계도 있다. "콘텐츠 개발팀의 자원이 한정돼 있어 이 프로젝트에서는 새 콘텐츠를 만들 수 없다."가 바로 운영상의 한계에 해당한다. 또한 "대규모 마케팅 이벤트가 열리기 전인 1/4분기가 끝날 때까지 온라인에서 뭔가를 할 수 있게 만들어야 한다."와 같이 작업 상황의 한계를 다루기도 한다.

한계점을 기술하는 방식은 요구사항을 기술하는 방식과 매우 비슷하다. 주제를 도출하고 명령형을 이용하라(한계에서 문제를 규정하지는 않고 오직 경계선만 그어준다. 따라서 여기에 사용자의 관점을 포함하기가 어렵다). 도움이 될 만한 몇 가지 내용은 다음과 같다.

카테고리를 나누고 체계적으로 정리하라

한계점은 죽 늘어놓은 목록 이상으로 만들기가 어렵다. 한계점에서는 그림이나 사진은 별 도움되지 않으므로 이를 악물고 목록을 늘여야 한다. 주변에 그림을 배치하는 것도 좋은 방법이다.

또한 각 한계점마다 어디서 나왔으며 어떤 영향을 끼치는지 최소한 두 가지 이상의 정보를 제공해야 한다.

한계의 출처는 보통 아래의 세 가지 중 하나에 해당한다.

- **기술적인 한계**: 여러분은 플랫폼(어쩌면 여러 가지 기술이 결합된 플랫폼일 수도 있다) 위에서 제품을 만들고 UX 팀은 그 플랫폼에 귀속된 제약을 따라야 한다. 예를 들어, 여러분의 콘텐츠 관리 시스템은 특정 콘텐츠나 템플릿 유형을 거부할 수 있다.
- **운영상의 한계**: 회사는 제품을 출시한 이후에도 유지하고 업데이트한다. 운영상의 한계란 디자인을 유지하는 회사의 능력을 말한다. 예를 들어 회사에 콘텐츠를 편집하는 사람이 한 사람밖에 없다면 매일 콘텐츠를 새롭게 업데이트하는 사이트를 만들면 안 된다.
- **작업 상황의 한계**: 프로젝트의 상황과 관련된 한계도 있다. 이는 주로 마감일이나 프로젝트에 배정된 사람과 관련이 있다.

한계점이 함축하는 의미가 명확하지 않으면 어떤 부분에 영향을 끼칠지 꼭 밝혀야 한다. 예를 들어 콘텐츠 관리 시스템에 기술적인 한계가 있어서 이 시스템에 맞는 새 템플릿을 만들어야 한다면 이 점을 명시하라. 그러면 이 프로젝트의 상황에서 이 문장을 읽는 사람들이 뜻을 정확히 이해할 것이다.

표준 항목

한계점에는 대개 패턴이 있다. 이 말은 경계선을 정하는 공통의 방법이 있다는 말이다. 표 9.4에 제시한 표준 항목을 디자인 브리프에 한 페이지로 요약하라.

한계점	의미
마감일	최종 디자인을 언제 제출하는가
중간 주요 기점들	지금부터 마감일 사이에 예정된 제출에 영향을 미치는 주요 사건들
승인	일을 진행하려면 어떤 사람의 검토와 승인이 필요한가. 내 프로젝트에서는 대개 기업에서 표준 정보를 관리하는 사람이 이 일을 담당했다.
기여자	누가 이 UX 프로세스에 꼭 참가해야 하는가. 내 프로젝트에서는 하위 팀을 거느리는 사람을 꼭 참여하게 했다.
이전 업무	프로젝트의 요구사항을 끌어내는 데 도움이 되는 이전 활동들을 언급

표 9.4   한계를 정해주는 표준 항목.   표준 항목은 프로젝트 팀 외부에서 결정되는 정보다. 여러분이 마감일을 조정할 수 있다면 이것은 한계가 아니다.

뒤늦게 나온 한계점

안타깝게도 많은 한계점이 프로세스를 한참 진행하고 나서야 나타난다. 사용자 경험을 디자인하거나 UX 콘셉트의 실행 가능성을 타진하는 가운데 한계가 드러나기도 한다.

이런 한계가 부스러기처럼 떨어지는 일은 절망스럽다. 부스러기 하나하나는 작지만 디자인에는 큰 영향을 끼칠 수 있다. 그래서 프로젝트 팀에는 한계를 기록하는 별도의 체크리스트(초보자라면 스프레드시트)가 있을 것이다. 체크리스트를 가까이 두고 보면서 꾸준히 업데이트한다. 뒤늦게 나온 한계를 디자인 브리프에 포함할 것인가 하는 문제는 그 문서가 팀에 얼마나 단단히 뿌리내렸는가에 따라 결정한다. 또한 얼마나 업데이트가 쉬운지와 프로젝트 팀이 이 목록으로 실제 이득을 얻을 수 있는지에 따라서도 좌우된다.

디자인 브리프에 있는 표에 시작할 때 발견한 한계점을 정리하고 필요하다면 보조적인 그림이나 도구로 표를 보완한다.

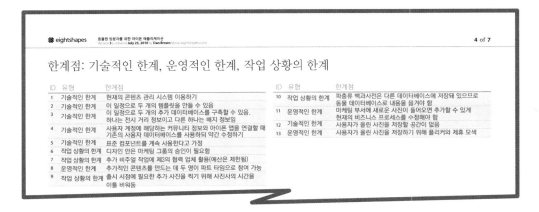

그림 9-7   디자인 브리프에서 한계점을 기술한 도표. 업데이트도 쉽고 뒤늦게 나온 정보를 추가하기도 쉽다.

전문가에게 묻기

DB: 프로젝트를 시작하고 나서도 디자인 브리프를 계속 업데이트 하십니까? 왜 그러시나요?

RU: 업데이트하기도 하고 하지 않기도 합니다. 이론상으로 좋은 브리프는 프로젝트에 중요한 거의 모든 항목을 다 담고 있으므로 초반에 시간을 적절하게 투자했다면 이후의 업데이트는 최소화합니다. 그러나 현실에서는 프로젝트의 초점이 바뀌고 일정이 압박을 가하기 시작하면서 사람들은 엉뚱한 곳에 시간을 투자하게 됩니다. 디자인 브리프를 꾸준히 관리한다면 팀이 같은 곳을 바라볼 수 있고 역할이나 자원에 변화가 생겨도 무리 없이 전환할 수 있기 때문에 디자인 브리프 업데이트는 충분히 가치 있는 일입니다!

**러스 웅거,
사용자 경험 이사,
해피코그**

프로젝트 일정

디자인 브리프는 프로젝트가 달성해야 하는 목표 외에도 목표에 도달하는 방법을 제시해야 한다. 이 장 앞 부분의 계획하기에서 언급했듯이 프로젝트 계획에서 핵심 정보는 활동과 결과물이다. 시간의 흐름에 따른 활동과 결과물을 간트 차트보다 잘 표현하는 다이어그램은 없다.

간트 차트는 버림받은 다이어그램이지만 마이크로소프트 프로젝트에서 사용할 수 있게 해놨다. 이 시각적인 프로젝트 일정표는 간결하고 정교하다. 일정표의 막대기가 이야기를 전달하면서 그 아름다움이 한층 더 빛을 발한다.

간트 차트의 성공은 간결한 정도와 초점이 얼마나 명확한지에 따라 결정된다. 다른 디자인 활동과 마찬가지로 간트 차트 역시 먼저 타겟 고객을 잘 알아야 한다.

 팁

간트 차트용 템플릿

우리 회사에서 어도비 인디자인용으로 제작한 디자인과 문서 작업의 템플릿 에잇셰이프스유니파이에는 초보적인 수준의 간트 차트가 들어가 있다. 간트 차트가 멋질 수 있다고 생각하지 않는다면 에잇셰이프스의 간트 차트를 보지 않은 사람이 틀림없다.

타겟 고객의 니즈

간트 차트에 모든 프로젝트 계획을 다 싣고 싶은 생각이 들 수도 있지만 그러면 전체적인 이야기가 묻혀 버린다. 간트 차트에 모든 프로젝트 계획을 다 넣으면 교차선이 너무 많고 글씨가 안 읽히게 된다. 또한 일정이 여러 페이지에 걸쳐 흩어져 있으면 차트를 읽기 어려우며 이야기의 맥락도 전달되지 않는다.

이해관계자가 디자인 브리프에서 보고 싶어하는 프로젝트 계획은 다음과 같다.

- 나는 언제 참여하는가?

- 우리 팀은 어떤 식으로 기여해야 하는가?

- 마지막 날 무엇을 얻을 수 있는가? 값어치를 제대로 하는가?

- 디자인 같은 디자인은 언제 처음 받아볼 수 있는가?

- 추가 비용이 들어가는가?

이런 목적을 달성하려면 간트 차트에 다음과 같은 내용이 들어가야 한다.

- **의미 있는 일정표**: 페이지의 폭을 프로젝트 전체 일정으로 잡아라(차트는 자금 주체별 또는 외부에서 정한 마감일별로 나눌 수 있다). 이렇게 해야 구체적인 부분까지 거론하는 것을 막을 수 있다. 개별적인 단계나 활동별로 간트 차트를 따로 만들어라. 아마 지금쯤 여러분은 상위 단계의 계획을 전부 보여줄 수 있는 정보와 이제 막 착수할 활동의 상세 일정 정도만 가지고 있을 것이다. 여러분의 브리프에 전체 계획과 곧 착수활 활동 두 가지를 반드시 차트에 넣는다.

- **적당한 수준의 세부사항**: 일정뿐 아니라 활동과 산출물도 알아야 한다. 이 사이에 귀속조건이 있다면 귀속조건도 알아야 한다. 여기서 어려운 점은 얼마나 상세하게 넣어야 하는가다. 일반적으로 나는 시작과 끝이 분명한 활동만 넣고 자리가 있다면 작은 과제로 나누기도 하지만 보통 이 내용은 일정에 딸린 주석에서 제시한다. 모든 활동에는 산출물이 있다. UX 팀 외부에서 보고 싶어하거나 프로젝트에 큰 영향을 끼치는 활동이라면 중간 산출물도 적는다.

- **외부의 조언**: 때로는 다른 이해관계자나 고객 측의 분야 전문가처럼 내 영향력 밖에 있는 사람이 프로젝트에 정보를 제공해야 할 때도 있다.

- **참여 내역**: 나는 이해관계자들이 어떻게 참여해야 하는지 알 수 있게 계획안에 현황 파악 회의도 포함한다.

- **연관된 외부 요소**: 이를테면 팀원의 휴가가 여기에 해당한다. 팀원의 휴가와 관련한 내용을 계획에 넣었다가 분노의 함성을 듣기도 하지만 팀원의 출석 여부는 계획에 큰 영향을 끼치는 중요한 요소다.

한 페이지로 요약하기

좋은 디자인 브리프는 프로젝트 목표, UX 비전, 그리고 UX 팀이 목표에 도달하는 방법을 보여준다. 또한 디자인이 초점에서 벗어나지 않게 경계선을 그어주고 프로젝트를 진행하면서 프로젝트 팀이 이용할 원칙을 보여준다.

문서 이름은 "간단(브리프)"하지만 많은 정보가 들어간다.

여러분은 한 슬라이드 또는 한 페이지에 모든 것을 요약할 수 있는가? 글자 크기나 그림의 크기를 축소하는 것은 별 의미가 없다.

『냅킨의 뒷면(The Back of the Napkin』을 쓴 댄 로엄(Dan Roam)을 비롯한 몇 사람에게서 "문제나 도전과제를 분명히 말할 수 있는 사람이 문제를 가장 잘 해결할 수 있는 사람이다."라는 말을 들은 적이 있다.

디자인 브리프는 핵심 정보를 담고 있다. 좋은 브리프는 상당히 구체적이면서도 간결하다. 반면 디자인 브리프는 이 모든 내용을 한 페이지로 축약한다. 한 장으로 요약한 개요를 보면서 프로젝트 관련자는 목표, 비전, 방향, 한계점, 접근 방향을 비롯해 UX 팀이 앞으로 몇 달을 어떻게 보낼지 이해한다.

디자인 브리프에 들어가는 페이지 중에서 여기가 가장 공을 많이 들여야 하는 부분이다(디자인 방향을 정리한 페이지에 버금간다). 한 장으로 요약한 개요는 컴퓨터 옆에 걸어 둘 정도로 유용하다. 이 페이지를 보면서 화면의 픽셀을 가지고 다툴 때, 사용성 테스트의 기록을 깊이 파고들 때, 미칠 만큼 상세한 주석을 와이어프레임에 넣을 때 사람들은 프로젝트에 크게 기여하고 있다는 사실을 떠올릴 수 있다.

그림 9.8, 9.9, 9.10에서 한 장으로 요약한 개요의 대략적인 모습을 볼 수 있다.

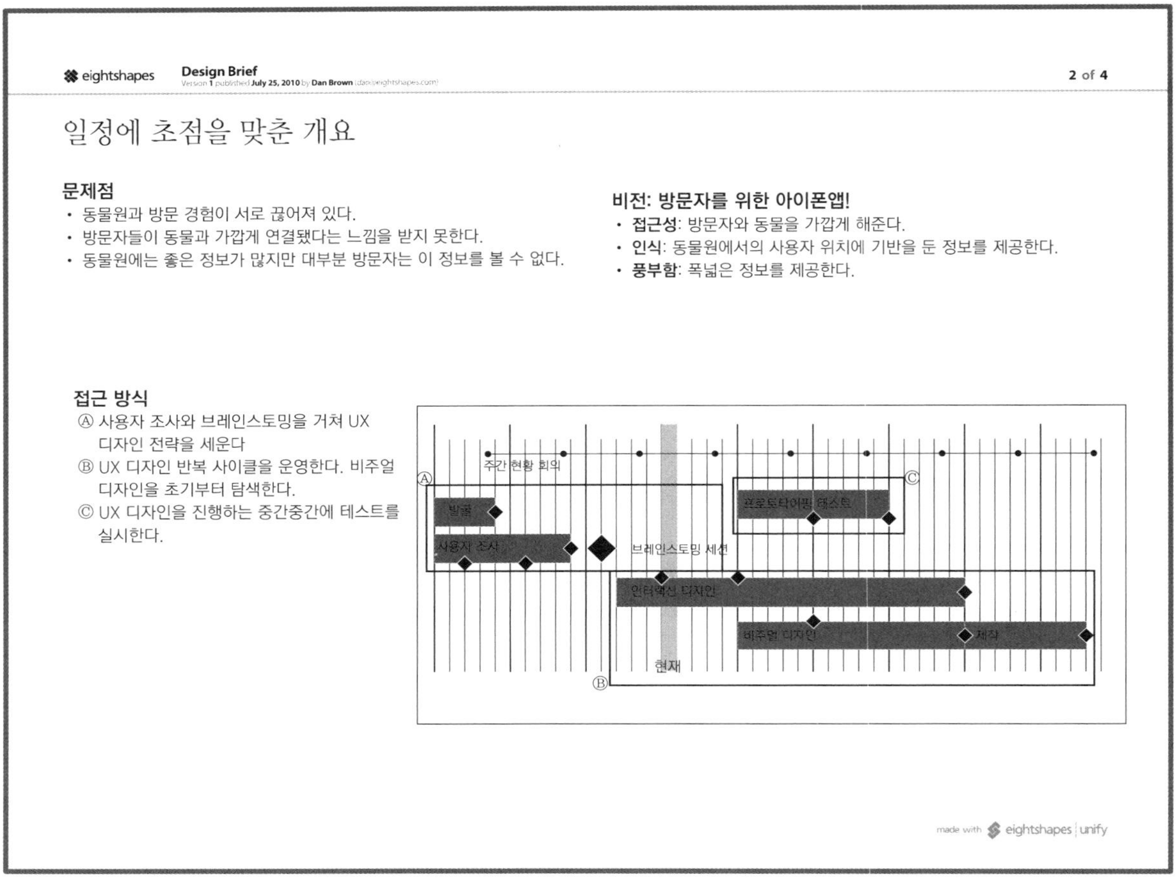

eightshapes **Design Brief**
Version 1 published July 25, 2010 by Dan Brown (dan@eightshapes.com)
2 of 4

일정에 초점을 맞춘 개요

문제점

- 동물원과 방문 경험이 서로 끊어져 있다.
- 방문자들이 동물과 가깝게 연결됐다는 느낌을 받지 못한다.
- 동물원에는 좋은 정보가 많지만 대부분 방문자는 이 정보를 볼 수 없다.

비전: 방문자를 위한 아이폰앱!

- **접근성**: 방문자와 동물을 가깝게 해준다.
- **인식**: 동물원에서의 사용자 위치에 기반을 둔 정보를 제공한다.
- **풍부함**: 폭넓은 정보를 제공한다.

접근 방식

Ⓐ 사용자 조사와 브레인스토밍을 거쳐 UX 디자인 전략을 세운다
Ⓑ UX 디자인 반복 사이클을 운영한다. 비주얼 디자인을 초기부터 탐색한다.
Ⓒ UX 디자인을 진행하는 중간중간에 테스트를 실시한다.

그림 9-8 프로젝트 일정에 초점을 맞춘 디자인 브리프. 간트 차트가 들어간 한 페이지짜리 개요에 전체적인 접근 방향을 담았다.

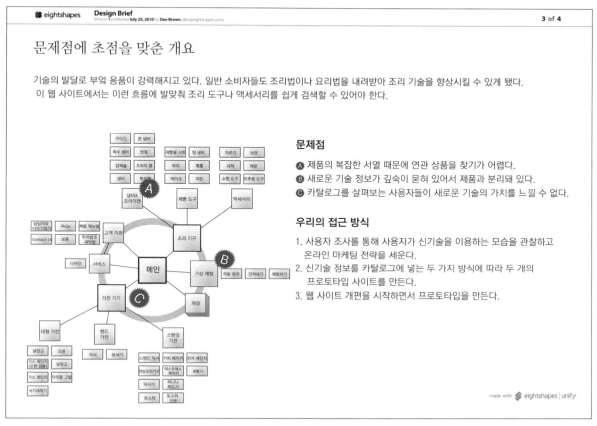

그림 9-9 문제점에 초점을 맞춘 개요. 구조적 논점을 강조해 프로젝트에 분명한 방향을 제시했다. 프로젝트 팀이 어떤 문제에 초점을 맞춰야 하는지 분명히 보인다.

비전에 초점을 맞춘 개요

온라인 만화책 경험은 지난 한 해만 해도 크게 발전했지만
이 모델은 아직도 구시대적인 사고에 갇혀 있다.

목표

- **더 많은 사용자를 참여하게 하라.** 온라인의 소매점에 쉽게 접근할 수 있게 해서 더 많은 사용자가 온라인 만화 경험에 참여할 수 있게 하자.
- **귀속조건을 줄여라.** 주요 등장인물의 뒷이야기를 알아야 뭔가 가능한 상황을 최소화하자.
- **공간을 창출하라.** 아이나 성인이 모두 좋아하는 등장인물을 즐길 수 있게 나이대별 공간을 더 많이 만들자.

비전

독자들은 이야기를 좋아한다. 더 많은 사람들이 이야기를 접하게 만들려면 온라인 만화가 어떻게 해야 할까?

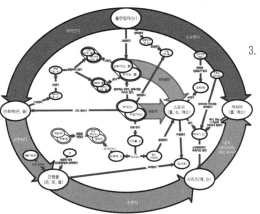

접근 방식

1. 주요 출판사와 관계를 맺어 이 공간에서 콘텐츠가 유통되게 한다.
2. 보는 경험을 극대화할 수 있게 방대한 인물 정보는 위키피디아에서 얻을 수 있게 공간을 디자인한다.
3. 신규 독자와 새로운 경험을 예비 테스트한다.

made with **eightshapes** | unify

그림 9-10 비전에 초점을 맞춘 개요. 프로젝트 비전으로 목표와 접근 방식 사이에 다리를 놨다. 이 개요는 콘셉트 모델을 직접 설명해 주지 않으므로 추상적인 다이어그램을 이용할 때는 사람들이 그 포맷에 익숙한지 확인하라. 이런 다이어그램을 처음 본 사람에게 이런 페이지는 그다지 효과적이지 못하다.

10

경쟁자 분석

Competitive Reviews(명사)

어떤 기준 또는 원칙에 준거해 하나 또는 그 이상의 웹 사이트를 비교함으로써 원칙을 설명하거나 원칙의 유효성을 증명하는 문서. 프로젝트의 입력 정보로도 활용함.

경쟁자 분석은 다른 웹 사이트를 분석하고 분석을 통해 얻은 교훈을 이후의 디자인 활동에 제공하는 문서다. 경쟁자 분석을 하는 이유는 다음과 같다.

- 다른 사람이 같은 디자인 문제를 해결하는 방법 탐색

- 유사 사이트를 보면서 원하는 기능이나 우선순위가 괜찮은지 확인

- 유사한 문제를 해결하는 다양한 방식 탐색

"경쟁자"는 부적절한 명칭일 수도 있다. 때로는 같은 문제를 해결하는 새로운 방식을 찾으려고 경쟁자의 범주를 벗어난 사이트를 보기도 하는데 이 또한 경쟁자 분석이다. 한가지 주의할 점은 경쟁자 분석이 UX 디자인의 영감을 얻는 유일한 출처가 돼서는 안 된다는 것이다. 누군가 하고 있다는 이유만으로 뭔가를 해서는 안 된다.

좋은 경쟁자 분석의 요건

다른 산출물처럼 경쟁자 분석도 실행 가능해야 한다. 즉, 다른 사이트를 보며 얻은 교훈은 다른 UX 디자인 활동에 즉시 적용할 수 있어야 한다.

초점

경쟁자 분석의 모든 과정에서 문서 준비는 비교적 쉬운 부분이다. 물론 문서에 대해서도 몇 가지 어려운 결정을 내려야 한다. 예를 들어, 분석 결과를 간단한 표로 제시할지 좀 더 상세하게 제시할지와 같은 사항을 결정해야 한다. 하지만 이것 때문에 문서 작업이 어려워지지는 않는다. 일단 기준을 세우고 경쟁자 범위를 정하면 자료 조사를 하는 데 시간이 걸린다는 점을 빼고는 꽤 간단하다. 하지만 분석 주위에 상자를 그리는 것과 프로젝트에 적합한 경계를 정하는 것이 더 어렵다.

분석을 시작하기 전에 목표를 정했다면 경쟁자 분석 과정이 훨씬 더 수월할 것이다. 목표는 각 경쟁자에 대해 모아야 할 정보의 유형뿐 아니라 그 자료를 보여주는 방법도 알려준다. 목표는 "우리 사이트는 X위젯에서 고전하고 있으므로 20개의 우수 사이트에서 위젯을 활용하는 방법을 볼 것이다"와 같이 간단할 수도 있고 "우리는 사용자 그룹 Y의 시스템을 만드는 중인데 다른 곳에서는 이 사용자 그룹을 어떻게 대하는지 보고 싶다"와 같이 복잡할 수도 있다. 경쟁자 분석을 하기로 했다면 사람들과 브레인스토밍해서 이 분석을 통해 무엇을 얻어야 하는지 정하라. 목표를 명확히 쓰고, 다른 사람도 이 목표를 똑같이 이해했는지 확인하라. 이 회의가 끝날 즈음에는 분석의 목표가 정해지고 분석에서 얻은 정보가 어떻게 프로젝트에 유용하게 쓰이는지 알 수 있을 것이다.

어떻게 경쟁자 분석을 정리하든 규모가 커지면 초점을 잃을 수 있다. 기준이나 경쟁자를 추가했다고 왜 분석하려 했는지 잊어서는 안 된다. 문서에 적어 놓은 목표문은 목표를 상기시키는 훌륭한 도구이며, 문서를 읽는 독자가 분석의 콘텍스트를 이해하는 데 도움이 된다.

강력한 경쟁자의 틀

경쟁자의 틀은 이야기를 전달하는 구조이자 이야기의 내용을 이끄는 장치다. 이것은 교훈, 즉 적합하다고 여겨지는 사이트를 평가하는 일련의 기준을 도출하기 위한 기법이자 이야기를 풀어나가는 방식이다.

비교할 사이트를 보기 전에 어떤 기준이 UX 팀에 가장 필요한지 적어 보라.

- 카루셀(carousel) 디자인의 방향?

- 복잡한 제품 카탈로그의 정리 방식에 대한 영감?

- 내비게이션의 항목별 문구에 대한 생각?

- 랜딩 페이지의 배치에 대한 아이디어?

- 여러 수준의 내비게이션을 해결할 대안?

- 서비스 구매를 위한 예제 플로?

문서에는 이 연구를 있게 한 의문점이 반드시 담겨야 한다.

이런 목표를 마음에 두고 좀더 세심하게 경쟁자를 심사할 수 있게 상세한 기준을 정한다. 기준이 있어야 디자인의 어떤 부분을 탐색할지 알 수 있다. 이 목표에 적합한 기준을 생각하라. "비디오 찍는 법을 제시하는 카루셀의 디자인을 어떻게 할까?":

- 전체 컴포넌트 대비 비디오의 크기

- 활용할 수 있는 비디오의 종류를 제시하는 메커니즘

- 활용할 수 있는 비디오의 주제 전체를 제시하는 메커니즘

이 외에 카루셀의 다른 부분에 대해서는 신경 쓰지 않을 수 있다. 예를 들면, 사용자가 비디오를 선형적으로 내비게이션하는지 여부나 비디오 썸네일의 크기와 같은 부분이 바로 여기에 해당한다.

기준은 불필요하고 그저 다른 사이트에서 기술한 목표를 달성하는 방법만 보면 된다고 생각할 수도 있다. 하지만 기준이 있어야 확인표를 만들 수 있고 이런 확인표가 있어야 조사를 더욱 효율적이고 초점을 맞춰 진행할 수 있다. 그렇다고 너무 엄정하게 심사할 필요는 없다.

경쟁사의 순위를 매기느냐 마느냐의 문제는 여러분과 여러분의 목표에 따라 결정한다. "최상"의 평가를 받은 방식이라도 여러분을 가두기만 한다면 적절하지 않다. 이 때문에 여러분의 사이트가 여러분이 만든 사이트처럼 보이지 않는다면 여러분에게도 좋지 않다. 반면 순위는 디자인의 다양한 측면별로 영감을 주기도 한다. 예를 들면, 완벽한 카루셀을 만들 필요는 없지만 활용 가능한 아이디어는 무엇이고 다른 사이트는 같은 문제를 어떻게 해결했는지 볼 수 있다.

의미 있는 비교

애플이나 아마존으로 경쟁자 분석을 하면 엄청난 시사점을 얻을 수 있다. 하지만 이런 사이트가 여러분의 프로젝트와 겹치는 부분이 없다면 이 교훈도 별로 쓸모가 없다. 컴퓨터 제조업자나 온라인 소매업자가 아닌 이상 애플과 아마존 같은 유명 사이트를 따라 한다고 큰 효과를 보기는 어렵다.

이런 대형 사이트에서 얻은 시사점과 작업과 직접적인 관련이 있는 사이트에서 얻은 시사점이 균형을 이뤄야 한다. 그래야 최소한 다른 사이트를 벤치마킹하면서도 다른 사이트는 아마존이나 애플의 기술을 어떻게 활용했는지 부가적으로 볼 수 있다.

경쟁자 분석 프레젠테이션을 위한 팁

경쟁자 분석을 발표할 때는 항상 경쟁자 분석을 통해 얻은 교훈으로 시작한다. 교훈을 전달하는 방법에는 두 가지가 있다. 첫 번째 방법은 경쟁자 중심의 이야기로서 경쟁 사이트가 각 장의 초점이 된다. 이 방법은 경쟁자가 적을 때 쓰기 좋다. 두 번째 방법은 교훈 중심의 이야기로서 교훈에 초점을 맞추고 이 교훈에 해당하는 경쟁자를 예로 들어준다.

첫 번째 방법: 경쟁자 중심의 이야기

다소 직관적이지는 않지만 경쟁자를 중심으로 회의를 진행하므로 일단 기준부터 설명한다. 콘텍스트를 설정하기 위해 회의 초반에 경쟁자의 틀을 소개한 후 각 경쟁자에 대해 좀 더 구체적으로 들어가고 각 경쟁자가 각 측면에 어떻게 부합하는지도 설명한다. 경쟁자들이 각 측면에서 어떻게 측정될 것인지도 설명한다.

경쟁자 중심의 이야기 방법은 전체적인 지형을 파악하고 사이트들이 타겟의 니즈를 충족시키는 방법과 같이 폭넓은 논점을 언급하기에 좋다. 경쟁자를 둘러보면서 이해관계자가 다른 사이트는 어떤 어려움을 겪는지 대략 감을 잡을 수 있다. 또한 이 방법은 사이트에 어떤 기능이 있고 메인 페이지의 중심이 무엇이며, 콘텐츠의 우선순위를 정하는 방법과 같은 전략적인 논점("장바구니 담기" 버튼과 같은 구체적인 논점은 아니다)을 파악하는 데도 도움이 된다.

경쟁자 중심의 이야기 방법은 커다란 전략적인 논점을 다루기에도 좋지만 구체적인 디자인 문제도 다룰 수 있다. 경쟁자가 특정 UX 문제를 해결하는 방법을 디자인의 한 측면만 비교하는 경우가 그렇다. 이렇게 구체적인 디자인 문제를 다루는 경우라면 각 경쟁자에게 얻은 교훈을 종합해서 회의를 마치는 시점에 소개한다.

두 번째 방법: 교훈 중심의 이야기

교훈 중심의 이야기 방법은 경쟁자를 중심으로 회의의 구조를 짜서 경쟁자별로 논점을 논의하는 경쟁자 중심의 이야기 방법과 반대다. 이 방법에서는 하나의 논점을 중심에 두고 이 논점에 대해 경쟁자들이 어떻게 했는지 논의한다. 콘텍스트 설정을 위해 회의 초반에 경쟁자들의 개요를 짧게 설명한다. 처음부터 바로 비교할 필요는 없고 왜 이들을 이 연구 대상으로 택했는지 설명한다.

그리고 나서 교훈으로 초점을 옮긴다. 먼저 교훈별로 그 교훈에 도달한 기준을 설명한다. 즉, 사이트에서 무엇을 분석했는지 설명한다.

예를 들어, 교훈이 '애완동물 관련 웹 사이트의 최상위 내비게이션은 대개 애완동물의 종류로 나누지만 이 방법이 사이트에서 쓸 수 있는 유일한 카테고리 방식은 아니다'라고 해보자. 이 교훈을 뒷받침하기 위해 세 가지 기준을 봤다. 세 가지 기준은 메인 페이지에서의 내비게이션 카테고리와 카탈로그와 다른 콘텐츠에 있는 제품에 부여한 메타데이터, 그리고 중간에 있는 "갤러리" 페이지(갤러리 페이지는 메인 페이지와 제품·콘텐츠 페이지 사이에서 제품과 콘텐츠의 목록을 보여주는 페이지)다. 마지막으로 그 기준에서 경쟁자가 어떻게 하는지 관찰한 내용을 설명한다. 이 방법은 높은 수준의 전략 분석이나 구체적인 디자인 문제에 모두 유용하게 쓸 수 있다. 교훈의 내용은 다르지만 바탕에 깔린 로직은 본질적으로 같기 때문이다. 이때 평가 기준은 중간에 사라지지 않고 교훈과 관찰 내용의 다리 역할을 한다.

또한 회의 구조 말고도 경쟁자 분석의 성격을 정해야 한다.

관점을 유지하라.

회의 주제가 탈선하는 최악의 경우는 경쟁에 사로잡히는 것이다. 비록 경쟁자에 대해 논의하려고 사람들을 초대했지만 경쟁심을 불태우다 보면 경쟁 분석의 목적을 놓칠 가능성이 크다. 이런 현상의 증상은 전략의 작은 한 요소에 깊이 빠지거나 한 경쟁자에게 너무 오랜 시간을 할애하는 것이다. 또는 특정 UX 문제를 논의하기로 했으나 그 문제를 벗어나 다른 영역으로 논의가 흐르거나 전략적인 논점에만 치중하는 일도 이런 증상에 속한다.

　논의가 생산적이라면 이런 현상이 위험으로 보이지 않을 것이다. 하지만 구체적인 회의 주제와 목표가 있다면 아무리 논의가 흥미로워도 일탈은 전혀 생산적이지 않다. 논의를 제자리로 돌려놓으려면 논의에 끼어들어 회의의 목적을 상기시켜라. 회의를 시작할 때 화이트 보드나 차트에 회의의 목적을 적어두면 회의 주제에서 벗어나는 일을 방지하는 데 도움이 된다. 누군가 일탈할 조짐을 보이면 엄한 표정을 짓고 손으로 회의 목표를 가리켜라. 여러분의 인기는 떨어질지 모르지만 회의를 잘 이끄는 사람이라는 명성을 얻을 것이다.

여러분의 기법에 담긴 논리적 근거를 이해하라

경쟁자 분석 결과를 발표하다 보면 방법론에 문제를 제기하는 참석자를 만날지도 모른다. 아마 여러분이 고른 경쟁자, 기준 또는 데이터 기록 방식에 의문을 제기할 수도 있다.

　애완동물을 위한 웹 사이트를 만드는 중인데 경쟁자 분석의 대상으로 몇 개의 사이트만 선택했다고 해보자. 그렇다고 "나는 애완동물 쇼핑을 항상 JeffersPet.com에서 하는데 왜 이 사이트를 분석 대상에 포함하지 않았습니까?"라는 질문에 공격당할 필요는 없다. 숙제를 잘했다면 충분히 응답할 수 있다. "경쟁자 분석에 할당된 시간 때문에 분석 사이트를 네 개로 한정했습니다. 비소매점 사이트를 대표해서 DrsFosterSmith.com을 분석 대상에 포함했는데 충분히 좋은 교훈을 얻었다고 생각합니다. 당신이 아는 JeffersPet.com의 면모 가운데 저희가 놓친 부분이 있다고 생각되면 이 회의가 끝나고 말씀해주시기 바랍니다."

다양한 해석을 열린 마음으로 받아들여라

회의 참석자들은 자신만의 관점으로 다양한 경쟁 사이트를 해석한다. 아마 마음속에 좋아하는 사이트가 있어서 그 사이트를 절대적인 기준으로 생각할지도 모른다. 사이트의 구체적인 부분까지 파고드는 것도 중요하지만 주제에 초점을 맞추는 것이 여러분의 역할이다. 삐딱하게 들리지 않게 "그래서 무슨 말씀을 하시는 건가요?"라고 물어라. "카루셀을 아마존처럼 디자인하자"는 허용할 수 없는 교훈이며, 의 경쟁 분석에서는 다루지 않은 교훈을 이끌어 낼 수 있게 도와야 한다.

　다른 경쟁자나 기준도 허용된다는 점을 전하되 특정 목표가 기준이 돼야 한다는 사실을 강조하라.

이 논의를 잘 이끌려면 이미 존재하는 교훈을 확인시킨 후 여기서 무엇이 빠졌는지 묻는다. 예를 들어, "여기서 다루지 않은 것 중 아마존 카루셀의 어떤 부분이 좋으신가요?"라고 묻는다.

어떤 교훈이 여러분이 도출한 교훈과 부딪치는데 둘 중 어느 교훈도 버릴 수 없다면 디자인 방향을 다시 잡을 필요가 있다는 의미다. 경쟁자 분석에서 다양한 관점이 도출되는 것은 방향을 명확하게 잡아줄 만큼 방법이 완전하지 않았음을 가리킨다.

경쟁자 분석 해부

경쟁자 분석의 필수 요소는 목표 진술문, 교훈, 증거다.

경쟁자 분석 정리

경쟁자 분석의 좋은 목차의 예시는 다음과 같다.

장	페이지
앞부분	표지 목차 개요: 목표, 연구 질문, 기준 개요: 연구에서 얻은 모든 교훈
교훈	교훈을 뒷받침하는 증거와 함께 교훈 하나당 한 페이지
기준과 경쟁	각 연구 질문이나 목표별로 고려한 기준을 제시 경쟁자를 선별한 방법 경쟁자 프로파일

표 10.1 경쟁자 분석 목차의 예시. 경쟁자 분석에서는 반드시 분석을 통해 얻은 교훈을 소개한 후 교훈별로 상세하게 들어간다. 이보다 더 자세한 내용이 필요하다면 "가공하지 않은 자료(raw data)", 경쟁자의 틀 그리고 가장 중요한 경쟁자의 이력을 포함한 장을 추가한다.

교훈을 중심으로 본문을 정리하면 발표를 하면서 초점을 잃지 않을 수 있고 개별 UX 문제가 도착하는 지점도 제시할 수 있다.

하지만 교훈 중심의 이야기 방법의 단점은 시야가 너무 협소해서 콘텍스트를 벗어날 수 있다는 것이다.

그림 10-1 경쟁자 분석에서 교훈 하나를 요약한 그림. 이 분석에서 얻은 교훈을 명확히 정리했고 상세한 설명이 들어갔으며, 증거로 경쟁자 사이트의 화면을 제시했다.

다른 접근 방식

문서를 경쟁자별로 정리하기도 한다. 경쟁자별로 정리한 문서에서는 한 시트마다 한 사이트에서 얻은 교훈을 정리한다. 이 경우 문서는 포스터 한 장마다 개인의 이력이 담긴 "현상 수배범 포스터" 같다. 경쟁자별로 정리하는 방법은 각 페이지에 대해 다양한 기준으로 한 사이트를 분석하고 한 사이트의 전반적인 사용자 경험을 보여줄 수 있지만 사이트 간 일대일 비교는 어렵다.

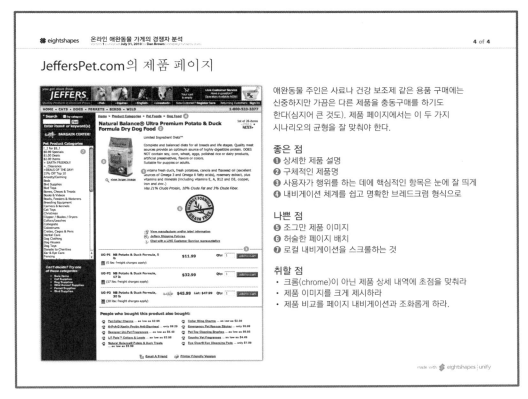

그림 10-2 **경쟁자 중심의 문서 구성.** 한 사이트를 전체적으로 다루기에는 좋지만 분석에서 얻은 교훈이 문서 여기저기에 흩어진다.

교훈과 취할 점

UX 프로젝트의 다른 부분과 마찬가지로 결론이 제일 앞에 놓인다. 경쟁자 웹 사이트를 보면서 무엇을 배웠는가? 질문에 답을 얻었는가? 이 프로젝트에 임하면서 UX 디자이너는 무엇을 명심해야 하는가?

교훈을 문장으로 옮기는 과정에서 UX 팀이 가야 할 대략적인 방향과 이 교훈을 디자인의 조언으로 받아들여야 할 사람이 정해진다. 경쟁자의 틀을 언급하는 이유는 이렇게 프로젝트에서 취해야 할 점을 보조하고 설명하기 위해서다.

예를 들어, 애완동물 사이트를 시작한다고 할 때 UX 팀은 모범적인 경쟁사를 찾아볼 것이다. 경쟁사를 전반적으로 훑다 보면 대부분의 애완동물 사이트가 애완동물의 종류(개, 고양이 등)를 주 내비게이션으로 사용한다는 사실을 발견할 것이다. 그러나 조금 더 깊이 들어가 보면 더 상세한 정보(한 동물에 특화된 사이트는 콘텐츠를 어떻게 분류하는지, 같은 카테고리를 얼마나 자주 사용하는지, 카테고리의 순서가 고양이가 먼저인지 개가 먼저인지, 거북이와 같이 흔치 않은 애완동물은 어떻게 다루는지)도 얻게 된다. 이렇게 구체적으로 다뤄야 더 좋은 교훈과 UX 디자인 방향을 도출할 수 있다.

그림 10-3   교훈 중심의 문서 구성. 교훈 중심의 페이지에서는 취할 점을 비중 있게 다루고 그림들이 이 교훈을 어떻게 뒷받침하는지 보여야 한다.

아마 표 10.1처럼 문서를 구성한다면 아마 교훈 하나당 한 페이지가 할당될 것이다. 다른 사이트에서 캡처한 페이지 컴포넌트와 함께 교훈을 제시한다. 이런 페이지의 배치를 정할 때 고려할 점은 다음과 같다.

- 교훈을 비중 있게 다뤄라.

- 교훈을 상세하게 설명하라.

- 교훈을 입증할 수 있을 정도의 사이트만 제공하라. 교훈과 그 사이트의 연결점을 짧게 설명하라.

- 상황이 허락된다면 "안 좋은 사례(이 교훈을 잘못된 방법으로 수행하는 사이트)"도 제시하라.

교훈 요약

교훈이나 주장이 유용하게 쓰이려면 상세한 정보가 필요하지만 이 조사에서 얻은 교훈을 축약한 요약 자료도 문서 앞에 제공하는 편이 좋다. 이 개요에 경쟁 분석에서 얻은 원칙과 경쟁자의 틀을 보여준다.

경쟁자의 틀을 요약한 그림 10.4를 보라. 그림 10.4에서는 조사 사이트의 범위와 평가 기준을 제시했다. 분석이 깊고 광범위할수록 요약할 필요가 있다. 많은 사이트를 여러 기준으로 평가할 경우 요약 페이지에서 조금이나마 그 깊이를 가늠하게 해줘야 한다.

사이트 범위를 제시할 때는 방문한 사이트의 이름을 적어라. 사이트의 캡처 화면을 넣으면 더욱 좋다. 여러 사이트를 봤다면 그 범위를 수치화하고 사이트의 유형을 적어라. 예를 들면 다음과 같다.

- 포춘 500대 기업의 사이트 중 20군데의 사이트를 봤습니다.

- 소셜이나 커뮤니티 측면을 지닌 35개의 "웹 2.0" 사이트를 봤습니다.

- 한 그룹에 12개의 사이트가 들어간 그룹 두 개(제품 마케팅 사이트와 서비스 마케팅 사이트)를 봤습니다.

너무 수가 많거나 막연해서 수치화하기 어려울 때는 주제로 제시하기도 한다.

- 다른 사이트의 내비게이션과 콘텐츠 분류 방식을 봤습니다.

- 클릭 패턴으로 파악한 사용자 선호도를 다른 사이트에서는 어떻게 사이트 경험에 반영했는지 봤습니다.

- 정보 검색에서 계정 관리까지 몇 가지 사용자 경험을 살펴봤습니다.

기준과 주제를 모두 포괄한 전체 목록을 부록으로 제시하고 개요 페이지에서 이를 알려라.

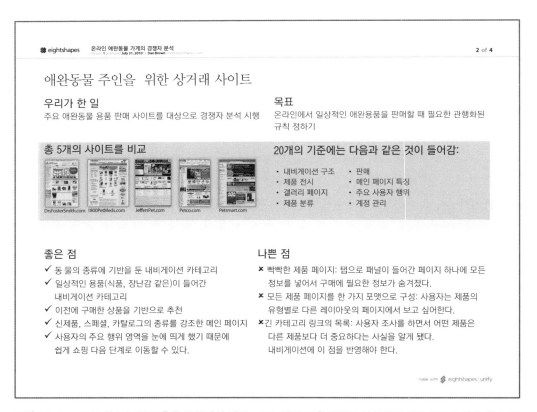

그림 10-4   문서 앞 부분에 교훈을 요약해서 제공. 프로젝트 팀은 경쟁자 분석에서 얻은 모든 교훈을 한 번에 볼 수 있다.

전체 요약

아무리 간단한 경쟁자 분석이라도 두 개의 핵심축인 경쟁 웹 사이트와 기준이 있다. 이 두 개의 핵심축이 모여 경쟁자의 틀이 된다. 경쟁자의 틀은 다양한 사이트와 그 사이트를 평가한 여러 가지 기준들을 쉽게 비교할 목적으로 만든다.

경쟁자의 틀을 포괄적으로 보여주는 한 가지 쉬운 방법은 표다. 경쟁자를 표의 위에 두고 기준을 옆에 둔다. 표 10.2와 10.3에서 경쟁자 틀의 두 가지 종류를 볼 수 있다.

	PetSmart.com	Petco.com
메인 페이지의 특징	특가 판매	특가 판매
검색	내비게이션 위쪽 헤더에 눈에 띄게 배치. 검색 가능한 텍스트를 드롭 다운으로 제시	내비게이션 아래 상단의 왼쪽에 눈에 띄게 배치. 텍스트 입력란만 있다.
내비게이션 카테고리	동물 종류만 사용	동물 종류와 제품 종류를 조합한 단어 사용 (예: 물고기 사료)
연락 정보	없음	헤더에 무료 번호 제시
상거래	표준 쇼핑 카트 모델	표준 쇼핑 카트 모델

표 10.2   간단한 경쟁자 분석. 기준에 따라 경쟁자를 평가한다. 유용한 정보지만 UX 디자이너가 이 표만 보고는 무엇이 좋고 무엇이 나쁜지 파악하기 어렵다.

메인 페이지	PetSmart.com	Petco.com
이 상점의 규모를 파악할 수 있게 제품의 종류를 제시했는가?	아니오	아니오
검색을 쉽게 찾을 수 있는가?	예	예
오프라인 연락처를 제시했는가?	아니오	예
내비게이션	**PetSmart.com**	**Petco.com**
동물의 종류를 생각하고 오는 사용자의 기대감을 충족시키는가?	예	예
상거래 기능에 접근할 수 있는가?	예	예
주기적으로 바뀌는가?	아니오	아니오
판매, 스페셜, 다른 카테고리로 가는 링크를 제공했는가?	예	예

표 10.3   기준을 질문으로 제시. 두 사이트를 빠르게 비교/대조할 수 있고 바람직한 접근 방향에 대한 힌트도 줄 수 있다.

경쟁자 틀을 2×2 그래프로 제시하기도 한다. 그림 10.5처럼 두 가지 기준이 축이 된 간단한 그래프에 경쟁자를 배치한다.

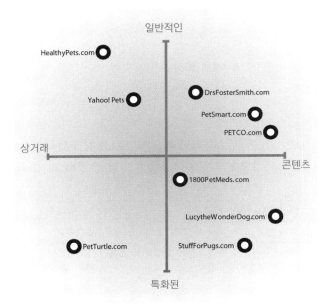

그림 10-5   비교용 2×2 그래프.   여러 개의 사이트를 비교할 수 있는 간단한 틀이다. UX 팀이 활용할 만한 구체적인 실행 정보를 축으로 지정하면 실용적인 교훈을 얻을 수 있다.

　2×2 그래프에 기준이 두 개인 것을 보라. 따라서 기준이 광범위할 수밖에 없다. 이런 그래프는 전체 풍경에서 빠진 지점을 찾을 때 좋다. 그래프에서 경쟁자들이 한쪽에 몰려 있다면 여러분의 사이트가 빈자리를 차지할 기회를 엿볼 수 있다.

　다른 유형의 사용자 경험을 비교할 때 쓰는 스몰 멀티플(small multiple)이라는 경쟁자 틀도 있다. 스몰 멀티플은 시각화의 대가 에드워드 터프티가 만든 단어로, 『정량적 정보의 디스플레이(Visual Display of Quantitative Information)』라는 책에서 "스몰 멀티플은 변수가 동일하게 조합되고 다른 변수에 변화가 생길 때 색인되는 그래픽이라는 면에서 영화 프레임과 비슷하다"라고 썼다. 즉, 스몰 멀티플을 이용하면 비슷한 정보를 쉽게 비교할 수 있다. 웹 인터페이스 디자인에서는 그림 10.6과 같이 페이지 레이아웃을 비교할 때 가장 효과적이다.

그림 10-6   썸네일 레이아웃으로 된 스몰 멀티플.   스몰 멀티플은 사이트별로 페이지의 구조를 비교할 때 좋다. 회색 음영으로 가려져 명확히 보이지 않는 곳은 그 페이지의 여러 영역으로 명도를 달리해서 제시했다. 한 가지 색상은 한 가지 측면을 나타낸다. 이 방식으로 사이트가 내비게이션, 제품 예제, 제품 탐색과 같은 다양한 측면을 어떻게 다루는지 살펴볼 수 있다.

비교의 종류

나는 경쟁 분석한 자료를 대부분 정성화하지만 때로는 수량화하기도 한다. 해당 사이트가 특정 기준을 충족하는지 예/아니요로 간단하게 제시하기도 하고 기준별로 좀 더 상세하게 묘사하기도 한다.

- **예/아니요 비교**: 이런 종류의 경쟁분석은 "다른 앞서 가는 브랜드"와 비교하는 정보성 광고에서 많이 봤을 것이다. 그 제품이 얼마나 다재다능한지 과시하려고 다른 경쟁 제품은 여러 곳에서 X를 받을 때 그 제품만 O를 받는다. 웹 사이트에서 예/아니요 비교가 가장 효과적일 때는 기능을 고려할 때, 즉 웹 사이트에 특정 기능이 있는지 없는지 살펴볼 때다. 그러나 이런 비교로는 경쟁사 간의 미묘한 차이는 볼 수 없다.

- **점수**: 기준별로 경쟁사에 점수를 매기기도 한다. 아마 레스토랑 평가에서 레스토랑의 음식, 분위기, 서비스, 비용을 등급에 따라 비교하는 광경을 자주 봤을 것이다. 점수로 구체적인 데이터를 얻기는 어렵지만 예/아니요 비교보다 실체를 파악하는 데 더 유용하다.

- **설명**: 예/아니요 비교나 점수를 사용한 비교보다 더 자주 사용하는 방법으로 경쟁사들이 각 기준을 충족시키는 방법을 설명으로 표현한다. 설명은 자칫 왜곡될 수도 있는 숫자와 달리 한 경쟁자가 다른 경쟁자와 어떻게 다른지 더 명확히 파악할 수 있다.

방법론

분석 프로세스를 자세히 적어야 방법론적으로 부적합할 수도 있는 부분을 거론할 수 있다. 특히 방법론적인 것을 중요하게 생각하는 이해관계자에게는 방법론 기술이 아주 중요하다. 가장 신경 써야 할 부분은 경쟁자와 기준을 선택한 근거를 명확히 밝히는 것이다.

경쟁자는 여러분이 어떤 사이트를 만드느냐에 따라 달라진다. 다른 모든 경쟁사가 다 알려졌는데 여러분만 틈새시장을 공략하기로 했다면 경쟁자의 수는 많지 않을 테고 여러분의 웹이 일반적이고 많은 사이트가 관심을 끌려고 치열한 경쟁을 하는 중이라면 경쟁자의 수는 무한히 많아질 것이다. 이때 특정한 방법에 따라 경쟁자의 수를 좁혀나가야 한다. 그 방법이 무엇이든 문서에 가치 있는 내용을 제공할 수 있어야 한다.

또한 사이트를 비교하는 기준도 셀 수 없이 많다. 메인 내비게이션 카테고리와 같이 광범위할 수도 있고 특정 영역에 들어가는 버튼의 문구처럼 협소할 수도 있으며 어떤 기준은 좀 더 의식적인 노력을 기울여야 할도 수 있다. 어쩌면 클라이언트나 회사에 이미 통용된 기준이 있을 수도 있고 이해관계자가 먼저 결정을 했을 수도 있으며 이 프로젝트만의 특별 목록을 이미 만들었을 수도 있다. 기준 선택에 어떤 방법론을 사용하건 이는 경쟁자 분석에 훌륭한 자양분이 돼야 한다.

경쟁을 인정하라

경쟁자 분석에서 얼마나 많은 정보를 얻었든 이는 꼭 UX 디자인의 보좌 역할만 해야 한다. 경쟁자가 무엇을 한다고 해서 여러분이 해야 하는 것은 아니다. 경쟁사는 아이디어를 얻고, 기준선(진입비용)을 정해 주는 좋은 장소이지만 UX 디자인 결정을 내릴 때의 경쟁자 정보의 역할은 한정시키는 게 좋다.

온라인에서는 혁신이 빠르게 일어난다. UX 프로세스와 기술이 빠르게 변화하는 속에서 최신 트렌드를 따르려고 다른 사이트에서는 여러분이 직면한 문제를 어떻게 풀어가는지 보는 것은 가치 있는 일이다. 혁신은 전체 풍경에 변화를 부르며 선택은 가장 위에서 고객이 한다. 그 선택에 들어가는 모든 요소를 다 알지 못하더라도 여러분은 UX 디자이너로서 그 선택을 쉽게 할 수 있게 도와야 한다.

인터넷이 상용화되면서 오프라인 소매점은 새로운 경쟁 상대를 맞았다. 갑자기 경쟁자가 모든 구석에서 도사리게 됐으며 이런 현상은 지금도 마찬가지다. 따라서 경쟁자를 이해하려면 반드시 고객부터 이해해야 한다. 인터넷에서 경쟁사는 여러분과 같은 일을 하는 사이트 이상이다. 사용자의 이목을 잡아끄는 사이트라면 모두가 경쟁자가 될 수 있다. 고객이 시간을 보내는 방식과 결정을 내리는 방법을 알아야 다른 사이트 또는 다른 기술이 어떻게 그들의 관심을 끌어내는 방법을 볼 수 있다. 그러므로 경쟁자의 대상을 확장해야 한다.

11

사용성 계획서

Usability Plans(명사)

사용성 테스트의 목적과 방법을 적은 문서

사용성 테스트 계획서는 사용성 테스트의 목표, 도구, 방법을 설명하는 문서다. 테스트 계획은 참가자 이력, 사용자와 나눌 논의 등 여러 요소로 구성되며, 여기서 설명하는 테스트 계획에는 테스트 목표, 테스트 실행 방식, 사용자 이력, 원고가 들어간다.

사용성 테스트는 웹 디자인의 필수 요소로서, 간단히 말해서 사이트 디자인에 대한 의견을 듣기 위한 도구다. 사용성 테스트는 보통 한 번에 한 명의 참가자를 불러서 실제와 비슷한 환경에서 사이트를 이용하게 한다. UX 팀마다 사용성 테스트에 접근하는 나름의 방법이 있지만 결정적인 두 가지 단계인 테스트 중에 할 것과 테스트에서 나오는 것은 어디서나 같다. 이 장에서는 테스트 계획, 즉 테스트 전에 준비하는 문서를 다루고 다음 장에서 테스트 보고서를 다루겠다.

사용성 테스트에서는 계획할 부분이 많아서 부분마다 문서를 따로 만드는 사람이 있는 반면 테스트의 모든 계획을 한 문서에 담는 사람도 있다. 이 장에서는 문서를 하나만 만드는 경우를 가정했지만 산출물을 여러 개로 나눠야 한다면 어디서 나눠야 하는지 제시했다.

좋은 사용성 계획서의 요건

다음의 세 가지 질문에 대한 답변은 사용성 테스트의 기본 요건이다. 이 테스트에서 무엇을 얻어야 하는가, 테스트를 어떻게 진행할 것인가, 테스트 중에 무엇을 물을 것인가? 이 세 가지 질문에 답변했다면 테스트를 실행할 수 있는 최소한의 정보가 모두 들어간 셈이다.

목표 수립

사용성 계획의 목표는 "이 테스트에서 무엇을 얻어야 하는가?"에 대한 답변이다. 목표는 경계선과 한계점을 정해주므로 UX 프로세스에 필요한 것에만 초점을 맞추는 데 도움이 된다. 의료 보험 회사의 건강 백과사전을 만든다고 해보자. 이때 테스트의 목표는 다음과 같은 것이 올 수 있다.

- 어떤 버전의 질병 설명 페이지가 해당 질병에 대한 정보를 가장 많이 제공하는지 파악하기

- 어떤 버전의 질병 설명 페이지가 가장 실행력이 좋은지 파악하기. 즉, 어떤 페이지가 사용자가 다음에 해야 할 일을 분명히 알려주는가.

- 질병에 대한 정보가 어디에 있고 어떤 내비게이션 구조가 잘 알려주는지 파악하기.

시나리오에 중심을 둬라

테스트 시나리오는 일반적인 시나리오부터 구체적인 시나리오까지 다양하다. 예를 들어, 어떤 시나리오는 "화면을 띄우고 웹 사이트의 첫인상을 물어라"와 같이 직접적이고, 어떤 시나리오는 참가자가 어떤 상황에 있다고 가정하게 하고 그 상황에서 웹 사이트를 이용하라고 시키는 "당신은 감기에 걸렸습니다. 증상 중 위험한 것은 없는지 알고 싶을 겁니다."와 같이 묻는 시나리오도 있다.

계획서에는 테스트할 모든 시나리오가 한 곳에 들어가야 한다. 필요하다면 별도의 페이지에서 시나리오를 더 자세히 기술한다. 계획은 궁극적으로 테스트 진행자가 테스트를 수월하게 진행하는 도구가 돼야 한다.

 팁

어떻게 좋은 시나리오를 쓸 수 있을까

테스트해야 하는 시나리오를 결정하는 일은 이 책의 범위를 벗어난다. 하지만 제프리 루빈(Jeffrey Rubin)과 다나 치즈넬(Dana Chisnell)의 『사용자 테스트 핸드북(TheHandbook of Usability Testing)』에서 이 주제를 다루고 있다.

진행자를 인도하라

사용성 계획서를 주로 보는 사람은 프로젝트 이해관계자와 테스트에서 막중하게 조정하는 역할을 맡은 테스트 진행자다. 물론 테스트와 관련된 다른 사람도 있다. 이해관계자와 테스트 진행자 외에도 메모를 적는 사람, 기계를 조정하는 사람, 녹음 장비를 만지는 사람이 있고 때로는 이 모든 일을 한 사람이 관리하기도 한다. 진행자는 여러분 팀의 누군가일 수도 있고 테스트를 하려고 고용된 누군가일 수도 있다. 진행자가 누가 되든 원고는 최대한 구체적으로 작성해야 한다.

테스트 중에 진행자는 동시에 많은 일을 신경 써야 한다. 진행자는 참가자가 다음에 무엇을 해야 하는지, 녹화 장비가 잘 작동하는지, 사용자가 버튼이나 링크를 클릭했을 때 어떤 일이 일어나는지 등을 신경 써야 한다. 따라서 원고는 진행자를 이끌어야 한다. 진행자가 원고를 내려볼 때마다 마음이 편안해지고 주제를 떠올릴 수 있는 원천이 돼야 한다.

문서를 원고 형태로 만들면 "단계별 지침"과 참가자에게 할 이야기를 구분할 수 있다. 다른 유용한 정보로는 시나리오와 관련해 참가자에게 물어볼 질문, 참가자가 듣게 될 응답, 이다음에 무엇을 해야 하는지에 대한 지시 등이 있다.

테스트 자료의 한계를 인정하라

이상적인 세계에서는 모든 사용성 테스트를 완전히 작동하는 프로토타입에서 진행한다(이 세계는 굉장히 빨리 변해서 여러분이 이 책을 읽을 때쯤이면 이 말이 사실일지도 모르겠다). 하지만 우리는 대개 스케치, 짜깁기한 PDF, 실제 콘텐츠가 빠진 HTML 화면 아니면 그냥 콤프[1] 하나로 테스트한다. 이런 완전하지 않은 디자인으로도 유용한 테스트 결과를 얻을 수 있을까? UX 디자이너로서 나는 피드백이 없는 것보다는 그저 그런 피드백이라도 있는 게 낫다는 철학을 갖고 있다. 나는 테스트 계획을 세우면서 어딘가 부족해 보이는 원고를 쓰면 걱정이 돼서 계획서에 테스트에서 사용할 자료와 특정 시나리오에서 잠재적으로 발생할 수 있는 위험까지 강조한다. 원고에 프로토타입, 스케치 또는 콤프가 하지 못하는 일을 진행자나 참가자에게 시키라고 쓰지 않게 주의하라.

---

1 comp "composite"의 줄인 말, HTML로 변환하기 전의 평면 디자인

사용성 계획서 논의를 위한 팁

테스트 계획서는 작성하기 어렵지 않다. 특히 팀에서 사용성 테스트를 하기로 했다면 더욱 수월하다. 이 책에서 소개하는 모든 문서마다 나름의 회의 틀이 있지만 사용성 계획서를 발표할 때는 항목별로 시간을 얼마나 배분할지만 결정하면 된다.

테스트 계획을 발표하는 자리가 단 한 번뿐이라면 반드시 모든 문서를 다뤄야 하며 한 부분도 빼서는 안 된다. 그렇다고 진행 방식이나 방법론을 너무 자세히 다룰 필요는 없다. 이해 관계자가 아주 "꼼꼼한 사람"이 아니라면 어떤 시나리오를 테스트하고 이 시나리오가 웹 사이트의 어떤 영역이나 기능에 대응하는지와 같은 중요 부분만 짚으면 된다.

범위 추가: 목적 상실

어떤 이해 관계자는 진짜 사용자와 만나면 사탕 가게에 온 아이가 된다. 즉, 타당하지만 테스트 범위를 벗어난 질문이나 과제를 쏟아내기 시작한다. 어떤 이해관계자는 자신의 부서와 관련된 다른 영역에 대한 의견을 들으려고 효과 측정 질문지를 들고 오기도 한다. 이런 일이 벌어지면 이들에게 테스트의 목적을 상기시켜준다.

때로는 이들이 제시하는 질문이나 지시 사항이 범위 안에 들어가기도 한다. 그렇더라도 원고가 너무 길어지면 할당된 시간에 내용을 다 다루지 못할 수 있다. 이는 여러분의 목표가 충분히 구체적이지 않다는 신호로 테스트의 초점을 맞추는 필터 역할을 효과적으로 수행하지 못한다는 증거다.

사용성 초보자

테스트 계획서를 다른 사람 앞에서 발표하다 보면 사용성 테스트를 잘 모르는 사람이 거의 한두 명은 있다. 이들은 이 활동의 목표, 더 심각하게는 방법론에 의문을 제기한다. 이런 질문이 들어오면 여러분은 사용성 테스트의 중요성을 설파해야 한다. 이 주장으로 의구심을 잠재우고 사용성 테스트의 대의를 전해야 한다. 사용성 테스트를 해야 한다고 설득하는 문구가 없는가? 없다면 이참에 하나 만들거나 아니면 무료로 제공할 테니 다음에 나오는 글을 필요에 따라 수정해서 사용하라.

사용성 테스트는 사용자가 실제 과제를 수행하는 몇 가지 상황에서 우리의 디자인 시스템을 사용하는 방식을 지켜보고 의견을 듣는 수단입니다. 사용자에게 우리의 시스템 또는 모 사품을 이용하라고 요청함으로써 디자인을 개선할 기회를 모색할 수 있습니다. 이 단계에서 개선 사항을 파악하면 이후에 파악할 때보다 훨씬 비용을 절약할 수 있습니다. 사용성 테스트는 프로젝트 첫날부터 계획에 잡혀 있었고 다음 주에 사용자가 오기로 예약했으므로 지금 이 계획서를 마쳐야 합니다. 하지만 사용성 테스트에 대해 더 알고 싶다면 회의가 끝나고 이야기를 나누겠습니다.

필요하다면 이 문장을 마음껏 수정해서 사용해도 좋다.

사용성 계획서 해부

사용성 계획서에는 최소한 지금 무엇을 하고 있는가?와 왜 이것을 하는가?가 꼭 들어가야 한다.

사용성 계획서라는 케익에 달콤한 크림을 발라주고 싶다면 방법론과 참가자 모집 과정을 기술하고 옆에 아이스크림까지 장식하고 싶다면 상세한 원고를 제공하라(이런 비유를 하는 이유는 내가 지금 단 것이 먹고 싶다거나 사용성 테스트를 생각하면 케익이 떠오르기 때문이다).

계획서 정리

사용성 계획서 목차의 좋은 예시는 다음과 같다.

장	페이지
앞 부분	표지 목차 전체 요약
방법론과 실행 방법	방법론 개요 실행 방법과 일정 리쿠르팅
시나리오(사용자 그룹에 따라 시나리오가 달라진다면 이 장이 반복된다)	한 장 이상의 페이지. 각 페이지마다 사용성 테스트에서 사용할 시나리오 하나를 설명한다.
다음 단계	테스트 요약 테스트 보고서

표 11.1   사용성 계획서의 목차.   사용성 계획서에는 전체 테스트를 요약한 페이지가 들어가야 한다. 사람들은 이 페이지를 보면서 테스트가 어떤 내용인지 한눈에 알 수 있어야 한다. 테스트에서 여러 사용자 그룹을 다룬다면 시나리오 장은 반복되며 아마 그룹별로 시나리오가 상당히 달라질 것이다.

계획 요약

사용성 테스트를 한 페이지로 정리하면 이해관계자와 다른 팀원을 여러분이 테스트에서 어떤 종류의 정보를 얻으려 하는지 알 수 있고 이 테스트에서 기대해야 할 것과 기대하지 말아야 할 것도 예측할 수 있다.

테스트 참가자

요약 페이지에는 테스트 참가자가 들어간다. 요약 페이지에 들어갈 만한 간단한 문장은 다음과 같다.

우리는 아홉 명의 사람과 이야기할 것이다. 세 명은 환자 도우미이고, 세 명은 환자이며, 세 명은 의사다. 페르소나가 있다면 어떤 이력이나 행동을 고려해 모집할지 페르소나를 이용해 결정할 수 있다.

왜 이런 참가자를 택했는지 이유까지 밝히다 보면 자리가 부족할지도 모른다. 참가자 모집이나 참가자 구성 문제로 의견이 분분하다면 이 자체로 한 페이지를 할당하라.

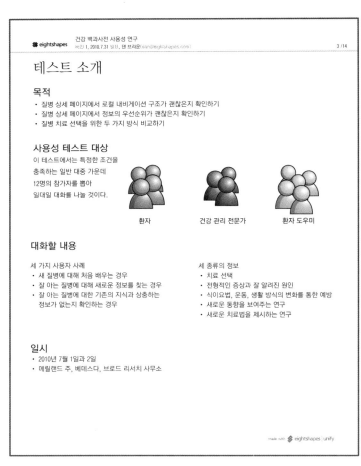

그림 11-1 한 페이지로 요약한 사용성 테스트. 사용성 테스트의 중요 질문에 답을 주는 내용을 한 페이지로 요약했다.

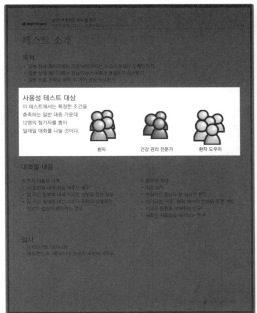

그림 11-2　참가자를 요약한 부분에 사진을
첨부. 페르소나와 관련이 있다.

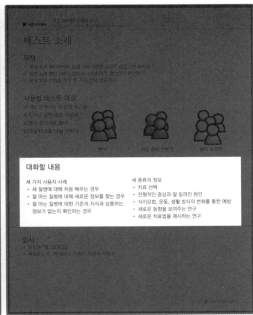

그림 11-3　테스트 내용을 설명한 시나리오 목록.
어떤 경우에는 시나리오를 일반화하거나 통합한다.

테스트 질문

솔직히 개요 페이지에 사용자 그룹별로 일반화한 시나리오를 실을 수 없다면 실제 테스트는 더 길어진다. 시나리오 목록은 테스트 내용을 가장 잘 보여준다.

테스트 목적

가상의 건강 백과사전에서 사용자 동기에 대해 테스트를 한다고 할 때 생각할 수 있을 만한 목표는 다음과 같다.

- 특정 질병을 생각하고 사이트를 방문한 사람이 연관된 정보를 찾는 과정에 만족하는지 확인하기

- 다른 사람을 대신해 자료를 찾은 사람이 그 정보를 문의할 만한 사람을 쉽게 찾을 수 있는지 살펴보기

- 최근 병을 진단받은 사람이 그들이 조사했던 내용을 다시 찾아갈 수 있는지 살펴보기

목표가 하나여야 한다는 말은 어디에도 없다. 즉, 목표는 여러 개여도 무방하다. 일단 목표를 정했다면 목적을 질문의 형태로 적었을 때 대답하기 쉬운지 간단한 테스트를 한다. 먼저 나쁜 예를 들어보면 "이 사이트는 사용하기 쉬운가?"다. 이 질문에는 대답하기가 어렵다. 반면 "특정 질병을 생각하고 사이트를 방문한 사람이 특정 질병과 연관된 정보를 만족스럽게 찾았는가?"라는 질문에는 쉽게 답할 수 있다.

시나리오

시나리오는 사용성 계획서의 핵심이다. 시나리오는 참가자가 어떤 가상의 상황에 놓이고 특정 버전의 사이트를 이용해 어떤 과제를 수행할 것인지 말해준다.

시나리오의 틀은 다음의 세 가지로 구성된다.

- **설정**: 참가자가 상황을 이해할 수 있게 테스트 진행자가 참가자에게 읽어줄 부분

- **기대 결과**: 어떻게 해야 이 상황을 올바르게 다루는 것인지 설명

- **다음 할 일**: 사용자가 다음에 해야 할 일로 전환

 쉬어가는 이야기

사용성 테스트 중재

사용성 테스트를 하면서 누가 무슨 이야기를 할지 아무도 모른다. 내 경험상 목표가 분명한 좋은 시나리오는 주제를 벗어나지 않으면서 테스트가 매끄럽게 진행되도록 돕지만 나오는 이야기는 참가자마다 다 달랐다. 테스트 가운데 참고할 만한 질문 목록을 만들어 두면 테스트 진행자(너무 나이가 들어서 한 시간 지나면 다음에 무슨 질문을 해야 할지 까먹을지도 모른다)가 중요한 주제를 상기할 수 있다.

시나리오를 적을 때는 그림보다 조판이 더 큰 역할을 한다(참가자가 볼 화면을 보여주는 것도 좋지만 계획서는 이보다 더 중요한 역할을 해야 한다). 조판을 이용하면 위의 세 부분을 바로 구분할 수 있다.

시나리오별로 페이지를 분리하면 테스트 진행자가 테스트 속도를 조절할 수 있을 뿐더러 시나리오에 북마킹도 쉽게 할 수 있다.

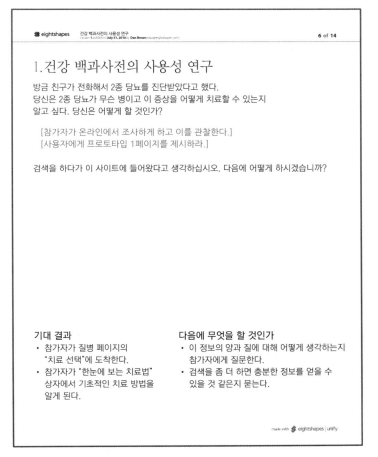

그림 11-4 사용성 테스트를 위한 시나리오 페이지. 여백이 많지만 시나리오별로 페이지를 분리해야 테스트 진행자 테스트 속도를 조절하기 쉽다.

질문

시나리오 상세 설명에 구체적이면서 뭔가를 겨냥한 질문을 포함하기도 한다. 질문이 들어가면 테스트 진행자가 테스트의 어떤 시점에 어떤 말을 해야 하는지까지 보여주므로 계획서가 원고처럼 보인다. "엄격한 질문"과 "질문 없음" 사이에 "대화를 이끄는 질문"도 있다. 나는 테스트할 때 이런 가이드용 질문을 앞에 두는 것을 좋아한다.

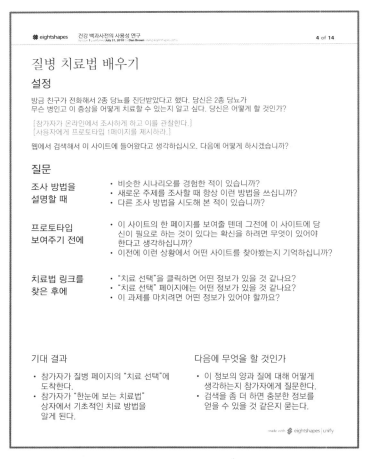

그림 11-5 질문을 추가한 사용성 테스트 문서. 테스트 진행자가 각 시나리오에서 어떤 질문을 할지 명확히 볼 수 있다.

시나리오 베리에이션

테스트의 틀은 시나리오의 변화를 수용할 수 있어야 하고 (그 이유는 많지만 가장 흔한 이유는 사용자 유형에 따라 시나리오가 달라지기 때문이다) 계획의 틀도 이런 베리에이션의 특성을 감안해야 한다.

시나리오가 한두 개만 바뀐다면 버전별로 페이지를 분리하고 메인 시나리오 바로 뒤에 배치한다.

하지만 시나리오 대부분이 바뀐다면 시나리오별로 별도의 장을 할애하라. 각 장이 하나의 사용자 그룹을 가리킨다면 아주 깔끔할 것이고 몇 개의 사용자 그룹이 몇 개의 시나리오를 공유한다면 테스트의 흐름을 쉽게 따를 수 있게 공통 시나리오를 장마다 반복하거나 테스트의 앞이나 뒤에 공통된 시나리오를 제시하고 각 사용자 그룹 장의 앞이나 뒤에 사용자별 시나리오를 별도로 제시한다.

테스트 진행 순서로 시나리오를 기술하는 방법 외에 다른 방법은 별로 떠오르지 않는다. 이 순서로 계획서를 작성하면 문서를 검토하면서 테스트가 어떻게 진행되는지 이해할 수 있다.

테스트 전후 질문

일부 사용성 테스트 방법론에서는 실제 테스트하기 전후에 사용자에게 질문할 것을 제안한다. 테스트를 시작하고 실제 화면이나 프로토타입을 보여주기 전에 웹 사이트에 대한 기대감이나 그들의 경험 수준에 대해 질문한다. 사이트를 이용하는 동기를 파악하거나 여러분을 소개하기도 한다.

질문의 형식은 방법론에 따라 다르다. 어떤 진행자는 사용자에게 직접 질문하고 답을 손으로 적고 어떤 진행자는 참가자가 별도로 답을 할 수 있게 질문지를 나눠준다(질문지를 나눠주는 경우 진행자는 사용성 시나리오에 더 많은 시간을 할애할 수 있다). 참가자가 직접 질문에 답하는 경우 질문지를 참가자에게 직접 줘야 하니 문서에서 분리하라. 또한 양식도 다르게 하고 특별한 방향이 있다면(이를 테면, 답을 진행자의 간섭없이 쓴다와 같은) 그 점을 명시하라.

테스트 전에 하는 질문에서는 사이트를 보기 전에 사용자가 기대한 부분이나 경험을 파악하고 테스트 이후에 하는 질문에서는 전체적인 인상이나 어려웠던 점을 물어보고, 때로는 제안을 받기도 한다. 테스트 전후 질문은 주관식 질문일 수도 있고 객관식 질문일 수도 있다.

주관식 질문의 예는 다음과 같다.

- 당신의 판매를 도울 새로운 시스템을 구축하는 중입니다. 판매하면서 가장 힘든 부분은 무엇입니까?
- 지금 만드는 사이트의 이름은 FluffyPuppies.com입니다. 이 웹 사이트는 어떤 사이트인 것 같습니까?
- 가족의 비디오를 관리하는 데 어떤 시스템을 이용하고 계신가요?

객관식 질문의 예는 다음과 같다.

- 전혀 동의하지 않는다가 1이고 전적으로 동의한다를 7이라고 했을 때 1부터 7까지의 척도에서 다음 문장에 어떤 점수를 주시겠습니까? 이 웹 사이트는 사용하기 쉽다.
- 당신은 어떤 수준의 인터넷 이용자십니까? 초보, 보통, 능숙
- 이 판매 시스템을 얼마나 오래 이용하셨습니까?

어떤 질문을 하든 그 질문에는 의도한 바를 정확히 반영해야 하며 질문을 매번 동일하게 한다.

테스트 진행 방식과 리쿠르팅

좋은 계획에는 진행 방식과 일정이 들어간다. 이를 문서에 명시적으로 언급할지 여부는 여러분이 결정할 일이지만 언제, 어디서, 어떻게 테스트할지 한 페이지에 요약하면 자잘한 세부사항 없이도 모든 것을 다뤘다는 인상을 줄 수 있다. 또한 이 요약 페이지로 전체 일정을 다시 한번 상기시키기도 한다. 보통 이들은 결과를 언제 볼 수 있을지 궁금해한다.

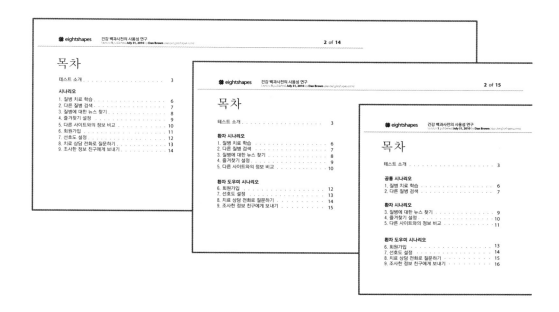

그림 11-6 테스트 구조에 따라 달라지는 사용성 계획서

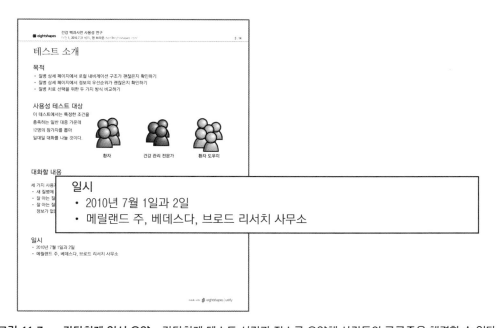

그림 11-7 간단하게 일시 요약. 간단하게 테스트 시간과 장소를 요약해 사람들의 궁금증을 해결할 수 있다.

리쿠르팅 상세 정보와 심사지

앞에서 언급한 진행 방식에 여러분이 모집하고 싶어하는 사람들의 이력이 들어가지만 상세한 내용을 넣는 것도 언제나 환영이다. 테스트가 복잡할수록 다뤄야 할 사용자 그룹이 많아서 더 상세한 내용이 필요할 수 있다. 그룹별로 이력을 정리하면 그룹에 맞게 테스트를 디자인할 수 있고 이전 장에서 언급한 페르소나를 만들었다면 그 자료를 바로 이용해도 좋다. 웹 사이트를 이용하는 한 사용자 그룹의 이력의 예는 다음과 같다.

낮에 근무하는 부모는 집이 아닌 밖에서 일한다. 이들은 아침에 자녀를 보고 버스 정류장에 내려준 후 퇴근하고 돌아와서 밤에 다시 아이들을 본다. 이 부모는 자녀 양육에 도움을 받으려고 점심시간에 이 사이트를 훑어 보며 밤에 아이들이 잠자리에 들고 나서도 잠시 시간을 내서 살펴본다. 이 부모는 맞벌이를 하며 둘 다 인터넷에 익숙하고 온라인에서 쇼핑하기도 하고 건강과 관련된 자료를 조사하기도 한다.

사용자를 자세히 기술하고 그 조건에 맞는 사람을 찾아야 한다. 이런 타겟 고객을 바로 찾을 수 없다면 심사가 필요하다. 심사란 사용성 테스트에 적격인 사람인지 보려고 잠재적인 참가자에게 질문하는 것을 말한다.

참가자의 모집 방법을 보여주려고 계획서에 심사지를 바로 넣기도 한다. 계획서를 공유할 시점에 심사지가 완성되지 않았다면 모집 기준을 요약해서 넣기도 한다. 이 정도로도 프로젝트 팀이 반응할 거리가 생기고 리쿠르팅 회사는 어떤 사람을 찾는지 파악할 수 있다.

심사 질문에는 인터넷 이용이나 온라인 쇼핑 경험과 같이 직접적인 질문이 있다. 여러분만의 상황을 반영하려고 더 구체적인 질문을 하기도 한다. 예를 들어, 가상의 온라인 건강 백과사전용 심사지라면 최근 병원에 간 적이 있는지, 최근 3개월 동안 건강 사이트를 방문한 적이 있는지 질문할 수 있다. 이런 질문으로 타겟 그룹에 가장 잘 맞는 지원자로 참가 대상자를 좁힌다.

대개 일반 대중을 모집할 때는 리쿠르팅 회사에 맡긴다. 이런 회사는 사용자 풀을 풍부하게 보유하고 있다. 외주 업체를 이용할 때는 최대한 상세한 심사지를 제공해야 한다. 예를 들면, 이 질문에 특정 대답을 하면 참가자에서 제외된다거나, 특정 답을 한 사람은 몇 퍼센트가 필요하다와 같은 것까지 지정한다. 후자의 예를 들면, 참가자의 반은 지난 3개월간 건강 사이트를 방문한 적이 있는 사람으로, 나머지 반은 건강 사이트를 한 번도 가보지 않은 사람으로 지정할 수 있다.

가장 짜임새 있는 계획

사용성 측정은 계속 진화하는 기법이다. 연구실 기반의 테스트(참가자를 모집하고 연구실로 불러와 제품을 사용하는 모습을 지켜보는 것)는 오랜 기간에 걸쳐 자리 잡았지만 다른 형태의 자료로도 보충된다. 기술의 발달로 UX 디자이너는 웹 사이트를 이용하는 모습을 실시간으로 지켜보면서 자료를 수집한다. 테스트 진행자가 없는 사용성 연구에 다른 나라 사람을 모집해 여러 기간에 걸쳐 자료를 모을 수도 있고 이 모든 것을 책상 앞에서 할 수도 있다.

이런 발전은 UX 커뮤니티에 가치 있지만 어려운 질문을 제기했다. UX 의사결정을 내리려면 얼마나 많은 자료가 필요한가? 당면한 모든 사용성 문제를 거론해야 하는가? 얼마만큼의 피드백이 너무 많은 피드백인가? 타겟 고객에 더 가깝게 다가가려고 실시간으로 그들을 지켜보고 의견을 얻기 위해 많은 노력을 기울였다. 그 바람이 현실화되자 이제는 얼마나 주의해야 하는지가 화두가 됐다.

나에게 이런 논란은 제품과 관련해 사용자 연구를 할 때 많은 변수를 고려하고 더 주의 깊게 계획하라는 말로 들린다. 기초적인 질문에 답을 주는 문서는 한마디로 계약이다. 프로젝트의 모든 구성원은 사용성 연구에서 어떤 정보가 나오는지, 그 정보를 어떻게 활용할지 공유해야 한다.

좋은 사용성 계획서는 훌륭한 원고를 작성하거나 시나리오를 만드는 것 이상이 돼야 한다. 사용성 계획서는 UX 디자인 프로세스에서 사용성 테스트의 역할을 규정하며, 프로젝트 팀이 결과를 해석할 수 있게 사용자 목소리를 중재한다. 수없이 많은 곳에서 나오는 정보 가운데 UX 팀이 활용할 수 있는 정보로 만들기도 한다.

사용성 계획서를 만들 때 진행 방식, 시나리오, 인터뷰 질문에서 초점을 잃기 쉽다. 이 부분에는 생각할 것이 많아서 이 모든 사항을 고려하면서 궁극적인 목적에 집중하기란 몹시 어렵다. 지금 테스트의 목적을 말하는 게 아니다(물론 이것도 어렵다). 궁극적인 목적이란 UX 디자인 과정에 유용한 정보를 제공하는 것을 말한다. 좋은 사용성 계획서에는 UX 팀이 이 결과를 활용하는 방법을 명시적으로 언급하지 않아도 이를 내포하며 단독 활동이 아닌 지속적인 피드백과 영감의 원천으로서 어떻게 프로젝트의 전체 모습과 어우러질 것인가도 들어 있다.

12

사용성 보고서

Usability Reports (명사)

사용성 테스트가 끝나고 작성하는 문서로서 발견사항 관찰, (잠재적인) 제안이 들어감.

사용성 테스트를 마치면 자료가 한가득 생긴다. 이 정보는 UX 활동에 유용한 방향을 제공하지만 사람들이 결과를 어떻게 받아들이느냐에 따라 결과를 제시하는 방법이 달라진다.

보통 사용성 결과는 보고서 형식으로 작성한다. 이제 디자인 업계에서는 더는 두꺼운 보고서를 만들지 않는다. 경험을 통해 두꺼운 보고서가 필요하지 않다는 사실을 깨달았다. 두꺼운 보고서에는 UX 디자인에 불필요한 정보까지 들어가기 때문이다.

이 장에서는 사용성 테스트 결과가 외부적인 요소를 최소화하고, UX 디자이너가 디자인하면서 소중한 입력 정보로 활용하는 것에 초점을 맞춘 UX 디자인 도구라고 가정했다.

모든 UX 팀은 사용성 테스트 결과물을 다르게 받아들인다. 어떤 팀은 테스트한 뒤 사용자가 어떤 생각을 하는지 알려달라고 요청하기도 하고 어떤 팀은 관찰 결과를 토대로 좋은 제안을 해달라고도 한다. 이 장에서는 누가 책임지는지와 상관없이 사용성 테스트 관찰과 결과의 해석 및 분석을 명확하게 구분했다.

좋은 사용성 보고서의 요건

보고서를 실용적으로 만들려면 사용성 보고서의 세 가지 과제인 실행 가능성, 권위, 이해 가능성을 극복해야 한다.

- **실행 가능성**: 사용성 테스트에서 나오는 자료는 너무 방대해서 UX 디자이너가 받아들일 만한 방향으로 압축하기 어렵고 관찰 내용을 정리하다 보면 실제 사용자가 실제 디자인에 반응했던 콘텍스트와 느낌이 사라진다. 이런 미묘함이 사라지는 것을 막고자 콘텍스트나 설명을 덧붙이기도 하지만 그렇게 하면 UX 디자이너가 어디에 반응해야 할지 감을 잡기 어렵다.

- **권위**: 실행성을 확보하기 어려운 이유는 사용성 관찰에 논리적인 근거가 필요하기 때문이다. 즉, 권위가 필요하다. 핵심 방향을 제시하려고 수많은 관찰 결과를 요약하는 것이 아무 근거 없이 디자인을 비판하는 듯이 보여서는 안 된다.

- **이해 가능성**: 사용성 보고서의 또 다른 위험은 자신을 정당화하는 것처럼 보일 수 있다는 것이다. 테스트에 사용한 기법에 따라 사용성 테스트는 매우 복잡해지기도 한다. 이 테스트가 얼마나 복잡한지 설명하다가 보고서에 세밀한 분석을 뺄 수 있지만 그렇다고 너무 일반화하면 결과를 편협하게 바라보게 될 수도 있다.

다음 절에서는 이런 과제를 극복하고 프로젝트 팀에 가치 있는 좋은 사용성 보고서의 특성을 설명하겠다.

초점과 연관성

사용성 테스트는 여러 방향으로 갈 수 있지만 보통 사용성 연구를 하는 목표는 다음과 같다.

- UX 디자인 문제 진단
- UX 프로젝트의 우선순위 선정
- 사용자와 그들의 행동 관찰
- UX 디자인 콘셉트의 유효성 확인
- 요구사항의 유효성을 확인하고 우선순위 선정

좋은 사용성 보고서에는 이 목적 중 하나가 들어가고 문서에 들어가는 모든 관찰과 인사이트는 초점이 하나로 맞춰진다. 문서 앞에 이런 목표를 기술함으로써 문서의 콘텍스트를 설정한다.

목표가 하나 이상일 수도 있는데 그것도 좋다. 하지만 보고서에서는 명확히 분리돼야 한다. 예를 들어, 테스트할 때 다음과 같은 내용을 관찰했다고 하자.

- 사용자들은 결제 과정에서 전송 버튼을 찾지 못했다.
- 여덟 명 중에서 두 명의 사용자가 여러 배송지로 배송할 수 있는지 물었다.

이 두 가지 모두 결제와 관련이 있지만 두 번째는 UX 디자인이나 실행의 관점에서 훨씬 큰 노력이 들어간다. 첫 번째 내용은 두 번째 내용보다 더 심각하고 즉각적이지만 조금만 고치면 된다. 이두 가지 관찰 결과 모두 우선순위는 높지만 문서에서는 분리해야 한다.

우선순위화한 결과와 그 이상

좋은 사용성 보고서는 결과의 우선순위가 분명해서 어떤 사안에 먼저 대처해야 할지 알 수 있다. 사용성 보고서는 프로젝트 계획에서 입력 정보가 돼야 한다. 일정표상의 계획이라기보다는 지금 어떤 사안을 다루고 있으며 다음에 무엇을 다뤄야 하는지 알 수 있을 정도면 된다.

다음 섹션에서 심각성에 대해 논의할 것이다. 심각성은 우선순위를 정하는 중요하고 유용한 기준이지만 문서에는 그 이상을 반영해야 한다. 좋은 사용성 보고서는 관찰 결과뿐 아니라 문서의 제시 방식에도 우선순위가 있다.

실행력 있는 문서를 만들려면 테스트 결과가 디자인 과제와 직접 연관돼야 한다. 또한 결론은 배경 정보와 함께 제시해야 한다. 방법론, 사용자 이력, 논리적 근거 모두 적합한 배경이지만 UX 팀의 구체적인 과제와 연결된다고는 할 수 없다. 관찰에 암시된 심리적인 의미도 타겟에 대한 가치 있는 시사점을 주지만 UX 팀이 다음 주에 해야 할 일을 말해 주지는 않는다.

이런 콘텍스트하에서 관찰의 우선순위를 정해야 문서를 이해하기가 쉽다. 결과에 대한 논리적인 근거를 제공하려면 방법론과 같은 설명이 필요하지 않을까?라고 생각할 수도 있지만 그다지 좋은 생각은 아니다. 이론이 너무 많은 문서는 UX 도구가 아닌 과학 논문처럼 보인다. 좋은 사용자 보고서는 방법론적인 접근과 UX 팀의 니즈가 조화를 잘 이룬다.

사용성 보고서 프레젠테이션을 위한 팁

다이어그램 기초(2장)에서 소개한 프레젠테이션의 틀은 사용성 보고서에 완벽하게 맞아떨어진다. 이 틀에 따라 주요 메시지를 짚고(3단계), 구체적인 발견사항을 지적하며(5단계), 추천안을 제공한다(6단계, 함축된 의미). 따라서 이 틀은 그대로 보존하면서 사용성 보고서 프레젠테이션에서 고려해야 할 몇 가지 내용만 제시하겠다.

목표를 수립하라

이상적인 사용성 테스트는 팀 내부 회의로 끊임없이 이어져야 하며, 테스트 결과는 모든 UX 논의에 스며들어야 한다. 그러나 팀에 이런 문화가 없거나 이런 논의를 막 시작하는 단계라면 일단 사용성 테스트 회의에서 얻고 싶은 게 무엇인지 결정하라. 여기에는 두 가지 방법이 있다.

- **공략 부위를 정하라**: 이런 회의에서는 "그럼 이제 어디에 초점을 맞춰야 합니까?"라는 질문에 답을 찾는 것이 목적이며 사용성 연구의 발견사항을 중심으로 틀을 짠다. 그러나 팀 팀원들이 테스트의 내용을 잘 알고 있다면 어떤 문제에 먼저 주목할지 우선순위를 정하는 활동으로 들어가기도 한다.

- **UX 방향을 브레인스토밍하라**: 팀원들이 사용성 테스트에서 제기된 문제를 잘 안다면 회의의 초점을 문제 해법에 맞춰도 된다. 이때는 UX 콘셉트를 브레인스토밍하는 팀의 능력에 따라 회의의 가치가 달라진다. 사용성 테스트 보고서는 회의에서 핵심 문제에 집중하는 데 도움이 된다.

발견사항을 가능한 한 빨리 보고하라

사용성 테스트의 어려움 중 하나는 팀원들이 적극적으로 테스트에 참여하지 않으면 실시간으로 관찰하기 어렵다는 점이다. 이때 보고서가 그러한 빈틈을 메워준다(물론 모두가 그 자리에 있었다면 보고서의 필요성이 떨어진다). 그러나 보고서를 작성하는 데 시간이 걸리는 데 반해 결과의 적합성은 시간이 갈수록 떨어진다.

나는 테스트 후 며칠 안에 보고서를 제출하려고 노력한다. 템플릿을 미리 정해 두면 포맷을 정하는 시간을 줄일 수 있다. 분석은 줄이고 테스트에서 벌어진 일에만 초점을 맞춘다. 그리고 결과 분석 시간도 정해 놓는다.

또한 되도록 테스트를 마친 다음 날 회의를 열고 이 자리에서 높은 수준의 인상과 가장 심각한 발견사항을 설명한다.

객관적이고 정직하라

많은 사람이 시행하는 사용성 테스트는 부정확한 학문이며, 결과를 해석하는 여지가 다분하다. 관찰을 발표하는 자리에서 여러분은 일어난 일과 그 일에 대한 해석을 구분해야 한다. 예를 들어, 웹 애플리케이션의 사용자가 똑같이 전송 버튼을 놓쳤다고 해보자. 여러분은 왜 그들이 그 버튼을 놓쳤는지 모른다. 아마 버튼이 너무 작을 수도 있고, 색이 튀지 않을 수도 있으며, 아니면 클릭할 수 있게 보이지 않을 수도 있다. 그래서 사용자에게 왜 그 버튼을 놓쳤는지 질문을 했을지도 모른다.

이 관찰을 보고할 때 사람들이 전송 버튼을 일관되게 놓쳤다는 사실과 몇 가지 잠재적인 원인을 설명한다. 사용성 테스트는 본질적으로 정확한 이유를 밝히기 어려운 도구지만 사람들은 해결책을 찾는 과정에서 어느 하나에 동의할 것이다.

디자인에 대한 질문 준비

뒤에 나올 '사용성 보고서 해부하기'의 추천안에서는 UX 프로세스와 문서에서 추천안을 결합하는 방법을 설명한다. 어떤 전략을 택하든 사이트 디자인에 대한 문제를 지적하다 보면 "그럼 우리는 어떻게 해야 하나요?"라는 질문이 따라 나온다.

전략에 따라 이 질문에 어떻게 반응할지가 정해지겠지만 우선 몇 가지 고려할 사항은 다음과 같다.

- **기대감 심기**: 테스트를 시작하기 전에 사용성 테스트 보고서에 추천안을 넣을지, 넣는다면 어떤 규모의 추천안을 넣을지 결정하라. 처음부터 이 점을 알려 사용성 테스트의 결과물이 어떤 모습일지 사람들이 미리 짐작할 수 있게 하라.
- **상기시키기**: 테스트 과정 내내 틈날 때마다 테스트와 보고서의 규모를 계속 상기시켜라
- **결합하기**: 보고서에 추천안을 넣기로 했다면 회의에서 추천안을 어떻게 다룰지 생각하라. 큰 규모의 문제를 인지시키는 것이 목표라면 자잘한 추천안을 제시하는 것은 논의를 진전시키는 데 도움되지 않는다. 반대로 몇 가지 큰 문제를 해결하고자 프로젝트 팀에서 할 수 있는 몇 가지 일을 제시하기도 한다. 상황에 따라 회의 방식이 달라져야 한다.

방법론을 지나치게 방어하지 마라

디자인 업계에서 꾸준히 실험하는 여러 가지 사용성 기법(원격 vs. 개별, 진행자가 있는 vs. 진행자가 없는, 프로토타입 vs. 실제, 종이 vs. 화면, 적은 샘플 vs. 대규모 샘플)을 보면 UX 디자인을 평가하는 도구가 셀 수 없이 많다는 사실을 알 수 있다. 업계에서는 이 연구의 역할조차 논란이 되기도한다. 그러니 이런 활동에 많이 관여하지 않았던 사람이라면 이런 다양성을 엄격함이 부족한 것처럼 볼 수도 있다. 따라서 "몇 명의 참가자가 최적인지 정확히 설명하지 못하는데 내가 어떻게 이 활동의 결과를 신뢰할 수 있나요?"와 같은 논리도 충분히 가능하다.

산출물은 방법론적인 문제를 해결하는 특효약이 아니다. 훌륭한 보고서를 만들었다고 마음속의 의문이 사라지는 건 아니다. 보고서 내용도 중요하지만 사람들이 여러분이 선택한 기법을 이해하고 그 접근 방식을 가다듬으려면 협업이 필요하고 테스트를 시작하기 훨씬 전부터 준비해야 한다. 아래의 충고는 이런 기초 작업을 프로젝트 초반부터 착실하게 했다고 가정한다.

- **방법론과 근거를 요약하라**: 산출물에 여러분이 사용하는 방법론을 비롯해 가능하다면 해당 방법론의 근거를 요약하라. 이 내용은 프로젝트를 시작할 때 팀과 나눴던 논의를 요약 정리한 것이기를 바란다. 그러므로 어떤 방식을 왜 선택했는지 떠올릴 수 있을 정도면 충분하다.

- **방법론의 한계를 인정하라**: 프로젝트 팀에 의구심이 남아 있는데도 테스트를 시행하는 경우가 있다. 솔직하게 어떤 기법도 완벽하지 않다는 사실을 인정하라. 여러분이 사용하는 기법의 장단점을 열거하되 그 기법에서 허용된 이외의 결과는 추측하지 않도록 주의하라.

- **계획에서 벗어난 내용도 담아라**: 때로는 테스트하면서 즉흥적인 시도를 할 때가 있다. 즉석에서 방법을 수정했다면(이에 대한 전문가의 의견 또한 매우 다르다) 이 내용도 문서에 넣어라. 이런 변화가 허용되는 계획이나 기법일지라도 즉흥적인 시도가 결과의 품질에 영향을 끼쳐서는 안 된다.

 질문할 시간

회의 중간 중간 질문이 없는지 확인하라. 이것은 단계 전환 시점에 특히 더 중요하다. 회의 마지막에 공식적인 질문 시간이 있더라도 각 소주제를 이해하지 못하면 다음 이야기를 성공적으로 이어갈 수 없다. "중대한 의사결정 강조"와 "논리적 근거와 한계점 제공" 사이는 불확실한 부분을 짚기에 가장 이상적인 시점이다.

전문가에게 물어보세요

DB: 사용성 테스트의 결과를 발표하기에 가장 적절한 포맷은 무엇입니까?

DC: 가장 좋은 포맷은 UX 디자인의 주기, 기업과 팀의 문화, 테스트 목표에 따라 달라집니다. 보통은 어떤 종류의 보고서라도 존재합니다. 연구자가 주요 장면을 모은 비디오를 만들거나 문제가 제기된 세션의 비디오 클립을 취합하는 일은 흔치 않고 대부분 프레젠테이션을 합니다.

다나 치즈넬
개인 연구원
유저빌리티웍스

훌륭한 사용자 경험을 창출하는 팀은 옛날 방식대로 결과를 보고하지 않습니다. 문서로 만드는 데 시간이 오래 걸리고 내용이(그리고 수집된 자료는) 연구자의 관점에 따라 좌우될 수 있기 때문입니다. 대신 훌륭한 UX 팀은 대화로서 테스트 결과를 논의할 방법을 찾습니다. 사용성 테스트(다른 사용자 리서치도)는 디자인에 관여하는 모든 사람이 테스트 세션을 관찰해야 효과적입니다. 모든 사람이 테스트를 관찰하면 다 같이 결과를 공유할 수 있고 어떤 사람이 테스트 중에 사용자가 한 일을 다른 사람에게 퍼뜨릴 수도 있습니다. 탐험적 사용성 테스트(exploratory usability test)[1], 검증적 사용성 테스트(formative usability test)[2]에서 모든 사람이 사용자가 디자인을 이용하는 모습을 관찰했다면 대개 보고서나 프레젠테이션이 필요 없기 때문에 사람들은 즐거워 합니다.

여러분이 문서를 좋아하는 기업에 있다면 회의에서 분석 작업을 하고 나서 "보고서"로 가는 몇 가지 방법이 있습니다. 내가 시도한 방법 중 가장 괜찮았던 것은 두 단계로 나뉩니다. 먼저 테스트 중에 각자가 이슈 목록을 만듭니다. 그다음 각자 관찰한 내용을 다른 사람들과 함께 우선순위를 정합니다. KJ 활동(KJ Method)[3]으로 가장 중요한 이슈를 세 개에서 다섯 개 정도 정하면 됩니다.

이슈 목록은 간단합니다. 사용성 테스트 세션 하나가 끝나고 나서 휴식 시간 동안 서로 관찰한 내용과 이슈를 확인하고 화이트보드에 적습니다. 그리고 그 관찰한 내용 옆에 그 이슈를 가진 참가자의 번호를 적습니다. 그 관찰은 문제일 수도 있고 좋은 점일 수도 있습니다. 이때 주의할 점은 이는 UX 디자인과 관련돼야 하고 해결책이 아닌 들었던 것이나 본 것이어야 합니다.

1　(옮긴이) 디자인의 초기 단계에 사용자의 멘탈 모델을 탐험함으로써 제품에 들어가는 기능이나 구조가 직관적인지를 판단하는 테스트다.
2　(옮긴이) 제품이 완료되기 전인 기획, 디자인, 개발 단계에 실시하는 테스트로서, 현재 진행 상태에 존재하는 문제점을 발견하고 고칠 목적으로 실시한다.
3　(옮긴이) 어피니티 다이어그램으로도 알려진 이 기법은 다양한 이해 관계자의 합의를 끌어내고자 실시하는 활동이다.

사용성 보고서 해부

사용성 결과 보고서의 목표는 테스트 도중에 관찰한 내용이나 다른 자료를 요약 정리하는 것이다. 사용성 테스트는 수많은 웹 사이트 상황(실제 화면, 와이어프레임, 프로토타입)에서 실시할 수 있다. 이런 작업물은 그림 12.1과 같이 사용성 결과를 문서화로 만들 때도 좋은 도구가 된다.

이 작업물은 그 자체로는 의미가 없고, 사용성 보고서에서 벽돌 한 장 한 장과 같은 역할을 한다. 이런 벽돌을 활용해 문서를 조립하는 몇 가지 방법을 살펴보자.

사용성 보고서 정리

사용성 보고서 목차의 좋은 예는 다음과 같다(표 12.1 참고).

관찰 장을 정리하는 두 가지 방식에는 시나리오와 과제로 정리하기와 주제로 정리하기가 있다.

시나리오와 과제로 정리하기

결과는 특정 시나리오를 포함한 화면별로 보인다. 아니면 그 시나리오에 해당하는 과제별로 페이지를 할당하기도 한다. 예를 들어, 상거래 사이트의 사용성 테스트에서 한 시나리오를 보자.

공휴일이다. 카트에 가족에게 줄 물건을 담았는데 이 물건을 수취인에게 바로 보내고 싶다. 여기에는 당신이 받을 물건과 다른 두 주소로 보낼 물건이 담겨 있다.

이 시나리오에 다음과 같은 몇 가지 과제가 있다고 하자.

- 상품별로 어디로 보낼지 정하기

- 도착 주소 선택하기

- 새 주소 추가하기

- 선물 포장 여부 선택하기

- 배송 선택사항 선택하기

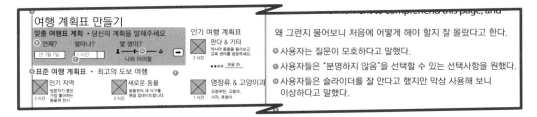

왜 그런지 물어보니 처음에 어떻게 해야 할지 잘 몰랐다고 한다.

- 사용자는 질문이 모호하다고 말했다.
- 사용자들은 "분명하지 않음"을 선택할 수 있는 선택사항을 원했다.
- 사용자들은 슬라이더를 잘 안다고 했지만 막상 사용해 보니 이상하다고 말했다.

그림 12-1   간단한 사용성 테스트 결과. 관찰 결과의 콘텍스트를 제공하려고 테스트를 실시한 화면(이 경우에는 높은 신뢰도의 와이어프레임)을 넣었다.

장	페이지
앞 부분	표지 목차 전체 요약 취할 점 / 우선순위
시나리오 1	화면 1 관찰 화면 2 관찰
시나리오 2	화면 3 관찰 화면 4 관찰 화면 5 관찰
시나리오 3	화면 6 관찰
시나리오 4	화면 7 관찰 화면 8 관찰 화면 9 관찰
다른 관찰	화면 발췌 1 화면 발췌 2 토론
참가자	페르소나 요약 참가자 이력
배경	방법론 참가자 모집
첨부	표: 심각성을 기준으로 모든 관찰 내용 기록

표 12.1   보고서 목차의 좋은 예. 이 사용성 보고서에서는 문서 초반에 취할 점을 제시하고 시나리오별로 관찰 내용을 정리했다.

  이는 디자인에 따라 한 화면이나 여러 화면에서 일어날 수 있다. 이때 사용성 보고서는 과제별로 한 페이지를 부여한다. 이렇게 하면 관찰에 콘텍스트가 생기고 특히 관찰 결과가 여러 과제와 연관될 때 한 화면에 관찰이 몰리는 현상을 방지할 수 있다.

주제 중심의 정리

관찰 결과를 분석하다 보면 몇 가지 주제가 수면 위로 떠오른다. 최근 실시한 사용성 연구에서 뽑은 몇 가지 주제를 살펴보자.

- 사용자는 다음에 어떻게 해야 할지 몰랐다.

- 사용자는 전문 용어를 이해하지 못했다.

- 사용자들은 이미지 규칙을 이해하지 못했다.

- 사용자들은 중요한 내용을 놓쳤다.

이제 이 주제를 뒷받침하는 수많은 관찰 결과가 나왔을 것이다. 관찰을 이런 방식으로 정리하면 결과의 개요, 즉 테스트의 요점만 제공할 수 있다. 하지만 이 주제가 모두 다른 시나리오에서 나왔거나 심각도가 모두 다르다면 주제를 중심으로 정리하기가 어렵다.

관찰과 심각도

관찰은 사용성 테스트의 시나리오를 수행하면서 참가자가 보여주는 고유한 행동을 말한다. 사용자는 전송 버튼을 찾으려고 화면에서 마우스를 이리저리 움직인다. 스크롤하지 않아서 부가 정보를 놓쳤다. 배송비가 얼마인지 모르겠다고 말한다. 이 모든 게 관찰이다.

관찰을 보고할 때는 다음의 두 가지를 생각해야 한다.

- **통합**: 모든 관찰을 다 기록하면 사용성 보고서를 읽기가 어려워진다. 실제로 관찰을 정리할 때는 약간의 자유만 허락된다. 보통 한 사람 이상이 (a)같은 행동을 했거나, (b)같은 시나리오에서 비슷한 행동을 했더니 같은 결과가 도출됐다면 내용을 통합한다.

- **UX 디자인 콘텍스트**: 첫 단락에서 관찰한 예시는 아주 명확하다. 시각적인 상황까지 주어지면 더 명확해진다. 관찰을 기록할 때 디자인 요소까지 첨부하면 독자가 관찰을 더 정확히 이해할 수 있다.

관찰을 기록하는 형태에는 몇 가지가 있는데 상당 부분 와이어프레임에 주석을 다는 것과 비슷하다(그림 12.2)

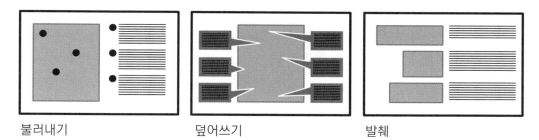

불러내기   덮어쓰기   발췌

그림 12-2   **관찰한 내용을 정리하는 방식**

형태별로 고려할 점은 다음과 같다.

- **추가 설명**: 한 화면에서 여러 개의 관찰을 가장 효과적으로 제시하는 방법은 화면에 주석을 다는 방법이다. 자료(관찰)가 타겟(디자인 요소)에서 분리되겠지만 너무 많은 시각물로 방해받지 않는다는 장점이 있다.

- **덮어쓰기**: 덮어쓰기는 관찰 내용이 짧고 명료할 때 관찰과 디자인 요소를 가장 직접적으로 연결하는 방식이다. 반면 덮어쓰기는 화면을 가려서 콘텍스트가 흐려질 수 있다. 한 화면에 관찰한 내용이 많을 때 이 방식을 쓰면 화면이 다 덮여버린다.

- **발췌**: 화면에서 디자인 요소만 빼내서 그 옆에 관찰 내용을 적으면 독자들은 특정 부분에 초점을 맞출 수 있다. 이 방법은 화면의 한 부분에 대부분의 관찰이 몰려 있을 때 이상적이다. 반면 전체 화면을 벗어난 발췌 화면에는 콘텍스트가 보이지 않아서 이 부분이 전체의 어디에 속한 것인지 잘 모를 수 있다.

관찰을 표로 요약하라

사용성 보고서에서는 관찰을 간단하면서도 잘 디자인된 목록으로 제시하는 것이 가장 좋다. 잘 만든 스프레드시트는 필수 요소를 잘 보여주면서도 효율적으로 다음 단계로 이끈다. 바로 실행에 옮길 수 있게 심각성을 기준으로 정렬된 스프레드시트는 보고서에서 가장 중요하다.

표에서는 추상화 수준을 지정할 필요가 없다. 즉, 표에는 어떤 수준의 관찰이라도 다 들어갈 수 있다는 말이다. 특히 재정렬이 가능한 스프레드시트라면 더 좋다. 사이트 전반의 문구에 대한 무시무시한 진술도, 특정 버튼의 문구만 간단히 확인하는 진술도 가능하다.

표 하나만 단독으로 제시할 수 없다면 이 모든 것을 포함해 부록으로 넣을 수 있다. 이 표에는 이 장에서 언급한 모든 핵심 정보가 들어가야 한다.

- 관찰

- 관찰의 심각성

- UX 디자인 콘텍스트

UX 디자인 콘텍스트에 대해 한마디 덧붙이자면 사진은 말보다 더 많은 의미를 전달할 수 있지만 스프레드시트에 들어간 화면은 별 가치가 없다. 그러므로 표가 성공하려면 디자인 요소를 지속적으로 언급할 수 있는 수단이 필요하다. 표의 처음 몇 가지 열에서 관찰의 범주를 명확히 정하라 (표 12.2).

ID	카테고리	사용자 플로	화면	인터페이스 요소
1	내비게이션	브라우징	모두	메뉴: 섹션 내비게이션
2	거래	결제	카트	버튼: 카트 내용 확인
3	거래	결제	카트	버튼: 수량 수정

표 12.2 사용성 결과를 표로 요약. 사용성 결과를 표로 요약할 때는 관찰점을 보여주면서도 범주를 세련되게 정할 방법이 필요하다. 이 그림에서는 이 표의 처음 다섯 개의 열을 보여준다. 여기서는 관찰의 범주를 보여주고자 관찰 내용은 생략했다.

심각도

심각도는 모든 관찰에 덧붙여야 하는 중요한 자료다. 사용성 테스트 방법론에 관한 책에서는 심각도를 측정하고 부여하는 방법이 잘 기술돼 있다. 나는 사용자가 과제를 완료할 수 있는지(표 12.3 참고) 여부로 심각도를 결정한다. 관찰 옆에 심각한 정도를 기재하라.

심각도	의미
1	사용자가 문제없이 과제를 완료했다.
2	사용자가 과제를 완료했지만 그 전에 다시 한번 확인하거나 잠시 멈췄다.
3	사용자는 인터페이스에 대해 항변하고 짜증을 냈지만 과제는 완료했다.
4	다른 사람이 개입하고 나서야 사용자는 과제를 완료했다.
5	테스트 진행자의 도움에도 사용자는 과제를 완료하지 못했다.

표 12.3 **심각도**는 대개 사용자가 과제를 완료할 수 있는지 여부로 측정하기도 하고 그 문제를 겪은 사용자의 수로 측정하기도 한다. 심각도의 측정 기준은 여러분이 택한 사용성 연구 기법에 따라 달라진다.

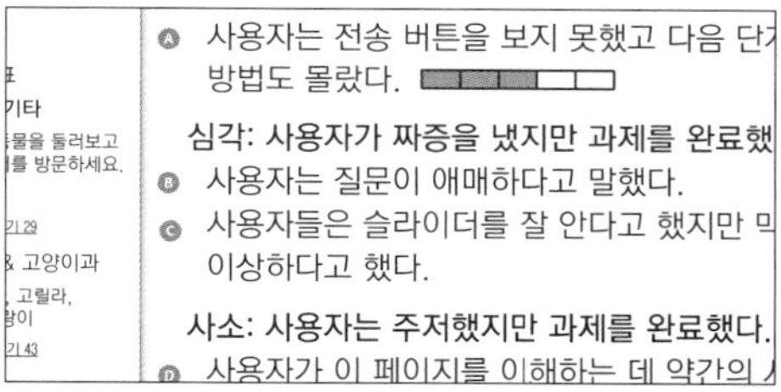

그림 12-3 **아이콘을 이용해 심각도 보여주기**

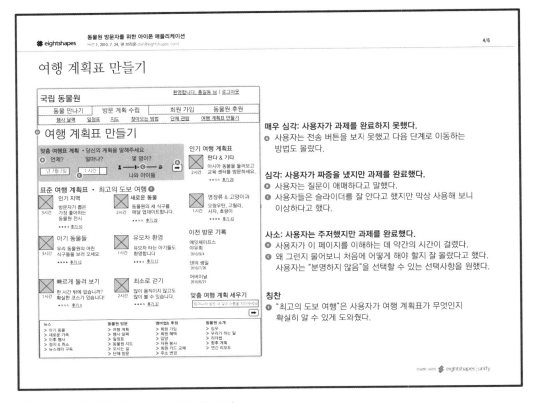

그림 12-4   관찰 카테고리별로 심각도를 표시

그 외 추가할 수 있는 내용

보고서에서 관찰을 더 잘 보여줄 수 있는 두 가지 방법이 있다. 두 가지 방법을 말하기 전에 보고서에서는 관찰 내용과 심각도 정보가 가장 중요하다는 점을 명심하라. 여기서 제안하는 추가 장식은 추가적인 콘텍스트를 제공하고 명료함을 강화하기 위한 것이므로 추가 장식 때문에 결과가 불분명해진다면 과감히 생략하라.

- **카테고리**: 보고서 정리에서 말했듯이 테스트 결과는 보통 시나리오별로 나눈다. 이 외에 사용할 만한 다른 카테고리로 사이트의 영역 또는 이와 관련된 과제(내비게이션, 브라우징, 검색, 결제)가 있다. 관찰의 카테고리를 보여줄 간단한 문구를 추가한다. 이때 아이콘이나 다른 시각적 장치는 도움되지 않는다.

- **민감한 인용문**: 두말할 나위 없이 카테고리보다 강력하다. 참가자에게서 나온 인용문은 관찰을 명료하게 해주고 신뢰를 부여한다. 그러나 관찰을 통합하면 잘못 해석될 위험이 있고 여러분에게 관찰한 내용을 요약할 자격이 있는지 의심의 눈초리를 던지기도 한다. 인용문은 해석을 배제하고 관찰을 보완하는 것이어야 한다.

요약과 분석

사용성 보고서에서 가장 중요한 부분은 요약 페이지다. 사용성 보고서를 보면 수많은 자료와 잔인할 정도로 솔직한 의견으로 꽉 차 있으므로 막막하다. 좋은 요약 페이지는 사람들이 가장 중요한 발견에만 집중하게 해주며 보고서의 성격도 잡아준다.

요약에는 이 테스트에서 취할 점이 드러나야 한다. 사이트의 강점과 약점이 보이고 어느 정도의 우선순위를 가늠할 수 있어야 한다. 요약 페이지를 보면서 프로젝트에서의 다음 단계를 명백히 알 수 있지만 이는 발견사항의 특징으로부터 추론할 수도 있다. 그러면 다음 단계에서는 명확한 우선순위를 바탕으로 발견사항을 깔끔하게 정리하기만 하면 될지도 모른다(그림 12.5).

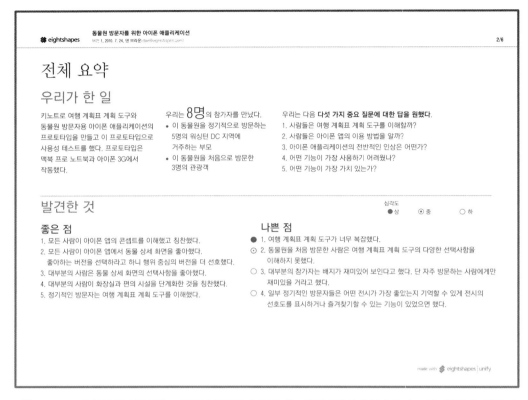

그림 12-5   사용성 결과의 요약. 사용성 결과를 요약할 때는 발견사항의 핵심만 추리고 여러분이 한 일을 간추려서 제공한다.

성공적인 요약 페이지에는 테스트 과정이 시각적으로 잘 담겨 있다. 번호가 매겨진 연관 시나리오 목록과 사용자 그룹을 대변하는 아바타로 테스트를 진행하는 방법을 설명할 수 있다.

분석

패턴, 주제, 동기를 끄집어내려고 관찰을 해석한 것이 테스트 결과 분석이다. 분석을 통해 발견사항을 종합해서 설명할 수 있다.

분석을 문서에 포함할지는 문서의 내용에 따라 결정한다. 표 12.4에서는 여러 가지 분석의 형태와 이를 문서에 어떻게 포함할 수 있는지 설명한다.

분석의 유형	결과 정리 방식	문서화 방식
발견사항과 관찰의 카테고리를 나눈다.	관찰 대상별로 발견사항을 구분하거나 전반적인 행동의 패턴을 볼 수 있는 몇 개의 카테고리를 만들어라.	이 주제를 중심으로 문서를 정리하라. 각 장의 앞이나 각 페이지 위에서 주제를 설명하라.
인터페이스와 관련된 사용자의 동기 또는 인지적인 이슈로 참가자의 행동을 설명한다.	사용자가 왜 특정한 행동을 했는지를 알림으로써 발견사항을 구체화하라.	각 장의 마지막에 결론 페이지를 추가해 이 관점에서 그 장을 요약하라.
핵심 주제를 추출하는 것으로 사용성 결과를 요약한다.	발견사항의 주요 메시지를 몇 개의 글머리 기호로 제시하라.	이것을 전체 요약에 넣어라.

표12.4   분석이 취할 수 있는 형태

추천안

분석 외에도 결과를 해석하는 다른 방법으로 추천안 제공이 있다. 명백한 것만 언급하려면 이 테스트에서 얻은 자료를 기반으로 했을 때 어떻게 개선할 수 있는지만 제안한다.

추천안을 다음과 같이 말로 할 수도 있다.

> 조절할 때 쓰는 여러 개의 파란색 버튼 대신 주요 행위에만 하나의 버튼을 제공하고 부차적인 행위는 링크로 제공하는 방법을 고려해 볼 만합니다.

하지만 이 책은 그림으로 UX 디자인을 도와주는 책이다. 따라서 추천안의 자연스러운 결론은 목업(모형)이다. 물론 모형을 만드는 방법은 여러 가지가 있는데 그중 한 방식은 그림 12.6과 같다.

추천안을 제시할 때는 문서의 목표를 벗어나서는 안 된다. 목표를 벗어나면 추천안과 함께 샛길로 빠질 수 있다. 추천안이 발견사항을 더 불분명하게 한다면 모두 빼버리거나 문서의 마지막에 한 장을 추가해서 제시하는 편이 좋다.

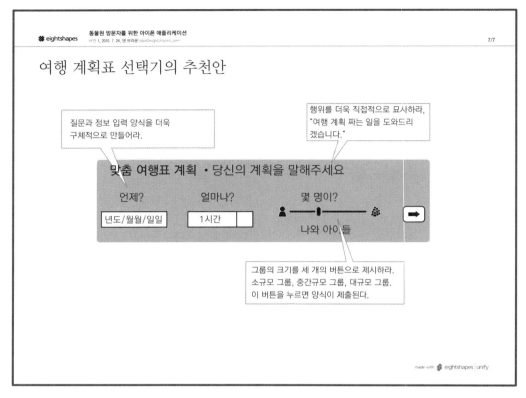

그림 12-6   추천안을 넣은 사용성 보고서

추천안은 마지막을 위해 아껴라

표 12.1의 목차에 추천안을 담은 장이 없는 것을 보라. 기본 보고서에는 추천안이 필요하지 않다. 이것은 UX 팀의 역할이다(뒤에 나오는 쉬어가는 이야기 참고). 추천안이 많지 않다면 앞에서 언급한 방식으로 충분하지만 전체 경험에 걸쳐 다양하게 추천해야 한다면 발견사항과 같은 페이지에 넣기는 어렵다.

추천안 장을 정리하는 방법은 다양하다. 표 12.5는 추천의 종류에 따라 추천안을 정리하는 방법이다.

추천안에 대해 마지막으로 한마디 덧붙이자면 내 경험상 추천안은 주제(예: 문구 다시 보기)를 뒷받침하는 예시(예: 줄임말 'MedVert'가 혼란스러움)와 함께 제시할 때 가장 효과적이었다. 추천안 영역에서는 주제별로 한 페이지를 부여하고 두세 개의 주요 예시 앞이나 뒤에 추천안을 제시한다.

추천안의 주제	정리 방법	주의할 점
인터페이스 요소 (예: 이 버튼을 바꿔라)	같은 화면에 들어가는 모든 인터페이스 요소를 모아 테스트 화면별로 페이지를 제시하라.	모든 화면에 해당 인터페이스 요소가 공통적으로 들어갈 수 있다. 화면에서 인터페이스 요소가 빠지면 콘텍스트가 사라진다.
화면 레이아웃 (예: 이 화면을 다시 배치하라)	시나리오나 과제의 콘텍스트에서 화면을 제시하라.	어떤 화면에는 추천안이 많다. 이럴 때는 추천안의 기준이 사라지기 쉽다.
경험의 구조 (예: 이 플로의 순서를 바꿔라)	경험의 구조를 시나리오나 과제의 콘텍스트에서 제시하라.	인터페이스 수준의 어이없는 사용성 문제를 신경쓰지 못할 수 있다.
전체적인 주제 (예: 사용자 경험 전반에 걸쳐 선택의 범위를 줄여라)	잘게 쪼개라. 구체적인 주제일수록 문서 뒤로 보내라.	추천안이 너무 광범위하면 실행하기가 어려울 수 있다.
추가적인 UX 디자인 활동 (예: 이 제품 카탈로그를 대상으로 추가 테스트를 실시하라)	끼칠 영향과 비용. 예산에 가장 큰 영향을 끼치는 부분이 어디인지 알 수 있게 프로젝트 팀을 위한 선택사항을 제공하라.	여러분이 준비한 활동을 추천하는 것이 좋다. 핵심 이해 관계자가 당신의 추천안에 자극받아 그 자리에서 결정하기도 한다.

표 12.5   추천안별로 문서에서 정리하는 방법

 쉬어가는 이야기

실용적인 추천안

나를 순수주의자라고 불러도 좋지만 나는 인터페이스에 대해 구체적으로 제안하는 것을 좋아하지 않는다. 부분적인 추천은 전체 사용자 경험을 전체적으로 바라보지 못하게 만든다. 사용자들은 디자인을 전체적으로 경험한다. 문제를 하나씩 풀다 보면 역으로 전체 인터페이스에 문제가 생길 수 있다. 이것은 숲과 나무의 문제와도 같다.

훌륭한 UX 디자이너는 사용성 연구에서 제기된 모든 문제를 고려해 사용자의 니즈에 적합하게 우선순위를 정하고 디자인을 재조정한다.

이와는 다른 형태의 추천안도 있다. 디자인에 대한 구체적인 제안은 아니지만 실용성을 훼손하지 않고 전략적으로 다가가는 형태다. 예를 들면 다음과 같다.

- 사용자는 인터페이스에 포함된 몇 개의 전문 용어를 어려워했다. 좀 더 적합한 문구를 적용할 수 있게 카드 소팅을 고려하자.

- 아주 심각한 등급을 받지는 않았지만 버튼의 색상이 다른 것과 어울리지 않아 사용자가 혼란스러워했다. 전체 색상과 어울리게 버튼 디자인을 다시 고려하자.

결국 핵심은 실용성이다. 그렇지만 추천안이 실용적이라고(틀이 잘 잡혀 있고, 내가 해야 할 일을 정확히 말해 줌) 반드시 효율적인 것은 아니다. 테스트에서 제기된 문제는 UX 팀과 한 자리에서 이야기하고 즉석에서 수정하는 것이 좋으며 중간 과정은 빼도 좋다.

뒷받침하는 내용

여러분은 방법론이 "뒷받침하는 내용" 뒤에 나오는 것을 보고 놀랐을지도 모르겠다. 사용성 보고서는 여러분이 했던 일을 보여주는 것이다. 맞는가? 방법론을 뒤로 빼고 사용성 연구 과정에 더 초점을 맞추는 것은 방법론이 UX 디자인과 직접적인 연관이 없기 때문이다. 방법론은 사용성 결과를 실용적으로 만들어 주지 않는다. 독자들이 낟알을 얻으려고 껍질을 일일이 벗겨야 한다면 문서의 접근성이 낮아진다.

방법론

사용성 테스트의 방법론을 요약할 때는 다음의 여섯 가지 항목이 들어가야 한다.

- 기법 (예를 들면, 진행자가 있는 원격 테스트)

- 참가자의 수

- 참가자가 대변하는 사용자 유형(페르소나를 예로 언급할 수 있다)

- 이 연구에 사용한 자료(웹 사이트 또는 프로토타입)

- 연구 범위(경험의 어떤 부분인지)

- 연구 규모의 정도 (시나리오의 수)

방법론을 더 자세히 보여주려고 원고에서 핵심만 뽑아서 담기도 한다. 아무리 못해도 사용자가 테스트에서 요청받은 시나리오나 과제의 목록은 꼭 들어간다.

전체 요약에 넣을 목적으로 핵심을 더 간추리고 싶다면 앞의 목록에서 서너 개의 항목(최대 4개)을 고른다. 이렇게 하면 문서의 앞 페이지에 넣을 수 있을 정도로 간단해진다.

프로젝트 팀이 이 연구에서 벌어진 일과 여러분이 사용하는 기법을 잘 안다면 이런 요약은 필요하지 않다. 요약은 깊이 관여하지 않았거나 사용성 테스트를 잘 모르는 이해관계자가 있을 때만 필요하며, 특히 문서를 돌려가며 볼 때 더욱 그렇다.

참가자 이력과 모집

연구에 참여하지 않은 사람들은 아마 "누구와 이야기했습니까?"라고 질문할 수도 있다. 그들은 무엇을 했는지보다 누구를 테스트했는가에 더 관심을 보인다. 이 질문의 배경은 대개 방법론과 관련이 있다.

- 충분히 많은 사람과 이야기하지 않았다.

- 적합한 사람과 이야기하지 않았다.

- 특정 유형의 사용자가 제외됐다.

나는 처음부터 이런 걱정을 해소하려고 이 내용을 모아 보고서에 별도 페이지를 만든다. 이런 페이지는 아무리 못해도 이런 걱정을 논의하는 자리에서 이야깃거리가 될 수 있다.

참가자와 그들의 핵심 속성을 표로 보여주기도 한다. 이 방법은 사용자 유형이 조금씩 바뀔 때 쓰면 좋다.

그림 12-7   **간결하게 방법론을 요약한 페이지.** 보고서의 첫 페이지로 사용하기에 좋다.

동물원 방문자를 위한 아이폰 애플리케이션
eightshapes 버전 1, 2010. 7. 24, 댄 브라운(dan@eightshapes.com)
7/7

참가자

번호	이름(성별)	마지막 방문일	방문 주기	좋아하는 전시/동물	핸드폰 기종	가족	역할
1	PJ (女)	2010년 5월	한 달에 한 번	코끼리	아이폰	자녀 2명 (4, 1)	부모
2	아나(男)	없음	없음	판다	아이폰	자녀 3명 (5, 4, 2)	여행객
3	데이빗(男)	2010년 6월	한 달에 한 번이나 그 이상	무척추 동물	아이폰	자녀 2명 (3, 1)	부모
4	네이단(男)	2010년 6월	한 달에 한 번이나 그 이상	작은 포유류	안드로이드	자녀 3명 (9, 7, 5)	부모
5	호세(男)	2010년 4월	몇 달에 한 번	어린이 농장	노키아	자녀 3명 (12, 11, 5)	부모
6	딤플(女)	없음	없음	판다	아이폰	없음	관광객
7	제니퍼 (女)	2001년?	없음	코끼리	안드로이드	자녀 1명 (7)	관광객
8	제이슨(男)	2009년 9월	일 년에 두 번	양서류	블랙베리	자녀 1명 (2)	부모

그림 12-8   참가자 명단을 표로 요약.   참가자 모집에 사용한 기준을 보여줄 수 있고 "적합한" 사람과 이야기했는지에 대한 이야깃거리를 제공할 수 있다.

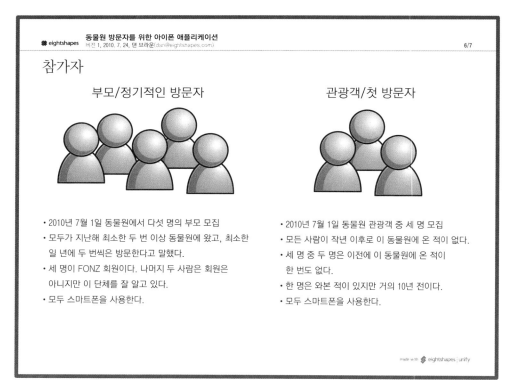

그림 12.9   초기 세그멘테이션 분석에서 참가자를 대변하는 아바타를 만들었다. 이전에 만든 아바타와 같은 아이콘이나 색상 시스템을 이용해 이전 작업물과 연결할 수 있다.

프로젝트 초반에 사용자 세그먼트나 페르소나를 정의했다면 만화처럼 보여주기도 한다. 만화 방식은 이전에 존재한 세그먼트를 기반으로 참가자 그룹을 제시할 수 있다. 이 그룹과 함께 이 그룹에서 모집할 때 반영하고 싶은 핵심 속성을 글머리 기호 목록으로 제시한다.

전문가에게 물어보세요

DB: 사용성 결과 보고서의 대안이 있습니까?

DC: 팀원들이 사용자 리서치에 참여하지 않으면 디자인하면서 사용자를 떠올리기 어렵고 사용자를 직접 관찰하지 않았다면 어떤 문서를 만들어도 사용자들의 경험을 생생하게 받아들이지 못합니다. 보고서와 프레젠테이션을 거치다 보면 UX 디자인 방향에 논리적인 결정을 내리는 데 도움을 준 실제 사용자를 물건처럼 객관화할 위험이 있습니다. 사람이 데이터가 되고 추상화됩니다.

다나 치즈넬
독립 연구원,
유저빌리티웍스

팀원들이 보고서를 읽지 않는다고 불평하는 연구원들이 더러 있습니다. 사람들은 바쁘고 보고서는 방대합니다. 또한 보고서를 어떻게 적용해야 할지도 모릅니다. 사용자가 생생하게 다가오지 않으니 결과도 의미가 없습니다. 이런 경험을 하면서 나는 보고서가 테스트 결과를 알리는 좋은 방법이 아니라는 결론을 내리게 됐습니다. 보고서로 시간을 허비하지 마십시오. 대신 사람들을 테스트로 불러들이고 사용자 경험을 관찰하면서 느낀 점을 다른 사람과 공유하십시오.

그들의 머릿속으로 들어가라

이 장의 결론은 사용성 테스트는 절대 사라지지 않는다는 것이다. 사용성 테스트는 어떤 형태로든 존재할 것이다. 한 장에서 그 이유를 다 설명할 수는 없지만 그 형태가 어떻게 될지는 생각해 봐야 한다.

사용성 테스트는 잘만 수행한다면 웹 사이트가 어떻게 작동하는지 관찰할 수 있는 훌륭한 도구 지만 여기에는 방법론적인 문제가 내포돼 있다. 사용자를 인공적인 환경으로 불러들이는 것(사이 트를 사용하는 자리를 떠나서 다시는 보지 못할 사람 옆에 앉아 누구도 물어본 적이 없는 질문에 대답한다)은 UX 디자인 기법을 과학으로 승화시키려는 시도였다.

하지만 최근의 사용자 경험 전문가들은 실험실을 뛰쳐나가라고 말한다. 즉, 인공적인 환경에서 벗어나 사람들이 실제로 웹을 이용하는 장소로 가라고 한다. 이 말은 정말 무섭게 들린다. 이틀 간 의 테스트 일정을 잡고 사무실에 올 사용자를 고르는 것도 이처럼 어려운데 직접 집이나 사무실로 찾아가는 건 더 어렵지 않을까? 답은 "그렇다"다. 하지만 더 큰 고민은 실행의 문제가 아니라 다시 한번 말하지만, 방법론적인 문제다. 이런 종류의 테스트는 모든 상황에서 적용할 수 있는 것이 아 니다.

웹과 웹 디자인 프로세스의 진화로 테스트 결과에 바로 접근할 수 있는 길이 열렸다. 많은 웹 기 반의 서비스가 소위 말하는 "베타" 서비스로 시작한다. 베타는 거의 끝났지만 완성하지는 못한 단 계다.

어떤 사이트는 업계의 표현처럼 "영원한 베타"로 남는다. 계속 고치느라 들어가지 못하는 집처럼 매일 사이트가 조금씩 바뀐다. 웹이 만들어지는 방법과 사용되는 방법에 대한 가정은 계속 바뀐다 (예를 들어, 이 책의 첫 판을 저술할 무렵 영원한 베타는 인기가 없었다. 지금은 "완성된" 버전도 계 속 진화해야 한다고 생각한다. 물론 아직도 완전히 완성한 채로 사이트를 시작해야 한다는 생각에 서 벗어나지 못한 조직도 있다).

이런 방법론적인 전환을 가져온 얼리 어댑터들은 아마 나나 여러분이 하는 방식으로 사용성 테 스트를 하지 않을 것이다. 그들은 아마도 신중하게 최초의 사이트를 계획하고 다른 어딘가에 뿌린 다음 의견을 듣고 그 응답에 따라 분기마다, 달마다 또는 주마다 새 "버전"을 배포할 것이다. 이제 다시 이 장의 내용인 '사용자가 어떻게 웹 사이트를 이용하는가?'로 돌아가 보자. 실제 사용자와 앉 아서 사용성 테스트를 하면 수많은 자료를 얻을 수 있고 영원한 베타를 만드는 사람들은 그런 깊이 있는 정보를 얻을 수 없다. 차세대 사용성 테스트는 이 두 가지를 결합한 형태(풍부한 자료를 거의 실시간으로 응답받는 형태)가 될 것이다.

　다른 산출물처럼 사용성 보고서도 기법과 도구의 변화에 발맞춰 가야 하지만 핵심인 관찰, UX 디자인 콘텍스트, 심각도는 보존해야 한다. 이런 핵심이야말로 UX 팀의 의견을 촉발하고 그 의견이 어떤 형태가 돼야 하는지 규정해주는 요소이기 때문이다.

 사례

누구를 참가자로 모집해야 하는가

내 동료인 크리스 데치는 정부 고객을 대상으로 하는 심층 사용자 조사를 한 적이 있다. 그들은 프로젝트 초반에 10개의 사용자 그룹을 정했다. 이 그룹은 사람들을 떠올리기는 편리한 수단이었지만(예를 들면, 언론인이나 국회의원처럼) 그들의 동기, 과제, 행위는 말해주지 않았다.

크리스는 이 그룹에 들어가는 요소와 이들의 공통 속성을 찾으려고 약간의 분석 작업을 했다. 그는 이 분석 작업으로 대부분의 속성을 대변하는 두 개의 그룹이 있다는 사실을 알게 됐다. 이 두 그룹은 회사에도 가장 중요한 집단이었다. 이들이 사용자 대부분의 니즈를 대변한다는 사실을 확인하자 크리스는 사용성 테스트를 할 때 이 두 그룹에서 참가자를 모집했고 클라이언트는 설득할 필요도 없었다.

◈ 연습 문제 ◈

좋은 사용성 보고서는 내용이 좋아야 한다. 추상적인 사용성 보고서의 틀을 만들라고 하지는 않겠다. 틀을 만들어도 좋은지 나쁜지 알 수 없다. 제품 리뷰는 "사용성" 자료의 좋은 출처다. 제품 리뷰의 장점은 추천안이 없다는 것이다. 평가자는 제품을 좋게 만드는 사람이 아니므로 그저 무엇이 나쁜지만 말하면 된다.

다음에 여러분이 무언가(예를 들면, 유모차, 디지털 카메라, 홈 씨어터, 에스프레소 머신)를 구매할 때 온라인에서 제품 리뷰를 찾고 이를 관찰로 바꿔라. 스프레드시트를 만들면 된다. 그 리뷰에 인용문이 있다면 별도의 행으로 이 내용을 추가하라.

이 "관찰"을 분류할 수 있는지, 추상화 정도를 정할 수 있는지 분석하라(에스프레소 머신에 대한 리뷰라면 일정 범위의 기능에 초점을 맞추거나 특정 기능의 사용성을 설명하고 있을 수 있다. 바라건대 커피의 품질도 언급되면 좋다). 관찰마다 심각도를 정하고 추천안도 생각하라.

관찰의 수는 사용성 테스트에서 얻을 수 있는 규모와는 비교할 수 없을 만큼 적을 것이다(사용자가 한 명이고 하나의 출판 매체에 국한됐다는 제약이 있기 때문이다). 더 많은 자료가 필요하다면 다른 제품의 리뷰 서너 개를 더 이용하라. 화면을 넣듯이 필요한 곳에 제품 이미지를 넣으면서 이 제품의 사용성 보고서를 만들어라.

스터디 그룹이 있다면 이 보고서를 사람들 앞에서 발표하라. 이 사람들을 팀에서 다른 역할(UX 디자이너, 이해관계자, 엔지니어)을 맡은 하나의 프로젝트 팀으로 생각하라. 가장 역할을 잘한 사람에게 그 제품을 사줘라(농담이다).

• 추 천 도 서 •

이 책들이 모든 것을 다 포괄한다고 할 수는 없지만 사용자 경험에 대한 문서 작업을 하는 사람이라면 꼭 읽어야 하는 필수 도서들이다.

고전

이 책은 오랫 동안 내 책장에 꽂혀 있던 것이다. 생각날 때마다 다시 꺼낸다. 두 책 모두 UX 디자인에 대해 사고하는 데에 많은 도움을 준다.

- 크리스토프, 레이와 애이미 사트란. 김난령 역. 인터랙티비티 디자인. 안그라픽스, 2004.

- 라스킨, 제프. 이건표 역. 휴먼 인터페이스. 안그라픽스, 2003.

웹 사용자 경험

- 커티스, 네이단. 모듈로 된 웹 디자인(Modular Web Design. 버클리: 뉴 라이더스, 2009.)

- 할보슨, 크리스티나. 웹을 위한 콘텐츠 전략(Content Strategy for the Web. 버클리: 뉴 라이더스, 2010.)

- 칼바흐, 제임스. 김소영 역 Designing Web Navigation. 한빛미디어, 2008.

- 모빌, 피터와 루이 로젠펠트. 월드 와이드 웹을 위한 정보 설계(Information Architecture for the World Wide Web (3판). 캠브리지: 오라일리, 2006.)

- 사퍼, 댄. 이수인 역. 인터랙션 디자인. UX 프로페셔널 시리즈, 2008.

- 티드웰, 제니퍼. 김소영 역. Designing Interfaces. 한빛미디어, 2007.

- 워드케, 크리스티나와 오스틴 고벨라. 정보 설계: 웹의 청사진(2판) (Information Architecture: Blueprints for the Web. 버클리: 뉴 라이더스, 2009.)

- 로블르스키, 루크. 김성은 역. 웹 폼 디자인. 인사이트, 2009.

프로젝트 계획

- 웅거, 러스와 캐롤린 챈들러. 이지현 이춘희 역. UX 프로젝트 가이드. 위키북스, 2010.

디자인

- 리드웰, 윌리엄과 크리스티나 홀덴과 질 버틀러. 디자인의 보편적 원칙 (Universal Principles of Design. 비버리, MA: 락포트 출판사, 2003.)

만화

- 아벨, 제시카와 매트 매이든. 드로잉 워즈 & 라이팅 픽쳐스(Drawing Words & Writing Pictures. 뉴욕: 퍼스트 세컨드, 2008.)

- 맥클라우드, 스코트. 만화 만들기(Making Comics. 뉴욕: 하퍼스 페이퍼백스, 2006.)

프레젠테이션

- 듀어트, 낸시. 슬라이드롤로지(slide:ology. 캠브리지: 오라일리 미디어, 2008.)

- 레이놀즈, 가. 프리젠테이션 젠(Presentation Zen. 버클리: 뉴 라이더스, 2008.)

프로토타이핑

- 자키 워펠, 토드. 프로토타이핑. 브루클린: 로젠펠트 미디어, 2009.

사용자, 페르소나, 사용성 테스트

- 바이어, 휴와 카렌 홀츠블라트. 컨텍스츄얼 디자인(Contextual Design. 샌프란시스코: 모건 카우프만 출판사, 1998.)

- 크룩, 스티브. 김지선 역, 상식이 통하는 웹사이트가 성공한다. 대웅, 2006.

- 멀더, 스티브와 지브 야르. 사용자는 언제나 옳다(The User Is Always Right. 버클리: 뉴 라이더스, 2006.)

- 프루잇, 존과 타마라 아들린. 페르소나 라이프사이클(The Persona Lifecycle. 뉴욕: 모건 카우프만, 2006.)

- 루빈, 제프리와 다나 치즈넬. 사용성 테스트 핸드북(Handbook of Usability Testing. 인디아나폴리스: 윌리 출판사, 2008.)

- 영, 인디. 멘탈 모델(Mental Models. 브루클린: 로젠펠트 미디어, 2008.)

다이어그램 만들기

- 벅스턴, 빌. 사용자 경험 스케치하기(Sketching User Experiences. 보스턴: 모건 카우프만, 2007.)

- 로엄, 댄. 냅킨의 뒷면(The Back of the Napkin. 뉴욕, 펭귄, 2008.)

- 터프티, 에드워드 R. 정보 그리기(Envisioning Information. 체샤이어, CT: 그래픽스 출판사, 1998.)

•도 움 받 은 사 람•

타마라 아들린은 시애틀에 소재한 고객 경험 컨설팅 회사인 아들린의 창립자이자 대표이다. 타마라는 제이콥 닐슨, 도널드 노먼, 알란 쿠퍼가 극찬한 페르소나 라이프사이클: 제품 디자인 하는 동안 사람을 생각하기(존 프루잇과 함께, 마이크로소프트)의 저자이다.

스티븐 P. 앤더슨은 달라스에 근거지를 둔 연설가이자 컨설턴트이다. 그는 무리하리만큼 디 자인, 심리학, 개척하는 사내기업가 팀을 많이 생각한다. 이 주제로 국내, 국외 행사에서 수차례 연설을 한 바 있다.

다나 치즈넬은 사용자에 대한 지식을 얻는 기술을 소개하여 수천 명의 사람들이 더 좋은 의사결정을 내릴 수 있도록 도움을 주었다. 그녀는 제프 루빈과 함께 사용성 테스트 핸드북 Handbook of Usability Testing, 2판(월리)을 공동 저술했으며, 사용자 리서치와 사용자 테스트에 대한 블로그를 운영한다. www.usabilitytestinghowto.blogspot.com

네이단 커티스는 정보 설계, 인터랙션 디자인, 사용성 리서치, 프론트 엔드 개발, 그리고 문서 작업과 UX 아이디어 커뮤니케이션에 대한 관심(파트너와 공유하는)을 가지고 1996년부터 UX 디자인을 하고 있다.

리즈 댄지코는 스쿨 오브 비쥬얼 아츠의 인터랙션 디자인 대학원 학장이자 공동 설립자이다. 그녀는 독립 컨설턴트이자 잡지 인터랙션의 컬럼니스트이고, 로젠펠트 미디어와 디자인 이그나이츠 체인지의 이사이며, Bobulate.com에 글을 쓴다.

크리스토퍼 파히는 행동 디자인의 공동 창립자이자 사용자 경험 부문 이사이다. 이 회사는 인터랙션 디자인 컨설팅으로 상을 받았다. 그는 사용자 경험에 대해 글을 쓰거나 연설을 하고, 스쿨 오브 비쥬얼 아츠의 인터랙션 디자인 대학원에서 가르치고 있다.

제임스 멜쳐는 워싱턴 DC에 소재한 UX 디자인 문서, 정보 설계, 인터랙션 디자인 전문 회사인 에잇 셰이프스의 사용자 경험 디자이너이다. 그는 연구원이자, 개발자, 사서, 프로젝트 매니저이지만 그의 첫사랑은 디자인이다.

스티브 멀더는 고객에 대한 인사이트와 비즈니스, 브랜드 전략을 온라인 경험과 결합시켜 결과를 만들어 내는 이소바의 경험 전략 부문 부사장이다. 그는 사용자는 언제나 옳다: 웹을 위한 페르소나를 만들고 이용하는 실무 가이드 The User Is Always Right: A Practical Guide to Creating and Using Personas for the Web의 저자이며, 디지털 전략, 소셜 미디어, 고객 리서치, 정보 설계, 인터랙션 디자인, 사용성과 같은 주제의 컨퍼런스에서 단골 연사이기도 하다.

도나 스펜서는 프리랜서 정보 설계가, 인터랙션 디자이너이자 그녀의 회사인 매드몹의 작가이다. 정교하게 이야기하면 그녀는 컴퓨터 화면에 보이는 것들을 어떻게 보여줄 지를 계획하여 이해하기 쉽고, 빠져들게 하고, 호소력 있게 만들어 주는 사람이다.

러스 웅거는 뉴욕, 필라델피아, 샌프란시스코의 웹 디자인 회사인 해피 코그의 사용자 경험 디렉터이다. 그는 UX 프로젝트 가이드(이지현 이춘희 역, 위키북스, 2010)의 공저자이자, 2011년 출간 예정으로 토드 자키 워펠과 게릴라 리서치에 대한 책을 공동으로 저술하고 있다.

• 찾 아 보 기 •